RECUEIL

DE MEMOIRES

ET D'OBSERVATIONS

Sur la formation & sur la fabrication du Salpêtre.

RECUEIL

DE MEMOIRES

ET D'OBSERVATIONS

Sur la formation & sur la fabrication du Salpêtre.

Par les Commissaires nommés par l'Académie pour le jugement du Prix du Salpêtre.

A PARIS,

Chez LACOMBE, Libraire, rue Christine.

M. DCC. LXXVI.

PRÉFACE.

O N produit artificiellement du ſalpêtre en Suède, en Pruſſe, dans une partie de l'Allemagne, dans l'Iſle de Malte, &c. On l'y produit avec des matières qui ſe trouvent par-tout, & par-tout en abondance; on peut donc également en obtenir artificiellement en France, & les Commiſſaires de l'Académie des Sciences ont la ſatisfaction d'annoncer dans ce moment au Public, que les vues bienfaiſantes de Sa Majeſté pourront un jour être remplies, & qu'avec le temps elle pourra délivrer ſes Sujets de la gêne qu'occaſionnent dans l'état actuel, la recherche & la fabrication du ſalpêtre. C'eſt donc moins de la poſſibilité de faire du ſalpêtre, que doivent s'occuper ceux qui ont pour objet de concourir au Prix propoſé par l'Académie, que des moyens de le faire au meilleur marché qu'il fera poſſible; & c'eſt vers ce dernier objet que doivent ſe diriger leurs efforts.

Le Recueil que l'Académie publie, a trois objets principaux; le premier d'épargner aux Concurrens des recherches longues, pénibles, & peut-être infructueuſes, & de leur préſenter ſous un même point de vue, ce qui exiſte de plus inſtructif ſur la fabrication du ſalpêtre ; le ſecond, de répandre en France, des connoiſſances étrangères, & de ramener la Nation au niveau des connoiſſances des Nations qui l'avoiſinent; enfin le troiſième, d'éclairer les Citoyens zélés, qui voudroient former dès ce moment des nitrières artificielles.

Ce n'eſt point au ſurplus à l'Académie, qu'appartient la première idée de la publication de cet Ouvrage; c'eſt par le Miniſtre même qu'elle lui a été ſuggérée, & comme ce qui s'eſt paſſé à cet égard, ne peut qu'être honorable au Miniftre & à l'Académie, il ne fera pas inutile d'en donner un récit abregé.

Le 19 Août 1775, M. *de Fouchy*, Secrétaire perpétuel de l'Académie des Sciences, fit part à la Compagnie de la lettre qu'il avoit reçue de M. Turgot, Contrôleur-Général des Finances; elle étoit conçue en ces termes :

Verfailles, le 17 Août 1775.

« Sur le compte, Monfieur, que j'ai
» rendu au Roi de l'état actuel de la
» récolte du falpêtre en France, des
» diminutions fucceffives qu'elle a éprou-
» vées depuis quelques années, des
» moyens propres à la rétablir, enfin
» des différents motifs qui doivent fixer
» fon attention fur cette branche impor-
» tante d'adminiftration : Sa Majefté a
» penfé que le plan qui avoit été fuivi
» jufqu'à ce jour, relativement à la fabri-
» cation du falpêtre dans fon Royaume,
» avoit dû retarder les progrès de cet
» Art, & que c'étoit fans doute par

» cette raison, qu'il sembloit être dans
» ce moment au-dessous du niveau des
» autres connoissances physiques & chy-
» miques.

   » Dans ces circonstances, elle a jugé
» nécessaire de réveiller l'attention des
» Savants, de diriger leurs recherches
» sur cet objet, & de chercher à acqué-
» rir par leur concours, des connois-
» sances fixes & certaines, qui pussent
» servir de base aux différents établis-
» semens qu'elle se propose d'or-
» donner.

   » Aucun moyen ne lui a paru plus pro-
» pre à remplir ses vues à cet égard que la
» proposition d'un prix en faveur de celui
» qui, au jugement de l'Académie, au-
» roit vu de plus près le secret de la
» nature dans la formation & la géné-
» ration du salpêtre, qui auroit enseigné
» les moyens les plus prompts & les plus
» économiques pour le fabriquer en
» grand & en abondance. L'intention de
» Sa Majesté étant de soulager le plu-

» tôt poſſible ſes Sujets de la gêne qu'en-
» traînent la recherche , la fouille &
» l'extraction du ſalpêtre chez les par-
» ticuliers , elle deſire que l'Académie ſe
» mette en état d'annoncer ce prix, dès
» la ſéance publique de la Saint Martin
» prochaine. Il ſera néceſſaire en conſé-
» quence qu'au reçu de la préſente, ou
» dans le plus court délai poſſible, elle
» procède dans la forme accoutumée, à
» la nomination de Commiſſaires, qui
» ſeront chargés de la rédaction du pro-
» gramme, qui en rendront compte à
» l'Académie avant les vacances & qui
» ſeront les Juges du prix.

   » Le programme devra contenir ſuf-
» fiſamment de détails ; 1°. pour don-
» ner une idée très-ſuccinte de l'état
» des connoiſſances ſur la formation
» du ſalpêtre ; 2°. pour indiquer les
» Ouvrages dans leſquels les Concur-
» rens pourront trouver des notions plus
» étendues ; 3°. enfin pour les mettre
» ſur la voie de ce qu'ils ont à faire , &

» des expériences qu'ils ont à tenter.

» L'intention du Roi étant que le
» Prix ne soit diftribué qu'autant que
» l'expérience aura été jointe à la théo-
» rie, Sa Majefté fe propofe de procurer
» aux Commiffaires de l'Académie, foit
» à l'Arfenal, foit ailleurs, un empla-
» cement commode & fuffifamment
» vafte, pour répéter les expériences
» propofées dans les Mémoires admis
» au concours; elle defire même que les
» Commiffaires de l'Académie y joignent
» toutes celles, qui, quoique non indi-
» quées par les Concurrens, leur paroî-
» tront propres à éclaircir la matière;
» elle attend de leur part des preuves
» du zèle conftant de l'Académie, pour
» tout ce qui intéreffe le bien public &
» le fervice de l'Etat. Sa Majefté defire
» auffi qu'ils dreffent du tout, jour par
» jour, un procès-verbal exact auquel
» pourront affifter les Régiffeurs des
» poudres & falpêtres, & qui fera figné
» de tous les affiftans.

(11)

» Le Prix propofé fera de quatre
» mille livres, & vu les dépenfes extraor-
» dinaires qu'il exigera des Concurrens,
» il y fera joint deux *acceffit* de mille
» livres chacun, en faveur de ceux qui fe
» feront le plus diftingués *. Ces fonds
» feront affignés fur ceux de la Régie des
» poudres & falpêtres, & j'écris aux
» Régiffeurs, pour qu'auffi-tôt que le
» temps de la proclamation fera fixé,
» ils remettent entre les mains du Tré-
» forier de l'Académie, un ordre payable
» à la même époque.

   » Le Prix diftribué, je vous prierai
» de m'adreffer toutes les pièces qui
» auront été admifes au concours pour
» en faire faire des extraits, afin que les
» idées utiles qui pourront s'y trouver
» ne foient pas perdues pour le Public.

   » Je vous prie de me marquer ce que
» l'Académie aura fait pour l'exécution

---

* Ces difpofitions ont été modifiées depuis, d'après
les repréfentations de l'Académie ; & au lieu de deux
Acceffit égaux, il en a été accordé un premier de 1200
livres, & un fecond de 800 livres.

» du contenu de la préſente , de m'en-
» voyer le nom des Commiſſaires qu'elle
» aura choiſis, & de me donner commu-
» nication du programme , auſſi-tôt qu'il
» ſera rédigé ».

» Je ſuis, Monſieur, votre affeCtionnÉ
» ſerviteur. » *Signé ,* TURGOT.

Le premier ſoin de l'Académie ,
d'après la leCture de cette lettre, fut
de nommer ſuivant l'uſage, & dans la
forme ordinaire, cinq Commiſſaires, par
voie de ſcrutin ; le choix tomba ſur
MM. *Macquer , le Chevalier d'Arcy ,
Lavoiſier , Sage & Baumé.*

On étoit à la veille des vacances ;
les Commiſſaires , pour répondre à
l'empreſſement du Miniſtre , ſe hâtèrent
de rédiger le programme ; il fut mis
ſous les yeux de l'Académie avant ſa
ſéparation , & revêtu de ſon approbation ; enfin il fut imprimé & diſtri-
bué pendant le courant du mois de
Septembre.

A-peu-près à cette époque, le Miniſtre

apprit qne l'Académie de Besançon avoit proposé, quelques années auparavant, un Prix sur la fabrication du salpêtre; il voulut bien écrire pour demander communication des pièces qui avoient été admises au concours, & ordonner qu'elles fussent confiées aux Commissaires de l'Académie.

Ces pièces, sans contenir rien d'absolument neuf sur la fabrication du salpêtre, présentent des détails très-intéressans pour le Gouvernement. On y expose les vices de la méthode actuelle de fabriquer le salpêtre, & la charge considérable qui en résulte pour les Provinces; on y démontre que le salpêtre qui ne coûte que sept à huit sols la livre à la Compagnie des poudres en Franche-Comté, coûte moitié en sus, & peut-être beaucoup plus à la Province, & que cet excédent de prix forme un véritable impôt sur le peuple. Les Commissaires de l'Académie ont mis ces différens objets sous les yeux de M. Turgot, dans un

Mémoire très-étendu. Le respect qu'ils ont pour tout ce qui peut avoir rapport aux opérations du Gouvernement, ne leur permet pas d'entrer ici dans de plus grands détails.

L'examen des Mémoires présentés à l'Académie de Besançon, pour concourir au Prix sur le salpêtre, & le compte qui en fut rendu au Ministre, lui fit sentir ainsi qu'à l'Académie elle-même, que le programme qui venoit d'être publié n'étoit pas aussi instructif qu'il pouvoit l'être ; qu'il existoit en différentes Langues, des Dissertations sur la fabrication du salpêtre , qui n'avoient point été traduites , & dont on ne connoissoit pas même l'existence en France. D'après cela, le Ministre desira que les Commissaires s'occupassent de recherches particulières sur cet objet ; qu'ils traduisissent ou qu'ils fissent traduire tout ce qu'ils pourroient se procurer d'intéressant sur le salpêtre dans toutes les Langues , & qu'ils en fissent un Recueil pour le donner inceſſamment au Public.

En conſéquence les Commiſſaires ſe ſont réparti entr'eux le travail & les recherches ; ils ont établi des Correſpondances avec l'Etranger, & ils ont eu le bonheur de trouver de puiſſans ſecours dáns le zèle de pluſieurs Savans diſtingués.

M. le Duc de la Rochefoucault avoit déja reçu précédemment de Suède, quelques éclairciſſemens ſur la manière dont on fabriquoit le ſalpêtre dans ce Royaume. Il avoit découvert qu'il exiſtoit pluſieurs inſtructions qui avoient été publiées par le Conſeil de guerre, & il écrivit pour ſe les faire adreſſer : d'un autre côté, M. *Baër*, Aumônier de Sa Majeſté le Roi de Suède, & Correſpondant de l'Académie, voulut bien ſe charger de les traduire ; enfin avec différens ſecours réunis, on fut en état de commencer l'impreſſion dans le mois de Janvier dernier.

Telles ſont les circonſtances qui ont

donné lieu à la publication de ce Recueil.
Il contient plus de vérités de pratique
que de théorie; c'est à dessein qu'on en
a écarté les Dissertations, purement spé-
culatives, & qu'on s'est borné à celles
qui ne présentoient que des résultats &
des faits. On y verra que malgré l'état
d'imperfection, dans lequel sont encore
nos connoissances sur la formation & la
fabrication du salpêtre, il en résulte
déja cependant un corps d'instruction
très-propre à guider ceux qui voudront
former des établissemens de nitrières
artificielles.

Les Commissaires de l'Académie
n'ont pas cru devoir s'occuper dans ce
Recueil, des substances que les Anciens
ont décrites sous le nom de *Nitrum*.
Pline, il est vrai, dans plusieurs endroits
de ses Ouvrages, parle d'une substance
saline, d'une espèce de nitre qu'on retire
des lacs de la Perse, & des plantes par
la combustion; mais comme il est évident, d'après les paroles même de l'Auteur,

teur , que ce qu'il décrit fous ce nom n'eft point le nitre, le falpêtre des Modernes, mais un alkali minéral ou végétal, & principalement celui qui eft connu fous le nom de *Natrum;* ils ont regardé comme inutile d'inférer dans ce Recueil un extrait de fes Ouvrages. On en peut dire autant de plufieurs Auteurs, qui ont écrit depuis Pline fur le nitre, & qui n'ont fait en quelque façon que le copier; tels font *Difofcorides, Agricola, Ferrante Imperato,* &c.

En rejettant tout ce qui ne s'applique pas évidemment au nitre des Modernes , les Commiffaires de l'Académie ont été ramenés jufqu'au temps de *Glauber ,* & c'eft par l'extrait de fes Ouvrages, que commence le Recueil qu'ils donnent au Public. Comme les recherches de cet Auteur font le germe de tout ce que nous avons encore aujourd'hui de mieux fait fur cette matière, ils ont cru devoir expofer dans quelque détail, fes expériences & fes idées; mais ils ne peuvent fe difpenfer d'obferver en même temps

Pag. 1
de ce Recueil.

b

qu'on ne doit pas les adopter fans réferve ; il règne dans les écrits de ce Chimiste, un ton de jaĉtance, une réferve affeĉtée qui tient au langage de l'Alchimie, & on ne peut fe défendre, en les lifant, de quelque défiance fur la certitude des réfultats.

En analyfant les Ouvrages de *Glauber*, on voit qu'il attribuoit au falpêtre trois origines différentes ; il penfoit, 1°. que ce fel étoit tout formé dans les végétaux, & qu'il paffoit de-là dans les animaux qui s'en nourriffent, par les voies de la digeftion ; 2°. qu'il fe produifoit une quantité confidérable de ce fel, par la putréfaĉtion des matières végétales & animales ; 3°. enfin, qu'indépendamment de ce falpêtre en quelque façon faĉtice, il s'en rencontroit de naturel dans le règne minéral, & il cite des carrières, des montagnes entières, qui fuivant lui, en contiennent en grande abondance : on voit donc que, fuivant cet Auteur, lorfqu'on mêle enfemble des terres, des matières animales & végétales, on obtient avec le temps, & à mesure que les matières animales & végétales se sont détruites par la putréfaction ; 1°. le salpêtre qui existoit tout formé dans la terre; 2°. celui qui étoit tout formé dans les matières végétales ou animales qu'on a employées ; 3°. enfin , celui qui est en quelque façon l'ouvrage de la putréfaction. *Glauber* donne d'après ces principes , différentes méthodes pour obtenir du salpêtre. Quelques-unes de ces méthodes ont été vérifiées depuis avec succès; & elles ont servi de base aux établissemens qui ont été faits en Suède, en Prusse & dans plusieurs autres endroits; quelques-autres, ou n'ont point été éprouvées depuis lui, ou l'ont été sans succès.

Ce Chimiste croyoit à la conversion du sel marin en salpêtre, & il donne plusieurs moyens pour l'opérer; mais comme il est démontré qu'on obtient du salpê-tre par la plupart des méthodes qu'il donne, fans qu'on foit obligé d'ajouter du fel marin au mêlange, il y a toute apparence que ce que *Glauber* croyoit obtenir par converfion, étoit réellement du falpêtre de formation nouvelle : au refte, les expériences multipliées qui vont être faites fur cet objet ne laifferont probablement aucun doute fur cette converfion réelle ou prétendue.

Le célèbre *Stahl*, qui a beaucoup écrit fur le nitre en différens temps, eft d'une opinion entièrement différente de celle de *Glauber*. L'acide conftitutif du falpêtre n'eft autre chofe, fuivant cet Auteur, qu'une modification de l'acide univerfel, une combinaifon de l'acide vitriolique, avec le principe inflammable, avec le phlogiftique qui s'émane des matières en putréfaction. Il donne même différens procédés chimiques pour obtenir de l'acide nitreux, ou plutôt pour convertir l'acide vitriolique en acide nitreux ; mais comme aucun Auteur n'annonce avoir répété

Pag. 43 de ce Recueil.

la plupart de ſes expériences, il paroît permis, juſqu'à confirmation, de les révoquer en doute.

On vient de voir que *Glauber* attribuoit au nitre trois origines différentes. M. *Leméri* le fils, dans deux Mémoires qu'il donna à l'Académie en 1717, n'en admet qu'une ſeule ; il s'efforce de prouver que le nitre eſt l'ouvrage de la végétation ; qu'il exiſte tout formé dans les végétaux ; qu'il paſſe de ces derniers dans les animaux par la nutrition; enfin que le nitre qu'on retire par lixiviation des terres dans leſquelles on a mêlé des ſubſtances végétales ou animales, n'eſt autre choſe que celui qui y exiſtoit tout formé, & qui a été ſéparé par la fermentation des parties huileuſes & mucilagineuſes qui le maſquoient.

Pluſieurs Auteurs anciens avoient avancé, ſans expériences & ſans preuves, que le nitre tiroit ſon origine de l'air; que l'atmoſphère étoit le magaſin

Page 66. & 102.

universel du nitre , & ils admettoient des espèces d'*aimans* propres à l'attirer & à le fixer. Quoique *Glauber* , & sur-tout *Stahl* , eussent écarté cette opinion , c'est principalement à M. *Lémery* , & avant lui à M. *Mariotte* , qu'on a l'obligation d'avoir prouvé par des faits que l'action de l'air seule ne suffisoit pas pour produire du nitre ; que des terres , de quelque nature qu'elles fussent , ne se salpêtroient pas d'elles-mêmes à l'air , lorsqu'elles étoient isolées , & qu'elles ne contenoient aucune substance ni animale ni végétale.

Page 144. Quoique M. *Pourfour du Petit* , Membre de l'Académie , ne se soit point occupé spécialement de l'origine & de la formation du salpêtre , les Commissaires ont cru devoir , pour rendre ce Recueil plus complet , y insérer un très-bon Mémoire qu'il a donné en 1729 , sur la précipitation du sel marin dans la fabrique du salpêtre.

Pendant que les Chimistes & les

(23)

Phyſiciens de différentes Nations s'oc-
cupoient de recherches ſur le ſalpêtre ,
les Souverains de pluſieurs Etats de l'Europe cherchoient à tirer parti de leurs
connoiſſances , & à s'aſſurer à leurs Etats
une récolte de ſalpêtre ſuffiſante pour
leurs beſoins. Dès 1745 , le Conſeil
de Guerre, en Suède , avoit reconnu la
néceſſité de changer la forme de l'ad-
miniſtration des poudres & ſalpêtres ,
de ſoulager le Peuple de la gêne de la
fouille , & de le décharger des impoſi-
tions indirectes qui en étoient une ſuite.
Les perſonnes les plus inſtruites ſur la
formation du ſalpêtre ayant été conſul-
tées, le Conſeil de Guerre publia, dès Page 236.
1747, une inſtruction ſur la manière de
produire ce ſel par des méthodes artificielles. Cet Ouvrage, très-intéreſſant , ſur-
tout relativement à l'époque à laquelle il
a été publié, traite ſucceſſivement dans
différens chapitres & dans différens pa-
ragraphes , 1°. du choix de l'emplacement d'une nitrière ; 2°. de la conſtruc-

b 4

tion du bâtiment ; 3°. de la manière
d'en éloigner les eaux ; 4°. des matières
tirées des trois règnes qui peuvent concourir à la formation du salpêtre ; 5°.
des règles fondamentales qui doivent
guider ceux qui desirent former des
établissemens de nitrières ; 6°. du mêlange des terres ; 7°. de la formation
des couches ; 8°. des matières propres aux
arrosages, & des moyens de les employer ; 9°. du lessivage, de l'évaporation & de la crystallisation du salpêtre ;
10°. du produit des nitrières, suivant
les dimensions du hangard. Cet Ouvrage est accompagné de planches très-
détaillées, & de tout ce qui peut contribuer à en rendre l'intelligence facile ; c'est une espèce de Traité élémen-
taire, qui laisse peu de chose à desirer
sur la formation du salpêtre par le moyen
des couches.

Le Conseil de Guerre, en publiant
cette instruction, invitoit les Particuliers
à se livrer à ce genre d'entreprise, &

promettoit des encouragemens & des gratifications à ceux qui établiroient des ateliers de fabrication.

Tandis qu'on élevoit en Suède des hangards, des pyramides , &c. le Roi de Pruſſe multiplioit dans ſes Etats la production du ſalpêtre par une méthode différente. Il preſcrivit par une Ordonnance du 18 Janvier 1748 à chaque Communauté, Bourg & Village, de conſtruire une certaine quantité de murailles épaiſſes, compoſées de terre, de paille & autres végétaux, & de les défendre des injures de l'air par un petit toit de paille. Dans la même année, un Prix fut propoſé par l'Académie de Berlin , ſur la fabrication du ſalpêtre , & le Prix fut remporté en 1749 par le Docteur *Pietſch.* Ce Chimiſte, dans ſa Page 163. Diſſertation, qui fut imprimée en françois l'année ſuivante , prétend, comme *Stahl,* que l'acide du nitre eſt compoſé d'un acide vitriolique, en quelque façon affoibli par le phlogiſtique qui s'échappe

des matières végétales & animales
en putréfaction. Quoique la plupart
des expériences qu'il rapporte en faveur
de son opinion ne soient pas absolument décisives, il n'en est aucune cependant qui ne mérite d'être répétée &
vérifiée. Il assure, par exemple, que si
on sature une terre calcaire avec de
l'acide vitriolique, qu'on la mette dans
un vase, qu'on verse pardessus de l'u-
rine ou quelqu'autre matière propre à
donner de l'alkali volatil par la putréfaction, qu'enfin lorsque l'urine est évaporée, on en remette de nouvelle,
qu'on laisse évaporer de la même manière, on obtiendra, avec le temps,
une terre très - riche en salpêtre. M.
Baume, qui annonce, dans le IIIe. volume de sa Chimie avoir répété cette
expérience, a obtenu le même résultat.

M. *Pietsch*, après avoir déterminé
dans le commencement de sa Dissertation les parties constitutives du nitre,

paſſe à la formation de ce ſel. Les circonſtances qui paroiſſent les plus propres à la favoriſer , ſont 1°. la préſence
d'une terre calcaire qui fixe l'acide du
nitre , & qui lui fourniſſe une baſe ; 2°.
la grande poroſité de la terre, qui laiſſe
un libre paſſage à l'air ; 3°. la putréfaction des matières végétales ou animales, & l'émanation de l'alkali volatil
qui s'en dégage ; 4°. une certaine proportion de chaleur & d'humidité.

Cette Diſſertation de M. *Pietſch* ſur
le ſalpêtre , eſt ſuivie d'une appendice
du même Auteur, intitulée, *Penſées ſur
la multiplication du nitre*. Il y prouve
d'abord que les végétaux qui croiſſent
dans un terrain quelconque , ont la
propriété d'attirer & de ſe rendre propre tout le nitre qu'il contient. Il entre
enſuite dans quelques détails ſur la compoſition des murs ordonnés par le Roi.
Il établit, 1°. que la terre qui ſert de
baſe à ces murailles doit contenir de
la terre calcaire ; ſi même on vouloit

obtenir tout d'un coup du nitre parfait, il faudroit employer un alkali fixe quelconque, & le mêler avec la terre. Il conseille à cet égard de faire ramasser avec soin les cendres pour les faire entrer dans la composition des murs; 2°. il dit que la terre noire qui se trouve à quelques pouces sous le gazon, est une des plus disposées à se salpêtrer ; 3°. que de tous les excrémens des animaux, la fiente de pigeon est celle qui réussit le mieux pour la fabrication du salpêtre.

Peu de temps après la publication de la Dissertation de M. *Pietsch*, la fabrication du salpêtre devint l'objet des travaux de plusieurs Membres d'une *Société* Economique naissante. M. *Elie Bertrand*, M. *Grunner* & un Auteur anonyme, publièrent dans le Recueil de la Société Economique de Berne, chacun un Mémoire sur cet objet.

Page 284. Le Mémoire de M. *Bertrand* roule principalement sur la construction des murailles à salpêtre de Prusse, sur les

matières qui entrent dans leur compofition ; enfin fur la manière de leffiver
les terres , & de faire évaporer la leffive.

M. *Grunner*, dont l'Ouvrage parut ^{Page 294.}
quelque temps après celui de M. *Ber-*
trand, inftruit par fa propre expérience,
crut devoir condamner l'ufage des murailles , des voûtes & des foffes. Il pré-
tendit que les murailles étant faites
d'une terre pêtrie, d'une efpèce d'argile , l'air ne pénétroit pas affez facilement dans l'intérieur de la maffe, &
que le fuccès des murailles en Pruffe ne
tenoit qu'à ce qu'elles étoient faites aux
dépens des Communautés , & que le
temps & la main d'œuvre conféquemment n'étoient comptés pour rien. Quant
aux voûtes , la main d'œuvre en eft ,
fuivant lui, trop chère ; enfin les foffes,
à caufe du défaut de circulation d'air ,
ne produifent du falpêtre qu'à la longue,
& on eft jufqu'à dix & vingt ans pour
en obtenir une très-petite quantité.

M. *Grunnèr* fe trouve ramené par ces réflexions à la méthode de Suède, c'eft-à-dire, à la conftruction de hangards, fous lefquels on amaffe des terres qu'on difpofe par couches, par pyramides ou autrement. Il confeille de les faire aux moindres frais qu'il fera poffible, de les couvrir en chaume, d'y amonceler des débris de murailles calcaires, des terres déjà falpêtrées, d'y mêler beaucoup de cendres, enfin de les arrofer avec de l'urine putréfiée, de la leffive de fumier, de l'eau des égoûts des Villes. Il eft néceffaire, fuivant lui, de remuer fouvent les terres, afin qu'elles préfentent fucceffivement à l'air des furfaces multipliées. Par cette méthode, on peut obtenir en peu de temps, fans dépenfe & fans grande difficulté, une récolte de falpêtre fort abondante.

Page 332. L'Ouvrage de l'Auteur anonymé traite, comme celui de M. *Grunner*, de tous les moyens connus de fabriquer du falpêtre; des voûtes, des tuyaux, des murailles, des foſſes, des couches, &c. Il ne penſe pas auſſi défavorablement des voûtes que M. *Grunner*; il donne le moyen de les compoſer, de les éle-ver, & aſſure qu'on peut en tirer un très-grand parti. Les tuyaux ſont, ſui-vant lui, plus chers que les voûtes. Quant aux murailles, il les rejette en-tièrement. Enfin il ſe décide pour les foſſes & pour les couches ; & princi-palement pour ces dernières. Il preſcrit, comme M. *Grunner*, de placer les cou-ches ou plantations ſous des hangards couverts en paille. On peut donner aux couches juſqu'à huit à dix pieds de lar-geur, ſur la longueur qu'on juge à pro-pos ; on en forme un auſſi grand nom-bre que le hangard peut en contenir, en laiſſant entr'elles des ſentiers pour la manœuvre des Ouvriers. L'Auteur preſcrit de mêler avec les terres, de la chaux, de la cendre, du mâche - fer, un peu de vitriol & un peu d'alun. On forme, avec ce mélange, des tas de

figure triangulaire, c'eſt-à-dire, ter-
minés par en haut par une eſpèce de
toit ; on diſpoſe au fond de ces tas deux
claies qui s'arc-boutent l'une contre l'autre, & qui ménagent en-deſſous un courant libre à l'air ; enfin on ſaupoudre
ces couches pyramidales avec du ſel
marin, & on les arroſe tous les quinze
jours avec de l'urine. Quand la ſurface
de la couche ſe durcit, on la ratiſſe à
la ſurface avec un râteau de fer, qui
rend la terre plus meuble & perméable
à l'air. Ces couches peuvent être leſſivées au bout d'un an.

Les ſalpêtrières, ſuivant l'Auteur
anonyme, doivent être placées dans
les environs des grandes Villes, à cauſe
des fumiers, des urines & des matières
animales qu'on y trouve en abondance.
Les balayeures même des maiſons &
des rues ſont très-propres à la production du ſalpêtre. Il en eſt de même des
débris des boucheries, des oſſemens des
animaux, &c. En général, il n'eſt

point

point de matières fufceptibles de putréfaction qu'on doive rejeter.

On trouve à la fuite de cette Dif- Page 381.
fertation un extrait de deux lettres
adreffées à la Société Economique de
Berne, par M. *Neuhaus*, fur la formation du falpêtre. Il paroît qu'il a éprouvé
avec quelque fuccès une des méthodes
de *Glauber*. Elle confifte à amaffer dans
un même endroit de la maifon toutes
les matières fufceptibles de fe putréfier,
& de les y laiffer pourrir. Il a tiré d'un
tas qui s'étoit ainfi amoncelé pendant
l'efpace de fept ans, douze quintaux de
falpêtre ; la furface de terrain oc-
cupée par le tas, étoit environ de vingt-
cinq pieds en quarré.

Quoique les trois Mémoires dont
on vient de donner l'extrait ne contiennent rien d'abfolument neuf, & qui
ne fe trouve, à proprement parler, dans
Glauber, dans la Differtation de M.
Pietfch & dans l'Inftruction Suédoife,
les Commiffaires de l'Académie ont cru

qu'on les verroit avec plaifir dans ce Recueil; parce que les Auteurs annoncent avoir fait des expériences par eux-mêmes ; parce que les méthodes qu'ils propofent diffèrent en plufieurs points importans de celles de Pruffe & de Suède.

Tandis que la production artificielle du falpêtre faifoit des progrès rapides en Allemagne, la France étoit dans une inaction abfolue fur cet objet ; la fouille dans les maifons des Particuliers continuoit à fatiguer les Habitans de la Campagne, & quelques Provinces reffentoient plus vivement que les autres les inconvéniens de cette méthode.

Ce fut dans ces circonftances que l'Académie de Befançon, dont les travaux ont toujours été dirigés au plus grand avantage de la Société, crut qu'il étoit important d'appeler l'inftruction & les lumières au fecours du Peuple ; elle propofa en conféquence en 1765 pour fujet de fon Prix annuel, de dé-

terminer la manière la plus économique & en même temps la moins oné-
reuſe pour la Franche - Comté , de fabriquer le ſalpêtre en grand. On a déjà
donné plus haut une idée des principaux
abus développés dans les Mémoires admis au concours. Les Auteurs propoſent,
pour y remédier , l'établiſſement de
nitrières artificielles , la conſtruction
de hangards; & ils ne font que répéter
à cet égard ce qui a été dit par *Glauber*,
par *Stahl*, par le Docteur *Pietſch* , &
que ce qui a été publié dans les Inſtructions Suédoiſes & dans les Mémoires
de la Société Economique de Berne.
Quelques-uns propoſent de faire faire
les établiſſemens aux frais du Roi; d'autres de les faire faire aux dépens des
Communautés.

Cependant on continuoit toujours
en Suède de multiplier les établiſſemens de nitrières artificielles , & les
connoiſſances ne ceſſoient de faire de
nouveaux progrès dans ce Royaume. La

difficulté qu'avoit l'air de pénétrer jufques dans l'intérieur des terres amon-
celées dans les foffes, étoit le feul défaut qu'on pût leur reprocher : M. *Gadd*
entreprit de le corriger. Il préfenta en
·1757 au Collège de la Guerre un nouveau projet de foffes dans lefquelles il
introduifoit de l'air par des efpèces de
tuyaux d'airage, à l'inftar de ceux qu'on
emploie dans les mines. Ce projet fut
accueilli par le Gouvernement, & il
fut même accordé à M. *Gadd* des fonds
pour accélérer fon exécution. M. *Berger*,
Confeiller de la Guerre, perfectionna
même encore l'idée de M. *Gadd*, & propofa dans un Mémoire qu'il donna fur
le même fujet, de placer la terre deftinée à la formation du falpêtre fur un faux
fonds de planches diftant de deux pieds
environ du fol, d'y percer un grand
nombre de trous, afin que l'air pût avoir
un accès prefqu'auffi libre pardeffous la
maffe que pardeffus. Enfin en 1771,
M. Abraham *Granit* publia en Suédois

une nouvelle Diſſertation ſur les moyens Page 403. d'augmenter la fabrication du ſalpêtre en Suède. Il y fait voir que la circulation de l'air eſt le moyen le plus efficace pour accélérer la formation de ce ſel , & il va juſqu'à prétendre qu'on peut parvenir à ſalpêtrer aſſez promptement des terres, pour qu'on puiſſe les leſſiver deux fois dans un été. Il regarde comme inutile le mêlange de ſel marin, de ſels vitrioliques & de chaux avec les terres propres à ſe ſalpêtrer ; & il ſe perſuade même que ces matières , lorſqu'on les emploie au - delà de certaines proportions, peuvent nuire à la formation du ſalpêtre , en ce qu'elles retardent les progrès de la putréfaction. Cette remarque de M. *Granit* n'eſt pas généralement vraie ; & il eſt certain , par exemple , que tous les ſels déliqueſcens & le ſel marin même , en très-petite proportion, favoriſent la putréfaction, en entretenant les matières dans leſquelles ils entrent dans un certain degré de fraîcheur & d'humidité. M. *Granit* n'eſt pas non plus dans l'opinion que l'acide nitreux ſoit une modification de l'acide vitriolique ; il prétend également que l'alkali volatil n'entre point dans ſa compoſition ; qu'il ne peut contribuer à ſa formation que comme lui fourniſſant le principe in-flammable : enfin il réfute l'opinion du nitre aërien.

M. *Granit* termine ſon Mémoire, par des détails très - intéreſſans ſur la manière d'extraire le ſalpêtre des terres dans leſquelles il s'eſt formé. La méthode qu'on emploie en Suède, diffère peu de celle qu'on emploie en France.

Un Mémoire publié la même année en Pologne, par M. *Jean-Chrétien-Simon*, annonce que les connoiſſances relatives à la fabrication artificielle du ſalpêtre avoient également pénétré dans ce Royaume. Ce Mémoire contient des détails très-étendus ſur l'établiſſement des nitrières artificielles, ſur les dépenſes qu'elles exigent, ſur le produit qu'on peut en efpérer : on y traite de la nature des terres qu'il convient d'employer, de la préparation qu'il convient de leur donner, de la proportion des mêlanges, des arrofages, &c. Il eft aifé de voir que ce Traité a été calqué fur celui qui avoit été publié en Suède en 1747 ; mais l'Auteur y a ajouté le réfultat de fa propre expérience, & à cet égard fon ouvrage eft précieux ; il blâme l'ufage des murs & des foffes , & s'en tient aux couches ou pyramides élevées & conftruites fous des hangards.

Tel étoit à peu près en Europe l'état des connoiffances fur la fabrication du falpêtre, à l'époque du Prix propofé par l'Académie des Sciences. Sans doute dans ce moment, un grand nombre de Savans travaillent en filence, dans la vue d'obtenir la palme Académique qui leur eft offerte; mais il en eft d'autres qui fans attendre cette époque, fe font empreffés d'offrir au Public le tribut de leurs connoiffances, & l'Académie a penfé qu'elle devoit faire jouir la Société le plus promptement qu'il feroit poffible de leurs Mémoires, en les imprimant dans ce Recueil.

Page 457. Le premier de ces Mémoires eft de M. le Comte *de Milly*, que l'Académie compte aujourd'hui parmi fes Membres. M. *de Milly* y donne une defcription détaillée d'une nitrière artificielle, qu'il a eu occafion de voir en Allemagne. Sans s'arrêter à des differtations vagues fur la nature du falpêtre, fur fa compofition, il paffe rapidement aux faits ; il décrit avec précifion le bâtiment qui forme la nitrière, la nature des terres qu'on y emploie, les matières qu'on y mêlange, leur proportion, la difpofition des tas, leur arrofage ; enfin il conduit le falpêtre depuis l'inftant où il fe forme jufqu'à fa dernière cryftallifation & à fon raffinage. Ce Mémoire eft accompagné de figures, & les defcriptions y font faites avec tant de clarté, qu'il eft aifé à quicon-que voudroit former un établiffement de ce genre, de trouver dans l'ouvrage de M. *de Milly*, tous les détails dont on a befoin pour opérer avec certitude.

Peu de temps après , M. *Tronfon du Coudray*, Officier d'Artillerie , & Correfpondant de l'Académie , lui communiqua un Mémoire fur les méthodes employées en Pruffe & à Malte , pour la génération artificielle du falpêtre. Ce Mémoire fut bientôt fuivi d'un autre de M. le Chevalier *Defmazis*, qui fut adreffé au Miniftre: quoique ces deux Mémoires aient plufieurs chofes qui leur font communes, les Commiffaires de l'Académie ont penfé qu'il pourroit être utile de les publier l'un & l'autre.

Page 475.

Page 492.

La fabrication du falpêtre dans la nitrière de Malte, fe fait à peu près de la même manière qu'en Suède, c'eft-à-dire, fous des hangards; on y emploie de la terre calcaire la plus légère, la plus poreufe & la plus meuble; on en forme des pyramides ou couches triangulaires allongées, en y mettant alternativement de fix pouces en fix pouces un lit de fumier. On arrose ces pyramides avec de l'urine putréfiée, qu'on amasse pour cet objet dans des citernes.

Page 569. M. *Clonet*, Régisseur des poudres, ayant eu occasion de rassembler des observations très - intéressantes sur la manière dont se fabrique le salpêtre dans l'Inde, en a communiqué le résultat à l'Académie. Toutes les terres végétales, d'après son Mémoire, du moins dans certaines parties de l'Inde, sont de véritables nitrières naturelles. Le salpêtre s'y forme en abondance pendant la saison sèche ; il y végète pour ainsi dire, & paroît à la surface en petites aiguilles de deux ou trois lignes. Lorsque la saison des pluies est arrivée, l'eau du ciel dissout le salpêtre, & l'entraîne à une profondeur plus ou moins grande ; mais si-tôt que la terre a repris un certain degré de sécheresse, il remonte à la surface. Il paroît qu'il est des cantons où l'on peut ainsi recueillir du salpêtre chaque année en abondance, & sans que la quantité en paroiffe diminuer l'année fuivante. Ce falpêtre eft naturellement à bafe d'alkali fixe, & on n'a pas befoin de cendres pour l'amener à l'état de fal-pêtre parfait.

Un fait très-fingulier, rapporté par M. *Clonet*, d'après l'autorité de M. *Perot*, c'eft qu'il exifte dans le Royaume de Cachemire, des mines d'où l'on tire du falpêtre en maffe, à peu près de la même manière qu'on tire de la pierre à plâtre, aux environs de Paris. Le fal-pêtre fe trouve dans ces mines, en bancs d'une certaine épaiffeur, & il prétend qu'on en tire de même dans les Royaumes de Siam & de Pégu.

Une autre remarque importante, c'eft que malgré la grande abondance de falpêtre qui fe trouve tout formé dans l'Inde, on ne néglige pas d'appeler l'Art au fecours de la Nature, pour fa-vorifer fa production. On y élève des hangards, on y arrofe les terres avec de l'urine , & cette même méthode se suit à Manille & à Kanton.

Une réflexion que les Commissaires de l'Académie croient devoir faire sur le Mémoire de M. *Clonet* , c'est qu'il ne seroit pas impossible qu'on eût confondu dans les éclaircissemens qui lui ont été fournis , le nitre & le natrum. Il paroît en effet que ce dernier sel est une substance minérale fossille qui se trouve quelquefois en masse dans l'intérieur de la terre ; mais on n'a pas jusqu'ici de preuves suffisantes qu'il existe du salpêtre dans de semblables circonstances.

Page 618.   Il paroît, d'après un Mémoire du Pere d'*Incarville* , que le salpêtre n'est pas moins abondant en Chine que dans les Indes. On l'y recueille de même en plein air dans les temps de sécheresse. Ce Mémoire se trouve dans le 4e. volume des Mémoires présentés à l'Académie des Sciences. Les Commissaires de l'Académie ont cru devoir rapprocher l'extrait de ce Mémoire de celui de M. *Clonet*.

Tandis qu'on cherchoit de toutes Page 586. parts à raſſembler des connoiſſances ſur le ſalpêtre naturel de l'Inde & de la Chine, M. Bowles, dans ſon Hiſtoire Naturelle d'Eſpagne, apprenoit aux Savans que ce ſel n'étoit pas moins abondant dans ce Royaume que dans l'Inde même ; que près d'un tiers des terres incultes des Provinces orientales & méridionales d'Eſpagne, contenoient du ſalpêtre naturel ; que pour obtenir ce ſel, il ſuffiſoit de labourer deux ou trois fois en hiver & au printemps les champs qui ſont près des Villages ; qu'en ramaſſant enſuite, au mois d'Août, la couche ſuperficielle de la terre, on en pouvoit tirer par lixiviation une grande quantité de ſalpêtre. Ce ſel, comme celui de l'Inde, eſt naturellement à baſe d'alkali fixe : il contient de vingt à quarante livres pour cent de ſel marin. Les mêmes terres qui ont été leſſivées une année, étendues l'année ſuivante,

& expofées de nouveau à l'air, rendent communément une égale quantité
de falpêtre.

Page 597.   Ce n'eft, à ce qu'il paroît, que depuis peu d'années qu'on a effayé de fabriquer du falpêtre dans l'Amérique.
Les papiers Anglois de l'année dernière
nous apprennent que les magafins à
tabac font de vraies nitrières ; qu'en
mêlant la terre qui forme le fol de
ces magafins avec des rebuts de feuilles
de tabac, & en l'humectant avec la leffive de ces mêmes feuilles, il s'y
forme en peu de temps du beau falpêtre, qui fe montre en efflorefcence
à la furface. On a foin de balayer de
temps en temps ce falpêtre, & de le
mettre à part pour le purifier fuivant les
méthodes ordinaires.

Pag. 501.   Quoique le Mémoire que M. *La-*
voifier, l'un des Commiffaires, a lu à
l'Académie dans le commencement de
cette année, fur une manière de dé-

compoſer & de recompoſer l'acide du nitre ou du ſalpêtre , n'ait qu'un rapport éloigné avec les méthodes connues de fabriquer le ſalpêtre en grand; cependant comme M. Lavoiſier prouve que l'acide nitreux contient une grande quantité d'air dans un état plus pur que celui de l'atmoſphère , que même il eſt poſſible , ſuivant M. Prieſtley & ſuivant lui , de convertir la totalité de l'acide nitreux en une ſubſtance élaſtique , en un *gas* d'une eſpèce particulière , l'Académie a penſé que ce Mémoire , en éclairciſſant pluſieurs points de théorie , pourroit conduire à des applications heureuſes ſur la fabrication du ſalpêtre , & qu'en conféquence il pourroit être utile de le publier dans ce moment.

Tel eſt le tableau raccourci des connoiſſances exiſtantes dans ce moment ſur la formation & la production du ſalpêtre; telles ſont celles au moins que les Commiſſaires de l'Académie ont pu raſſembler ; car, malgré leurs soins, ils n'osent pas se flatter que rien ne leur soit échappé. Ils souhaitent avoir rempli le vœu du Gouvernement & celui de l'Académie ; ils souhaitent sur-tout que leur travail tourne à l'avantage des Sciences, de l'Etat & de l'Humanité.

TABLE

DES OUVRAGES ET MÉMOIRES
CONTENUS EN CE RECUEIL.

N. On a indiqué dans le Mémoire de M. le Comte de *Milly* le n°. des figures, mais on a omis d'indiquer le n°. des planches. On avertit le Lecteur, pour réparer cette omiſſion, que c'eſt à la planche 3ᵉ. que ce Mémoire eſt relatif.

EXTRAIT

EXTRAIT

DES OUVRAGES

DE GLAUBER,

Sur la nature & la formation du salpêtre.

L y a grande apparence que l'espèce de sel auquel nous donnons aujourd'hui le nom de nitre ou de salpêtre, étoit inconnue des anciens. Ce qu'ils ont décrit sous ce nom paroît être un sel fixe de nature alkaline, analogue à l'alkali de la soude, ou, ce qui est la même chose, à l'alkali qui sert de base au sel marin. Une lecture attentive du chapitre 10 du 31ᵉ livre de l'Histoire Naturelle de *Pline*

A

fur l'origine, les propriétés & les ufages du nitre, femble ne laiffer aucun doute à cet égard ; & lorfque ce célèbre Auteur avance qu'on peut retirer une efpèce de nitre du chêne, par la combuftion, c'eft-à-dire clairement que ce qu'il appelloit nitre n'étoit autre chofe qu'une fubftance alkaline, une efpèce de potaffe. On pourroit rapporter une infinité de preuves & de citations favorables à cette opinion ; mais comme on ne s'eft point propofé de faire ici l'hiftoire du nitre des Anciens, on fe contentera de dire que la même fubftance alkaline, à laquelle ils donnoient le nom de *nitrum*, eft encore connue en Egypte fous le nom de *natrum*, nom prefque femblable, & dont l'analogie feule peut avoir fait prendre le change ; que ce fel fe tire encore aujourd'hui, comme du temps de *Pline*, des !acs de l'Egypte, des plaines de la Perfe & de l'Inde.

Ce feroit encore en vain qu'on chercheroit des lumières fur le nitre dans les anciens Auteurs qui ont écrit depuis *Pline : Diofcorides, Agricola, Ferdinante Imperato*, n'ont prefque fait que le copier ; & ils ont été copiés eux-mémes par leurs Contemporains, & par ceux qui les ont fuivis ; au point qu'il ne feroit pas impoffible que ce fût par une suite de cette erreur, ou plutôt de la confusion des noms, qu'on croit encore affez généralement aujourd'hui, que le nitre eft un sel minéral naturel dans l'Inde, & qu'on le retire des lacs, des carrières, des terres, des campagnes.

L'objet de ce Recueil étant uniquement de raffembler ce qui se trouve épars dans les différens Auteurs fur la formation du nitre des Modernes, on a rejeté tout ce qui ne s'appliquoit pas évidemment à cette dernière efpèce de nitre ; & on a été ramené par cette circonftance jufqu'à *Glauber*, le premier qui ait traité méthodiquement ce sujet, qui ait commencé à y porter les lumières de la Chimie, & qui se soit formé véritablement un fyftême fur la génération de ce sel. Ceux qui voudront connoître d'une manière plus particulière ce qui a été écrit avant *Glauber* fur le natrum des Anciens & fur le nitre des Modernes, pourront confulter *Baccius de Thermis, lib.* 5, *cap.* 5, 6 & 7; *Guilhelmus Clalke, Hiftoria Naturalis nitri*, imprimée à Londres en 1665; l'Ouvrage de *Schellamer*, intitulé *de nitro cum veterum, tum noftro, Ameftelodami*, 1719. On trouve dans ce dernier Ouvrage un extrait

A 2

affez étendu de ce qui a été écrit de plus inté-
reffant fur cette matière.

Il ne faut qu'avoir parcouru les Ouvrages
de *Glauber*, pour s'être apperçu que, quoique
cet Auteur foit en général exact dans fes manipulations & dans fes récits, il fe livre cependant quelquefois à un enthoufiafme, qui le
porte au-delà du vrai. On ne peut guère douter d'ailleurs que l'envie d'acquérir de la célé-
brité, le defir d'en impofer à fes ennemis, &
peut - être l'humeur occafionnée par de longues contradictions, ne l'aient porté à fuppofer des expériences qu'il n'avoit point faites,
de forte qu'il n'eft pas poffible d'admettre fans
choix tout ce qu'il avance. Enfin on rencontre dans prefque tous fes Ouvrages des ex-
preffions énigmatiques, une obfcurité affectée,
qui tient au langage de l'Alchimie, & qui
rend fa lecture faftidieufe & rebutante. Les
Commiffaires de l'Académie des Sciences ont
cru rendre fervice aux Lecteurs, en prenant
fur eux tout le dégoût de cette lecture, &
en ne préfentant que par extrait ce que cet
Auteur a écrit fur le nitre dans tout le cours
de fa vie. Ils n'ont point obfervé dans ce travail l'ordre des temps, mais celui des chofes;

& ils ont vu avec plaifir qu'en rapprochant les uns des autres un grand nombre de morceaux découfus, il en réfultoit un enfemble qui formoit un traité prefque complet. Il auroit été à fouhaiter fans doute qu'avant de publier cet extrait, ils euffent pu répéter une partie des expériences & des recettes qu'il renferme, & c'étoit leur premier projet ; mais l'empreffement qu'ils ont eu de mettre fous les yeux du Public le tableau des connoiffances actuellement exiftantes fur la formation du falpêtre, l'époque d'un prix qui s'approche, & fur-tout le vœu du Miniftre, qui defire que ce Recueil puiffe être utile aux Concurrens, ne leur ont pas permis de différer plus long-temps.

Avant d'expofer ici le détail des procédés indiqués par *Glauber*, pour fabriquer du nitre, foit en petit, foit en grand, on a cru devoir donner une idée du fyftême qu'il avoit embraffé fur la formation de ce fel. C'eft principalement dans la première partie de la profpérité de l'Allemagne, le dernier de fes Ouvrages, que ce fyftême fe trouve développé.

Il y établit par raifonnement & par expérience, que le nitre eft le *fubjectum univerfale* ; *Profperitas Germaniæ.* P. 1, p. 98.

qu'il exiſte dans les trois règnes de la nature ; qu'il eſt le ſel eſſentiel des végétaux & des animaux ; qu'il ſe rencontre dans le ſein des montagnes & dans l'intérieur des pierres.

Pag. 98.   Tous les ſels, ſans exception, ſont ſuſceptibles, ſuivant lui, d'être convertis en ſalpêtre. Ceux qui ont la propriété de ſe ſublimer, ſubiſſent plus promptement cette converſion. Les ſels fixes au contraire, ceux qui ne ſont point ſuſceptibles de ſe ſublimer, & ſur tout les ſels mordans & corroſifs, acquièrent plus lentement & plus difficilement les propriétés du ſalpêtre ; enfin les ſels les plus difficiles de tous à convertir ſont le ſel marin, l'alun & le vitriol.

Après ces aſſertions générales, il ajoute ces paroles remarquables, qu'on a cru devoir tranſcrire ici, parce qu'elles peuvent ſervir à expliquer d'une manière très-naturelle ce que les prétentions de l'Auteur ſemblent préſenter de merveilleux.

Proſperitas Germaniæ.
P. 1, p. 99.   » Quand je dis ici qu'un tel ſel peut ſe changer en ſalpêtre, il ne faut pas croire qu'il » acquierre cette propriété auſſi-tôt après la » calcination & l'extraction ; il ne peut devenir un vrai ſalpêtre qu'autant qu'il aura été » expoſé un temps ſuffiſant à l'air, & qu'il en

» aura attiré la vie & la flamme, qui lui
» donnent la propriété de détonner. C'eſt une
» choſe connue de tout le monde, qu'on re-
» tire plus de ſalpêtre des étables & des écu-
» ries anciennes, que des nouvelles. Ce n'eſt
» pas ſeulement parce qu'elles ont été imbibées
» d'une plus grande quantité d'urine & d'ex-
» crément, mais encore parce que les ſels des
» urines & des excrémens ont eu le temps
» de recevoir de l'air le principe qui leur eſt
» néceſſaire. On auroit beau calciner & tour-
» menter de toutes manières de l'urine ou des
» excrémens d'animaux, on n'en retireroit pas
» un atome de nitre, s'ils n'avoient été ex-
» poſés à l'air un temps convenable. Plus l'air,
» ajoute-t-il dans un autre endroit, touche im-
» médiatement les ſels, plus leur converſion en Pag. 105.
» ſalpêtre eſt prompte. Et en effet, nous voyons
» que les pierres dures ne ſe ſalpêtrent point,
» tandis que la chaux qui leur ſert de joint,
» comme plus poreuſe & plus acceſſible à l'air,
» acquiert bientôt cette propriété.

Pour procéder avec plus d'ordre dans cet
Extrait, on préſentera dans trois Articles ſéparés les preuves que donne *Glauber* de
l'exiſtence du nitre dans les végétaux, dans les
animaux & dans les minéraux.

A 4

De l'existence du nitre dans les végétaux.

Quelques plantes, dit *Glauber*, & principalement les plantes amères, telles que le chardon - béni, l'absynthe, la fume - terre, donnent par expression un suc, lequel dépuré & évaporé, fournit par réfroidissement un nitre naturel, qui détonne aussi bien que celui qu'on retire de la terre des étables, des vacheries & des écuries.

Pag. 7.

Pag. 73.

Les plantes acides, telles que l'oseille, l'épine-vinette, les groseilles, les pommes sauvages & domestiques, & plusieurs autres fruits, lorsqu'ils ne sont pas bien mûrs, donnent par expression, par dépuration & par évaporation, non pas, il est vrai, immédiatement du salpêtre, mais un sel acide très-analogue au tartre du vin ; or le tartre & le salpêtre peuvent se convertir à volonté l'un dans l'autre.

L'Auteur ajoute ensuite qu'il est très-probable que tout le nitre dont nous nous servons , vient originairement des végétaux. En effet, dit - il, ce sel se tire des écuries ou des étables. Or, comment y a-t-il été apporté ? N'est - ce pas évidemment par l'urine & par les excrémens des animaux ? Mais cette urine & ces excrémens, d'où viennent,

Pag. 76.

ils eux-mêmes ? N'eſt-ce pas de la nourriture qu'ils ont priſe ? Or cette nourriture eſt de l'herbe, du foin & des végétaux. Les végétaux contiennent donc originairement du ſalpêtre, & l'eſtomac, les organes de la digeſtion des animaux, n'opèrent autre choſe que la ſéparation de ce ſel par la putréfaction. Cette même idée ſe trouve dans *Unzerus de Sale*, cap. 18.

Après ces preuves, qu'on peut appeller en quelque façon directes, de l'exiſtence du ſalpêtre dans les végétaux, *Glauber* paſſe à celles d'induction. Il établit d'abord que les engrais ne favoriſent la végétation qu'en raiſon des parties nitreuſes qu'ils contiennent ; & il ajoute que ſi les Cultivateurs ont grand ſoin d'amaſſer dans des foſſes, des feuilles d'arbres, des gazons, des plantes de toute eſpèce, pour les y laiſſer pourrir, & ſe convertir en fumier, c'eſt parce que dans cette opération il ſe développe de ces matières une quantité de nitre égale à celle que les excrémens des animaux & les fumiers peuvent contenir. Pag. 78.

Enfin, il prétend que les gazons brûlés, que les Blanchiſſeurs regardent comme inutiles pour leur objet, donnent par la leſſivation un ſel qu'il eſt très-aiſé de convertir en ſalpêtre. P. 94 & 95.

De l'exiſtence du ſalpêtre dans les animaux.

Glauber donne pour preuve l'exiſtence du ſal-pêtre dans les animaux, l'expérience qui ſuit. On ſait que toutes les matières animales qui ſe putrifient ſe rempliſſent de vers. Si on prend une livre de ces vers, qu'on les introduiſe dans une bouteille de verre, bouchée ſeulement avec du papier, & qu'on les expoſe ainſi dans un endroit chaud, ils ſe réduiront bientôt en eau. Cette même eau, filtrée, clarifiée avec du blanc d'œuf dans une baſſine de cuivre éta-mée & évaporée, donne de très bon ſalpêtre en aiguilles fines, pourvu toutefois que la li-queur ſoit demeurée expoſée quelque temps à l'air. Les vers de fromages donnent le même réſultat.

Il prétend auſſi que les os des animaux peu-vent fournir une grande quantité de ſalpêtre, & qu'en tirant parti des os & des chairs de ba-leine qu'on jette en Groenland, & qui ſont perdus, on pourroit retirer depuis vingt juſ-qu'à cinquante livres de ſalpêtre par baleine.

Le ſalpêtre ſe trouve de même, ſuivant lui, en grande abondance dans le ſang des ani-maux, & il en rapporte la preuve qui ſuit.

Rempliſſez un vaſe de ſang de bœuf ou de

fang de veau, & tenez - le dans un endroit chaud juqfu'à ce qu'il foit entièrement putrifié, & enfin réduit en terre; leffivez cette terre avec de l'eau; faites évaporer & cryftallifer; vous obtiendrez de vrais cryftaux du nitre. Cette expérience a l'avantage de fournir un moyen commode de fabriquer du falpêtre en grand dans les Villes où le fang des animaux eft entièrement perdu.

C'eft encore cette grande abondance de nitre que contiennent les matières animales, qui eft caufe, fuivant *Glauber* que les terres des cimetières font fi recherchées par les Salpêtriers, ainfi que l'a remarqué *Laʒare Erker*.

De l'exiftence du falpêtre dans les minéraux.

Les pierres qui fervent à faire la chaux qu'on emploie dans les bâtimens, contiennent, fuivant *Glauber*, une grande quantité de falpétre; mais il convient que ce fel y eft tellement caché, qu'il eft impoffible de parvenir à l'extraire par le moyen de l'eau feule. Lorfque ces pierres ont été fuffifamment calcinées, elles donnent un fel extrêmement chaud, & qu'on peut extraire par l'eau. Ce fel, il eft vrai, n'eft pas du falpêtre, mais il peut aifément être changé en falpêtre par l'action de

Profperitas Germaniæ.
P. 3 & 18.

l'air. *Glauber* rapporte à l'appui de cette assertion l'expérience qui suit.

P. 18 & 19.   Prenez, dit-il, une once de pierre à chaux
en poudre, & versez par dessus un poids d'eau-
forte égale au sien ; mettez le vase qui contient cette combinaison sur un bain de sable
chaud ; au bout d'un quart d'heure, soit que la
pierre soit dissoute ou non , retirez le vaisseau
de dessus le sable, & versez-y de la lessive de
cendre jusqu'à ce que l'effervescence cesse ; dissol-
vez dans l'eau le sel qui se sera formé ; filtrez
& évaporez & tenez note de la quantité de salpêtre que vous aurez obtenue.

Une preuve, continue *Glauber*, que tout
le salpêtre que fournit ce procédé ne vient pas
de la combinaison de l'eau-forte avec la lessive, c'est que si vous saturez directement avec
de la lessive de cendre une égale quantité
d'eau-forte , & que vous fassiez évaporer, vous
aurez beaucoup moins de salpêtre que dans
l'expérience précédente : la différence vous donnera exactement la quantité de salpêtre qui
étoit contenue dans la pierre. Cette méthode,
il est vrai, ne peut être d'aucun usage dans les
opérations en grand , parce qu'elle est trop
dispendieuse ; mais au moins elle fournit, toujours suivant *Glauber,* un moyen de prouver que

les pierres à chaux contiennent beaucoup de ſalpêtre , & elle mettra ceux qui voudront les travailler pour en obtenir ce ſel , à portée de choiſir les meilleures pour leur objet.

Outre les pierres qui ſe réduiſent en chaux P. 20 & 21 par calcination, & dont on ſe ſert pour les bâtimens, il en eſt d'autres qui n'ont pas cette propriété, & qui cependant , ſans aucune calcination préalable, peuvent fournir beaucoup de ſalpêtre. Des montagnes entières ſont compoſées de ces pierres ; mais à moins de les connoître, on ne ſe douteroit pas qu'elle continſſent du ſalpêtre. Ces pierres ſont blanches ou cendrées; elles ſont tendres, & prennent toutes les formes qu'on juge à propos de leur donner: auſſi les emploie-t-on communément dans les bâtimens pour les angles des maiſons, pour les embraſures des fenêtres, enfin pour les marches & les ornemens extérieurs. Ces pierres ont de la conſiſtance en ſortant de la carrière, & elles la conſervent, quand on les place dans un endroit toujours ſec ou toujours humide; mais ſi elles ſont expoſées à l'action ſucceſſive de la ſéchereſſe & de l'humidité, elles s'effleuriſſent ; elles ſe couvrent chaque année d'une couche de matière blanche farineuſe, de l'épaiſſeur d'une lame de couteau, & elles ne font nullement propres alors à entretenir les édifices dans leur état de solidité.

Pag. 22.   Il n'eſt pas aiſé de reconnoître la quantité de ſalpêtre que contiennent ces pierres. Si on les calcine, une partie de ce ſel eſt détruit, & ſe perd dans les airs : ſi on les traite avec l'eau ſans les calciner, on en tire encore moins de ſalpêtre ; & il faut, avant qu'on puiſſe les leſſiver avec avantage, qu'elles ſoient reſtées environ l'eſpace d'une année expoſées à l'air, qu'elles y aient été arroſées ; & qu'à l'aide de l'eau, ſeſoient effleuries & ſe ſoient réduites en nue eſpèce de bouillie. Si ces pierres n'ont point été attaquées ni par l'eau ni par l'air, & qu'elles ne ſe ſoient pas au moins ramollies pendant les ſix premiers mois, il y a peu de ſuccès à en attendre.

Pag. 23.   Ces pierres, ainſi traitées, peuvent donner juſqu'à dix pour cent de ſalpêtre. L'extraction de ce ſel ſe fait à la manière accoutumée, & comme elle a été décrite par *Laʒare Ercker*, les mêmes pierres leſſivées étant de nouveau expo. ſées à l'air, donnent de nouveau ſalpêtre avec le temps.

Les Anciens, dit *Glauber*, tiroient princi-palement le ſalpêtre des pierres : & c'eſt à cela

ſans doute que ce ſel doit ſon nom. Aujour-
d'hui les Européens n'en tirent plus que de la
terre des écuries & des étables. Mais les Indiens continuent de l'extraire des pierres ſans
aucune addition ; & les vaiſſeaux de la Répu-
blique de Hollande en rapportent chaque année pluſieurs milliers de quintaux.

» Avant de fixer, ajoute-t-il, mon domicile en   Pag. 29.
» Flandres, j'ai habité la France & le Bourg
» de *Kitzing*. A un mille de cet endroit eſt une
» montagne élevée, couverte d'arbres, ſur
» laquelle ſont élevés pluſieurs Châteaux,
» & entr'autres celui de Coſſel. Vers la baſe
» de la montagne eſt un Village du même
» nom, dans lequel on rencontre pluſieurs fon-
» taines, que j'ai jugé par le goût être impre-
» gnées de beaucoup de ſalpêtre ; ces eaux ne
» peuvent ſervir pour la préparation des ali-
» mens, & les animaux même refuſent d'en
» boire. Le petit ruiſſeau qu'elles forment paſſe
» à travers le Village, & va tomber dans le
» Mein. En examinant quelle pouvoit être l'ori-
» gine du ſalpêtre contenu dans ces eaux, j'ai
» remarqué que la montagne voiſine qui s'é-
» tend à quelques milles, étoit toute remplie
» de ce ſel ; que les pierres qu'on tire des car-
» rières en donnoient une grande quantité,

» pourvu qu'elles euffent été expofées à l'air pen-
» dant un intervalle de temps fuffifant : car exa-
» minées dans la carrière même, elles ne donnent
» aucun indice de ce fel.

P. 35.   On trouve également, ajoute-il, des pierres qui contiennent du falpêtre dans la même
montagne, à Swanberg & à un mille de diftance
de Carlftadt, entre Kitzing & Wernfeld.

On tire encore des pierres de même nature
près le Mein, à peu de diftance de la Ville de
Rotenfeld, & en beaucoup d'endroits. Ces
pierres, expofées à l'air, s'y ramolliffent en peu
de temps, & fe réduifent en feuillets minces,
qui teignent les doigts d'une farine rougeâtre.
Un autre indice infaillible pour les reconnoître, c'eft qu'on rencontre à leur furface une
grande quantité d'araignées à corps rond, petit & à longues pattes. Ces araignées ne vivent
pas comme les autres d'herbes, de mouches &
d'infectes ; mais elles fe placent dans les vieux
bâtimens, ou bien elles s'attachent à l'efpèce
de pierre dont il eft queftion, & elles fe nourriffent de falpétre. Ces araignées ne font point
venimeufes comme les araignées domeftiques
ordinaires.

P. 37.   On trouve encore d'autres pierres qui, calcinées, donnent du falpêtre. Tels font les tufs

de

de Triefelſtein près le Mein, & des montagnes entières en Allemagne.

De la converſion du ſel marin en ſalpêtre.

Premier moyen de compoſer en abondance & avec profit, du ſalpêtre très - inflammable & de la meilleure qualité , par un mélange de ſel marin ordinaire , & de leſſive de ſalpêtre.

Il y a, ſuivant *Glauber*, tant de rapports en-tre le ſel marin & le ſalpêtre, qu'il eſt facile de convertir le premier dans ce dernier, même par pluſieurs moyens, & il indique le ſuivant dans l'Ouvrage intitulé, *Appendicis generalis centutia ſecunda.*

Appendi-cis genera-lis centuria ſecunda , n. 23.

On prend une partie de ſel de cuiſine le plus ſale & le plus commun; on le mêle avec deux ou trois parties de chaux, réduite en poudre par l'action de l'air: on place ce mélange dans un endroit, à l'abri de la pluie, mais qui ce-pendant ſoit expoſé aux rayons du ſoleil, & qui laiſſe un libre accès à l'air; on humecte ces matières avec de la leſſive de ſalpêtre; lorſ-qu'on s'apperçoit qu'elle ſe deſſèchent, on les humecte de nouveau, & on continue ainſi juſ-ques à ce que ce ferment ait converti le ſel marin en ſalpêtre. Cette converſion a lieu un peu plutôt ou un peu plus tard, suivant que l'opération a été suivie plus ou moins exactement. On retire par la décoction, suivant la méthode ordinaire, avec de l'eau commune, tout ce qui a été converti en salpêtre; on rejette ensuite le résidu dans le même endroit, & en l'arrosant de nouveau avec de la lessive de nitre, à mesure qu'il se dessèche, ou à défaut avec de l'eau commune, on en retire encore de nouveau salpêtre par le lessivage, & ainsi à l'infini; bien entendu que la quantité de salpêtre qu'on retire dans cette opération est beaucoup plus considérable que celle qui étoit contenue dans la lessive qu'on a employée.

II. *Autre méthode plus dispendieuse de convertir le sel marin en salpêtre par le moyen du nitre fixé ou de l'alkali fixe.*

Id. 2. 24. Prenez parties égales de sel marin & de nitre fixé (1); dissolvez-les séparément dans l'eau; faites le mélange de ces deux solutions dans un tonneau, & avec le temps le salpêtre

---

Note des Editeurs.

(1) Tout le monde sait que le nitre fixé n'est autre chose que l'alkali fixe, qui servoit de base au salpêtre, & qui reste après que l'acide a été détruit par la détonnation.

fixé produira l'effet d'un ferment qui attaquera le fel marin, & le convertira en falpêtre.

Quiconque voudra obtenir plus promptement du falpêtre, pourra au lieu de fel commun, employer de l'eau mère de falpêtre ; en peu d'heures la décompofition fera faite, & on pourra obtenir par évaporation, un falpêtre auffi bon qu'il foit poffible (1).

Enfin, pour obtenir encore davantage de falpêtre, on fera diffoudre du fel marin dans une leffive d'eau mère de falpêtre, & en faifant évaporer, on aura du falpêtre en aiguilles, en très-grande quantité, mais de moindre qualité que dans l'opération précédente (2).

Note des Editeurs.

(1) Il paroît que *Glauber* ignoroit que les eaux mères des Salpêtriers font pour la plus grande partie le réfultat de la combinaifon de l'acide nitreux, avec une terre calcaire. Le nitre fixé ou l'alkali, qu'il prefcrit d'ajouter, précipite la terre, & fe combine à fa place avec l'acide : d'où il réfulte un véritable falpêtre. Les Chimiftes connoiffent aujourd'hui l'explication de cette expérience, & les Salpêtriers la font fans le favoir, lorfqu'ils repaffent des eaux mères fur des cendres, foi-difant pour les dégraiffer.

(2) Il paroît encore que *Glauber* ignoroit que les eaux mères des Salpêtriers retiennent une quantité affez

III. *Autre moyen dispendieux de faire de bon
salpêtre, & qui détonne bien, par un mélange
de sel marin & d'alkali ou salpêtre fixe.*

Id. n. 25. Prenez un poids égal de nitre fixé & de sel
commun; ajoutez le double de ces deux poids
réunis de chaux, réduite en poudre à l'air, &
faites de ce mélange des boules que vous ran-
gerez couches par couches avec du bois. Lorsque le monceau de bois aura été allumé, &
que toutes les matières auront été embrasées
pendant une heure, le sel marin se trouvera
déja très-rapproché de la nature du salpêtre;
mais il ne sera susceptible de détonnation, qu'au-

considérable de véritable salpêtre à base d'alkali fixe,
qui, embarrassé par l'eau mère, refuse de cryftallifer par
l'évaporation. Le sel marin qu'on ajoute à ces eaux
mères étant plus soluble à froid que le salpêtre, précipite ce dernier, si la liqueur est suffisamment concentrée, ou s'interpofe au moins entre lui & l'eau mère,
& favorise par-là sa cryftallifation. Cette expérience a
déjà été plus d'une fois propofée par l'ignorance & la
charlatanerie, sous le titre de converfion de sel marin en
salpêtre; mais il est certain qu'on n'obtient pas par ce
procédé un seul atome de salpêtre de plus que celui qui
exiftoit dans les eaux meres, & qu'on auroit pu en tirer
par tout autre moyen chimique.

tant qu'il aura été expofé à l'air pendant un temps convenable, & qu'il aura été humecté.

Il eft à remarquer que fi au lieu d'eau de pluie, on emploie pour humecter le mélange de l'eau qui a fervi au lavage des mines, on retire du falpêtre au bout d'un petit nombre de femaines.

IV. *Maniere de former en abondance de bon falpêtre par le mêlange de la chaux vive & du fel commun.*

Prenez quatre parties de chaux vive, réduite en poudre par l'action de l'air; mélez-y une partie de fel marin : humectez ce mélange avec de l'urine, ou à défaut avec de l'eau commune, & faites-en une pâte dont vous formerez des boules irrégulieres. Conftruifez avec ces boules & avec du bois, couches par couches, un monceau ou bûcher de telle hauteur que vous jugerez à propos. Les boules & morceaux de bois doivent être tellement difpofés que la flamme puiffe pénétrer par-tout; on met le feu à toute cette maffe & on la laiffe brûler jufqu'à ce que tout le bois foit confommé : il faut environ une heure pour que les boules foient complettement rouges. L'acrimonie du fel marin fe trouve changée par cette opération; il acquiert une nature plus

Appendis quintæ partis profperitatis Germaniæ. P. 17 & 18.

douce, & qui le rapproche davantage de celle du salpêtre.

Cette première opération finie, on exposera les boules calcinées, comme on vient de le dire, dans un endroit à couvert de la pluie, & qui laisse néanmoins un libre accès à l'air & aux rayons du soleil, & on les entassera jusques-à la hauteur de trois ou quatre pieds ; on arrosera une première fois ces boules avec de l'urine d'hommes & d'animaux, ou à défaut avec de l'eau simple, afin que les boules se fondent & se mêlent avec les autres matières (1), puis on laissera tout tranquille jusques-à ce que la masse soit presqu'entièrement desséchée ; alors on fera un nouvel arrosage, & on répétera successivement les humectations & les dessications, autant de fois qu'il sera nécessaire.

Ce moyen de produire du salpêtre est lent,

Note des Editeurs.

(1) On ne conçoit pas ce que *Glauber* veut dire par ces mots avec les autres matières ; apparemment qu'il entend qu'on entasse, comme il le prescrit, non-seulement les boules de chaux & de sel marin calcinées, mais encore la cendre du bois : autrement on ne verroit pas à quoi peut s'appliquer ce qu'il appelle *les autres matières.*

mais il est très-profitable; d'ailleurs le même mélange peut servir long-temps, en rejetant toujours sur le tas le résidu des évaporations; on peut de cette manière renouveller chaque année le lessivage de la même terre.

On peut accélérer cette opération en arrosant les matières avec de l'eau salpêtrée; ce sel sert de semence ou de levain *, & accélère, comme on l'a dit plus haut, la transformation du sel.

On peut encore accélérer beaucoup davantage, & rendre l'opération plus profitable, en arrosant les matières avec de l'eau-forte; elle sert de ferment, de levain & de semence, & on retire une quantité de salpêtre beaucoup plus considérable que celle qu'on peut supposer formée par l'union de l'eau-forte avec la terre & les alkalis.

V. *Autre manière de former du salpêtre par un mélange de sel marin & de mine sulphurée.*

Prenez une partie de sel commun; joignez-y trois ou quatre parties de mine sulphu- *Id.* p. 24.

---

* Ce systême de levain, de semence, d'assimilation, tient beaucoup aux idées alchimiques, & on le retrouve souvent dans *Glauber.*

rée, réduite en petits morceaux *, plus ou moins suivant la quantité de soufre qu'elle contient ; si vous avez du vitriol sous la main, il faut en prendre parties égales: lorsque la mine a été mélée avec le sel marin, on la met dans un fourneau construit à la manière de ceux qu'on emploie pour le rotissage des mines. Les matières doivent être placées ou sur la grille, ou, s'il n'y en a pas au milieu des charbons : on entretient le tout rouge pendant deux heures, pendant lequel temps le soufre agit sur le sel, & en altère la nature. La calcination finie, on fait la lessive; le sel que l'on obtient ensuite par évaporation, a le goût & les propriétés du nitre ; il crystallise comme lui en longues aiguilles **, mais qui s'effleurissent à l'air ; en ajoutant de la chaux vive à ce sel, en le calcinant & le préparant comme dans la méthode précédente, on obtient en moins de temps de très-bon salpêtre.

La mine qu'on a employée, soit qu'elle contienne du cuivre ou un autre métal, peut après cette opération, être fondue & traitée comme à l'ordinaire ; il n'en résulte aucune différence,

---

* Cette mine est appellée *schewelkies* par les Allemands.
** Ce sel ne peut être que du sel de *Glauber.*

ni dans la quantité, ni dans la qualité du métal, par la raifon qu'il n'y a que le foufre qui ferve à la formation du falpêtre.

Le caput mortuum de la diftillation de l'efprit de fel par le vitriol, fournit également un fel très-propre à la formation du falpêtre *, fur tout fi on emploie les pierres à chaux qui ont été calcinées dans les fourneaux des charbonniers.

De la converfion du tartre en falpêtre.

Dans tout le pays fitué le long du Mein, entre Rimberg & Francfort, on rejette chaque année une quantité confidérable de féces de tartre; cette matière, fuivant *Glauber*, pourroit donner plufieurs centaines de quintaux de falpêtre ou plutôt tout le tartre qu'elle contient, pourroit être converti en falpêtre; il ne s'agit pour y parvenir, que de traiter convenablement ce fel avec une leffive de chaux vive **, de faire bouillir, de clarifier, d'évaporer fuffifamment & de mettre à cryftallifer; car la liqueur attire

Profperi- tas Germa- niæ P.Eco- lia. Pag. 36 & fuiv.

---

* Ce fel eft encore un véritable fel de *Glauber*.

** *Glauber* femble dire que ces *féces* de tartre doivent

de l'air, l'ame dont elle a befoin comme un *magnes*, & fi l'opération eft bien faite, on peut obtenir en trois jours de très-bon falpêtre qui donnera beaucoup plus de profit que le fel de tartre ou la potaffe qu'on a coutume d'en retirer.

De la formation du falpêtre par la combinaifon de l'acide du bois avec un alkali fixe.

Miraculi mundi continuatio.

On conftruira d'abord un fourneau conique de la figure d'un A typographique, c'eft-à-dire, évafé dans fa partie inférieure & qui fe terminera dans le haut par une ouverture ronde d'un pied de diamètre, pour jeter le bois; à cette ouverture fera adapté un couvercle de terre cuite, qui le fermera exactement; on ménagera dans le bas de cette efpèce de fourneau deux ouvertures oppofées l'une à l'autre; l'une d'elles fervira pour retirer les charbons, & on ajuftera à l'autre un tuyau de brique ou de terre cuite, de trois ou quatre toifes de

---

être préalablement calcinées : alors ce ne feroit plus que du fel de tartre.

longueur, dont l'extrémité aboutira dans un baril ou tonneau deftiné à recevoir la liqueur dont il fera queftion dans un moment; tout étant ainfi difpofé, on emplira de bois le fourneau jufques-à fon ouverture fupérieure ; & fi le bois n'eft pas fuffifamment fec, on placera par-deffus un fagot pour favorifer l'embrafement; lorfque tout le bois eft bien allumé, on ferme exactement le trou fupérieur avec fon couvercle ; alors la fumée ne trouvant plus d'autre ouverture, eft obligée de defcendre & d'enfiler le canal qui lui a été préparé. Le bois qui continue de brûler fans cependant répandre de flammes , produit affez de chaleur pour exprimer tout le fuc du bois, & le pouffer dans le canal, où il fe condenfe en une liqueur acide qui coule dans le tonneau. Quand tout le bois eft converti en charbon, & qu'il ne donne plus de fumée , on lutte avec de la cendre humectée les jointures des portes, le tour du couvercle , & le trou lui-même auquel eft adapté le tuyau pour empêcher les charbons de fe confumer.

Comme on a befoin, ainfi qu'on le dira dans un moment, de cendres pour fixer le fuc acide ainfi retiré du bois, on peut fi on fe fert d'arbriffeaux ou de bois blanc, ou fi le char-

bon n'eſt pas précieux dans le pays où l'on
opère, ouvrir à la fin de l'opération, les trous
qui peuvent donner paſſage à l'air, & laiſſer le
charbon ſe convertir en cendre.

On peut encore, pour tirer plus de parti de
l'opération, méler avec le bois dans le fourneau, couches par couches de la pierre à chaux;
on laiſſe alors le fourneau ouvert juſques-à la
fin de l'opération, & la pierre ſe trouve réduite
en chaux, en même-temps que le charbon eſt
réduit en cendres : cette chaux expoſée à l'air
dans un endroit à l'abri de la pluie, s'effleurit
en peu de temps, & ſe réduit en pouſſière; on
la méle alors avec la cendre, après quoi on y
verſe le ſuc acide tiré du bois; il ſe fait pendant le mélange une efferverſcence conſidérable, & il en réſulte un ſel neutre plus doux que
les matières dont il eſt compoſé; ce ſel expoſé
long-temps à l'air dans un endroit ouvert par
les côtés, & couvert par le haut pour le défendre de la pluie, ſe transforme en un vrai
ſalpêtre. Si le ſel paroît ſe deſſécher, on le
maintient dans un état d'humeĉtation modérée,
en l'arroſant d'urine. On peut être aſſuré, en
obſervant exaĉtement ces précautions, de retirer en un an, un an & demi, ou deux ans
tout au plus, une grande quantité de ſalpêtre,

qui par la purification & l'évaporation donne de très-beaux cryſtaux. Le réſidu du leſſivage, ce qui n'a pas pu ſe diſſoudre dans l'eau, rejetté ſur le même tas, donne au bout de deux ans de nouveau ſalpêtre qu'on peut extraire de la même manière ; car ce mélange peut ſervir toujours, pourvu qu'on l'arroſe exactement d'urine.

Ceux qui voudront obtenir du ſalpêtre en moins de temps, pourront leſſiver ſur le champ le mélange d'acide du bois de cendre & de chaux ; faire évaporer, diſſoudre dans l'urine le ſel qu'ils obtiendront ; & en faiſant digérer dans des vaiſſeaux circulatoires (1), ils obtiendront du ſalpêtre en moins d'un an.

Si l'on entreprenoit ce travail dans les forêts, on pourroit ſe contenter au lieu de bâtir un fourneau, d'amonceler ſimplement le bois dans un ordre convenable, de le couvrir enſuite de terre & de gazon, comme il eſt pratiqué par ceux qui font le charbon, en obſervant de ménager les ouvertures dont il a été queſtion plus haut.

Note des Editeurs.

(1) On aura bientôt une idée de ce que *Glauber* entendoit par ces vaiſſeaux circulatoires.

Il eſt bon d'obſerver que le ſuc acide retiré du bois, de la manière qu'on vient de le dire, eſt accompagné d'une huile âcre & corroſive, de couleur rougeâtre, qui doit être jetée pêle-mêle avec l'acide ſur la cendre & ſur la chaux, parce que cette huile ſe convertit également en ſalpêtre par la putréfaction.

On peut encore faire du ſalpêtre avec de la pierre à chaux & du ſuc de bois de la façon ſuivante: on prend de petits morceaux de pierre à chaux crue, on les plonge dans l'acide du bois, on les fait ſécher enſuite, ſoit au ſoleil, ſoit à une chaleur douce, & on recommence la même opération juſqu'à ce que la pierre ſoit entière-ment réduite en poudre. Cette terre leſſivée avec de l'eau de pluie, donne un ſel tout ſem-blable au ſalpêtre (1).

Note des Editeurs.

(1) En ſuppoſant que ces expériences réuſſiſſent, comme l'Auteur l'annonce, on peut les expliquer de deux manières. Si l'acide des végétaux, comme quelques Auteurs le penſent, eſt l'acide nitreux, il eſt tout ſimple qu'en combinant l'acide du bois avec des cendres, qui con-tiennent un alkali fixe, on forme du ſalpêtre; la cendre, dans cette ſuppoſition, ſerviroit à abſorber l'huile & à dégraiſſer le ſel. Mais on peut objecter à cette explica-

De la formation du salpêtre sous des hangards & dans des fosses.

On a déjà vu à l'article de l'existence du salpêtre dans les minéraux, qu'il est une espèce de pierre à chaux grise cendrée, très-commune, & dont des montagnes entières sont composées ; que si on place ces pierres sous des hangards, qui les garantissent de la pluie, mais où l'air cependant ait un libre accès, & qu'on les arrose avec de l'urine, ou à défaut avec de l'eau ordinaire, ces pierres se gersent, se réduisent en lames ou feuillets, & enfin en une

---

tion qu'en supposant qu'il se trouvât de l'acide nitreux tout formé dans le bois, il seroit impossible qu'il ne détonnât pas dans l'embrasement des matières, & qu'il ne fût détruit, comme il arrive dans toutes les détonnations du nitre : il est donc à peu-près démontré que l'acide qu'on obtient par la distillation du bois : & à plus forte raison par l'opération indiquée par *Glauber*, ne peut être de l'acide nitreux. Ces réflexions conduisent à penser que l'acide & l'huile empireumatique du bois ne concourent dans cette expérience à la formation du salpêtre, que comme toute autre matière végétale & animale, susceptible de fermentation. Quoi qu'il en soit, cette expérience d'un Auteur célèbre mérite d'être répétée, vérifiée & approfondie.

espèce de bouillie; qu'au bout d'un an, ces pierres, qui, dans l'origine, ne donnoient aucun indice de salpêtre, en fournissent jusqu'à dix livres par quintal. Sans admettre avec *Glauber* que ce sel soit tout formé dans ces pierres, il paroît au moins qu'il s'y introduit ou qu'il s'y rassemble avec beaucoup de facilité : & cette circonstance fournit un premier moyen de faire du salpêtre sous des hangards. *Glauber* ne dit pas précisément si ces pierres doivent être calcinées ou non avant leur exposition. Il y a cependant quelques raisons de présumer qu'il regarde comme nécessaire de les calciner.

Glauber, dans la premiere partie de l'Ouvrage intitulé, *Prosperitas Germaniæ*, pag. 115, donne une explication plus détaillée de la forme des hangards & des fosses à salpêtre, & il indique les moyens d'en tirer le meilleur parti qu'il est possible. Voici comme il s'explique.

Il faut d'abord choisir un emplacement qui soit exposé entre le levant & le nord ; y élever un hangard, sous lequel les matières puissent être à l'abri de la pluie, sans que rien cependant s'oppose à la libre circulation de l'air & à l'accès des rayons du Soleil.

Part. 1, p. 115.

On fera sous ce hangard, une fosse assez profonde,

fonde, & la terre qui fortira de la fouille, fera jetée en dehors autour du hangard, pour former une efpèce de rempart & s'oppofer à l'introduction des eaux.

On jettera dans cette foffe pendant tout le cours de l'année, des herbes âcres & amères, celles qui croiffent le long des chemins, & que les beftiaux ne mangent pas, les Thilunales, la Ciguë, la Jufquiame, l'Abfinthe, la Fumeterre, les côtes de Tabac, celles de Choux, des pommes de Pin, fi on en a, des feuilles d'arbre, de la fiente de Poules & de Pigeons, des plumes, des cendres de toute efpèce, même leffivées, de la fuie, des poils de Bœufs, de Vaches, des cornes, des os; & pour la remplir encore plus promptement, on raffemblera tout ce qui fe trouvera d'analogue dans le voifinage. On laiffera pendant deux années toute cette maffe fans la remuer, & on aura foin feulement d'accélérer la putréfaction pendant cet intervalle, en entretenant foit avec de l'urine, foit à défaut, avec de l'eau, les matières dans un degré d'humidité convenable. L'eau de la mer, ou l'eau falée, fera préférable à l'eau douce pour cet arrofage : on y emploiera auffi avec fuccès le fel qui a fervi à la falaifon des chairs ou du poiffon, ou même encore mieux du fang de bœuf, de veau ou de brebis.

Lorfque toutes les matières feront complétement putrifiées, il faudra ceffer d'arrofer & laiffer fécher toute la maffe ; on pourra alors vendre ces terres à un Salpêtrier. Lorfque le falpêtre en aura été extrait, on rejettera de nouveau les terres dans la foffe ; & au bout d'un an ou deux, en les arrofant d'urine, on en retirera encore du falpêtre; la quantité qu'on obtiendra cette feconde fois fera environ moitié de la premiere.

Si dans chaque Village, un feul Particulier fe donnoit à ce genre de travail, on auroit bientôt une récolte de falpêtre affez abondante pour n'avoir plus à craindre aucune difette de ce fel.

De la formation du falpêtre par le moyen de l'alkali fixe & de la chaux.

Part. 1,
pag. 10.« Lorfque je vois, dit *Glauber*, que toute » matière calcinée, humectée avec de l'eau & » expofée à un air chaud pendant un temps » fuffifant fournit du falpêtre; lorfque je vois » que les cendres & la chaux fe retrouvent en-

(35)

» core dans l'état de terre à la fuite de cette
» opération ; qu'elles ne font point converties en
» nitre, qu'elles n'apportent rien à la formation
» de ce fel, & qu'elles y nuifent plutôt, en
» empêchant le contact immédiat de l'air, je
» fépare ces terres comme un vêtement inutile;
» je ne retiens que le fel; je le diffous dans
» l'eau pour le rendre plus propre à attirer la
» vie de l'air, & pour le changer en falpêtre;
» fans cette dernière précaution, c'eft-à-dire,
» fi le fel demeuroit fec, la tranfmutation ne
» s'opéreroit que très-lentement.

» La leffive de ces fels doit être confervée
» dans une perpétuelle agitation, par le moyen
» d'un inftrument particulier, conftruit pour
» cet objet ; il eft néceffaire d'employer en
» même temps le fecours de la chaleur, & faire
» en forte qu'il n'y ait pas un feul atome de
» fel qui ne foit touché, pénétré & animé par
» l'air chaud. Une opération conduite de cette
» manière, avance plus en un mois la forma-
» tion du falpêtre', que fi la terre demeu-
» roit expofée à l'air en tas pendant une an-
» née.

» La dépenfe de ce travail n'eft pas confi-
» dérable ; il ne faut que des tonneaux rem-
» plis d'eau falée. Un homme en peut conduire

Part. 1 ;
pag. 106.

C 2

» à la fois cent & plus , & les conferver dans
» le degré de chaleur & d'agitation convena-
» ble. Je n'entre pas ici dans le détail des mani-
» pulations ; je ne parle pas de la manière de
» mettre le fel dans les tonneaux, de l'y dif-
» foudre, &c. ces détails ne fe rendent pas faci-
» lement par écrit ».

Des cuves ou vaiffeaux circulatoires.

Profperi-
tas Germa-
niæ.
Part. 3 , p.
7 & fuiv.

Glauber avoit déja parlé dans d'autres endroits de fes Ouvrages de vaiffeaux circulatoires, propres à former du falpêtre ; mais il
s'étoit expliqué d'une manière enigmatique. Il
donne dans la troifième partie de l'Ouvrage
intitulé, *Profperitas in Germania*, page 7 &
fuivantes , une defcription détaillée de ces vaiffeaux, ainfi que la manière de s'en fervir. Voici
comme il s'explique.

Ayez deux cuves ou bacquets, qu'on défi-
gnera ici par les lettres **A** & **B**, égaux en
grandeur & capacité , & garnis chacun par le
bas d'un robinet : placez ces cuves de manière
que ce qui coulera du robinet de l'une & de
l'autre , puiffe tomber & fe raffembler dans un
réfervoir commun , de capacité fuffifante, placé
entre les deux ; empliffez la cuve **A**, de fumier
de cheval , de poule ou de pigeon , ou même de

feuilles d'arbres (celles de Sapin font les meilleures); & arrofez le tout avec une forte leffive de cendre, dont vous aurez encore augmenté l'action, en la paffant fur de la chaux tombée en efflorefcence; vous ajouterez de cette leffive jufqu'à ce que les feuilles ou le fumier foient bien humectés, & qu'il y ait même un peu de liqueur qui furnage : le lendemain, lorfque vous jugerez que les matières ont été fuffifamment imbibées, vous ouvrirez le robinet de la cuve A, & vous laifferez couler la leffive dans le réfervoir commun aux deux cuves; vous emplirez de la même manière la cuve B, de fumier ou de feuilles, & vous y verferez la même leffive qui a déja paffé fur le fumier de la cuve A.

Vous continuerez ainfi à faire paffer alternativement la leffive d'une cuve dans l'autre, en laiffant plufieurs jours d'intervalle, pendant lequel temps, les matières qui feront en quelque façon à fec dans l'une des deux cuves entreront en fermentation, s'échaufferont & donneront beaucoup de vapeurs.

Il eft à remarquer que dans cette opération, le fumier, les feuilles ou les autres matières qu'on emploie, diminuent de volume, & fe réduifent en eau ; il faut en conféquence avoir

foin d'en ajouter de temps en temps de nouvelles, pour entretenir les cuves toujours
pleines.

Il eſt encore à remarquer qu'on ne doit
tranſvaſer la liqueur d'une cuve dans l'autre,
que lorſque la fermentation du fumier qui eſt à
ſec dans l'une commence à diminuer, parce qu'il
faut laiſſer aux matières le temps de fermenter,
de ſe conſommer, de ſe réduire en eau.

Cette opération exige dix à douze mois :
pour connoître ſi au bout de ce temps, le
ſalpêtre eſt ſuffiſamment formé, on prend un
peu de la liqueur & on la fait évaporer : ſi le
ſel qu'on obtient détonne, la converſion eſt
faite, autrement il faudra continuer encore les
tranſvaſions.

Ce travail au ſurplus n'eſt ni fatiguant ni
embarraſſant, puiſqu'il n'exige d'autre ſoin que
de verſer de temps en temps, & à quelques
jours de diſtance, la leſſive d'une cuve dans une
autre.

Il y a encore d'autres moyens, à l'aide de
cuves circulatoires & d'une leſſive appropriée
pour cet objet, d'obtenir une plus grande
quantité de ſalpêtre, & en moins de temps ;
mais dit *Glauber*, je n'ai pas cru devoir publier toutes ces choſes : on peut encore, ajou-

te - t - il, par la voie feche & fans putréfaction, comme dans les cuves, préparer une
leffive propre à donner beaucoup plus promptement du falpêtre; mais j'ai cru devoir réferver ce fecret pour mes amis; je réferve de
même une méthode particulière pour former
du falpêtre avec un grand avantage en trois heures de temps.

Des voûtes à falpêtre.

Prenez parties égales de chaux tombée en
efflorefcence à l'air, & de cendres de bois; ajou-
tez-y le double de fumier de vache ou de cheval; mêlez le tout dans un bacquet ou dans une
huche, en y ajoutant autant d'urine d'hommes
ou d'animaux, qu'il fera néceffaire pour que
le mélange ait à-peu-près la confiftance du
mortier; quand vous aurez préparé une quantité affez confidérable de ce mélange, vous ferez
avec des pièces de bois, la charpente d'une
voûte de trois, quatre ou fix pieds d'élévation, fur une longueur double, plus ou moins,
fuivant la difpofition des lieux & la quantité
de falpêtre que vous voudrez fabriquer. Lorfque cette charpente aura été ainfi élevée, vous
la recouvrirez dans toute fon étendue, d'une
couche de l'épaiffeur du travers de la main

*Profperi-
tas Germa-
niæ.*
Part. 3 , p.
12 & fuiv.

du mortier dont on vient de donner la préparation : cette opération se fait de la même manière qu'on établit une voûte de moëllons sur une charpente en bois.

Les choses ainsi disposées, vous ferez sous la voûte, d'abord un feu assez ménagé pour que vous n'ayez pas lieu de craindre d'enflammer la charpente de l'édifice. Lorsque vous vous appercevrez que le mortier composé de chaux, de cendre & de fumier, sera parfaitement sec, vous en ajouterez pardessus une nouvelle couche égale à la première; la dessication, cette seconde fois, sera très-prompte, attendu que presque toute l'humidité de la second masse sera absorbée par la première : à cette seconde couche vous en ajouterez une troisième, une quatrième, & ainsi de suite jusqu'à ce que la voûte ait un ou deux pieds d'épaisseur ; alors elle a assez de solidité pour se soutenir par elle-même, & vous pourrez sans inconvénient pousser assez le feu pour embraser les pieces de bois sur lesquelles elle a été formée. Il est préférable, si la disposition du lieu le permet, d'avoir trois ou quatre de ces voûtes de grandeur médiocre à côté l'une de l'autre, plutôt que d'en avoir une très-grande; on en sentira aisément l'avantage dans la pratique : il vaux mieux auſſi faire la voûte lon-gue & étroite, que de la faire large & courte, afin que la chaleur la pénètre mieux dans tou-tes ſes parties.

Lorſque la voûte aura été ainſi ſéchée, on l'humeȼtera de nouveau d'urine, & le feu qu'on continuera de faire pardeſſous, la ſéchera en peu de temps.

Il eſt bon d'obſerver que le feu ne doit pas être pouſſé trop vivement, autrement le fu-mier brûleroit ; & loin de former de nouveau ſalpêtre, on détruiroit par-là celui qui auroit été formé.

Lorſque la voûte aura été humeȼtée & deſſéchée un grand nombre de fois, & qu'on jugera qu'elle eſt ſaturée de ſel d'urine (ce qui doit arriver dans l'eſpace de quatre ou ſix ſemaines), on détachera un petit morceau de la voûte pour le leſſiver & en tirer le ſalpêtre par filtration & évaporation : ſi le ſel reſtant prend bien feu, qu'il détonne bien, on démo-lira la voûte, on la réduira en poudre groſ-ſière, pour la leſſiver & pour la traiter à la manière uſitée des Salpêtriers. Si l'échantillon ne donne pas un ſel qui détonne, c'eſt une preuve que ce ſel n'a pas encore été ſuffiſamment animé par l'air ; alors il faut continuer les arro-ſages & les deſſications.

Les débris de ces voûtes, lorfqu'elles ont été leffivées & dépouillées de falpêtre, peuvent refervir de nouveau, en y introduifant un peu de nouvelle chaux & de nouvelle cendre : fi cependant on a à fa portée de la cendre neuve & de la chaux en abondance, il faudra s'en fervir de préférence, & les matières leffivées feront répandues fur les terres, pour leur fervir d'engrais.

Glauber termine ce qu'il a donné fur le falpêtre, par ces paroles remarquables : « il y a beaucoup » d'autres matières à la portée de tout le monde, » dont on peut obtenir plus de falpêtre que des » précédentes, mais j'en ai dit affez.

» Je ne puis cependant m'empêcher d'ajouter » qu'il y a des matières, qui, fans être employées » en voûte, peuvent être changées en trois » heures en bon falpêtre ; mais comme la pu- » blication de ce fecret ne pourroit produire » que du mal, j'aime mieux me taire & me » contenter d'en faire part à mes amis ».

EXTRAIT

Des Ouvrages de Stalh, sur la nature, l'origine & la formation du nitre.

ON trouve dans l'Ouvrage de ce Chimiste, intitulé *Opusculum Chimicum*, une dissertation sur le nitre.

Stahl fait mention dans la Préface de cette Dissertation, de l'Ouvrage de *Clarke*, comme d'un Livre qui ne paroissoit alors que depuis assez peu de temps.

La Dissertation de *Stahl*, pour le mois de Février 1698, sur le nitre, est divisée en trois chapitres; dans le premier, il fait la description des lieux où s'engendre le nitre.

Dans le second, il expose les procédés de l'extraction, de l'évaporation, de la crystallisation de ce sel, les différentes préparations qu'on en fait, & les opérations par lesquelles on le décompose.

Le titre du troisième chapitre annonce

qu'il traite de la nature & des principes de l'acide nitreux; mais il roule encore principalement fur l'extraction & la purification du nitre. En général, il n'y a prefque rien dans cette Differtation, qui ne foit très-connu; on n'y trouve prefque point d'expériences, ou d'obfervations qui foient particulières à l'Auteur: voici ce que cette Differtation renferme de plus remarquable.

L'opinion commune, dit *Stahl*, eft que le nitre ne s'engendre que dans les étables & les endroits où il y a des fumiers, ce qui fait croire à la plupart des partifans de cette opinion, que ce fel ne provient que de l'urine.

D'autres oppofent à ce fentiment le nitre qu'on peut retirer des amas de terres nitreufes, des murailles faites de terres limoneufes, des débris des incendies, des murs de terres calcaires, & enfin des eaux méme du Nil.

Mais ni l'une ni l'autre de ces opinions n'eft vraie toute feule, & il faut les réunir & les concilier pour avoir la vérité.

Car le nitre ou naît & s'engendre dans certains lieux déterminés, ou s'introduit & fe dépofe feulement dans ces mêmes endroits.

Il naît ou fe dépofe non-feulement dans les endroits impregnés d'urines & des excrémens des animaux, mais encore en général par-tout où il y a une putréfaction, foit qu'elle s'établiffe dans des matières animales, foit que ce foit dans des fubftances végétales; & plus les matières putréfiées font abondantes, plus la quantité de nitre qui en provient eft confidérable.....

Les endroits où le nitre fe dépofe & fe raffemble le plus facilement & en plus grande quantité, font ceux où il fe rencontre beaucoup de matières alkalines & abforbantes, telles que font fingulièrement les murailles de terres & pierres calcaires.

A l'égard du nitre des eaux du Nil, *Stahl*, le révoque en doute; il en explique pourtant l'origine comme ci-deffus, en fuppofant que ce Fleuve en contient en effet ; mais il y a lieu de croire que fi l'on peut obtenir quelque fel des eaux du Nil, c'eft plutôt le *Natrum*, c'eft-à-dire, l'Alkali fixe du fel commun auquel on prétend que les Anciens donnoient le nom de *Nitre*, ce qui a occafionné bien des méprifes dans les écrits des Auteurs qui ont écrit fur le nitre, dans le temps où l'on a commencé à connoître le fel auquel on donne actuellement ce nom exclufivement à tout autre.

La plus grande partie du nitre, des pierres & terres nitrées, n'eft point cryftallifable fans addition, en un falpêtre bien fec & fufceptible de la plus forte détonnation. *Stahl* foupçonne dans ces matières une forte de fel ammoniacal nitreux ; il prefcrit l'addition de cendres gravelées & de chaux, pour obtenir le meilleur falpêtre, & en plus grande quantité.

A l'occafion de *l'aphronitrum* ou des efflorefcences nitreufes, l'Auteur rapporte qu'il en a vu une quantité confidérable aux voûtes d'un grand cellier à vin, placé fous de vaftes écuries, dans une maifon de chaffe des Ducs de Saxe ; il penfe que toutes les voûtes au-deffus defquelles féjournent des matières putrefcibles, & qui peuvent-être pénétrées de leurs fucs, font propres à produire de ces efflorefcences nitreufes, & il en rapporte plufieurs exemples.

Ce Chimifte ne croit point en général au nitre volatil de l'air ; cependant il ne nie pas que dans les lieux favorables à la production du nitre, l'air ne puiffe contenir l'acide de ce fel, ou pur ou lié avec quelques matières volatiles, ni que du nitre déjà fixé dans des terres ne puiffe être une efpèce d'aimant, qui attire ces parties volatiles. Il defire qu'on s'affure de ces faits par des obfervations exactes. En général, il reconnoît la nécessité du concours de l'air pour la production du nitre, & regarde l'action directe du soleil comme lui étant contraire.

Sur l'extraction, la crystallisation & la purification du nitre, l'Auteur décrit les procédés des Salpêtriers de son pays, qui ne diffèrent pas essentiellement de ceux des autres pays.

Il recommande de mettre les terres nitrées lits par lits dans des tonneaux, avec des cendres de bois dur, & un peu de chaux, le tout disposé de manière que l'eau qu'on verse dessus puisse couler lentement comme une lessive; on sature cette lessive autant qu'elle le peut être suivant les méthodes connues; ensuite on procède à l'évaporation ou à la cuite dans des chaudières, dont *Stahl* approuve beaucoup la forme; elles sont assez profondes, vont en diminuant vers le bas, & se terminent comme le bout d'un œuf.

L'avantage qu'on retire de cette forme, c'est que la portion de terre, d'impureté & de sel commun, qui se sépare pendant la cuite, peut se rassembler facilement au fond de ces chaudières, & que la liqueur claire peut en être séparée sans qu'on soit obligé de la filtrer.

Il loue auffi beaucoup l'invention de placer au fond de la chaudière de la cuite un vafe de figure convenable pour recevoir ces parties hétérogènes, & qui puiffe être enlevé quand on le veut.

On ne trouve dans cette Differtation fur la cryftallifation, la purification & l'eau mère du falpêtre, rien qui ne foit connu & conforme aux pratiques ufitées. L'Auteur remarque que les premiers cryftaux font toujours les plus gros & les plus purs ; que pour féparer le fel commun, on doit avoir recours à des cryftal-lifations réiterées, & fur-tout ne point faire évaporer à trop grand feu, ni trop réduire la liqueur des dernières cuites, avant de la mettre à cryftallifer.

Il propofe enfin un expédient pour enlever beaucoup de fel commun au falpêtre, fans nouvelle diffolution, évaporation & cryftalli-fation. Cet expédient eft fondé fur la déliquef-cence du fel marin, & confifte à réduire en poudre le falpêtre qui en contient beaucoup, à l'étendre fur des planches inclinées qu'on place à l'ombre, dans un lieu qui ne foit point fec, & à laiffer égoutter de la forte le fel marin à mefure qu'il fe réfout en liqueur. Mais il paroit que *Stalh* n'a pas lui-même une très-

grande

grande confiance à ce moyen ; car il ajoute qu'il feroit peut-être plus avantageux de rejeter les dernières portions de nitre fort impur fur les terres qu'on fe propofe de leffiver au bout d'un certain temps.

Dans le Chapitre IIIe. *Stahl*, après avoir expofé les preuves de la préfence du principe de l'inflammabilité dans l'acide nitreux, revient encore à l'extraction & à la cryftallifation du nitre. Il infifte beaucoup fur l'addition de l'alkali fixe dans les leffives, & réfute l'opinion de certains Salpêtriers, qui croient que les cendres ne fervent qu'à dégraiffer les leffives. Il recommande même l'addition d'un peu de chaux vive, qui eft propre, fuivant lui, à transformer en un fel neutre déliquefcent, l'acide du fel commun mêlé à l'acide nitreux, & à empêcher en conféquence que les cryftaux de nitre, qu'un obtient des leffives, ne foient mêlés d'une fi grande quantité de fel commun cryftallifable. Mais il avertit avec raifon que fi par une trop grande abondance d'urine, ou par le défaut d'une putréfaction, qui n'aura pas été portée affez loin, il fe trouve dans les terres nitreufes une quantité confidérable de fel marin à bafe d'alkali fixe, alors la chaux ne peut produire l'effet dont on vient de parler,

& qu'il faut avoir recours aux moyens de puri-fication ufités.

Le refte de cette Differtation fur le nitre, roule fur les préparations chimiques de ce fel, fur fa décompofition, fur la théorie de fa dé-tonnation & & fur fes ufages en Médecine.

Dans les autres Ouvrages de *Stahl*, on trouve plufieurs autres propofitions fur le nitre & l'acide nitreux, dont voici les plus remarquables.

La diffolution de vitriol * *mêlée avec du fel commun & cryftallifé, forme un fel qui donne par la diftillation à feu ouvert une grande quantité d'efprit de nitre.* Fundam. chymiæ, &c. pag. 52 & 53.

La diffolution de vitriol de Mars, mêlée avec celle de fucre de Saturne, produit de l'efprit de nitre, dont on reconnoît très-facilement l'odeur fi l'on en fait la diftillation. Ibid **.

On fait que le nitre s'engendre dans la terre, & j'ai prouvé par les effets de la diftillation des efprits (acides), que la terre où fe forme

---

* *Stahl* ne dit pas quel vitriol : mais il eft à croire que c'eft le vitriol de Mars.

** Ces expériences font peu croyables : cependant nous nous propofons de les vérifier.

ce fel, eft une matière limoneufe qui contient de l'acide minéral ; mais le nitre ne s'engendre dans ces fortes de terres, qu'autant qu'elles font imbibées de quelques fubftances qui peuvent éprouver & qui éprouvent en effet la putréfaction ; c'eft-là la raifon pour laquelle les murs des latrines bâtis en brique de terre cuite, contiennent beaucoup de nitre, de même que ceux des bergeries & autres endroits remplis de fumier ; il s'en forme auffi beaucoup dans les murs des maifons des Payfans, qui ne font bâtis que de boue, de limon liés avec beaucoup de paille & de tiges de plantes defféchées ; mais le nitre ne fe trouve dans ces murailles, que jufqu'à l'épaiffeur où la pluie peut pénétrer ; enfin toutes les plantes en général, & fur-tout les excrémens & les urines des animaux granivores, enfouis en terre, produifent du nitre.

Ce fel (ou plutôt fon acide) s'engendre par la combinaifon de la fubftance ignée de la lumière qui eft le phlogiftique, avec l'acide primitif (*acidum primigenium*), atténué lui-même par l'effet de la putréfaction. (*Specimen Beccherianum*, pag. 114 & 115.

La preuve que l'acide nitreux contient le principe de l'inflammabilité, c'eft la propriété que cet acide a de s'enflammer avec toutes les matières combuſtibles, ſur-tout lorſqu'il eſt fixé dans une baſe & réduit par ce moyen en nitre ſec. Il y a auſſi inflammation, lorſqu'on ſoumet à la diſtillation, la diſſolution de corne de Cerf, par l'acide nitreux. Cet acide eſt ſi complétement décompoſé & détruit par ſon inflammation, que non-ſeulement il ne laiſſe aucun veſtige d'acide corroſif, mais encore rien même de ſalin.

Le nitre provient des ſubſtances putréfiées huileuſes, combinées avec l'acide naturellement contenu dans la terre; c'eſt pour cela que ce ſont les terres bolaires, limoneuſes, qui en produiſent ie plus, lorſque les autres maté- riaux néceſſaires à ſa formation y concourent.

Si les Salpêtriers préfèrent ordinairement les terres maigres, c'eſt que ces terres laiſſent un plus libre *ingrès* à l'air, qui eſt un grand inſ- trument de la putréfaction.

J'ai expliqué ailleurs en quoi la matière inflammable, répandue dans l'air, contribue à la formation de l'acide nitreux.

Il en eſt de même de l'acide *aërien* univerſel, qui ſature les alkalis; il contribue beaucoup à la production de l'acide nitreux.

Les altérations qu'éprouve l'alkali volatil,

expofé à l'air libre, méritent affurément d'être obfervées, relativement à la production de l'acide nitreux.

Il eft donc conftant qu'il provient des matières falines, huileufes, telles que les urines des animaux.

On ne fera pas étonné du long temps qu'il faut pour les combinaifons, quand on confidérera qu'elles ne peuvent être que l'effet d'une putréfaction confommée.

Au furplus, la putréfaction faite dans la terre, ou le mélange des terres avec les matières *putrefcibles* falines, peuvent avoir des réfultats fort différens de ceux de la putréfaction de ces mêmes matières abandonnées à elles-mêmes & fans le concours d'une terre étrangère; c'eft pour cela que le vin généreux ou concentré, fe conferve pendant plufieurs années fans fe corrompre; mais que fi on le méle avec de la craie ou quelque autre terre calcaire, il fe putréfie très-promptement, & au point que tout ce qu'il contient de falin fe convertit en terre.

Le fel commun lui-même, mélé convenablement avec des matières putrefcibles, non-feulement augmente le produit de l'alkali volatil, mais encore il favorife par cela même la formation du nitre. (Ibid. p. 138 & 139).

D 3

Kunckel ne veut point tomber d'accord que le nitre renferme une vraie fubftance fulfureufe prife dans le fens propre, ce que je puis lui accorder moins qu'à tout autre ; en effet, la formation du falpêtre que l'on voit clairement être due à la putréfaction, & par conféquent qui exige néceffairement une matière graffe, auroit dû lui faire naître d'autres idées, furtout après avoir prouvé dans fes obfervations, par une expérience très-belle, que l'on peut tirer une quantité fenfible de nitre de l'urine putréfiée ; & d'un autre côté il n'a point penfé à recourir au nitre de l'air, qui eft le cheval de bataille de ceux qui pêchent l'air. (*Stahl*, traité du foufre, page 75, traduction Françoife de M. le *Baron d'Olback*).

Après avoir parlé de la grande expenfion que l'eau donne à la flamme des huiles, *Stahl* ajoute : on trouvera peut-être ridicule que je rapporte des exemples fi communs ; mais une expérience de quarante années m'a appris que les phénomènes les plus journaliers fourniffent fouvent plus de matière aux réflexions, que ceux qu'on regarde comme plus recherchés & plus profonds. L'exemple du nitre que j'ai rapporté, fervira peut-être à jeter du jour fur cette matière, & prouvera que l'on peut tirer profit des faits qui font continuellement fous nos yeux.

La queſtion eſt donc de ſavoir s'il entre une ſubſtance inflammable dans la combinaiſon intime du nitre ; il n'importe guère de ſavoir qui eſt-ce qui a le premier fait cette queſtion ; il eſt certain que *Beccher* en parle aſſez clairement dans ſa phyſique ſouterraine, page 286 & ſuivantes ; il obſerve très-bien que la mixtion du nitre eſt compoſée de parties ſalines volatiles & de parties inflammables ou de parties huileuſes *renverſées*, voyez page 292, n°. 5 ; ce qu'il répète encore à la page 542, dans la définition qu'il donne du nitre, où il dit que le ſel nitreux eſt compoſé d'une terre graſſe, ou pour parler plus clairement, d'une terreſtréité, qui fait & qui donne de la graiſſe, combinée avec une ſubſtance urineuſe, volatile & un ſel acide ; quoi qu'il en ſoit du *ſel urineux*, il eſt certain que la partie ſaline du nitre eſt un violent acide, comme on le voit aſſez par la propriété corroſive de l'eſprit de nitre. Il reſte donc à examiner la partie graſſe ou inflammable, ou ce qu'on nomme la ſubſtance ſulfureuſe ; j'ai dit plus haut que la génération du nitre donnoit lieu de le préſumer, attendu que ce ſel tire évidemment son origine des substances animales & végétales pourries; c'est pour cela que l'on prend la terre dont on tire le salpêtre, des étables des vaches & des brebis, des endroits où l'on a laissé séjourner du fumier, des vieux murs, des chaumières des Paysans, qui sont bâties de terre noire & de paille qui se pourrit par la pluie qui frappe dessus, & que pour cet effet on gratte de l'épaisseur d'un pouce ; on en tire aussi des murs des vieilles latrines, des murs bâtis avec des briques tendres, qui sont souvent imprégnées de salpêtre. Or c'est une vérité connue, que rien ne se pourrit à moins de contenir une substance grasse; & tout le monde est à portée d'essayer à quel point le tartre, qui est un sel très-huileux, peut servir à démontrer la formation du nitre, lorsque ce tartre a été mêlé avec de la chaux qui se saisit avec avidité de cette graisse.

Ces faits prouvent donc que le nitre tire son origine des substances grasses ; ce qui prouve outre cela que ce sel renferme une portion de graisse, c'est 1°. sa volatilité ; 2°. sa couleur qui est très-visible; 3°. son odeur forte; toutes choses qui sont purement des effets d'un principe sulfureux, intimement combiné avec une substance aqueuse très-déliée.

(57)

Mais rien ne prouve cette vérité plus clairement que son inflammation.

Stahl *expose ensuite tous les phénomènes de la détonnation du nitre, puis il ajoute :*

Sans rien prescrire à personne , voici mon
sentiment; je suis entièrement du sentiment de
Beccher, qui croit que les sels sont formés par
la combinaison d'une molécule de terre, &
d'une molécule d'eau très-déliées. Dans le
nitre, il s'est joint de plus une molécule grasse,
qui y est unie intimement. Or cette combinaison ne se défait pas aisément ; ou elle se dégage
à la fois pour former l'esprit de nitre , ou bien
elle reste si fortement unie avec l'alkali fixe,
qu'elle soutient pendant long-temps l'action du
feu, sans vouloir s'en séparer; mais si l'on
vient à donner du secours à la partie inflammable, en lui joignant une substance qui lui
soit analogue, & cela dans le feu , qui est son
élément, alors la nouvelle matière inflammable qu'on ajoute, donne à celle qui étoit em-
prisonnée, la force de rompre ses liens à l'aide
de l'action du feu. Par cette inflammation, la
molécule d'eau est mise en expension, & *réduite en une vapeur semblable à de l'air*, & elle
réduit en poudre les particules mises en action
& allumées. Voilà ce qui cause la violente
détonnation qui se fait dans cette opération.

(*Traité du soufre*, page 150 & *suivantes*, traduction de M. le *Baron d'Olback*).

On met le nitre au nombre des sels minéraux ou souterrains. A la vérité on ne peut
pas nier qu'il ne se trouve dans la terre : cependant on ne le rencontre pas à une grande profondeur, ni dans les endroits qui n'ont pas de
communication avec la surface de la terre, &
où il n'ait point été charrié par les eaux ; c'est
sur-tout à la surface de la terre qu'on le trouve
près des chaumières des Paysans ; & il monte
le long des murs de leurs cabanes, qui sont
bâtis de glaise mêlée de paille. On le trouve
aussi dans les étables, dans les endroits où l'on
a entassé & laissé pourrir des plantes, du fumier, dans les murs des anciennes latrines, &
dans l'urine putréfiée. Il ne faut donc point
regarder le nitre comme un sel qui tire son
origine de la terre ; mais comme un sel qui y a
été porté, & sa partie saline lui vient en partie
de la terre & en partie de l'air ; rien n'est plus
utile que de faire des observations exactes ;
mais il y a des préjugés, qui quelquefois deviennent nuisibles, par les dépenses dans lesquelles il faut que l'on s'engage sans raison ;
l'on peut mettre dans ce nombre la préten-
tion de quelques gens qui veulent que le vent

du Nord apporte une grande quantité de particules nitreufes. Dans les pays qui font plus éloignés du Septentrion, ce préjugé a donné lieu à un grand nombre d'Atteliers pour faire du falpétre; & malgré les dépenfes & les voûtes que l'on a faites pour recevoir le vent du Nord, je ne fache point que ces bâtimens aient mieux réuffi que les étables de brebis. Si le vent du Nord contribuoit à la formation du falpêtre, on devroit trouver une plus grande quantité de ce fel, à mefure qu'on s'approche plus près des Pays du Nord ; mais comme on ne trouve rien qui rende cette conjecture vrai-femblable, ce fel eft redevable de fa formation, à la putréfaction que le vent du Nord ne doit nullement favorifer, d'où l'on peut voir combien ces fortes d'idées font mal-fondées. Ce qui aura pu y donner lieu, c'eft que peut-être quelque Salpêtrier aura obfervé qu'il ne faut point étendre les couches de falpêtre du côté du foleil du midi, & qu'il ne faut point non plus faire fécher au foleil, la terre humide qui eft chargée de ce fel; mais qu'il eft à propos de la laiffer fécher à l'ombre. Il eft vrai que la chaleur du foleil peut faire évaporer & diffiper la fubftance nitreufe, tandis qu'elle eft encore dans un état d'atténuation ; mais il ne faut point en conclure que l'air froid apporte du nitre; & ce n'eſt point l'expoſition du midi, ou le vent du Sud qui nuit à ſa formation, c'eſt la chaleur du ſoleil qui fait diſparoître la partie la plus ſubtile & la plus volatile de ce ſel : ainſi la formation du nitre eſt due uniquement à la putréfaction & à la combinaiſon qu'elle produit ; (*traité des ſels de Stahl, traduction françoiſe de* **M.** *le* Baron d'Olback, *page* **18** *& ſuivantes.*)

Une infinité d'exemples prouvent que les ſels des végétaux ſont joints avec beaucoup de matière graſſe ; mais de plus, on trouve diſtinctement dans les végétaux des ſels plus ſimples, qui leur portent leur nourriture. En effet, en brûlant de la pariétaire, de la grande chelidoine, du *Geranium* ou du tabac qui eſt venu dans un champ récemment fumé, pour peu qu'on mette ces plantes ſéchées ſur un charbon ardent, on voit que le nitre qu'elles contiennent, s'enflamme & détonne comme feroient des grains de poudre à canon : cependant perſonne ne s'imaginera que le nitre a été formé par ce mouvement, (*ſans doute le mouvement de la combuſtion*). Ibid. page 43.

Dans le chapitre XV du même traité, page

125, qui traite *de la formation du sel nitreux*, on lit ce qui suit:

Je ne crois pas néceſſaire de répéter ici ce que j'ai dit dans mon Traité du Soufre, ſur l'acide du nitre & ſur le ſel neutre. J'ajouterai néanmoins qu'il paroît qu'avant de paſſer dans cette eſpèce de ſel, il a été de la nature de l'acide du ſel marin. L'urine & les excrémens des animaux, qui contribuent beaucoup à la production du nitre, contiennent viſiblement une grande quantité de ſel marin, comme le prouve la faculté qu'ils ont de précipiter l'argent, le mercure & le plomb. Ainſi chacun ſera le maître de faire des recherches ſur ce ſel, & ſur les ſubſtances animales qui ne contiennent point un ſel réel, mais qui ont une grande diſpoſition à la putréfaction. En attendant, il eſt aiſé de voir que le ſalpêtre ſe forme le long des murs des latrines, ſur-tout quand ils ſont faits avec des pierres peu compactes; & l'on voit pareillement que les murailles faites de terre glaiſe, mêlée de paille, lorſqu'elles ſont vieilles, ſe rempliſſent de ſalpêtre par la pourriture que ſubit la paille qui eſt humectée par accident: c'eſt ce que l'on devroit obſerver dans les couches où l'on fait du ſalpêtre, où l'on pourroit

employer beaucoup de paille, de mauvaifes herbes vertes, des chardons ; &c. à l'aide defquels
on pourroit multiplier le falpêtre en bien moins
de temps que par le fimple fecours de l'air.

Je connois une Ville, où, de temps immé-
morial, on amaffe les excrémens humains dans
un lieu expofé à l'air libre. Comme les terres
des environs font fi graffes par elles-mêmes,
qu'elles n'ont pas befoin d'être beaucoup fu-
mées, on ne s'en embarraffe point ; mais il
vaudroit bien la peine d'examiner fi ces vidan-
ges ne feroient point avantageufes à la génération du falpêtre ; expérience que perfonne n'a
tentée jufqu'ici.

J'obferverai pourtant que la meilleure terre
pour le falpêtre doit être maigre, & non graffe
& glaifeufe ; & il vaut mieux que les murs
des Salpêtriers foient à l'ombre, & rompus en
travers, que droit & expofés au foleil, tant à
fin que l'humidité apportée par la pluie ne
fe deffèche pas fi promptement, que pour que
la pourriture fe faffe doucement, & que la
fubftance volatile produite par la putréfaction,
ne foit pas évaporée par la chaleur du foleil, &
puiffe fe convertir en falpêtre.

Il feroit encore bon d'effayer les avantages
que l'on peut tirer pour le falpêtre dans les

pays où il croît beaucoup de vin, des lies qui reftent après la diftillation de l'eau-de-vie ou du marc de raifin, en les mélant avec de la chaux & les joignant avec les fubftances pourries que l'on met fur les couches des Salpêtriers, fur-tout lorfqu'on y ajoute de l'urine ou du jus de fumier. Il faudroit auffi voir le parti qu'on pourroit tirer de la chaux mélée avec du fel, arrofée avec le jus de fumier, & calcinée à plufieurs reprifes : cependant il y a long-temps que *Glauber* a écrit fur cette matière.

Mais il y a de l'abfurdité dans la méthode des Salpêtriers, qui, conformément à une routine qu'ils ont reçue par tradition, ftratifient ou font des couches alternatives de leur terre de falpêtre, avec de la cendre & de la chaux, fur-tout quand ils emploient des cendres foiblement chargées d'alkali, ou totalement épuifées ; fur quoi j'en ai vu qui fe plaignoient de leur peu de fuccès ; que leur falpêtre ne fe formoit point, ou ne pouvoit fe purifier ; & ils ne favoient à quoi s'en prendre. La chaux ne difpofe point le falpêtre à fe cryftallifer, mais elle le difpofe uniquement à fe rediffoudre, & c'eft le fel alkali fixe, qui feul lui donne fa forme cryftalline ; pareillement la purification du falpétre ne dépend pas de la chaux, mais de ne point trop fe preffer dans la cuiffon ; car quand la matière eft trop épaiffe, les cryftaux font petits & fe confondent.

L'eau mère, ou la liqueur épaiffe qui refte après la cryftallifation, nous prouve cette vérité, vu que fi l'on y joint une diffolution de fel alkali, la chaux qui s'y trouve eft précipitée en une poudre blanche; la partie clarifiée fe cryftallife, & fi elle ne donne pas des cryftaux de nitre, elle en donne de fel marin. (*Ibid. pag.* 524 & *fuivantes*).

C'eft avec grande raifon, que *Kunckel* fait remarquer fur la cryftallifation du nitre, que la meilleure méthode eft de ne pas faire trop évaporer avant la formation des premiers cryftaux, & qu'il ne faut pas faire bouillir trop fort la liqueur, lorfqu'elle s'eft clarifiée & qu'elle eft dégagée de fa partie vifqueufe & trouble.

. . . .

On fait bien que le nitre forme des cryftaux exagones & oblongs; mais on ignore que ce fel forme un pareil exagone circulairement. (*Ibid. pag.* 273 , 274).

Comme cet extrait renferme à-peu-près tout ce que *Stahl* a dit fur le nitre, dans fes Ouvra-

ges

ges composés dans des temps assez éloignés, il n'est pas étonnant qu'il s'y trouve des propositions qui paroissent se contredire ; mais on a cru que toutes les idées de ce célèbre Chimiste, méritoient d'être mises sous les yeux de ceux qui se proposent de faire des recherches sur l'origine & la formation du nitre.

PREMIER MEMOIRE

SUR LE NITRE,

PAR M. LEMERY.

Extrait des Mémoires de l'Académie Royale des Sciences , année 1717.

CE n'eft point du nitre des anciens dont il s'agit dans ce Mémoire ; le peu de connoiſſance qu'il me paroît qu'on en a , ne me permet pas de décider ſi ce nitre n'eſt autre choſe que le nôtre , ou s'il en eſt différent.

A l'égard de celui dont nous avons à parler, pour en avoir une idée nette & préciſe , & pour éviter toute conteſtation ſur ce qu'on doit entendre par le mot de *Nitre* , nous remarquerons d'abord, & ſi l'on en doutoit, on verra clairement par la ſuite qu'il y a un grand nombre de corps qui contiennent un acide particulier, tel que celui du ſalpêtre, & par conſéquent différent par ſa nature & par ſes effets, de tous les autres acides que nous connoiſſons; de ceux, par exemple, de l'alun, du vitriol, du ſoufre & du ſel commun; 2°. que cet acide eſt le véritable principe nitreux, ou le véritable nitre principe; mais comme ce n'eſt que par le ſecours de l'art, c'eſt-à-dire, par la diſtillation que cet acide ſe trouve libre & développé juſqu'à un certain point, & que dans ſon état naturel, il habite dans pluſieurs ſortes de matières terreuſes, ſalines, ſulfu‑reuſes, qui lui ſervent de baſe, ou de matrice, il forme par-là différentes eſpèces de corps ni‑treux, qui ſe reſſemblent tous par leur acide, & qui ne diffèrent les uns des autres que par la nature des matières qui enveloppent l'acide.

Parmi ces corps nitreux, il y en a qui, quoi‑qu'aſſez conſidérablement chargés d'acide, n'ont cependant pas une forme ſaline; ce qui peut venir de différentes cauſes, & entr'autres de la nature particulière des matières qui ſer‑vent de baſe ou d'enveloppe à l'acide : les corps huileux, par exemple, ne font guère avec un acide qu'une eſpèce de matière gommeuſe; ou de ce que les matières les plus propres à prendre en pareil cas une forme ſaline, ſe trou‑vent mêlées avec d'autres matières qui les empêchent de paroître fous cette forme: quoi qu'il en foit, ces compofés font fimplement appellés *matières nitreufes*, pour les diftinguer de ceux qui ont véritablement une forme de fel concret, & auxquels, par rapport à cette circonftance, nous donnerons le nom de *nitre*; tel eft le falpêtre, qui étant de tous les fels nitreux celui qu'on connoît davantage, s'eft en quelque forte approprié le nom de nitre, de manière que par ce mot on n'entend ordinairement autre chofe que le falpêtre; cependant, ce fel n'eft à proprement parler qu'une efpèce particulière de nitre ; & par la même raifon que le mot générique de nitre convient au falpêtre qui en eft une efpèce, il convient aufli à d'autres fels qui en font d'autres efpèces, ce qu'il eft aifé de faire fentir par l'examen de la compofition de quelques-uns de ces fels.

On fait, par exemple, que le falpêtre contient une très-grande quantité d'acides, engagés, fuivant quelques-uns, dans un fel fixe alkali, & fuivant quelques-autres, dans une fimple terre (1); ce qui donne lieu au pre-

---

(1) Tous les Chimiftes reconnoiffent unanimement aujourd'hui que la bafe du falpêtre eft un feul akali fixe,

mier fentiment, c'eft qu'en verfant de l'efprit de nitre fur du fel de tartre, il en réfulte de véritable falpêtre; & ce qui donne lieu au fecond, c'eft que dans la diftillation ordinaire de l'efprit de nitre, faite avec la terre graffe, quand tous les acides nitreux font montés, on n'apperçoit & il ne refte dans la cornue qu'une matière terreufe, qui ne m'a jamais donné d'indice de fel fixe alkali.

Nous ne nous amuferons point préfentement à accorder enfemble ces deux opinions, qui quoique différentes en apparence, ne le font pas fi fort en effet; il nous fuffit de favoir pour ce que nous avons à prouver, que ce qui arrête

---

femblable à celui qu'on retire du tartre & de prefque tous les végétaux, par la combuftion. Il eft vrai que lorfqu'on diftille avec une terre argilleufe le nitre ou falpêtre, pour en obtenir l'acide, on ne retrouve point, lorfque la diftillation eft finie, d'alkali fixe dans la cornue. Ce phénomène, dont l'explication a été donnée par M. le Veillard, tient à ce que l'alkali fert de fondant à la terre, & forme avec elle une fubftance vitreufe, indiffoluble dans l'eau. On peut s'affurer de cette vérité, en examinant attentivement cette terre à la loupe; on y trouve des globules vitreux, qui prouvent qu'il y a en fufion & combinaifon.

E 3

& enveloppe les acides du salpêtre, & ce qui les oblige par-là de paroître sous une forme solide, qui est celle des sels concrets, c'est une matière fixe & alkaline, soit saline, soit purement terreuse; mais ce n'est point cette matière qui fait que le salpêtre est appellé nitre, puisqu'étant considérée indépendamment de tout acide, elle n'est pas plus la matière du nitre, que de tout autre sel concret.

Et en effet, si au lieu de verser un acide nitreux sur un sel alkali, on y verse ou de l'esprit de sel, ou quelque acide vitriolique, il n'en résultera point de nitre, mais ou un sel commun, ou un sel vitriolique : & comme c'est l'acide particulier engagé dans la même matrice, qui fait que chacun de ces sels nouvellement formés ne sont point du nitre, mais ou du sel commun, ou un sel vitriolique; de même aussi ce qui fait que le salpêtre est du nitre & non pas du sel commun, ou tout autre sel qui auroit la même matrice, c'est son acide qui est la véritable partie nitreuse, & c'est d'où naissent les propriétés essentielles, qui distinguent le salpêtre d'un autre sel, dont la matrice seroit la même; ces propriétés sont, comme l'on sait, de produire un sentiment de fraîcheur sur la langue, de suser étant mis sur

les charbons ardens, & d'exciter & hâter fi
fort l'inflammabilité des matières huileufes
avec lefquelles il fe trouve mêlé fur le feu,
que dans l'inftant même le mélange jette une
groffe flamme, & produit une détonnation confidérable. On a fait voir dans un Mémoire
donné en 1713, que ces effets particuliers au
falpêtre étoient dus, 1°. à la facilité qu'a fon
acide de fe débarraffer de fa matrice, & d'être
emporté en l'air, fur-tout quand il eft mêlé
avec une matière huileufe ; 2°. à ce que cet acide
a en même-temps la force & la propriété de
pénétrer les matières huileufes, & de les enflammer même fans le fecours du feu.

Si donc le falpêtre n'eft véritablement nitre
que par fon acide, & fi la matrice de ce fel ne
fert qu'à arrêter cet acide, on conçoit facilement que quand ce même acide fe trouvera
arrêté per toute autre matrice, avec laquelle
il paroîtra auffi fous la forme d'un fel concret
falé, ce nouveau compofé aura le même droit
de porter le nom de nitre, que le falpêtre ;
par exemple, fi au lieu de verfer de l'efprit
de nitre fur un fel fixe alkali, ce qui produiroit du falpêtre, on verfe cet efprit fur un
fel volatil alkali, il en réfultera de même un

fel concret, qui ne différera en rien du falpêtre par fon acide, & qui par-là fera auffi du nitre; mais comme la bafe de l'un eft un fel fixe, & la bafe de l'autre un fel volatil, ce feront deux efpèces de nitre qui tireront leur différence de la diverfité de leur matrice, & pour les défigner par des noms qui faffent fentir ce qu'elles ont entr'elles de commun en qualité de nitre & de particulier par leur matrice, nous entendrons par le mot de falpêtre, le nitre qui a pour bafe une matière fixe & telle que nous l'avons déja marquée, & nous donnerons le nom de fel ammoniac nitreux, au nitre dont la matrice eft un fel volatil.

Nous ne parlerons point ici des différens engagemens dont l'acide nitreux eft fufceptible, avec plufieurs fortes de métaux & de matières terreufes & métalliques; ce qui produit encore d'autres efpèces de nitre, dont les unes diffèrent beaucoup du falpêtre, & encore davantage du fel ammoniac nitreux, & dont les autres ont à la vérité quelque rapport avec le falpêtre, mais elles ne lui reffemblent pas affez pour pouvoir être confondues avec ce fel. Toutes ces efpèces dernières de nitre font plutôt l'ouvrage de l'art que de la nature, puifqu'elles ne

fe trouvent guère que dans nos laboratoires,
où elles ont pris naiſſance, par le mélange qui
y a été fait de l'acide nitreux avec les matières
dont il a été parlé. Il n'en eſt pas de même
du ſalpétre & du ſel ammoniac nitreux, qui
fe trouvent communément dans le ſein de la
nature, où ils ont été formés, & qui par-là,
doivent être regardés comme de véritables
eſpèces de nitre naturel. On peut même dire,
avec toute la vraiſemblance poſſible, que preſque tout le nitre de l'univers eſt ou ſalpétre
ou ſel ammoniac nitreux, & que chacune de
ces deux eſpèces de nitre quitte ſouvent ſa
forme particulière, pour prendre celle de
l'autre, comme nous le prouverons manifeſtement en ſon lieu.

Quoiqu'il y ait un grand nombre de corps
dont on pourroit tirer de très-excellent ſalpétre; cependant les matériaux avec leſquels on
a apparemment juſqu'ici le mieux trouvé ſon
compte, & dont on ſe ſert communément dans
les Manufactures de ſalpétre, ce ſont les terres
& les plâtras des vieilles maſures, des vieux
bâtimens, des cimetières, des écuries, des
étables, des colombiers; on ſait que ces matériaux ne donnent de ſalpétre qu'autant qu'ils
ont été mélés avec d'autres corps, & traités

d'une certaine façon : & c'eſt en conſidérant avec
attention toute la ſuite du procédé dont on a
coutume de ſe ſervir, & ce qui réſulte de ce procédé, qu'il m'eſt venu quelques doutes phyſiques, qui m'ont paru aſſez curieux pour mériter un éclairciſſement particulier. Pour lever
ces doutes & pour acquérir un certain degré
de connoiſſance ſur toute la matière du nitre,
j'ai fait beaucoup d'expériences qui feront la
principale partie des Mémoires que j'ai à donner ſur ce ſujet ; mais avant que de faire nos
réflexions ſur la manière dont on retire la portion nitreuſe contenue dans les terres & les
plâtras, ſur la forme ſous laquelle l'acide de
cette portion nitreuſe y réſide, ſur la nature
de la matrice qui y enveloppe l'acide nitreux,
ſur l'altération ou l'engagement nouveau qui
lui ſurvient par le procédé ordinaire du ſalpêtre, & enfin toutes les circonſtances particulières de ce travail, il eſt à propos, & pour
ſuivre un certain ordre & même pour une plus
grande intelligence de ce que j'ai à dire dans
la ſuite, d'examiner d'abord comment & par
quelle mécanique la portion nitreuſe qu'on
trouve dans les terres & les plâtras s'y eſt allé
loger, & quelle eſt la ſource véritable d'où
cette matière leur a été apportée.

Comme la plupart de ceux qui ont parlé du ſalpêtre, n'ont pas manqué de traiter le ſujet dont il s'agit, il n'eſt pas poſſible que ce que j'ai à en dire ne ſe rapporte pas quelquefois, & en certaines circonſtances, à ce qui en a déja été dit : auſſi ce que je me propoſe particulièrement dans ce Mémoire, c'eſt de répandre un nouveau jour ſur la matière en queſtion, non-ſeulement en détruiſant certains préjugés aſſez généralement reçus ſur la ſource d'où les terres & les plâtras puiſent leur matière nitreuſe ; mais encore en indiquant l'opinion la plus ſenſée ſur ce ſujet, & en fortifiant cette opinion de pluſieurs preuves & expériences nouvelles, dont on trouvera peut-être qu'elle avoit un beſoin indiſpenſable pour pouvoir être adoptée préférablement à toute autre.

Les matières terreuſes & pierreuſes étant celles qui fourniſſent le ſalpêtre ordinaire, on pourroit peut-être s'imaginer que ce ſel ſeroit le ſel propre de ces matières, & qu'il ne leur viendroit point d'ailleurs ; ce qui s'accorderoit aſſez avec le mot de ſalpêtre, qui vient de *ſal* & de *petra*, *quaſi ſal petræ*, ſel de pierre. Mais quand on examine toutes ces matières avant qu'elles aient eu occaſion de tirer leur nitre des fources étrangères qui le contiennent réellement, comme nous l'allons prouver inceffamment, on n'y en découvre point ; de plus elles peuvent éternellement & fe charger de nitre & étre enfuite dépouillées, ce qui n'arriveroit point fi ce fel étoit le fel propre de ces terres, car elles en feroient bientôt épuifées ; du moins en ce cas elles ne feroient pas capables, comme elles le font, d'en donner à la fuite du temps au-delà de leur propre poids, en le confervant néanmoins toujours : ce qu'il y a donc feulement à remarquer dans ces terres, c'eft qu'elles font fort poreufes & alkalines ; & plus elles le font, mieux elles abforbent la matière nitreufe qui leur vient de dehors, & plus elles en font provifion : les terres fablonneufes, par exemple, n'étant compofées que de grains vitrifiés, & dont les pores font très-ferrés, elles font par-là incapables de donner une entrée libre à la matière nitreufe, & de l'arrêter. L'expérience nous prouve encore que les terres argilleufes ne peuvent guère s'en charger, & cela, 1°. parce que leurs pores fe trouvant déja remplis d'une fubftance graffe & vitriolique, ils font peu en état d'admettre une nouvelle matière ; 2°. parce que ces terres étant exté-

. rieurement fort graffes , la liqueur nitreufe coule deffus fans pouvoir pénétrer au-dedans , & par conféquent fans y dépofer le nitre qu'elle porte avec elle.

La chaux, au contraire, qui eft très-po-reufe, & dont le feu de la calcination qu'elle a foufferte, a chaffé la plus grande quantité des matières contenues dans fes pores; la chaux, dis-je, & par la multitude de fes pores, & parce que ces pores fe trouvent vuides, eft plus fufceptible de la matière nitreufe que la plupart des autres corps terreux: ce que nous prouverons pas plufieurs expériences qui feront rapportées en leur lieu, & ce qu'il eft toujours facile de reconnoître, parce que les murs où il eft entré beaucoup de chaux, font ceux qui amaffent le plus de nitre, & dont on retire auffi une plus grande quantité de fal-pêtre, toutes chofes d'ailleurs étant égales. C'eft par la même raifon que plufieurs pierres font excellentes pour le même effet ; telles font, à ce qu'on dit, certaines pierres de tufe qu'on trouve en Touraine, & d'autres qu'on tire de certaines carrières proche Saumur ; enfin toutes ces matières alkalines doivent être regardées comme des efpèces d'éponges de matière nitreufe, ou, fi l'on veut, comme

autant d'amas de petites cellules, on non-feulement la matière nitreufe s'engage & eft retenue, mais encore où cette matière reçoit une
préparation particulière dont nous ferons voir
clairement la vérité & la néceffité, après
avoir établi la fource de la matière nitreufe, &
la manière dont les terres & les pierres en font
acquifition. L'opinion la plus commune fur ce
fujet, c'eft que l'air eft le grand magafin du
nitre, & que c'eft delà que les terres & les
plâtras tirent celui dont on les trouve chargés:
on ne dit pourtant point fous quelle forme ce
nitre fe foutient dans l'air; & *Mayou*, Auteur
Anglois & grand défenfeur du nitre aërien,
voulant éclaircir cette difficulté, fuppofe l'air
imprégné par-tout d'une efpèce de nitre méta-
phyfique, qui ne mérite pas trop d'être réfuté,
quoiqu'il l'ait cependant été fuffifamment par
Barchufen & par *Schelhamer*. Le fondement
de l'opinion du nitre aërien, c'eft, comme le
rapporte *Mayou* lui-même, qu'après avoir enlevé à une terre tout le nitre qu'elle contenoit,
fi on l'expofe enfuite à l'air pendant un certain
temps, elle en reprend de nouveau; il eft vrai
que fi l'obfervation étoit parfaitement telle
qu'elle vient d'être rapportée, on auroit une
plus grande raifon qu'on en a de fuppofer dans

l'air une très-grande quantité de nitre, & de mettre fur le compte de ce nitre aërien un grand nombre d'effets auxquels il n'a certainement aucune part.

Mais fans examiner ici fi la minière de ce prétendu nitre eft l'air, fi c'eft-là le lieu de fa naiffance, & où il reçoit fa première forme faline, ce qui paroîtroit affez extraordinaire, d'autant que c'eft dans l'intérieur des corps terreftres que fe forment tous les autres fels; ou fi au contraire tout le nitre qui pourroit être dans l'air, ne s'y trouveroit point en conféquence des exhalaifons falines qui s'élèvent des corps terreftres, auquel cas l'air ne feroit pas la première fource nitreufe, mais feulement le véhicule du nitre qu'il auroit puifé dans les corps terreftres, comme l'eau de la mer eft le véhicule du fel gemme qu'elle a puifé dans les mines de ce fel; & il refteroit toujours à favoir quels font ces corps, d'où l'air emprunte fon nitre, & qui en doivent être réputés la première & la véritable fource; & fuppofé qu'il fût vrai que les terres dépouillées de nitre, en regagnaffent enfuite de nouveau par le fecours feul de l'air, ce fluide ne feroit alors que rendre aux corps terreftres ce qu'il en auroit reçu en premier lieu.

Sans entrer, dis-je, dans toutes ces difcuf-
fions, fous quelle forme imagine-t-on que le
nitre de l'air puiffe y être contenu dans toute
la quantité requife pour produire les effets
confidérables qu'on lui attribue ? Eft-ce fous
la forme de notre falpêrre ? Mais la péfanteur
de ce fel ne lui permettroit pas de s'élever bien
haut & de fe foutenir long-temps en l'air. Ne
feroit-ce point plutôt fous la forme de notre
efprit de nitre ? Mais en ce cas il ne feroit pas
bon refpirer, & la quantité d'acide qui entreroit
perpétuellement dans les poumons, y cauferoit
tout au moins une toux continuelle. Ce feroit
donc fous la forme d'un fel ammoniac, qui, étant
fort volatil, fe foutiendroit à la vérité plus
aifément en l'air, que toutes les autres efpèces
de nitre ; mais s'il y étoit fort abondant, la
refpiration en fouffriroit toujours beaucoup,
ce que nous n'apperçevons point. Enfin fous
quelque forme qu'on l'y conçoive, car on ne
peut pas nier abfolument qu'il ne fe puiffe quelquefois élever en l'air des exhalaifons nitreufes,
toujours eft il certain que fi ces exhalaifons
portent du nitre dans toute la maffe de ce
fluide, c'eft infiniment au-deffous de la quantité qu'on eft obligé d'y en fuppofer pour les
effets qu'il a plu de mettre fur le compte du

nitre

nitre aërien, & que si les matières alkalines n'avoient d'autre ressource que l'air , pour faire leur provision de matière nitreuse , cette provision seroit terriblement longue à se faire , & peut-être même n'en verroit-on jamais la fin : pour prouver cette vérité, nous rapporterons d'abord l'expérience de M. *Mariotte*, qui ayant choisi l'étage le plus élevé d'une maison, pour y laisser à l'air pendant deux ans une portion de terre, qui auparavant avoit été exactement dénitrée, n'en put retirer ensuite aucun grain de nitre; mais il en retira beaucoup d'une autre portion de la même terre qui avoit été placée à la cave, où elle avoit partagé avec la terre même du lieu, certains sucs nitreux dont il sera parlé dans la suite, & qui s'écoulant & se ramassant naturellement dans les lieux bas , ne peuvent se trouver de même dans les lieux plus élevés, si ce n'est en certaines circonstances; comme, par exemple, à l'occasion d'une cuisine qui aura été faite à un troisième ou à un quatrième étage : car nous ferons voir que les matières qu'on a coutume de préparer dans ces sortes de lieux, contiennent réellement beaucoup de nitre; & ainsi les eaux qui en découlent & qui se trouvent chargées de ces sortes de matières, dépo-

F

fent dans les terres où elles fe filtrent, la portion nitreufe qu'elles ont entraînée avec elles;
& ce n'eft que dans ce cas ou dans un autre femblable, qu'on trouve du nitre à une certaine
hauteur.

Peut-être les Défenfeurs du nitre aërien
nous diront-ils, pour répondre à l'obfervation
de M. *Mariotte*, que le nitre de l'air ne s'engage dans les matières terreufes, qu'à la faveur
d'une humidité aqueufe; & que cette humidité
ne fe trouvant pas dans un lieu haut comme
dans un lieu bas, il n'eft pas étonnant que la
terre placée au haut de la maifon, n'ait point
amaffé de nitre, & que celle de la cave y en ait
fait fa provifion.

Mais cette réponfe eft un véritable faux-
fuyant; car 1°. s'il y avoit une affez grande
quantité de nitre, dans toute l'étendue de
l'air, qu'on voudroit nous le faire croire, il
feroit aifé de prouver par des expériences fen-
fibles qu'une matière poreufe & alkaline expofée au courant de ce nitre, en devroit toujours
amaffer beaucoup, malgré toute la féchereffe
imaginable. En fecond lieu, il eft faux qu'à
un troifième ou quatrième étage, la féchereffe
de l'air foit affez grande pour empécher par-
là l'engagement du nitre aërien dans une ma-

tière poreuſe, ſuppoſé que ce nitre y fût : &
en effet, qu'à une pareille hauteur on expoſe
du ſel de tartre, les humidités de l'air s'y ma-
nifeſteront ſi bien, en s'attachant au corps
poreux, qu'en peu de temps, ce corps ſera
tout-à-fait humide, & il le ſera encore bien
davantage & plus promptement en certaines
diſpoſitions de l'air; cependant ce ſel, tout humide qu'il ſera devenu, n'aura point acquis
de nitre, & ne ſera point devenu ſalpêtre;
preuve évidente que ce n'eſt ni l'air, ni les humidités qui s'y trouvent naturellement répandues, qui portent le nitre dans les matières
alkalines où on le trouve amaſſé, & que la
terre que M. *Mariotte* avoit placée à la cave,
n'auroit jamais acquis de nitre, ſi par la communication immédiate qu'elle avoit eue avec
la terre même du lieu, elle n'eut pas été pénétrée des mêmes ſucs nitreux qui s'y filtrent
& s'y ramaſſent continuellement.

Cependant il ſe pourroit faire que dans un
lieu bas & extraordinairement humide, par la
quantité des ſucs nitreux qui y aborderoient, une
partie des humidités du lieu s'élevât en forme
de roſée, dans l'air même de ce lieu, & rencontrant une matière alkaline qui s'y trouveroit en
quelque ſorte iſolée, c'eſt-à-dire, qui ne com-

muniqueroit immédiatement, ni avec la muraille, ni avec le fel du lieu, fourniroit à cette
matière une affez grande quantité de nitre,
pour que l'acquifition nitreufe devînt fenfible
après un certain temps ; ce qui pourroit donner lieu de conclure aux Défenfeurs du nitre
aërien, qu'il y a réellement beaucoup de nitre
dans l'air, & que c'eft delà, que les terres &
les pierres ont emprunté celui qu'on en retire :
mais cette conclufion feroit très-mal tirée ; car
1°. de ce que l'air contenu en certains lieux,
peut être quelquefois chargé d'une affez grande
quantité de nitre, ce que nous n'avançons pourtant pas pour l'avoir reconnu par notre propre expérience, mais parce que la chofe ne
nous paroît pas impoffible, il ne s'enfuit pas
que la maffe de l'air en général foit dans le
même cas ; & il y auroit d'autant moins de
raifon de le prétendre, que l'air, en toute autre
circonftance, ne donne aucun indice de nitre.

2°. Le nitre dont il s'agit dans le cas particulier qui vient d'être rapporté, n'eft pas à
proprement parler, le nitre de l'air, mais du
lieu où l'air eft contenu ; puifque ce n'eft pas
l'air qui apporte dans le lieu celui qu'on y
trouve, & que c'eft au contraire le lieu qui
communique à l'air celui qu'il contient ; & ce

qui prouve que le nitre du lieu, & généralement de tous les endroits qui en amaſſent, ne
vient poinr de l'air qui s'y engage continuellement, c'eſt que ſi cela étoit, l'air de dehors
qui ne s'y engage point encore, ou qui ne doit
pas même s'y engager, devroit contenir auſſi
beaucoup de nitre; car on ne voit pas pourquoi celui qui parcourt actuellement les endroits nitreux, ſeroit plutôt chargé de nitre,
que celui qui eſt à portée de s'y inſinuer, ou
qui en eſt plus éloigné. Par conſéquent en pré-
ſentant une matière alkaline à cet air de dehors, il devroit après un certain temps y laiſſer des marques ſenſibles du nitre abondant dont
il ſeroit chargé, ce qu'il ne fait pourtant pas,
& ce qu'il ne manqueroit pas de faire, s'il en
contenoit véritablement, & ſi le ſyſtême du
nitre aërien avoit lieu; car il eſt bon de remarquer que ce ſyſtême ne permet pas de croire
que l'air ne contienne du nitre qu'en quelques
endroits, & ſeulement encore par rapport à
de certaines circonſtances : à la vérité, ſi ce ſyſtême ne s'étendoit que juſques-là, il n'y auroit
point de diſpute ſur ſon compte; mais ce qui
le fait contredire, c'eſt que ſes partiſans veulent qu'il y ait réellement du nitre dans toute
la maſſe de l'air, & que celui qui ſe trouve

naturellement dans une infinité de matières terreufes, a auparavant habité dans l'air, & y a
été dépoié par ce fluide; & nous prétendons
au contraire que ces matières reçoivent immédiatement leur nitre d'une fource, ou d'une
liqueur particulière qui s'y filtre, & qui y laiffe
le nitre qu'elle y a apporté; qu'enfin s'il eft
vrai que l'air foit quelquefois chargé de nitre,
ce n'eft que dans des cas fort rares, où on a
vu qu'il n'a point encore la fonction que lui
donne le fyftéme du nitre aërien, puifque bien
loin de porter alors le nitre dans le lieu nitreux
fuivant l'intention du fyftéme, il y reçoit au
contraire celui du lieu même fans lequel il n'en
auroit point.

Quoique ce qui a été dit pût fuffire pour rejeter le fyftéme du nitre aërien, & pour adopter celui qui a été indiqué, cependant pour
me confirmer davantage dans le fentiment où
je fuis, & pour un plus grand éclairciffement
de la matière, voici quelques expériences que
j'ai faites avec un grand foin.

J'ai mis dans trois plats de terre, trois fortes de matières alkalines; favoir, de la chaux,
du fel de tartre, & de la terre qui avoit été
exactement dépouillée de fon nitre; j'ai placé
ces trois plats fur trois efcabelles, dans une

efpèce de rez-de-chauffée où le foleil ne donnoit point, où l'air entroit librement de plufieurs côtés, qui étoit tel qu'il le falloit pour
y faire une récolte de nitre, puifque les murailles & la terre du lieu étoient garnies d'une
grande quantité de falpétre, & enfin qui, quoique humide, ne l'étoit point affez pour y re-
douter des évaporations nitreufes & abondantes, qui atteignant nos trois matières & les pénétrant, n'auroient fervi qu'à laiffer encore
des doutes & des fcrupules fur le nitre aërien,
dont le fyftême eft une efpèce de préjugé qu'on
adopte volontiers, & dont on fe défait difficilement. Ces trois matières, après avoir demeuré
pendant deux ans & plus expofées à l'air pur
& fimple, c'eft-à-dire, fans avoir eu aucune
communication avec la terre du lieu, & avec
les fucs nitreux dont elle étoit abreuvée ; ces
matières, dis-je, ne m'ont donné après ce
temps, ni nitre, ni indice de nitre ; mais elles
m'en ont donné beaucoup & en affez peu de
temps, après avoir été imprégnées de matières
animales, dans toutes lefquelles j'ai découvert
qu'il y avoit réellement une grande quantité de
nitre , comme nous le remarquerons plus amplement dans la fuite.

Cette expérience s'accorde parfaitement avec

une obfervation très-commune, rapportée par différens Auteurs. C'eft qu'entre plufieurs terres également expofées à l'air, & également propres à fe charger de nitre, les unes n'en amaffent point ou prefque point, & les autres ne le font qu'à proportion des urines & des excrémens d'animaux dont elles ont été pénétrées; c'eft pour cela, 1°. que dans les manufactures de falpêtre, on choifit par préférence les terres & les plâtras des écuries, des étables, des colombiers; 2°. que de certains Ouvriers très-expérimentés affurent qu'il n'y a point de lieu qui rende auffi abondamment du falpêtre que la terre des cimetières, comme il eft marqué dans l'Hiftoire de la Société de Londres; 3°. que ceux qui étoient chargés en Angleterre, par Lettres-Patentes, de faire le falpêtre, achetoient les terres autour de Londres, fur lefquelles on avoit coutume de jeter les immondices des foffés de la Ville, fuivant le rapport de *Samuel Dale*, dans fa pharmacologie.

Enfin, c'eft encore par la même raifon, que fi, après avoir parfaitement dépouillé les terres de leur nitre, on fe contentoit fimplement de les expofer à l'air, on feroit long-temps à attendre après la récolte nitreufe;

auſſi a-t-on coutume à l'Arſenal de Paris,
pour mettre ces terres en état de fournir plutôt
de nouveau ſalpêtre, de mettre ſucceſſivement
une couche de terre neuve ſur une de terre
vieille; & par-là le ſurabondant de matière nitreuſe, contenu dans la terre neuve, & qui
faute d'eſpace ne s'y feroit qu'imparfaitement
développé, & au·lieu de ſe rendre enſuite à
l'Artiſte ſous une forme de ſalpêtre, ne s'y
feroit rendu que ſous celle d'une écume; ce
ſurabondant, dis-je, paſſant dans la terre
vieille, y trouve tout l'eſpace requis pour la
préparation qui lui convient. Mais on ne ſe
contente pas encore de cet expédient ; pour
enrichir de nouveau les terres qui y ont été
dénitrées, on jette ſur les différentes couches
dont il a été parlé, les écumes de la première
cuite du ſalpêtre qui contiennent elles-mêmes
beaucoup de nitre enveloppé encore dans une
grande quantité de matière graſſe, comme
l'expérience le prouve manifeſtement, & ce
nitre en rentrant dans la terre dont on l'avoit
fait ſortir avant que d'avoir été ſuffiſamment
préparé, ſe retrouve par-là en ſituation de recevoir tout le développement dont il a beſoin
pour paroître enſuite ſous une forme de ſalpêtre, & non plus, comme auparavant, ſous

celle d'une écume : enfin fi l'on veut qu'une terre regagne en peu de temps le nitre qu'on lui avoit enlevé, il n'y a, fuivant l'Hiftoire de la Société Royale, qu'à mêler avec cette terre bien féchée quantité de fiente de pigeon & de cheval, & la détremper avec de l'urine.

On voit par tout ce qui vient d'être rapporté que le peu de nitre qu'on pourroit imaginer dans l'air, & qu'on veut bien y fuppofer fans preuve, ne peut être d'un grand fecours pour les matières alkalines, expofées à ce fluide ; & que le nitre qu'elles amaffent, & qu'on en retire enfuite, vient immédiatement d'une fource plus réelle & plus abondante ; qu'enfin fi l'air eft abfolument néceffaire aux terres qui ont à fe charger de nitre, ce n'eft pas par celui qu'il lui communique, mais parce qu'il contribue indifpenfablement à la préparation de la matière nitreufe.

Et en effet, il ne faut pas croire que dès qu'un fuc animal, de l'urine, par exemple, a dépofé dans des cellules terreufes ou pierreufes la portion nitreufe dont elle étoit chargée, & en a rempli ces cellules, il n'y ait plus qu'à l'en retirer au plus vîte par les moyens connus : car l'expérience m'a fait con-

noître que tout le nitre contenu dans les matières animales, y eſt ſi fort engagé dans des
matières graſſes, qu'on a toutes les peines du
monde à l'en dégager; & par conſéquent lorſque cette portion nitreuſe eſt encore nouvellement arrivée dans les cellules terreuſes, comme elle n'a pas eu le temps de s'y débarraſſer
juſqu'à un certain point des parties graſſes &
ſulfureuſes, dont elle eſt naturellement enveloppée, & comme elle eſt telle alors ou à peu
près qu'elle étoit dans l'animal, ſi l'on ſe preſſoit
de la faire ſortir de ſes loges terreuſes, ce ne
ſeroit pas, à proprement parler, du nitre ou du
ſalpêtre qu'on retireroit, mais une ſubſtance
graſſe, mucilagineuſe, qui, par la quantité de
ſes parties huileuſes, nageroit au-deſſus du
liquide en forme d'écume, & qui ne ſeroit bonne
qu'à être jetée ſur des terres dépouillées de
leur nitre, & auxquelles on en voudroit
rendre.

C'eſt par cette raiſon que les terres & les
plâtras tirés des vieilles maſures, des vieux
bâtimens anciennement habités, abandonnés
depuis long-temps, fourniſſent un ſalpêtre bien
meilleur, bien mieux conditionné & plus abondant, que les matériaux qu'on retire des lieux
nouvellement abreuvés par les excrémens des

animaux, & dans lesquels la matière nitreuse qui s'y loge continuellement, n'a pas encore eu le temps d'acquérir le point de digestion & de maturité dont il a été parlé.

C'est encore par la même raison que, pour avoir un salpêtre aussi bon qu'il puisse être, & qui détonne avec une très-grande promptitude, il ne faut pas mettre en œuvre les terres nitreuses dès qu'elles ont été apportées du lieu d'où on les a retirées. Il faut au contraire les placer & les étendre dans un endroit qui soit à l'abri des rayons du soleil, & où l'air extérieur passe & repasse avec facilité ; & quand elles sont bien seches, & quand leur matière nitreuse a eu tout le temps requis pour son entière préparation, c'est alors que l'on emploie ces terres avec succès.

Plus d'une cause concourt à la préparation & au développement de cette matière nitreuse : 1°. la terre même qui la contient ; car comme certaines opérations ne se font bien que dans certains vaisseaux, de même aussi la matière nitreuse ne se prépare & ne se développe comme il faut, qu'autant qu'elle a fait un séjour suffisant dans les cellules de quelque matière terreuse & alkaline : voici ce qui m'a donné lieu de découvrir cette vérité.

. Un grand nombre d'obſervations ne laiſſant aucun lieu de douter que les terres dont on a coutume de ſe ſervir pour la fabrique ordinaire du ſalpêtre, ne ſont devenues nitreuſes que parce qu'elles ont été pénétrées par des matières animales, c'eſt-là ce qui me fit imaginer en premier lieu que toutes les matières animales pourroient bien contenir réellement beaucoup de nitre : ce qui ne s'accorde pourtant guère avec l'opinion commune qui prive d'acides ces matières ; or ſi elles n'en ont point, elles n'ont point auſſi de nitre, puiſque l'acide fait la principale partie de ce ſel. C'eſt apparemment là ce qui fait que, quoique certains Auteurs reconnoiſſent qu'un grand nombre de terres ne deviennent nitreuſes que par le mélange des matières animales, ils ne laiſſent pas de chercher ailleurs que dans ces matières, l'acide dont ils forment le nitre qu'on trouve dans les terres dont on vient de parler.

Mais on ſait que les animaux ſe nouriſſent d'alimens chargés de beaucoup d'acides ; & ſi ces acides ne ſe manifeſtent pas à la moindre épreuve des matières animales, il ne s'enſuit pas delà que ces acides n'y ſont point ; mais qu'ils y ont contracté des engagemens que des ſimples analyſes ou des analyſes mal-entendues ne font pas capables de rompre ; & ce qui prouve cette vérité, c'eft que M. *Homberg*, a véritablement bien fu trouver le fecret de retirer du fang & d'autres parties animales, une grande quantité d'acides ; par conféquent j'ai pu conjecturer fans fcrupule qu'il y avoit réellement une grande quantité de nitre dans les matières animales, & c'a été pour m'en convaincre que j'ai fait d'abord quelques tentatives qui ne m'ont pas réuffi, faute d'un intermède terreux convenable ; mais confidérant enfuite que toutes les matières animales contiennent beaucoup d'huile, & qu'il fe pourroit bien faire que le nitre de ces matières y fût tellement enveloppé par des parties graffes & onctueufes, qu'il ne pût paroître en cet état, fous une forme faline, je cherchai le moyen de dégraiffer fuffifamment le nitre en queftion ; & comme dans la préparation & le rafinage du fucre, qui eft un fel effentiel naturellement uni à une grande quantité de parties huileufes, il s'agit auffi de dégraiffer ce fel jufqu'à un certain point, pour lui donner par-là une forme folide & cryftalline, & qu'entr'autres moyens dont on fe fert pour cela, un des principaux, c'eft le mélange de la chaux qui eft une matière alkaline, j'employai dans la même vue plu-

fieurs fortes de matières terreufes, avec lefquelles un grand nombre de différentes matières
animales m'ont toujours donné de très-excellent falpêtre, par un procédé dans toute la fuite
duquel je n'entrerai point aujourd'hui, non
plus que dans tout ce que j'ai obfervé de particulier fur différentes matières animales, d'autant que ce détail nous meneroit trop loin,
& qu'il appartient naturellement à un autre
Mémoire, dans lequel nous avons à examiner &
la manœuvre communément ufitée pour la
fabrique ordinaire du falpêtre, & les différens
moyens ou procédés dont on doit fe fervir
fuivant la nature particulière des matières nitreufes fur lefquelles on a à travailler, & qui
ne font pas toujours animales , puifque les végétaux nous donnent auffi d'excellent falpêtre,
fur lequel nous ferons nos réflexions dans le
prochain Mémoire. En attendant cet examen,
nous pouvons toujours affurer d'avance, & on
verra clairement en fon lieu, que la comparaifon de tous les procédés dont il s'agit, fournit une efpèce de démonftration, que quand
une terre nitreufe ne donne du falpetre qu'a-
près avoir été mêlée avec des cendres, ce font
véritablemeut des matières animales qui ont
communiqué à cette terre le nitre ou la plus

grande partie du nitre qu'elle contient , & qui, tel qu'il eft, ne peut lui être venu d'aucune autre part ; & par conféquent les matériaux nitreux qu'on emploie communément dans nos Manufactures de falpétre, ayant un befoin indifpenfable d'un pareil mélange, fe trouvent dans le même cas, c'eft-à-dire, qu'ils ont auffi tiré leur nitre de la même fource.

Pour ce qui regarde préfentement la manière dont les cellules terreufes contribuent à la préparation de la matière nitreufe qu'elles contiennent, voici ce que je penfe fur ce fujet : 1°. cette matière n'étant compofée que de parties volatiles, & étant elle-même très-difpofée à s'exhaler, comme il fera prouvé inceffamment, fi elle n'étoit retenue dans des efpèces de petites prifons, elle pourroit bien s'échapper dès qu'elle commenceroit à fermenter; & par-là, outre que fa préparation ne s'acheveroit point, la matière feroit encore perdue pour l'Artifte; 2°. cette matière en fe filtrant au travers de ces cellules, & y circulant en quelque forte, s'y dépouille toujours de quelques parties graffes & huileufes qui s'arrêtent & reftent aux parois des cellules ; enfin cette matière diftribuée en chaque cellule, s'y trouve comme divifée en une infinité de petites por-

tions

tions, qui ayant en cet état plus de surfaces que si toutes ces portions étoient réunies, offrent aussi par-là plus de prise à l'action de l'air.

Car on sait & nous avons déja remarqué que le contact de l'air est aussi essentiellement nécessaire à la préparation de cette matière, que celui du soleil y est préjudiciable : ce dernier fait promptement exhaler la substance nitreuse ; qui telle qu'elle est dans les terres & dans les plâtras, c'est-à-dire, avant que d'avoir été mêlée avec les cendres, ne peut soutenir une forte chaleur, ce que j'ai reconnu en lavant des plâtras nitreux, simplement avec de l'eau chaude, & faisant ensuite évaporer doucement la liqueur, il reste alors une matière saline, qui ne prend pourtant point la forme d'un sel concret, & qui demeure toujours liquide ou humide : cette matière ou du moins sa partie nitreuse n'a besoin que d'un feu assez médiocre pour se dissiper en l'air ; & si on la fait distiller, elle donne facilement & en peu de temps une véritable eau régale, semblable en tout à celle qu'on a coutume de faire avec le sel ammoniac & l'esprit de nitre. Nous parlerons plus amplement une autre fois de cette liqueur ;

G

car nous ne le faifons préfentement que par anticipation , & pour prouver la volatilité naturelle de la partie nitreufe des terres & des plâtras , communément employés dans nos Manufactures de falpêtre.

C'eft par rapport à cette circonftance que les plâtras tirés des petites rues , où le foleil ne peut prefque point pénétrer , & où par conféquent il n'a pas beaucoup d'action , fe trouvent bien plus riches en nitre que ceux qui viennent des rues plus larges , & où le foleil donne à plomb.

A l'égard du contact de l'air , fi abfolument néceffaire pour la préparation de la matière nitreufe , je conçois qu'il y contribue en deux manières; la première, c'eft que comme les lieux les plus propres à faire provifion de nitre , font ceux que les rayons du foleil ne vifitent point , ces mêmes lieux font naturellement fort humides; d'ailleurs la matière nitreufe ne s'infinuant dans les cellules terreufes qu'à la faveur des parties aqueufes qui lui fervent de véhicule , fi l'air fec & de dehors ne venoit pas continuellement balayer toutes ces humidités , & en dégager la matière nitreufe arrêtée dans les cellules , cette matière toujours fluide

& détrempée ne manqueroit pas de couler avec ces humidités, & par conséquent ne demeureroit point dans ces cellules terreuses, où elles auroient été portées en premier lieu : ce qui est prouvé par l'expérience suivante, rapportée dans l'Histoire de la Société Royale de Londres. Si l'on verse de l'eau sur une terre propre à en tirer du salpêtre, on ne fait qu'enfoncer le sel plus profondément en terre ; c'est-à-dire, que la portion nitreuse qui résidoit dans une couche supérieure de terre, se trouve entraînée par le liquide de la couche de dessous, & par conséquent est perdue pour la couche de dessus.

L'autre effet de l'air sur la matière nitreuse, c'est qu'à proportion des parties aqueuses qui s'en séparent & qui s'en exhalent, il s'y introduit en place des particules d'air qui ont une propriété particulière pour faire fermenter les matières végétales & animales, & qui trouvant ici une matière de même nature, ne manquent pas d'y exciter la fermentation & le développement dont elle a besoin, pour paroître ensuite sous une forme saline.

Si l'on doute que l'air soit une espèce de levain par rapport aux matières végétales &

animales, il n'y a qu'à confidérer tous les fucs des plantes, qui, renfermés dans leurs cellules naturelles, ou dans une bouteille exactement bouchée, & avec un peu d'huile au-deffus de la liqueur, ne fermentent point, ou ne le font que lentement, mais qui le font très-vîte dès qu'ils viennent à être frappés par l'air extérieur. On fait encore combien l'air eft préjudiciable à toutes les plaies du corps ; & cela, parce que ce fluide touchant immédiatement des fucs deftinés par la Nature à être recouverts & à l'abri de fon impreffion, il y introduit une fermentation qui les aigrit en peu de temps. C'eft pour cela que les Chirurgiens habiles & attentifs ne laiffent leurs plaies découvertes que le moins qu'ils peuvent. Voilà ce que j'avois à dire non-feulement fur la fource qui fournit le nitre aux matériaux, communément employés dans nos Manufactures de falpêtre, mais encore fur la manière dont ce nitre s'engage & fe prépare, ou fe développe naturellement dans ces matériaux. Mais comme la fource nitreufe dont il s'eft agi jufqu'à préfent n'eft pas l'unique, & qu'il y en a réellement une autre dont un grand nombre de terres & de pierres

tirent un véritable falpêtre, nous ne manque-
rons pas d'en parler dans le prochain Mémoire,
où nous tâcherons de donner un éclairciſſement entier ſur les deux eſpèces générales de
nitre, répandues en différens endroits de l'Univers, c'eſt-à-dire, ſur la nature des lieux qu'affecte naturellement chacune de ces eſpèces,
& ſur la manière de diſtinguer la ſource particulière qui a apporté telle ou telle eſpèce de
nitre dans le lieu où on la trouve.

G 3

SECOND MEMOIRE

SUR LE NITRE,

PAR M. LEMERY.

3 *Juillet* 1717.

IL n'a été queſtion dans le précédent Mémoire ſur le nitre que des matériaux nitreux, tirés des lieux habités par des animaux ; & comme on peut s'empêcher de reconnoître que le nitre de ces matériaux y a été apporté par des matières animales, pluſieurs Auteurs ont cru pouvoir conclure de cette obſervation que tout le nitre de l'Univers venoit de la même ſource. Cependant il y a nombre de lieux inhabités, de cavernes, par exemple, des terres, de murs d'une certaine compoſition, où l'on ne laiſſe pas de trouver une grande quantité de ſalpêtre très - excellent, qui y forme une eſpèce de cryſtalliſation naturelle, & qu'on en retire facilement en ratiſſant ſimplement les endroits où il ſe rencontre. On prétend répondre à cette réflexion, en diſant qu'il n'y a

point de lieu qui ne foit habité par des animaux, & entr'autres par des oifeaux qui y
vont dépofer leurs excrémens ; & pour prouver que le falpêtre des Indes a la même origine, quoique trouvé fur des terres parfaitement défertes, on ajoute qu'il ne vient que
dans des lieux fréquentés par des efpèces de
chauve-fouris beaucoup plus groffes que les
nôtres, & qu'on dit être fort bonnes à man-
ger.

Mais outre qu'on ne conçoit pas facilement
que la prodigieufe quantité de falpétre qui
croît dans les Indes, & dont il en eft rapporté
en Europe une groffe provifion, ne vienne
que des chauve-fouris du lieu , on fera voir
encore que la forme particulière fous laquelle
ce fel fe préfente de lui-même fur la terre, &
fans avoir eu befoin pour cela d'aucune préparation de notre part; que cette forme, dis-
je , dément la fource dont on le fait venir, &
qu'il y en a une autre non moins abondante
que la première, & qui porte le falpêtre dans
tous les lieux inhabités où l'on le trouve.

Sthal prétend que les matières animales ne
font pas les feules qui fourniffent aux terres
& aux pierres le nitre qu'on y découvre; que
les matières végétales ont encore la même

propriété, & que les unes & les autres, en acquérant un certain degré de pourriture, deviennent capables de cet effet. Jusques-là je suis parfaitement d'accord avec cet Auteur, ou plutôt nous nous accordons enfemble dans le gros ou dans le fimple énoncé de ce fentiment ; mais nous fommes bien différens dans la manière dont nous concevons lui & moi que les terres deviennent nitreufes, par le mélange des matières végétales & animales.

Pour moi, ce qui me fait dire que les unes & les autres font capables de porter du nitre dans les terres, c'eft 1°. que j'ai reconnu par expérience que toutes les matières animales en contenoient réellement beaucoup, comme il a déjà été dit. 2°. Pour ce qui regarde les matières végétales, on favoit déjà, par les différentes analyfes des plantes, qu'il y en avoit un bon nombre dont le fel étoit du falpêtre, ou du moins qui le paroiffoit être par des indices affez forts. Mais une obfervation curieufe qui nous a été communiquée par M. *de Reffons*, ne confirme pas feulement cette vérité ; elle nous démontre encore qu'une grande quantité de plantes regorgent en quelque forte de ce fel, qui en peut être abondamment féparé par un procédé tout-à-fait simple, & qui se manifeste dans la plante, même avant son analyse.

Pour reconnoître ce sel dans la plante, il n'y a qu'à la faire brûler, & l'on voit alors qu'elle fuse de tous côtés aussi fortement & de la même manière que feroit le meilleur salpêtre dont on auroit jeté une bonne quantité dans le feu.

Pour ce qui regarde la manière de tirer abondamment le salpêtre végétal, nous ne nous y arrêterons point aujourd'hui, parce que nous nous sommes proposé de le faire, lorsqu'il s'agira du procédé communément employé dans nos Manufactures de salpêtre, & de la manœuvre que j'ai tenue pour faire du salpêtre avec des matières animales ; nous remarquerons seulement que cette espèce de salpêtre végétal est fort au-dessus de notre salpêtre ordinaire, par la promptitude & la vivacité de ses effets, & qu'il ressemble parfaitement par-là au salpêtre des Indes. Nous dirons encore, à l'occasion du salpêtre végétal, que quand l'expérience ne nous auroit pas convaincu qu'il y a réellement beaucoup de nitre dans les matières animales, nous serions toujours en droit de l'assurer, sur ce que les plantes en contiennent beaucoup , & qu'elles fervent de nourriture aux animaux.

A l'égard de *Sthal*, fon fentiment eft que le nitre fe forme par la pourriture des matières végétales & animales, c'eft-à-dire, parce que les foufres & les fels volatils de ces matières venant alors à fe développer, ils s'uniffent à un acide univerfel & primitif répandu abondamment fur la terre, d'où réfulte un fel fulfureux , & tel qu'il imagine le nitre. Mais fi cet Auteur eût fu que les matières animales ne contiennent pas feulement beaucoup d'acide , mais encore un nitre tout formé, & qu'il y a réellement dans une infinité de plantes une très-grande quantité d'excellent falpêtre, il ne fe feroit pas donné tant de peine à aller chercher en différens lieux , & à compofer ce qu'il auroit trouvé réuni & tout fait , foit dans les plantes, foit dans les animaux ; enfin il auroit fimplement regardé la pourriture de ces matières comme un moyen dont la Nature fe fert pour le développement de leur nitre, & non pas pour la formation de ce fel, qui dans les plantes, par exemple, fe fait fenfiblement connoître avant qu'elles aient contracté la moindre pourriture.

Il fuit de ce qui a été dit, que les plantes & les animaux font deux grands magafins nitreux, où le nitre fe forme & s'amaffe, & d'où il eft enfuite répandu fur tous les endroits de l'Univers où on le trouve. C'eft par exemple aux animaux que nous avons particulièrement attribué le nitre qu'on retire des Villes, & en général de tous les lieux habités, qui, par cela même qu'ils le font, ne portent point de plantes, ou en portent peu, & qui, au défaut de matières végétales, fe trouvent continuellement abreuvés de l'urine & des autres excrémens des animaux.

Mais pour les lieux inhabités, où il y a toujours des plantes, & où elles peuvent d'autant mieux fe multiplier, que le nombre des animaux ne les y détruit point comme ailleurs, foit en les foulant aux pieds, foit en les faifant fervir à leur nourriture ; on a d'autant plus de raifon de mettre le nitre qu'on y trouve fur le compte des plantes, que ce nitre ne vient d'aucune fource minérale, comme il fera prouvé ; qu'il ne vient ni de l'air ni des matières animales, comme il a été remarqué, & que les plantes paroiffent en cette occafion la feule fource nitreufe, comme les animaux font auffi la feule, ou du moins la principale dans les lieux habités.

J'ajouterai ici une réflexion curieufe, dont je ne fache pas que perfonne fe foit encore avifé, foit pour confirmer la conjecture qui vient d'être avancée, foit pour faire connoître & diftinguer nettement de quelle efpèce de fource nitreufe telle ou telle matière terreufe a été pénétrée. On fait que toutes les matières animales donnent très-peu de fel fixe, & beaucoup de fel volatil ; d'où il fuit que leur acide nitreux n'y eft joint qu'avec des fels volatils, ou avec des matières huileufes, & qu'il ne réfulte de-là qu'un fel ammoniac nitreux, ou une fimple matière nitreufe. Or, ces compofés ne prendront jamais d'eux-mêmes la forme de falpêtre, puifqu'ils n'en font point; mais ils le deviendront & paroîtront fous cette forme, quand à la place de la matrice qui enveloppoit naturellement l'acide nitreux dans les animaux, on fubftituera un fel fixe alkali, qui, avec l'acide dont on vient de parler, fera un véritable falpêtre. C'eft auffi ce que l'expérience m'a fait parfaitement connoître dans toutes les matières animales fur lefquelles j'ai travaillé immédiatement, & ce qui paroît encore clairement par la fabrique du falpêtre ordinaire, pour laquelle on fe fert de matériaux trouvés dans des lieux habités & chargés de matières animales, & dont auffi on ne tireroit jamais du falpêtre, fi on n'avoit foin d'y mêler le fel fixe des cendres.

Il n'en eft pas de même des plantes, où en général on trouve peu de fels volatils, en comparaifon de leurs fels fixes, & par conféquent où l'acide nitreux fe rencontre naturellement avec la matrice propre à former avec cet acide un véritable falpêtre. Auffi pour retirer des plantes un falpêtre tout-à-fait bien conditionné, on n'a pas befoin d'employer de fel fixe, comme dans le cas précédent ; & comme, fuivant notre fuppofition, le nitre des lieux inhabités y a été apporté par une fource végétale, c'eft pour cela qu'il n'a encore befoin d'aucun fel fixe étranger pour paroître, comme il fait à la furface de la terre, fous la forme d'un véritable falpêtre, qui ne donne pas alors, comme dans le cas précédent, beaucoup de peine à en être féparé, puifqu'il ne s'agit que de houffer & de balayer en quelque forte les lieux où il fe trouve, ce qui le fait appeller falpêtre de *houffage*.

Il réfulte de ce qui a été dit, 1°. que le

befoin qu'ont certains matériaux nitreux de fel fixe pour pouvoir donner du falpêtre, eft une preuve qu'ils ont puifé leur nitre dans une fource animale ; 2°. que pour le falpêtre qu'on tire fans le fecours du fel fixe, foit des plantes, foit des lieux qui ont reçu leur falpêtre des plantes mêmes, on peut dire qu'il eft tel qu'il étoit dans fa fource ; que fa forme particulière de falpêtre n'a point été changée par l'opération, & qu'enfin on n'a aucune part à fa formation : ce qu'on ne peut pas dire de même du falpêtre formé par des matières animales, ou pas des matériaux imprégnés de ces matières. Et en effet, le nitre de ces matériaux n'étoit pas originairement du falpêtre, comme nous l'avons déjà remarqué, mais au fel armoniac nitreux, qui n'eft devenu falpêtre que par une efpèce de métamorphofe, c'eft-à-dire, parce que fon acide a abandonné fa première matrice pour celle qui lui a été offerte pendant l'opération : ce qui fait bien voir que l'Artifte contribue en quelque forte à la formation de cette efpèce de falpêtre, qui par-là pourroit être regardé comme artificiel.

Nous ne prétendons pourtant pas que les matières animales, ou les matériaux qui en

font imprégnés , ne contiennent que du fel
armoniac nitreux , & point du tout de falpêtre tout fait , & qui puiffe enfuite paroître
tel fans le fecours d'un fel fixe étranger. Car,
quoique ces matières abondent en fels volatils , elles donnent toujours auffi quelques
fels fixes , qui avec l'acide nitreux, forment
naturellement du falpêtre. Auffi remarque-
t-on fouvent à la furface de nos murailles une
efpèce de falpêtre de houffage , qui peut y
être venu de cette manière, & qui peut auffi,
du moins en partie , y avoir été dépofé par
des matières végétales, dont nos murs fe trouvent quelquefois pénétrés.

Nous ne prétendons point encore qu'il ne
fe puiffe trouver dans les plantes quelque portion nitreufe qui auroit befoin d'un fel fixe
pour prendre la forme du falpêtre. Et en effet, fi les plantes abondent en fel fixe, elles
ne laiffent pas de contenir auffi quelques fels
volatils & des huiles qui ont pu fervir à en-
velopper une portion de l'acide nitreux. Or ,
cet acide ne formera jamais en cet état du
falpêtre, & il faudra pour cela qu'on lui fubf-
titue un fel fixe à la place de la matrice qui
l'arrêtoit.

Enfin, tout ce que nous avons voulu faire

fentir, c'eft que la plus grande partie du nitre animal ne devient falpêtre que par le mêlange d'un fel fixe étranger, & que la plus
grande partie du nitre végétal eft du falpêtre
tout fait, qui n'a par conféquent pas befoin
de notre fecours pour fa formation, mais feulement pour fon développement, & que fouvent même la feule Nature dégage & débar-
raffe fuffifamment des matières graffes dont il
étoit enveloppé dans la plante, pour le faire
paroître enfuite fur un grand nombre de terres & de matières pierreufes fous une forme
cryftalline, & telle qu'il doit naturellement
l'avoir, quand il eft libre & dégagé de toute
matière étrangère.

Quant aux moyens dont la Nature fe fert
pour dégraiffer le nitre végétal, elle agit à-
peu-près en cette occafion comme dans le nitre animal ; c'eft-à-dire, qu'il lui faut auffi
pour lors un intermede terreux, qui convienne
particulièrement à cet effet. Comme nous
avons fait voir dans l'autre Mémoire que toute
forte de terre n'y étoit pas également propre, & ce qui prouve la néceffité indifpenfable
de cet intermede terreux, c'eft que quand on
travaille fur des plantes nitreufes fans employer une matiere alkaline, on ne tire qu'une

efpèce

efpèce d'extrait fulfureux, où le falpêtre eft
fi fort caché & enveloppé, qu'on ne l'y aper-
çoit pas, ou du moins s'il s'y en découvre
quelques cryftaux, ce n'eft qu'après un long
temps, & encore ces cryftaux font-ils en petit
nombre; au lieu que tout le contraire arrive
quand on a mis en œuvre l'intermède dont il
s'agit.

Enfin, fi l'on veut avoir une idée nette de
toute la fuite du procédé naturel, fuivant lequel le nitre végétal fe va loger dans certaines
terres & pierres, & paroît enfuite à leur furface fous la forme d'un véritable falpêtre, il
faut concevoir d'abord que des plantes ont été
lavées par une humidité aqueufe, où elles ont
fouffert une efpèce de pourriture ou de macération ; que le liquide a trouvé par - là le
fecret de pénétrer dans l'intérieur de ces plantes, & d'en enlever la portion faline & nitreufe; qu'enfuite cette efpèce de faumure nitreufe a été déterminée, par la difpofition
même du lieu, à s'écouler & fe réunir dans
les pores d'une terre particulière, qui arrête
au paffage la proie nitreufe que le liquide avoit
dérobée aux plantes ; qu'enfin le nitre, fuffifamment dégraiffé dans fon nouveau féjour,
devient par-là en état de s'étendre en longs

H

cryftaux, qui fortent en quelque manière de
la furface de la terre : & ce qui fait bien voir
que c'eft véritablement ainfi que les pierres
& les terres dont il a été parlé, acquièrent le
falpêtre qu'on y trouve, c'eft 1°. qu'en fe fervant des mêmes matériaux, & en fuivant pré-
cifément le même ordre & la même voie,
l'Art peut aufli bien que la Nature communiquer du falpêtre à un grand nombre de terres
& pierres. 2°. C'eft que quand on confidère
avec foin toutes les circonftances des lieux inhabités , où l'on trouve naturellement une
grande quantité de falpêtre, on voit clairement que la Nature ne s'eft point écartée du
chemin que notre fuppofition lui fait tenir.

Et pour la prouver par quelques exemples
particuliers , nous rapporterons d'abord une
obfervation de *Sthal*, qui , quoique faite dans
une efpèce de lieu artificiel , s'accorde néanmoins parfaitement avec ce qui fe paffe dans les
lieux naturels , qui feront examinés dans la
fuite.

Cet Auteur dit avoir remarqué que quand
une fimple humidité aqueufe avoit le eu temps
de pénétrer affez avant & affez abondamment
dans certaines murailles faites avec du chaume
& de la boue , & recouvertes de chaux, on

voyoit enfuite paroître à la furface de la muraille un véritable falpêtre fous la forme d'une
efpèce d'efflorefcence ou de duvet nitreux ;
& cela, parce que le liquide aqueux qui s'infinue au-dedans de la muraille, après s'y être
chargé de la portion nitreufe qui s'y trouve,
s'échappe au travers de l'enduit de la chaux,
où il eft obligé de laiffer fa proie nitreufe,
qui s'y dégraiffe facilement, & qui parvenant
enfuite à la furface extérieure de l'endroit où
elle eft continuellement pouffée par la portion
nitreufe qui la fuit, y prend d'autant mieux
une forme faline ou cryftalline, que l'air qui
frappe immédiatement deffus, la prive des
parties aqueufes qui auroient empêché fa cryftallifation.

Pour ce qui regarde préfentement les lieux
naturels que nous avons à examiner, il n'y en
a point de plus célèbres, par l'abondante moif-
fon de falpêtre qu'on y recueille, que certaines
terres défertes, tant de la Barbarie que des
Indes orientales, d'où le falpêtre qui nous
vient reffemble parfaitement, par la vivacité
de fes effets, au falpêtre végétal, & eft fort au-
deffus de notre falpêtre ordinaire.

Si on s'en rapporte aux Voyageurs & aux
Hiftoriens, il ne vient du falpêtre fur ces

fortes de terres qu'après des pluies fort confidérables, qui ont formé une espèce d'inonda-
tion dans la campagne. Or, toutes les plantes
qui font fur la terre, & toutes les racines de
ces plantes, fe trouvent alors dans une fituation où elles peuvent d'autant moins fe défendre de la pourriture, que deux caufes puif-
fantes y concourent à la fois, favoir la chaleur du lieu, & une humidité fort abondante;
& quand les pluies viennent enfin à ceffer, à
mefure que les eaux répandues fur la terre ou
s'évaporent ou fe filtrent, & fe perdent au-
dedans des terres, elles y dépofent la matière
nitreufe dont elles s'étoient chargées pendant
la pourriture ou macération des plantes; &
cette matière préparée comme il le faut dans
la terre, & privée de l'humidité fuperflue dont
elle étoit abreuvée, fe cryftallife enfuite, &
végète fur la terre même, comme le feroit
en pareil cas du falpêtre qui auroit été diffous
dans l'eau, & dont on auroit enfuite fait évaporer jufqu'à un certain point l'humidité.

On prétend même que le falpêtre des Indes
ne s'y trouve que dans des lieux bas ou des
efpèces de fonds. Or, cette fituation, jointe
à la nature particulière de ces lieux bas, eft
peut-être la caufe principale de leur grande

richeffe en falpêtre; & en effet, après que les
pluies abondantes ont inondé une vafte étendue de pays, qu'elles en ont pourri les plantes, & enlevé leurs fubftances nitreufes, elles
s'écoulent & fe réuniffent dans les fonds dont
on vient de parler, & portent par-là dans un
même endroit toute la proie nitreufe qu'elles
ont ramaffée de tous les côtés : ce qui fait
pour le lieu une fomme de falpêtre infiniment
plus grande, que s'il ne l'eût emprunté que
des plantes feules qui auroient pu croître fur
fon terrain.

C'eft avec des circonftances & une mécanique femblables, que les parois de certaines cavernes & grottes naturelles fe revêtent d'une
grande quantité de falpêtre. On pourroit même comparer ce qui fe paffe dans ces lieux,
à ce qu'on voit dans certaines caves fituées
fous de grandes écuries, & aux voûtes defquelles il pend comme des efpèces de glaçons
nitreux & concaves, qui ne doivent leur naiffance qu'à l'urine des chevaux, ou à d'autres
matières animales ou végétales, dont la partie nitreufe a été conduite par le fecours d'un
véhicule aqueux dans les pores de la chaux
qui fert de mortier aux pierres des voûtes
dont il a été parlé : & là elle s'y eft préparée

& cryſtalliſée enſuite ſous la forme qui y a été dite; de même auſſi les pluies qui tombent ſur toute l'étendue du terrain placé au-deſſus des grottes & des cavernes nitreuſes, & qui avant que de ſe perdre dans les terres, ne manquent pas de laver toutes les plantes de ce terrain, & d'en emporter toujours quelques parties nitreuſes; ces pluies, dis-je, s'écoulant du haut de la montagne vers le bas, où ſe trouvent ordinairement les grottes & les cavernes en queſtion, & peut-être même s'y raſſemblant de tous côtés en grande quantité par la diſpoſition particulière du lieu, quand elles ont atteint une pierre gypſeuſe, ou autres dont les grottes & les cavernes ſont formées, elles s'y dépouillent de toute leur récolte nitreuſe, qui s'y façonne enſuite d'autant mieux, que ces ſortes de pierres ſont particulièrement propres à cet effet. Et ce qui peut encore ſervir de preuve que le ſalpêtre des grottes & des cavernes vient d'en haut, & en a été apporté par un véhicule aqueux, c'eſt qu'ordinairement au-deſſous de ces ſortes de lieux, on trouve une ſource d'eau plus ou moins abondante, qui vraiſemblablement n'a pris naiſſance que des eaux de pluie qui ſont tombées ſur toute la ſurface de la montagne, &

qui font enfin parvenues au pied de cette montagne, en fe filtrant aux travers des terres &
des pierres dont elle eft compofée. *Sthal* cite
deux endroits pareils fort chargés de falpêtre,
dans l'un & dans l'autre defquels il y a une
fource d'eau, & où la matière terreufe qui a
fervi à dégraiffer le nitre du lieu, eft une pierre
gypfeufe.

On me fera peut - être une objection au fujet du falpêtre des Indes, qui, fe trouvant naturellement répandu fur la terre, y
eft expofé, & réfifte néanmoins à toute l'ardeur du foleil : ce qui fembleroit contradic-
toire à ce qui a été dit fur le nitre contenu
dans nos murailles, qui ne peut foutenir le
même effort, & qui y abonde d'autant plus,
que le foleil y a donné avec moins de vivacité.

Mais 1°. s'il eft vrai, comme il a été dit,
que le falpêtre des Indes y vienne dans des
lieux bas ou des efpèces de fonds, on conçoit
facilement par-là que le foleil ne s'y fait pas
fentir avec autant de vivacité que dans un
endroit plus élevé ; 2°. de ce que le nitre de
nos murailles ne peut foutenir l'impreffion du
foleil, il ne s'enfuit pas que celui des Indes
foit auffi incapable d'y réfifter ; & bien loin

H 4

que ces deux obfervations différentes donnent lieu à aucune contradiction, elles ne font que confirmer de plus en plus ce que nous avons déjà dit fur la nature particulière des deux fources générales, dont les différens lieux de la nature tirent leur nitre. Et en effet, le nitre de nos murailles n'étant d'abord, comme il a déjà été dit, qu'un acide engagé dans des matières infiniment volatiles, telles que le font des fels volatils, des matières fulfureufes, ce compofé doit s'exhaler à une chaleur médiocre ; & fi l'on en doute, il n'y a qu'à faire un compofé femblable avec de l'efprit de nitre, & un fel volatil, & mettre fur une péle chaude le fel concret qui naîtra de ce mélange ; on verra, comme nous l'avons déjà remarqué ailleurs, qu'à peine ce fel y aura-t'il été pofé, qu'il fe diffipera totalement en l'air, avec une détonnation confidérable. Le nitre des Indes au contraire étant originairement un véritable falpêtre, c'eft-à-dire, un acide fortement engagé dans une matière fixe, il eft évident, & l'expérience nous démontre, qu'il eft capable en cet état de réfifter à une longue & violente chaleur, & que celle du foleil ne doit faire autre chofe fur le falpêtre des Indes, que le priver des parties aqueufes

qui le tenoient en diſſolution , & favoriſer par-
là la cryſtalliſation de ce ſel , qui ſe fait enſuite
d'autant mieux, que la fraîcheur de la nuit &
des vents , qui règnent peut être pour lors ,
ſuccède à la chaleur du jour ; ce qui imite
parfaitement les deux circonſtances requiſes
pour la cryſtalliſation ordinaire des ſels ; ſavoir
qu'après qu'ils ont été privés par le feu d'une
partie du flegme dans lequel ils avoient été
diſſous , ils doivent être mis dans un lieu
frais.

Il paroît, par tout ce qui a été dit, que
quoique tout le nitre ou le ſalpêtre que l'on
emploie communément ait été immédiatement
tiré de matières terreuſes & pierreuſes , ce
n'eſt pas là une raiſon pour le regarder comme
un ſel minéral ; car s'il eſt vrai , comme il a
été ſuffiſamment prouvé , que le nitre de ces
terres ne ſoit autre que celui-là même qui ha-
bitoit auparavant dans une matière végétale
ou animale ; ſi c'eſt dans l'une ou dans l'autre
de ces deux matières ou de ces deux ſources
nitreuſes que la principale partie du nitre ,
c'eſt-à dire, ſon acide , a reçu l'empreinte ou
le caractère nitreux qui le diſtingue de tout
autre acide , & qui le rend propre à former
différentes eſpèces de nitre , ſuivant les diffé-

rentes matrices où il s'engage ; enfin fi les corps terreux ou pierreux ne font, par rapport au nitre qu'ils contiennent, qu'un intermède, ou, s'il m'eft permis de le dire, qu'une efpèce de vaiffeau d'une ftructure & d'un conformation particulière, dont la nature a fait choix pour y travailler plus aifément & plus efficacement au développement de la matière nitreufe, il y a bien plus de raifon de confidérer le nitre comme un fel végétal ou animal, & cela par rapport à la fource dans laquelle il a acquis fa forme nitreufe, que de le regarder comme un fel minéral, par rapport à la terre qui l'a reçu tout formé, & qui, à proprement parler, n'a fervi qu'à le dégraiffer ou le débarraffer des matières dont il étoit enveloppé.

Et ce qui prouve encore, à mon avis, très-fenfiblement que le nitre n'eft point un fel minéral, c'eft que s'il l'étoit, on le trouveroit dans les entrailles de la terre, comme les fels de cette efpèce ; il y en auroit des mines, comme il y en a de fel gemme, de vitriol, d'alun ; il y auroit des eaux, qui, en paffant au travers de ces mines nitreufes, emporteroient avec elles un véritable nitre ou falpêtre ; ce que nous ne voyons point : car on ne

doit pas regarder comme des eaux véritablement nitreuſes celles à qui l'on donne néanmoins ce nom, & dans leſquelles on ne trouve
qu'un ſel alkali , qui ne doit point être confondu avec notre ſalpêtre , & qui n'a apparemment été appellé nitre que parce qu'on
s'eſt imaginé que c'étoit le nitre des Anciens.

C'eſt vraiſemblablement faute d'indice de
nitre dans les entrailles de la terre qu'aucun Auteur, que je ſache , ne s'eſt aviſé de
faire venir du fond ou du dedans de la terre
le nitre que nous y trouvons en quelque ſorte
au dehors, c'eſt-à-dire, vers ſa ſurface; & en
effet, rien ne ſeroit plus naturel que cette
opinion, ſi d'ailleurs elle étoit fondée ſur des
mines réelles de nitre. Qu'on trouve par exemple du vitriol ſur la terre , on n'eſt point em-
barraſſé ſi ſon origine eſt minérale , parce
que les mines de ce ſel en font foi. Mais il
n'en eſt pas de même du nitre; & ce qui confirme parfaitement, à mon avis , qu'il ne s'é-
lève ou ne ſe ſublime pas du fond de la terre
vers ſa ſurface, où on a coutume de le trouver, & où il ſemble qu'il affecte de ſe loger,
c'eſt que dans un canton de terres nitreuſes ,
elles ne devroient pas ceſſer de l'être à quel-

ques pieds de profondeur. On devroit au contraire les trouver d'autant plus chargées de nitre, qu'en enfonçant plus avant en terre, on approcheroit davantage de la source nitreuse; du moins le nitre ne devroit-il pas manquer tout-à-coup dans ces terres, dès qu'on y est parvenu à une certaine profondeur; au lieu qu'en faisant venir le nitre d'une source extérieure, c'est-à-dire, en le faisant entrer en terre de dehors en dedans, ou de haut en bas, on conçoit si la terre est telle qu'elle doit être, & que nous l'avons remarqué au commencement de l'autre Mémoire; on conçoit, dis-je, que le nitre qui s'y engage, & qui y descend, y est bientôt arrêté au passage, & ne sauroit percer au-delà d'une certaine profondeur; ou du moins s'il y perce, c'est en petite quantité, & de manière que les couches supérieures de la terre, qui par-là se trouvent les plus proches de la source nitreuse, font aussi une provision de nitre plus abondante que les inférieures.

C'est apparemment en conséquence de cette remarque & de quelques observations mal entendues dont il a été parlé, qu'on a eu recours à l'air, comme à une espèce d'océan nitreux, où on a supposé que le nitre étoit aussi

abondant que le fel commun l'eft dans la mer.
Mais quoi que ce foit qui ait donné lieu à cette
fauffe fuppofition, de ce qu'on n'a pas trouvé
jufqu'ici de mines véritables de falpêtre; de
ce que l'air ne doit point en être cenfé le magafin général, qui le fournit enfuite aux pierres & aux terres, comme nous l'avons fuffifamment prouvé; de ce que le nitre ne fe
trouve que vers la furface de la terre, c'eft-
à-dire, dans les endroits qui font en quelque
forte à portée des matières végétales ou animales, ou fur lefquels ces matières peuvent
aifément dépofer leur nitre, car elles ne pourroient guère le faire au-delà de ces limites;
de ce qu'on ne remarque point que les terres
les plus propres à faire provifion de nitre en
amaffent, fans le fecours ou le mélange de ces
matières; de ce qu'il eft certain & avéré par
l'expérience que ces matières contiennent un
véritable nitre; de ce que celui qu'on trouve
fur les terres & les pierres, en différens lieux,
diffère fuivant la nature des fources dont il a
été emprunté, c'eft-à-dire, que s'il vient
d'une matière animale, il retient le caractère
particulier du nitre qui domine dans les animaux, & il a befoin de la même manipulation pour paroître fous une forme de falpêtre;

au lieu que celui qui vient d'une source végétale , est, comme dans la plante, un salpêtre tout fait , qui n'a pas besoin, pour paroître tel , de la manipulation de l'autre espèce de nitre ; enfin de toutes ces preuves &
observations réunies, n'a-t-on pas droit de conclure que tout le nitre de l'univers vient ou
des plantes ou des animaux , & par conséquent que c'est essentiellement un sel végétal
ou animal.

Mais , me dira-t-on , les plantes ne tirant
leur nourriture que des sucs qui leur viennent
de la terre, & les animaux vivans des plantes
ou d'autres animaux qui vivent eux - mêmes
des plantes, il est clair que les sels & les autres substances contenues dans les plantes &
dans les animaux , ont dû auparavant, & en
premier lieu, habiter dans la terre , & par-là
sont originairement minérales ; & par conséquent
si on trouve du nitre dans les matières végétales
& animales, il faut qu'il y ait eu auparavant
dans la terre un nitre minéral , qui venant
ensuite à passer dans les plantes, & des plantes
dans les animaux , est celui-là même qu'on y
découvre.

On ne peut disconvenir que les sels minéraux ne passent dans les plantes ; mais on pré-

tend qu'ils ne conſervent pas toujours la forme particulière qu'ils avoient dans la terre, & qu'ils en acquièrent ſouvent une toute diffé-rente, qui les rend fort méconnoiſſables de ce qu'ils étoient auparavant. Le nitre ſe trouve dans ce cas. Si l'on n'a égard qu'à ſa matière, elle eſt certainement minérale ; mais cette ma-tière n'a reçu ſa forme nitreuſe, & n'eſt véri-tablement devenue nitre que dans la plante ou dans l'animal ; elle ne l'étoit point aupa-ravant, & c'eſt pour cela qu'on ne trouve point de nitre ſur la terre, à moins qu'elle n'ait été abreuvée auparavant par quelque ſaumure végétale ou animale. C'eſt encore pour cela que les entrailles de la terre, qui ſont inacceſſibles aux matières végétales & animales, & dans leſquelles les ſels véritable-ment minéraux ſe rencontrent naturellement, ne donnent cependant point de nitre, & que ce ſel ſe trouve ſeulement dans les endroits qui ſont à portée des matières dont il s'agit, c'eſt-à-dire, vers la ſurface de la terre, comme nous l'avons déjà remarqué ; & quoique ce qui a déjà été dit ſuffiſe pour être convaincu que le nitre ſe forme dans la plante ou dans l'animal, & que c'eſt dans l'un ou dans l'autre de ces corps que ſe fait la converſion ou la métamorphofe de fels minéraux en fels nitreux, voici encore une obfervation qui me paroît confirmer parfaitement cette vérité.

J'ai fouvent examiné , & encore depuis peu, différentes terres argilleufes , fur lef- quelles plufieurs fortes de plantes nitreufes viennent abondamment, telles que la bourra- che, le pourpier & autres , & ces terres exemptes du mélange des plantes pourries, & prifes pour cela à une certaine profondeur en terre , ne m'ont donné aucun indice de ni- tre, quelque foin que je me fois donné pour le découvrir, fuppofé qu'il y en eût. Mais ce que j'y ai toujours trouvé plus ou moins abondamment, ç'a été du vitriol ordinaire & du foufre commun véritable, qu'on voit fou- vent attaché en affez grande quantité au col de la cornue, dans laquelle on a mis la terre en diftillation. Or, on fait que le vitriol or- dinaire & le foufre commun ne contiennent qu'un acide vitriolique, qui y eft fort abon- dant ; & par conféquent les plantes qui y ont reçu les fucs de ces efpèces de terres, ne devroient contenir que des acides ou des fels vitrioliques; cependant il y vient, comme il a été dit, beaucoup de plantes qui abondent chacune en falpêtre, duquel on auroit dû au

moins

moins trouver une certaine quantité dans la terre, s'il y en avoit eu originairement : ce qui marque que ces plantes ont altéré & converti à leur ufage particulier les fucs qu'elles ont tirés de la terre, & que ce qui y étoit acide ou fel vitriolique, eft devenu dans la plante acide ou fel nitreux ; & l'on ne fera point fi fort étonné de cette efpèce de métamorphofe, fi l'on confidère qu'il s'y en fait plufieurs autres tout-à-fait femblables, dont il n'eft pas poffible de difconvenir.

Par exemple, l'analyfe des plantes, & furtout celle des animaux, nous fournit une efpèce de fel alkali extraordinairement volatil, & qui, s'il n'étoit pas alkali dans la plante ou dans l'animal, avoit du moins une grande difpofition à le devenir par un effort affez médiocre, tel qu'eft celui qu'on emploie pour retirer ces fortes de fels. Or, les matières minérales ne nous donnent ordinairement point de fels qui foient, à beaucoup près, auffi volatils, & qui aient une pareille difpofition à devenir alkalis ; au contraire, ceux qu'on retire, & feulement encore de quelques - unes de ces matières, & en petite quantité, font des fels concrets fort acides, plus péfans que le flegme, & qui ne s'élèvent auffi qu'après

I

lui ; au lieu que les fels volatils des plantes & des animaux font beaucoup plus légers que ce liquide, & montent auffi auparavant, comme on le reconnoît par leur rectification. Enfin, fous quelque forme que ces fels habitent dans les plantes ou dans les animaux, & quelque altération qu'ils foient capables de recevoir, & qu'ils reçoivent en effet par l'analyfe, toujours eft-il certain que c'eft dans le règne végétal ou animal qu'ils ont été formés ; car s'ils l'euffent été dans le règne minéral, dans les matières par exemple qui paffent dans les plantes, & qui leur fervent de nourriture, il y auroit quelques-unes de ces matières, qui non-feulement donneroient des fels auffi volatils & fufceptibles de mêmes altérations par l'analyfe, mais qui fourniroient encore une abondante provifion de ces fels, pour répondre par-là à la grande quantité qu'on en retire des animaux ; & ce qui me paroît une efpèce de démonftration que ce n'eft point dans le règne minéral, mais dans le règne végétal ou animal que ces fortes de fels ont reçu leur forme particulière, c'eft que la plus grande partie de ceux qu'on retire des animaux, bien loin d'avoir habité auparavant dans quelques matières minérales, n'habitoient pas même

dans les plantes qui leur ont fervi immédiatement de nourriture, comme nous le remarquerons plus amplement dans la fuite : & ainfi,
quoique la matière de ces fels foit originairement minérale, ils doivent cependant être
regardés comme des fels végétaux ou animaux, par rapport à la forme particulière
qu'ils ont acquife dans l'un ou l'autre de ces
corps.

En un mot, tous les fucs minéraux qui
paffent dans les plantes, y reçoivent toujours
par la fermentation une altération qui les dé-
guife plus ou moins : & c'eft pour cela que
les analyfes des végétaux diffèrent ordinairement fi fort de celles des minéraux, par la
nature & le caractère particulier des fubftances qu'on retire des uns & des autres, & qui
peuvent quelquefois fervir à nous faire diftinguer fi une matière, dont on ignore l'origine,
eft ou minérale, ou végétale, ou animale ;
& quoique les analyfes végétales & animales
aient un plus grand rapport entr'elles que n'en
ont celles des minéraux & des végétaux, elles
ont cependant auffi leurs différences particulières ; & ainfi, fi l'on veut raifonner jufte, la
terre, les végétaux & les animaux doivent
être regardés comme trois efpèces de labora-

toires naturels, dans lesquels les mêmes matières prennent différentes formes. Dans les
minéraux par exemple, les acides sont ordinairement moins enveloppés & plus faciles à
en être séparés avec toute leur force ; dans les
végétaux, ces acides sont plus engagés, mais
ils le sont encore infiniment davantage dans
les animaux, où il semble que la Nature ait pris un soin particulier de lier & de
garrotter ces acides, parce que quand ils sont
plus développés, ils ne manquent pas d'épaissir
toutes nos liqueurs, & de causer par-là différentes espèces de maladies.

On peut dire encore que ce qui n'a pu se
faire dans la plante, ou du moins ce qui n'y
a été que commencé ou ébauché, s'achève
& se perfectionne souvent dans l'animal. Les
plantes par exemple ne convertissent pas en
sel volatil tout ce qui est capable chez elles
de prendre cette forme ; il y en a de certaines qui contiennent une médiocre quantité de
ce sel ; d'autres n'en donnent point, ou presque point, mais toutes abondent en sel fixe ;
au lieu que les animaux qui ont vécu de toutes ces plantes, abondent en sels volatils,
& ne contiennent presque point de sel fixe :
ce qui fait bien voir que ce qui étoit sel fixe

dans les plantes, eſt devenu ſel volatil dans les animaux, où l'on ne manque point de trouver ce ſel, qui ſouvent ne ſe trouve point dans les plantes. De même auſſi il y a pluſieurs plantes qui donnent beaucoup de nitre ou ſalpêtre, & d'autres qui n'en donnent point d'indice; mais on en trouve dans tous les ani‑maux, du moins tous ceux ſous leſquels j'ai travaillé n'ont pas manqué de m'en donner : ce qui pourroit donner lieu de croire que ce qui n'a pu acquérir dans les plantes toute la forme requiſe pour devenir nitre, l'acquiert dans les animaux. Mais cette obſervation de‑mande une nouvelle vérification, particuliè‑rement de la part de pluſieurs plantes, qui, quoiqu'elles ne donnent point de certains in‑dices de ſalpêtre, pourroient cependant bien en contenir.

Nous finirons ce Mémoire par quelques ré‑flexions ſur deux propriétés particulières aux acides nitreux. L'une, c'eſt que quand ils ſont engagés dans pluſieurs ſortes de matières, la cryſtalliſation qui en réſulte repréſente ſou‑vent & ſi exactement des figures de plantes, qu'en vertu de la reſſemblance, on a cru de‑voir lui donner le nom de végétation chi‑mique ou artificielle. Nous trouvons aſſez fouvent un exemple de cette efpèce de végétaux dans la purification du falpêtre ordinaire, dont les cryftaux longs & folides, privés de l'humidité aqueufe qui les tenoit diffous, s'arrangent quelquefois naturellement & fi bien, en fe précipitant & fe condenfant, qu'ils forment alors des efpèces de branchages ou une figure de plante qu'on diroit avoir crûe & végétée au fond du vaiffeau où fe fait l'opération. Mais où ce phénomène eft bien plus commun, & paroît avec bien plus de diftinction & de reffemblance, c'eft avec le mélange de l'acide nitreux avec certains métaux, comme avec le mercure & l'argent, ce qui produit l'arbre de Diane, ou avec le fer, ce qui donne lieu à l'arbre de Mars, que j'ai découvert & donné au Public en 1706. Or, on n'a point encore remarqué que les acides minéraux fiffent rien de femblable en pareil cas ; & quelque tentative que j'aie faite pour en venir à bout, en employant différentes fortes de matrices, je n'ai jamais pu y réuffir, & je n'ai fait avec ces ingrédiens que des cryftallifations informes, & qui, pour parler plus jufte, n'ont été que de fimples cryftallifations.

L'autre propriété des acides nitreux, c'eft

que quand avec un fel fixe ou volatil, ils forment l'une ou l'autre efpèce de nitre naturel
dont il a été parlé, ils contribuent en cet état
très-efficacement à la végétation & à l'accroiffement des plantes. Si on diffout par exemple
du falpêtre dans de l'eau, & qu'on arrofe des
plantes avec cette liqueur, elles croîtront infiniment mieux que fi on fe fût fervi d'eau
pure, ou qu'au lieu de falpêtre on eût employé quelques-uns de nos fels minéraux,
comme le fel marin, l'alun, qui fouvent, bien
loin de favorifer la végétation des plantes,
l'empêchent ou la retardent plus ou moins, fuivant leur quantité.

A l'égard du fel armoniac nitreux, comme
cette efpèce de nitre naturel réfide abondamment dans les matières animales en général,
& en particulier dans celles dont on a coutume de fe fervir pour fumer les terres, il y
a tout lieu de croire que fi ces matières avancent & hâtent fi fort la végétation des plantes, leur nitre a une très-grande part à cet
effet, qui même n'eft auffi prompt & auffi
confidérable qu'on le remarque, que par la
quantité de ce nitre, qui entrant à la fois &
en foule dans toutes les fibres de la plante, les

I 4

oblige bientôt à s'étendre & à se dilater jusqu'à un certain point.

Mais il y a une remarque à faire au sujet du nitre que les matières animales fourniſſent aux plantes ; c'eſt que, quoique la plus grande partie de celui que contiennent ces matières y ſoit ſous la forme d'un ſel armoniac nitreux, cependant on ne le trouve plus ou preſque plus ſous cette forme dans les plantes, mais ſous celle d'un véritable ſalpêtre : ce qui donne lieu de juger que le nitre animal ou le ſel armoniac nitreux, en entrant dans les plantes, ou peu de temps après qu'il y eſt entré, ſe convertit en ſalpêtre, comme le ſalpêtre des plantes, en paſſant dans les animaux, devient bientôt après un ſel armoniac nitreux.

Pour expliquer ce phénomène ou cette eſpèce de métamorphoſe, on dira peut-être que le ſel armoniac nitreux, en entrant dans la plante, y trouve des ſels fixes alkalis, qui, ſe joignant à l'acide nitreux, font lâcher priſe aux ſels volatils dont le ſel armoniac étoit compoſé, & forment avec cet acide un nouveau ſel ſalé, comme il arrive toujours en pareil cas, & entr'autres dans l'opération ordinaire de l'eſprit de ſel armoniac où le ſel de tartre qu'on emploie, fe joint de même à l'acide du fel, & donne lieu par - là au fel volatil de s'élever. Nous retrouvons la même manœuvre dans une autre opération qui vient encore mieux à notre fujet ; c'eft quand on veut faire du falpêtre avec des matières animales pour lefquelles il faut néceffairement employer un fel fixe, qui faifit auffi l'acide nitreux, dont le fel volatil étoit en poffeffion, & change par-là le fel armoniac nitreux en falpêtre.

Mais quoique cette manière de convertir une efpèce de nitre dans une autre foit tout-à-fait naturelle & fondée fur l'expérience, elle ne laiffe pas de fouffrir quelques difficultés par rapport aux plantes. Car 1°. on ne voit pas trop ce qu'y deviendroit le fel volatil, qui auroit été mis en liberté par l'union de l'acide nitreux avec un fel fixe alkali, & les plantes qui auroient reçu beaucoup de nitre de cette efpèce, c'eft - à - dire, qui feroient venues fur des terres où des matières animales propres à les fumer, n'auroient pas été épargnées ; ces plantes, dis-je, devroient donner par l'analyfe une grande quantité de fels volatils : ce qu'elles ne font néanmoins point. 2°. On ne conçoit pas aifément comme le nitre animal, en en

trant dans une plante, y trouveroit, à point
nommé, des fels fixes alkalis, qui l'attendroient
au paffage pour lui dérober fon acide. Et en
effet, quand nous examinerons ce qui doit véritablement paffer pour la matrice propre du
falpêtre & du fel armoniac nitreux, c'eft-à-
dire, fi, à proprement parler, ce font des fels
alkalis fixes & volatils, nous ferons voir pour
lors que ces fels ne font pas dans la plante &
dans l'animal fous la forme d'un fel alkali,
mais fous celle d'un fel falé ou acide concret,
& qu'ils ne deviennent enfuite alkalis, que parce
que les moyens dont on fe fert pour les retirer donnent lieu à une portion de leurs acides de s'en dégager, & qu'ainfi tous ces fels
alkalis ne font que des fels concrets à demi
décompofés, & qui n'ont véritablement fouffert d'autre altération que celle de la perte
d'une portion de leurs acides, puifqu'en leur
rendant ces acides, on les rétablit dans leur premier état.

Cela étant, on voit d'autant moins comment les plantes pourroient naturellement fournir au nitre animal le fel fixe alkali, dont il
auroit befoin pour prendre la forme du falpêtre. De plus, il fuivroit en quelque forte de
cette hypothèfe, que le nitre végétal ou le

falpêtre qui paffe dans les animaux, y devien-droit fel armoniac nitreux, par la même mé-canique qui convertit dans les plantes le nitre animal en falpêtre, c'eft-à-dire, parce que des volatils attendroient de même au paffage le falpêtre, & s'empareroient de fon acide, com-me on fuppofe qu'un fel fixe s'empare dans les plantes de l'acide du nitre animal. Mais l'ex-périence ne nous prouve pas qu'un fel volatil dégage & enlève les acides engagés dans un fel fixe, comme un fel fixe enlève ceux qui tiennent à un fel volatil. D'ailleurs, que deviendroient alors les prétendus fels fixes alkalis du nitre végétal, qui, dans leur nou-veau féjour, auroient été dépouillés d'une partie de leurs acides, & qui, dans les ani-maux par exemple qui ne vivent que de plantes, devroient faire une fomme de fel fixe très-confidérable, fans qu'on pût dire qu'elle s'échappe par différentes voies, puifqu'en ana-lyfant les urines, les excrémens & les autres fens qui s'emparent de ces animaux, on y trouve toujours très-peu de fel fixe, mais beaucoup de fel volatil.

Enfin, pour fuivre une hypothèfe qui rend également raifon de l'une & de l'autre conver-fion naturelle du falpêtre en fel armoniac &

du fel armoniac nitreux en falpêtre, il faut concevoir que quand le nitre animal paffe dans les végétaux, ou que le nitre végétal paffe dans les animaux, l'acide nitreux, dans chacun de ces cas, ne quitte pas fa matrice pour en prendre une autre dans fa nouvelle habitation, mais que la matrice qu'il avoit devient fixe ou volatile, fuivant le lieu & les altérations qu'elle y fouffre par la fermen-tation. Elle devient fixe par exemple, quand elle s'unit à de nouvelles parties terreufes, & elle devient volatile, quand elle dépofe une certaine quantité de parties terreufes, à la place defquelles il lui vient des parties huileufes : & cette fuppofition non-feulement nous fauve de l'embarras de ce que devient le fel fixe du falpêtre dans les animaux, & le fel volatil du fel armoniac nitreux dans les végétaux, mais elle s'accorde encore parfaitement avec l'obferva-tion que nous avons déjà rapportée ; favoir, que ce qui étoit fel fixe dans les plantes, ne fe re-trouve plus, du moins pour la plus grande partie, fous la même forme, dans les animaux qui ont vécu de ces plantes, mais eft devenu un véritable fel volatil.

Pour revenir préfentement aux propriétés de l'acide nitreux, par rapport aux végétations naturelles & à celles de l'Art ou de la Chimie, quand, après avoir confidéré ces propriétés, on vient à faire réflexion que le règne végétal eft le lieu naturel où les acides minéraux reçoivent une forme nitreufe, d'où dépendent toutes les propriétés particulières aux acides nitreux, & que fi quelques acides minéraux ne deviennent tout-à-fait nitreux que dans le règne animal, ils ont toujours été préparés jufqu'à un certain point dans les plantes où ils ont habité en premier lieu, & où il y a lieu de croire qu'ils ont reçu une modification confidérable, on eft tenté de croire qne c'eft à ces mêmes plantes que l'acide nitreux doit en quelque forte le fecret d'exciter enfuite la végétation d'autres plantes, & de faire des efpèces de plantes chimiques ou artificielles. Cependant il n'eft pas facile de déterminer quelle eft la modification particulière qu'a acquis l'acide nitreux dans la plante, & qui l'a rendu propre aux deux effets dont il a été parlé. Seroit - ce qu'il auroit reçu & confervé une efpèce d'empreinte des fibres de la plante qui l'a contenu un certain temps? Et que quand il s'engage enfuite dans quelques corps métalliques, chaque portion de métal qui enveloppe l'acide s'y applique de

manière qu'elle ne fait que grossir la figure
naturelle de l'acide, & la rendre plus sensible ;
& comme toute matière n'est pas également
propre à s'appliquer exactement, & comme il
a été dit sur l'acide nitreux, toute matière ne
fait pas aussi avec cet acide une végétation dis-
tincte. Mais cette explication est sujette à plusieurs difficultés qu'il ne seroit pas facile de résoudre, & auxquelles nous n'entreprendrons
point aussi de répondre.

Enfin pour ce qui regarde le développement
& l'accroissement des plantes que l'une & l'autre espèces de nitre naturel excitent si efficacement, on peut dire, à mon avis, avec quelque vraisemblance, que comme la plus grande
partie du nitre qui se trouve dans les plantes,
y est sous la forme du salpêtre, quand on arrose les plantes avec une liqueur chargée
du même sel, il doit s'insinuer d'autant plus
aisément dans toutes leurs fibres, & contribuer par-là d'autant mieux à leur extension,
qu'ayant déjà habité sous cette même forme
dans d'autres plantes, & y ayant été moulé,
il a acquis par-là une convenance & une proportion plus particulière qu'aucun autre sel
avec la figure naturelle des fibres des végétaux. De plus, nous savons qu'un très - grand

nombre de plantes ont un befoin indifpenfable de falpêtre pour leur végétation, puifqu'elles en contiennent toutes beaucoup, qu'elles ont fabriqué elles-mêmes pour leur ufage, fuivant ce qui a été dit; & ainfi quand on leur offre du falpêtre tout fait, on leur fauve le temps qu'elles auroient employé à le former, & on hâte par-là confidérablement leur végétation.

A l'égard du fel armoniac nitreux qui paffe des matières animales dans les plantes, comme cette efpèce de nitre ne tarde guère à y devenir falpêtre, c'eft auffi comme lui & de la même manière qu'il y agit. On peut dire encore que comme beaucoup de plantes contiennent un véritable fel armoniac nitreux, qui eft auffi de leur façon, ce fel a par lui-même & par fa propre forme un rapport particulier avec les fibres des végétaux.

De la précipitation du fel marin dans la fabrique du falpêtre, par M. Petit, Médecin, du 3 Août 1729.

QUELQUE attention que les Chimiftes aient eue à rechercher la propriété du fel marin, il leur en eft néanmoins échappé une, qui, étant connue, me donnera lieu d'expliquer la précipitation du fel marin dans la fabrique du falpêtre.

Cette propriété eft que le fel marin ne peut fe diffoudre dans l'eau de Seine très-chaude en plus grande quantité, que cette même eau refroidie n'en peut tenir en diffolution.

C'eft ce qui fait auffi qu'il fe diffout dans l'eau, & qu'il s'y tient en diffolution en auffi grande quantité en hiver qu'en été.

Le fel marin ne peut fe diffoudre dans l'eau très-chaude en plus grande quantité, que cette même eau n'en peut tenir eu diffolution, lorfqu'elle eft tout-à-fair froide. Si l'on met dix dragmes de ce fel dans une fiole avec vingt-quatre dragmes d'eau, tout le fel ne s'y dif-

foudra

foudra pas quoiqu'on mette la fiole dans l'eau très-chaude. Si l'on filtre cette diſſolution toute chaude, il reſtera ſur le filtre une dragme & demie de ſel & de terre, & quelquefois deux dragmes; la liqueur étant réfroidie, il ne s'y forme point de cryſtaux ; cette diſſolution étant conſervée pendant l'hyver, il ne s'y fait ni cryſtalliſation ni précipitation, à quelque forte gelée qu'on l'expoſe; c'eſt ce dont je me ſuis aſſuré par l'obſervation de pluſieurs hyvers, & principalement au mois de Janvier dernier.

Cette diſſolution varie quelquefois d'une demi - dragme par les différents états où ſe trouve l'eau de la Seine : c'eſt-à-dire, ſuivant qu'elle contient plus ou moins de terre fine ou bolaire, elle diſſout plus ou moins de ſel. J'ai une fois fait diſſoudre deux onces de ſel marin dans cinq onces d'eau de Seine ; c'eſt deux dragmes quarante-huit grains de plus qu'elle n'en diſſout pour l'ordinaire.

Si l'on fait diſſoudre, dans les grandes chaleurs de l'été , dix dragmes de ſalpêtre rafiné dans vingt-quatre dragmes d'eau, elles s'y tiendront en diſſolution; je n'en avois pas trouvé une ſi grande quantité en 1722.

Cette diſſolution varie auſſi quelquefois d'une dragme ou environ, ſelon que l'eau contient plus ou moins de terre bolaire; & d'ailleurs l'eau diſſout moins de ſalpêtre lorſqu'il eſt bien purifié ou raffiné.

Si l'on conſerve cette diſſolution toute l'année, on remarque que le ſalpêtre ſe cryſtalliſe au fond de la liqueur, à proportion que les chaleurs diminuent & que le froid augmente pendant l'hyver; en ſorte que dans les grands froids du mois de Janvier dernier, vingt-quatre dragmes d'eau n'ont pu tenir en diſſolution que trois dragmes de ſalpêtre, qui eſt un peu plus du quart de ce qu'elles en tiennent en diſſolution dans les grandes chaleurs de l'été.

Dans une ſaiſon tempérée, vingt-quatre dragmes d'eau tiennent huit dragmes de ſalpêtre en diſſolution; mais ſi l'on ajoute à cette diſſolution ſeize dragmes de ſalpêtre, tout ce ſalpêtre s'y diſſoudra à une médiocre chaleur. Si l'on laiſſe réfroidir la diſſolution, les ſeize dragmes de ſalpêtre ſe cryſtalliſeront au fond de la diſſolution, quelquefois un peu plus, & il n'en reſtera que ſept dragmes ou ſept dragmes & demie diſſous dans l'eau; ce qui arrive parce que dans le même temps que les particules de ſalpêtre ſe précipitent pour ſe cryſtalliſer, elles entraînent avec elles d'autres particules qui ſe rencontrent dans leur paſſage.

Le moyen le plus facile & le plus fûr pour reconnoître qu'il y a plus que les feize dragmes de falpêtre cryftallifé, c'eft que fi l'on pefe cette diffolution avec l'aréomètre, on la trouvera plus légère que celle dans laquelle il y a huit dragmes de falpêtre diffous dans vingt-quatre dragmes d'eau, & d'autant plus légère qu'il y aura plus de falpêtre cryftallifé.

Puifque l'eau chaude ne peut diffoudre une plus grande quantité de fel marin que l'eau froide, il s'enfuit que fi l'on fait évaporer une diffolution foûlée de ce fel, le fel doit fe former fur la liqueur auffi-tôt qu'elle commencera à s'évaporer, & continuer à fe coaguler en raifon de la quantité de la liqueur évaporée ; ainfi lorfqu'il y aura fix dragmes d'eau évaporées, il doit y avoir deux dragmes de fel coagulé ou environ, & la liqueur étant froide, il ne s'en formera pas davantage. C'eft ce qui eft confirmé par l'expérience.

Cela ne fe paffe pas de même avec la diffolution de falpêtre ; car quoique, dans une faifon tempérée, vingt-quatre dragmes d'eau froide ne puiffent tenir en diffolution que huit dragmes de falpêtre, néanmoins cette eau étant chauffée, en peut diffoudre encore feize dragmes, qui comme je l'ai dit, fe cryftalli-

sent au fond de la liqueur, à mesure que l'eau
se réfroidit ; il s'ensuit que si on met en évaporation trente-deux dragmes de cette dissolution où il y a huit dragmes de salpêtre, il
doit s'évaporer seize dragmes d'eau, avant qu'il
paroisse aucune concrétion dans la liqueur. Si
après cette évaporation de seize dragmes d'eau
on laisse réfroidir la liqueur, il se crystallisera
environ.six dragmes de salpêtre ou cinq dragmes & demie.

Je ne m'en suis pas tenu à ces expériences,
que j'ai faites avec une exactitude scrupuleuse ;
j'ai voulu voir ce qui arrive par l'eau bouillante.

J'ai mis dans une cafetière d'argent quarante dragmes de dissolution qui contenoient
environ dix dragmes de sel marin ; j'y ai ajouté
seulement deux dragmes du même sel, j'ai mis
la cafetière au milieu d'un grand brasier ; j'ai
fait bouillir la liqueur ; je l'ai versée toute bouillante dans un filtre de papier gris, il est resté du
sel sur le filtre ; j'ai laissé reposer la liqueur pendant vingt-quatre heures ; je l'ai pésée, il y en
avoit trente-une dragmes trente-septg rains y
compris du sel crystallisé qui étoit au fond, &
qui étant bien séché a pesé quatre-vingt-deux
grains ; c'est près de la huitième partie de tout
le sel qui a passé par le filtre avec l'eau ; car

il y avoit vingt-deux dragmes cinquante-fix grains d'eau, qui contenoient fept dragmes quarante-deux grains de fel qui font cinq cents quarante-fix grains. Si l'on ajoute les quatre-vingt-deux grains de fel cryftallifé, & qu'on divife le tout par quatre-vingt-deux, on a pour quotient fept $\frac{54}{82}$, qui eft la feptième partie, & deux tiers d'une partie du fel qui a paffé par le filtre & qui s'eft cryftallifé, ce qui eft fujet à varier; car dans d'autres expériences, j'ai trouvé jufqu'à la fixième partie de fel cryftallifé: cela dépend du plus ou moins de vîteffe avec laquelle la liqueur traverfe le papier gris, & du plus ou moins de chaleur de la liqueur. J'ai ajouté deux dragmes de fel à la diffolution, pour rendre l'expérience plus fenfible par rapport à celles qui fuivent; car il ne fe diffout point du tout de ce fel; il refte fur le filtre, & fi l'on n'en ajoute point, il ne laiffera pas de fe cryftallifer du fel, parce qu'il s'évapore beaucoup de flegme, par l'ébullition qui dans cette expérience alloit à huit dragmes, qui contenoient deux dragmes de fel en diffolution.

J'ai mis dans la même cafetière trente-deux dragmes de diffolution de falpêtre raffiné, dans laquelle il y avoit huit dragmes de ce falpêtre; j'y ai ajouté quarante dragmes du même fal-

K 3

pêtre ; j'ai mis la cafetière au milieu d'un grand
brafier, & à la moindre ébullition, tout le falpêtre s'est diffous ; j'ai verfé cette diffolution
toute bouillante fur un filtre de papier gris ;
il eft refté fur le filtre du falpêtre coagulé ; j'ai
laiffé repofer la liqueur pendant vingt-quatre
heures ; il y en avoit quarante-cinq dragmes
dix-huit grains, tant liqueur que falpêtre cryftallifé. Il a paffé par le filtre trente-trois dragmes cinquante-quatre grains de falpêtre avec
onze dragmes trente-fix grains d'eau ; car après
avoir ôté tout ce qu'il y avoit de diffolution,
il eft refté trente-huit dragmes vingt-fept grains
de falpêtre humecté qui étant feché, s'eft réduit à
trente deux dragmes deux grains ; il y avoit fix
dragmes foixante-trois grains de diffolution, qui
contenoient une dragme cinquante-deux grains
de falpêtre ; il a donc paffé par le filtre trois
fois autant de falpêtre que d'eau, peu s'en faut.

Nous venons de voir que vingt-quatre dragmes d'eau tiennent huit dragmes de fel marin
en diffolution, & quelque chofe de plus ; mais
fi dans une faifon tempérée on met dans cette
diffolution huit dragmes & demie de falpêtre,
il s'y diffoudra entièrement. Si l'on ajoute à
cette diffolution une demi - dragme de fel
marin, cette demi - dragme s'y diffoudra en-

tièrement ; en forte que pour l'ordinaire dans une faifon tempérée, vingt-quatre dragmes d'eau tiennent en diffolution huit dragmes & demie de fel marin & huit dragmes & demie de falpêtre : dans les grandes chaleurs de l'été, cela va jufqu'à dix dragmes & demie de falpêtre.

Pour peu qu'on faffe de réflexion fur les expériences que je viens de rapporter, il ne fera pas difficile de fe perfuader que fi on fait évaporer cette diffolution de fel marin & de falpêtre, le fel marin doit être le premier à fe coaguler fur la liqueur, & même auffi-tôt qu'elle commencera à s'évaporer, ce qui va être démontré par les expériences fuivantes.

J'ai pris cette diffolution de fel marin & de falpêtre ; je l'ai mife en évaporation au bain de fable ; après un peu d'évaporation, le fel marin a paru fur la liqueur, en forme de pyramides quarrées, creufes & renverfées la pointe en bas. Si on a le foin d'enlever ce fel à mefure qu'il fe forme, on remarque que c'eft toujours du fel marin pur, jufqu'à ce qu'il fe foit évaporé la moitié de la liqueur ; mais fi on retire la liqueur avant qu'il s'en foit évaporé plus de la moitié, & qu'on la laiffe réfroidir, il fe cryf-tallife environ quatre dragmes & demie de falpêtre, & quelquefois davantage, & il en refte environ quatre dragmes diffous dans la liqueur, & un peu plus de quatre dragmes de fel marin.

Puifque le fel marin fe coagule fur la liqueur dans laquelle il eft diffous, à mefure qu'on la fait évaporer, il s'enfuit que fi on fait bouillir cette diffolution, la coagulation du fel marin doit fe faire plus promptement & en plus grande quantité; avec cette différence, que, lorfque l'on fait évaporer cette diffolution à une cha-leur modérée, il fe forme fur la liqueur une croûte de fel marin, qui devient d'autant plus épaiffe à proportion de ce qu'on l'a fait évapo-rer; mais fi l'on fait bouillir la diffolution, le mouvement dont elle eft agitée, doit empêcher qu'il ne fe faffe une croûte, car auffi-tôt qu'elle commence à fe former, elle fe brife en une infinité de petites parcelles qui font continuel-lement agitées par le bouillonnement du liquide, comme l'expérience le fait voir.

J'ai fait bouillir dans un coquemard, trois pintes d'eau, dans lefquelles j'avois diffous une livre de falpêtre, & autant de fel marin; après l'évaporation de la moitié de la liqueur, le fel marin s'eft formé pur jufqu'à la diminution des quatre cinquiemes de la diffolution, ce que j'ai reconnu par l'examen exact que j'en ai fait ; car j'ai dans ce moment versé ce qu'il y avoit de liquide, le sel coagulé est resté au fond du coquemard, dont je l'ai retiré ; le grain étoit petit & anguleux, salé comme le sel ordinaire ; je l'ai dissous dans l'eau, je l'ai fait évaporer à une douce chaleur, il a donné des crystaux de sel marin qui ont bien décrépité ; enfin je l'ai trouvé sel marin pur, hors peut-être cinquante grains de salpétre que la dissolution dont ce sel s'est trouvé humecté y a laissés.

Nous voilà enfin d'expériences en expériences, arrivés au point d'expliquer de quelle manière se fait la précipitation du sel marin dans la fabrique du salpétre ; mais il faut premièrement savoir ce que c'est que la liqueur qui fournit le salpétre ; c'est une lessive faite avec de l'eau passée plusieurs fois sur des cendres & des plâtras brisés présqu'en poussière. Les cendres fournissent un sel fixe ; les plâtras sont empreints pour l'ordinaire de deux espèces de sel armoniac, l'un nitreux & l'autre salin, ce qui sera prouvé dans un Mémoire que je donnerai sur cette matière : ces sels étant dissous dans l'eau qu'ils trouvent chargée de sel fixe, ce sel fixe se saisit de la partie acide volatile nitreuse, & de la partie acide volatile saline, & de cette manière forme deux sels concrets ou moyens, savoir, le nitre & le sel marin : la partie volatile urineuse qui étoit jointe aux acides, ayant été pour ainsi dire chassée par le sel fixe, s'échappe & s'évapore.

Cette lessive qui est jaunâtre & transparente, est donc composée de salpêtre, de sel marin, de terre, d'huile bitumineuse, qui se trouve dans les plâtras, d'une petite quantité de sel fixe, qui n'a pu étre employé, lorsqu'il s'en est trouvé de surabondant ; le tout dissous dans une très-grande quantité d'eau , & dans cet état elle est appellée cuite par les Salpêtriers. Cette cuite est versée dans une chaudière plus ou moins grande, suivant la quantité que l'on en fait ; plusieurs de nos Salpêtriers en font passer successivement douze demi - queues, dans une chaudière qui contient trois demi - queues, & la font bouillir trois fois vingt-quatre heures plus ou moins suivant que l'ébullition est plus ou moins forte, & que la lessive est plus ou moins chargée de sel.

Pendant l'ébullition, il se précipite beaucoup de terre au fond de la cuite : cette précipitation commence le plus souvent deux heures après que la cuite a commencé à bouillir, & continue jusqu'à ce que le grain se forme, qui felon les Salpêtriers eft environ dix ou douze heures avant que la cuite foit en état d'être tirée de la chaudière, c'eft-à-dire, après cinquante-cinq ou foixante heures de cuiffon.

Pour m'en affurer, j'ai fait tirer de la chaudière, vingt-quatre heures avant que la cuite en fût tirée, environ une pinte de la cuite, que l'on a mife dans une terrine de grès ; j'ai examiné cette liqueur vingt-quatre heures après, j'y ai apperçu des cryftaux de falpêtre ; j'ai ôté la liqueur furnageante, & j'ai trouvé au fond de la terrine, du falpêtre cryftallifé en fort petits cryftaux, & une très-grande quantité de petits grains, la plupart polièdres, & femblables à ceux qui fe trouvent au fond de la chaudière. La plus grande partie de ces grains occupoit le fond de la terrine, fur une terre rouffe, qui touchoit immédiatement la terrine ; le falpêtre s'étoit formé fur ces grains, & l'on voyoit quantité de ces grains qui s'étoient formés fur les pointes des cryftaux du falpétre ; mais ceux-ci étoient quarrés comme tous ceux qui fe forment tranquillement fur la liqueur par évaporation.

Voilà dans cette cuite, la formation du grain

commencée vingt-quatre heures avant que la cuite foit achevée , ce qui n'arrive pas de même dans toutes les cuites. On a retiré de cette cuite trois cents livres de falpêtre , & cinquante livres de grain ou fel marin. Le Salpêtrier me l'a dit ainfi. Ces gens-là cachent avec un foin extréme la quantité qu'ils tirent de ces grains, par rapport au profit que ce fel leur produit. On ne peut donc s'affurer fur leur parole. Mais felon le calcul que j'en ai fait , & qui eft fondé fur le temps que le grain a commencé à fe former , & principalement fur la quantité de liqueur qu'il y avoit pour lors dans la chaudière , il doit en avoir retiré près de cent livres. Je fuppofe qu'il y avoit dans la chaudière quatre cents vingt livres d'eau ou de flegme , qui fuffifent , pendant qu'elle eft bouillante , pour tenir cent cinquante livres de fel marin en diffolution ; cette quantité d'eau venant à diminuer par l'ébullition , ce fel a dû fe coaguler à proportion de l'évaporation. Lorf-qu'il y a eu deux cents foixante - dix livres d'eau ou de flegme évaporées , il doit s'être formé environ cent livres de grain ou de fel marin ; il n'eft refté dans la chaudière que cent cinquante livres d'eau plus que capable de tenir en diffolution , pendant l'ébullition , trois cents

cinquante livres de falpêtre, & cinquante livres de fel marin; & comme dans ce temps-là
ils ont retiré leur cuite de la chaudière, &
l'ont mife dans des baffins de cuivre, il s'y eft
formé trois cents livres de falpétre; il eft refté
pour l'eau-mère cent cinquante livres de flegme, qui ont tenu en diffolution à froid, cinquante livres de falpêtre, cinquante livres de
fel marin, une certaine quantité de fel fixe,
lorfqu'il eft furabondant, & une matière graffe
& bitumineufe, comme il fera prouvé dans
un. Mémoire que je donnerai fur l'eau-mère.

L'on m'a objecté que l'eau-mère ne contenoit peut-être ni falpêtre ni fel marin, & que
nous n'avions aucune expérience pour le prouver.

J'ai répondu que j'avois beaucoup d'expé-
périences qui le prouvoient; mais que la principale étoit qu'ayant fait évaporer de l'eau-
mère jufqu'à ce qu'elle eût acquis de la confiftance, je l'avois mife dans un matras avec de
l'efprit-de-vin, & que par la digeftion, mon
efprit-de-vin s'étant chargé de la partie graffe
& bitumineufe, je l'avois retiré de la matière
faline qui reftoit au fond du matras, & que
j'ai diffous avec de l'eau; & après l'avoir filtré
& évaporé, j'en ai retiré par cryftallifation

prefqu'autant de falpêtre que de fel marin. Tout ce que je viens de dire eft affez bien prouvé par les expériences que j'ai rapportées ci-def-fus du falpêtre & du fel marin diffous dans l'eau froide, dans l'eau chaude & dans l'eau bouil-lante.

Voilà donc notre fel précipité par cette feule propriété, qu'il ne peut être tenu en diffolu-tion dans l'eau bouillante qu'à un peu plus du tiers du poids de l'eau; c'eft-à-dire, que vingt-quatre dragmes d'eau bouillante ne peuvent tenir en diffolution que neuf dragmes de fel marin, & quelquefois neuf dragmes & demie, & que vingt-quatre dragmes d'eau bouillante peuvent tenir en diffolution foixante-douze drag-mes de falpêtre & plus.

Tous les grains de ce fel qui fe forment dans la chaudière font des polièdres quelconques à cinq ou fix facettes, ayant quelquefois une ligne de diamètre, de couleur rouffe ou jau-nâtre, & quelquefois très-brune, mais plus menus dans des cuites que dans d'autres ; ce qui peut venir de la manière dont les Salpê-triers font bouillir leur cuite. Ils difent qu'il faut la faire bouillir le plus tranquillement qu'il eft poffible, parce que le grain fe forme mieux, & pour parler en termes de l'Art, il eft mieux

nourri. J'ai effectivement remarqué que le grain
fe trouve plus gros dans les cuites où ils ont
bien ménagé cette ébullition ; cat lorfque le
fel fe coagule fur la liqueur, & que par l'é-
bullition la croûte fe divife en une infinité de
pièces, ces pièces ne fe brifent pas fi fort,
lorfqu'elles viennent à fe choquer les unes contre les autres & contre les parois de la chaudière ; car, dans une ébullition tranquille, les
parties les plus anguleufes fe caffent & s'ufent
doucement, & prennent de cette manière une
figure polièdre, plus régulière, qui les oblige de
fe tenir au fond de la liqueur : plus ils approchent
de la figure fphérique, moins ils ont de furface;
ils font par conféquent moins capables d'être
agités par la liqueur qui en diminue moins
leur groffeur; au contraire, lorfque les ébulli-
tions n'ont point été menagées, le grain en eft
plus petit & plus anguleux. J'ai vu des cuites
où ces grains étoient comme de la pouffière ;
le grain qu'on retire de la chaudière, eft ordinairement plus gros que celui qui refte au
fond après que la cuite eft achevée; voilà la
raifon pourquoi le grain que j'ai retiré par
l'ébullition de la diffolution de falpêtre & de
fel marin, étoit petit & anguleux, parce qu'il
y a trop peu d'étendue dans les petits vaiffeaux

dans lefquels je l'ai fait bouillir, où les grains rencontrent plus fouvent les parois du vaiffeau contre lefquels il fe brife.

J'ai fait bouillir chez moi dans un chaudron, quarante pintes de leffive, ou cuite, préte à mettre dans la chaudière ; j'en ai eu du fel qui n'étoit pas ni fi bien formé ni fi gros que celui que le Salpétrier a eu de la même cuite.

Il n'y a point de doute que ce ne foit l'ébullition qui lui donne cette figure polièdre de la manière dont je l'ai dit ; car fi l'on retire de la chaudière, plein une écuelle de cuite, dans le temps qu'elle produit le grain, on remarque que lorfque la liqueur commence à fe réfroidir, il fe forme à fa fuperficie des pyramides renverfées, toutes femblables à celles que forme ordinairement le fel marin ; & enfuite ces pyramides deviennent des cubes. Ce fel décrépite fur les charbons ardens, lorfqu'il eft en polièdres : les polièdres les mieux formés décrépitent avec plus de force ; mais cela n'approche pas de celle avec laquelle il décrépite lorfqu'il eft formé en cube ; c'eft un vrai fel marin, qui m'a paru auffi agréable au goût que le fel de gabelle.

DISSERTATION

SUR LA GÉNÉRATION

DU NITRE,

Qui a remporté le Prix de l'Académie de Berlin, en 1749, par M. le Docteur Pietsch.

L

DEVISE.

Jucundus est labor in perscrutandis Naturæ mysteriis occupari.

INTRODUCTION (*).

JE n'ai jamais pu approuver généralement toute la manière dont M M. *Beccher* & *Stahl* ont divifé le règne minéral. J'avoue qu'il n'eft pas difficile de dire que, lorfque l'eau s'unit étroitement avec la terre première ou vitrefcible, cette union produit le fel acide, tel qu'on le trouve abondamment dans le vitriol, dans l'alun & dans le foufre; & lorfqu'elle s'unit avec la terre feconde ou inflammable, elle produit le fel acide du nitre, &c. Pour moi je trouve fingulier que l'on veuille chercher dans des terres l'origine de ce que l'on trouve de particulier dans les acides minéraux, & qui les rend différens les uns des autres.

Mais il ne fera pas fi facile fans doute de prouver ce que l'on a avancé; du moins, je ne

---

(*) Les Commiffaires de l'Académie n'ont pas cru devoir fe permettre de faire aucun changement ni aucune correction à cet Ouvrage, pas même dans le ftyle, & il eft imprimé ici conformément à l'édition publiée à Berlin en 1759.

L 2

voudrois pas me hafarder d'entreprendre à le faire.

Je fuis au contraire d'un tout autre fenti-ment; & bien qu'il m'ait fallu en changer plu-fieurs fois, la Chimie ayant fait toute mon occu-pation pendant une longue fuite d'années, & de continuelles expériences m'ayant fourni de nouvelles découvertes, & principalement du nitre, de fes véritables principes & de fa géné-ration, j'en ai été cependant fort fatisfait à la fin, l'ayant vu porté à un tel degré de clarté, auquel la vérité toute feule peut prétendre : & je m'en félicite à préfent d'autant plus, que je dois avoir l'honneur de le communiquer aux illuftres Savans dont l'Académie Royale des Sciences de Berlin eft compofée.

On ne manque pas de Livres de Chimie : bien au contraire il y en a une grande quan-tité de différens âges. Ceux qui ont vu le jour avant *Jean Kunckel de Lowestern*, ne valent tous rien, & peuvent être rejetés hardiment fans aucune exception; & ceux qui font venus après, different très-fort en bonté les uns des autres. Mais il eft furprenant que la doctrine du nitre ait été traitée jufqu'ici fi imparfaite-ment. Je fuis fûr qu'avant que l'excellente Académie des Sciences de Berlin ait propofé

la queſtion touchant la génération du nitre &
des véritables principes, la plupart des Chimiſtes l'aura déja vu entièrement décidée. Mais
il ſuffit que cet illuſtre Corps l'ait propoſée
pour les convaincre de reſte qu'ils s'étoient
trompés.

Il n'y a pas à douter, que quantité de Chimiſtes, & principalement ceux qui ne font
qu'approuver ce que d'autres ont dit, & qui
adoptent en même temps généralement tous
leurs préjugés auront bien de la peine de ſe
perſuader que ni les *Hoffmanns*, ni *Stahl*, ni
Neumann, ni *Beccher*, ni *Schulze*, ni *Glauber*, ni
Lemery, ni *Schellhammer*, ni aucun autre fameux
Chimiſte, ait traité à fond cette matière.

Si les autres Chimiſtes du vieux temps parlent du nitre, ils ne font que ſurcharger cette
doctrine de quantité de termes obſcurs & in-
ſupportables : & ceux d'entre les modernes qui
ont cru l'avoir traitée à fond, ſe font ſouvent
contentés de dire que de l'eſprit doux & acide
de nitre, & d'un alkali, mêlés enſemble à parfaite ſaturation, on peut reproduire du nitre ;
& s'ils ſont allés encore plus loin, ils ont
rendu au nitre le témoignage, qu'il étoit un
ſel moyen, dont la partie acide renfermoit en
ſoi quelque choſe de particulier.

L 3

Mais tout cela eſt trop foible pour nous en donner une vraie connoiſſance, & de pareilles déclarations ne ſauroient contenter ceux qui ſont accoutumés de fouiller plus avant dans les myſtères de la nature.

Ce que la queſtion, que l'illuſtre Académie des Sciences de Berlin a propoſée renferme, demande ſans doute plus de remarques & plus d'expériences, que celles que l'on peut faire dans des vaſes de verre, & dans des laboratoires de chimie; & il eſt à croire que le but qu'elle s'eſt propoſé en propoſant cette queſtion, tend plus loin, qu'à contenter ſeulement la curioſité des Savans. Car lorſque nous connoiſſons la matière ou les véritables principes du nitre, & que nous ſavons de quelle manière la Nature le produit, nous pouvons à notre profit lui procurer plus de matières & plus d'occaſions, pour qu'elle le produiſe en plus grande quantité.

Les Chimiſtes modernes ſont généralement tous pour la négative, lorſqu'il s'agit de répondre à la fameuſe queſtion, qui a été agitée pluſieurs fois, ſavoir: ſi la Nature ſeule ſans le ſecours de l'art produit quelquefois du nitre complet, cryſtallin, priſmatique, enfin tel que nous le voyons ſortir des Salpêtrieres ? Feu

M. *Neumann*, qui nous a donné de bonnes preuves de fa profonde érudition en matières de chimie, l'a regardé comme une chofe tout à fait impoffible, & cela peut-être, parce qu'il eft encore incertain fi l'on trouve du fel alkali pur & naturel. Il accorde bien que la Nature contribue le plus à ce fel & en achève le principal, mais il lui en difpute l'entière préparation comme une chofe qu'il croit purement impoffible. Je ne fuis pas de fon avis fur ce fujet, & il ne me paroît rien moins qu'impoffible que l'on puiffe trouver du nitre raffiné qne la Nature feule ait produit : il me femble plutôt que c'eft une chofe très-facile à comprendre.

Tout Chimifte, quelque peu expert, & de quelque fecte qu'il foit, fait que le falpêtre, tel qu'on le trouve aux vieilles maçonneries & murailles, & fur la fuperficie de la terre, eft produit uniquement par la Nature, & qu'il ne nous refte que d'ajouter un fel alkali fixe pour le rendre complet.

Ce nitre crud ou naturel que l'on trouve par-tout, fe diffolvant facilement dans l'eau, & étant pour la plupart expofé à la pluie, fe diffout fouvent dans l'eau de pluie, & en eft entraîné jufqu'à ce que l'eau eft évaporée dans l'air, ou abforbée par la terre.

L 4

Si les pores de la terre par lesquels l'eau chargée de ce nitre crud paſſe, ſont aſſez grands pour que le nitre y puiſſe paſſer, il y paſſe auſſi ; ſinon il s'attache à toutes ſortes de minéraux qu'il rencontre, & redevient viſible, lorſque ces minéraux ſe ſèchent. Car bien que ce nitre crud manque encore d'un ſel alkali fixe, il n'eſt cependant pas entiérement dépourvu de terre : ce qui fait qu'étant diſſous, il n'eſt jamais ſi délié que l'eau pure. Les expériences dont nous parlerons après en rendront plus de témoignages.

S'il arrivoit donc que ce ſalpêtre crud, tel que la Nature le produit, s'attachât aux endroits où les Tanneurs ou les Laveuſes jettent leur leſſive, ne ſe pourroit-il pas alors que ce nitre crud ſe diſſolvant dans la leſſive, & ſe mélant avec le ſel alkalin qu'il y trouve, ſe changeroit, lorſque la trop grande quantité d'eau ſeroit évaporée dans un nitre parfait, cryſtallin, & propre pour tel uſage qui demande un ſalpêtre complet & raffiné ? Je n'y vois certes aucune difficulté.

Mais ſi malgré cela on vouloit objecter encore que ce ſel alkalin eſt un ſel artificiel, & diſputer par - là à la Nature l'entière production de ce ſalpêtre, je répondrois que je veux

bien accorder que le fel alkalin de la leffive
eft artificiel ; mais de dire avec d'autres que la
Nature ne produit aucun fel alkali fixe, eft
une chofe qui m'a toujours paru trop hardie &
fans fondement.

Car de confidérer le fel alkali, que nous ren-
controns fans beaucoup de peine par différentes expériences dans le fel commun ou marin, comme un fel artificiel, & de dériver la
démonftration de ce fentiment de la grande
quantité dans laquelle on le trouve prefque
par-tout, demanderoit fûrement tant de peine
& tant de calculs, que notre poftérité la plus
reculée même n'en viendroit jamais à bout.

La partie alkaline du fel commun a toutes
les principales qualités qu'un fel alkali doit
avoir. Car les circonftances particulières que
l'on y rencontre, par exemple, que l'alkali du
fel commun, mêlé avec l'acide concentré du
vitriol, donne un fel moyen, qui fe fond facilement, qui eft connu fous le nom de *fal mirabile Glauberi*, & qu'étant mêlé avec l'acide
du nitre, il produit un nitre cubique, ne diminuent en rien fes qualités alkalines, & font
par conféquent bien loin de les lui óter tout-à-
fait.

Outre cela, on peut, moyennant une cer-

taine adresse, en faire aussi un alkali pür &
parfait. L'effet particulier de cet alkali, dans
certains mélanges, a sa raison uniquement dans
l'acide du sel commun qui s'y trouve encore;
& si cet acide en est entièrement séparé, l'alkali du sel commun ne diffère plus en rien des
autres alkalis.

On se trompe par conséquent très-fort, si
l'on croit que ce ne soit pas un sel alkali, mais
seulement une terre alkaline. Je ne disconviens
pas que dans le sel commun il y a aussi une
abondance de terre alkaline que l'on peut précipiter, si, après que l'on a dissous le sel commun dans de l'eau, on y verse de l'huile de
tartre par défaillance. Mais dans la recherche
de l'alkali du sel de cuisine, il faut toujours
bien faire attention à la manière dont il a été
préparé, & aux différens mélanges qu'on a faits:
car ce qui en est produit y a toujours beaucoup
de rapport.

Si la partie alkaline du sel de cuisine n'étoit
qu'une simple terre, étant mêlée avec l'acide
du vitriol, elle ne pourroit jamais produire
un tartre vitriolé, ni étant mêlée avec l'esprit
ou l'acide du nitre, donner un salpêtre complet, quoique sous la figure cubique. Car aucune terre alkaline ne donne du salpêtre, quand

(171)

on l'a mêlée avec l'esprit - de - nitre. M. le Professeur *Krüger* prétend que la chose est possible, comme on peut voir par le §. 394 de la première partie de sa Physique, où il dit que le nitre consiste d'un esprit acide & d'une terre alkaline ; & pour le prouver, il allègue que de l'esprit-de-nitre & des yeux d'écrevisses mêlés ensemble, on puisse reproduire du nitre. Mais c'est une expérience purement imaginaire.

Si l'on jette des yeux d'écrevisses dans de l'esprit-de-nitre, il les dissout à la vérité jusqu'à un petit reste, & cela avec bruit ; mais en vouloir tirer du nitre crystallin, est une chose tout-à-fait impossible ; car l'esprit - de-nitre exige un vrai sel alkali, & non une terre alkaline, s'il doit rentrer dans son premier état, & reprendre sa première figure. Or, le sel alkali, qu'une quantité d'yeux d'écrevisses fournit par la calcination, élixation & évaporation, peut à peine être remarqué. Mais afin que l'on sache ce que la solution des yeux d'écrevisses dans l'esprit-de-nitre donne à la fin, il est bon de dire, en passant, qu'elle donne un onguent blanc, qui n'a rien de commun avec le nitre.

Et cette matière blanche ne se sèche point, quand même on y use d'un assez grand degré de chaleur; mais il devient alors femblable à la couleur blanche faite de vernis & de la fine cerufe fur laquelle s'eft mis une peau; & fitôt qu'on la remet au froid, elle redevient humide.

Le goût en eft un peu aigre, mais avec cela amer, & point du tout nitreux. Un phofphore comme celui de *Balduin*, eft plus facile à en tirer que du nitre.

Il y a encore diverfes autres queftions du nitre, qui ont été agitées autrefois; mais nous les pouvons paffer toutes fous filence, fans déroger la moindre chofe à ce que celle que l'illuftre Académie a propofée, exige de nous.

Je dirai mon fentiment de ce fel, de manière que j'indique premièrement fes vraies parties conftitutives, telles qu'elles fe laiffent décompofer par des opérations de Chimie : après quoi j'expliquerai la génération du nitre, & & ferai voir la manière dont la Nature s'y prend, & enfin je traiterai du raffinement du nitre crud, & indiquerai le moyen de rechercher les premiers principes, & je prouverai par des expériences tout ce que j'avancerai.

§. I.

SI l'on veut avoir du nitre dont on se puisse servir dans des occasions qui demandent de l'exactitude, le principal qu'on a à faire, c'est de le purifier le mieux qu'il est possible. Cela se fait en réitérant plusieurs fois l'opération suivante. On dissout le nitre dans de l'eau pure, puis on le fait passer par du papier, & après avoir fait évaporer une partie de l'eau, sans y employer cependant beaucoup de chaleur, on le repose à un endroit froid, & le laisse former de rechef en crystaux. Si l'on veut agir fort exactement, on ne réitérera l'évaporation qu'une seconde fois à chaque solution de nitre; car autrement, si l'on réduit l'eau à une trop petite quantité, le *Schalk*, c'est-à-dire, le sel de cuisine, qui est ordinairement allié au nitre, forme aussi des crystaux, & rend par conséquent le nitre impur.

§. II.

Dans la détermination des parties constitutives du nitre, on doit être attentif à sa décom-

pofition , tant lorfqu'il eft encore crud, c'eft-
à-dire, dans l'état dans lequel la Nature le
produit communément, que lorfqu'il paroît
dans des cryftaux, & qu'on lui a ajouté un fel
alkali fixe. L'une & l'autre décompofition eft
néceffaire à favoir, & la première fert fur-tout
à nous donner une connoiffance plus exacte
du nitre. L'examen de la compofition du nitre
crud, fe peut faire de deux manières : ou en
le lavant ou leffivant des minéraux auxquels il
s'eft attaché, & en faifant avec cette eau ou
leffive les expériences néceffaires ; ou bien en
le faifant paffer par des vafes à diftiller, & en
examinant ce qu'on en peut tirer par-là.

J'ai fait l'un & l'autre, & ferai part ici de
mes expériences.

§. I I I.

Ayant leffivé du nitre crud, qui s'étoit attaché à des briques & à de la chaux de muraille avec de l'eau chaude, je fis paffer cette
leffive par un double papier. Elle étoit jaunâtre, mais tranfparente ; & comme elle contenoit beaucoup de nitre, elle étoit fort favou-
reufe. J'en verfai une partie dans une cornue,
à laquelle j'adaptai un récipient bien luté, &
l'ayant placé dans un fourneau de fable, je

(175)

tirai par la diftillation la plupart de l'eau de
cette leffive ; puis ayant examiné cette eau qui
fe trouvoit alors dans le récipient, je la trouvai tout-à-fait infipide, & en rien différente
de l'eau pure. Le but que je m'étois propofé
en lutant le récipient dans cette expérience,
étoit de favoir fi par ce moyen on pourroit
tirer du nitre crud quelque fel ou efprit alkali
volatil : mais c'étoit en vain.

§. IV.

Dans ce qui étoit refté dans la cornue, je
verfai de l'huile de tartre par défaillance, détrempée avec de l'eau de chaux vive; fur quoi
on fentit monter un efprit volatil urineux,
quoique très foible. Pour en être d'autant plus
fûr, on réitéra, avec un feu fort modéré, la
diftillation de ce nitre crud, mêlé avec un alkali humide, & de l'eau de chaux, & l'on
trouva que la liqueur diftillée répandoit auffi
une odeur urineufe perceptible à tous ceux
qui avoient bon odorat; mais comme elle
n'étoit pas affez diftincte, on y jeta un peu de
limaille de cuivre : ce qui fit qu'après une digeftion de quelques heures, la liqueur devint
bleuâtre : marque fûre qu'il y a un fel urineux
dans le nitre crud.

§. V.

Si dans la leſſive de nitre, concentrée par l'évaporation, on verſe de l'huile de tartre par défaillance, elle tombe auſſi-tôt au fond ſous la forme d'un blanc d'œuf coagulé, & ne tient plus que très-peu de ſon âcreté alkaline ; & quand on verſe par inclination la liqueur qui lui ſurnage, & qu'on deſſèche le reſte, ce qui en provient reſſemble plutôt à une terre qu'à un ſel ; cependant il retient encore quelques propriétés alkalines, puiſqu'étant mêlé avec des acides, il montre de l'efferveſcence, & précipite les ſolutions qu'on a faites avec eux, & qu'il change la couleur de ſyrop violat en couleur verte. Mais il ne ſe laiſſe plus entièrement diſſoudre dans l'eau ; bien au contraire, il y a toujours une bonne portion de terre alkaline inſipide qui reſte indiſſoute.

§. VI.

Si au lieu de l'huile de tartre p. d. on prend du ſel de tartre ou de nitre fixe, ou quelqu'autre ſel alkali cauſtique, & le jette dans la leſſive concentrée de nitre crud, on obſervera encore le même changement ; excepté que ſi l'alkali a été jeté dans la leſſive étant ſec, il

tombera

tombera au fond fous la forme d'une terre blanche, au lieu d'un blanc d'œuf coagulé; mais auſſi-tôt qu'un alkali cauſtique, quel qu'il ſoit, a attiré de l'humidité de l'air, il ſubit dans la leſſive le même changement que l'huile de tartre p. d. ou le ſel de tartre, que l'humidité de l'air a rendu fluide, & ſe met au fond ſous une figure plus convexe que le fond du vaſe. D'un autre côté, les alkalis, qui ne ſont ni purs ni cauſtiques, comme par exemple les cendres clavelées ordinaires, ſi on les jette dans cette leſſive, étant ſecs ou en poudre, en peuvent être ſéparés de rechef ſans qu'ils ſoient changés en aucune façon. Mais ſi on les diſſout premièrement dans de l'eau, & mêle cette eau après avec la leſſive de nitre crud, alors ils perdent beaucoup de leur force & de leur âcreté; & en étant de rechef ſéparés, ils n'ont plus tant de goût qu'auparavant.

§. V I I.

On doit remarquer ici comme une choſe tout-à-fait extraordinaire, & qui ſemble révolter les principes établis en Chimie, qu'aucun alkali, pas même des plus forts, ne montre de l'efferveſcence, quand on le mêle avec la leſſive concentrée de nitre crud, quoiqu'il

M

y perde prefque toute fa force. Cette circonftance étant toute particulière, demande d'autant plus d'attention; auffi je m'étendrai ci-
deffous plus au long fur cette article. Au
refte, quand on fait évaporer cette leffive par
une chaleur fort modérée, on en obtient un
fel cryftallin fans addition, qui par rapport à
la figure & au goût, approche fort du nitre
ou falpêtre raffiné : mais fa couleur tire fur un
brun jaunâtre. Les cryftaux font gros & longs,
mais à quatre coins fans exception. Si on les
expofe à un endroit chaud, ils perdent, avec
le temps, leur tranfparence plus de la moitié, & quand on les caffe, alors on trouve le
dedans tout terreux : ce qui marque une grande
abondance de terre dans le nitre crud.

§. VIII.

Le goût de ce fel, & l'effet qu'il fait fur le
corps humain, eft égal à celui du fel cathartique d'Angleterre. Il n'y manque donc plus rien,
fi ce n'eft qu'on le lui rende auffi femblable
en couleur. Cela peut être effectué, en le diffolvant dans de l'eau pure, & après qu'on l'a fait
paffer par du papier, & qu'on a réitéré la
même opération, en lui ajoutant un peu d'a-
cide de vitriol. Cette addition fait auffi que les

cryſtaux deviennent plus petits qu'ils n'ont été auparavant : ce qui lui donne l'entière reſſemblance du ſel cathartique d'Angleterre. Si l'on ſouhaite de rendre ce ſel extraordinairement blanc, on n'a qu'à le calciner premièrement , & lui ajouter après un tant ſoit peu d'acide de vitriol. Cette découverte, que je dois uniquement à l'examen du nitre crud, n'eſt pas des moins heureuſes, à mon avis ; nous n'aurons à l'avenir plus beſoin de faire venir ce ſel de loin , puiſque nous ſommes en état de le préparer en grande abondance, & à très - peu de frais, dans nos propres contrées. Mais je ne comprends pas comment pluſieurs Auteurs ont pu dire que ce ſel cathartique puiſſe être préparé de la tête morte de vitriol & de la terre alkaline du ſel commun , mêlées enſemble. Celui qui prend le ſel que l'on obtient par ce mélange pour du ſel cathartique d'Angleterre , ou n'a jamais connu ce dernier , ou la force de ſon imagination doit être bien grande.

§. I X.

Si l'on uſe de trop de chaleur pour faire évaporer la leſſive de nitre , les cryſtaux ne ſe forment point, quand même la chaleur n'eſt pas encore aſſez grande pour faire ébouillir la

leſſive; mais on en obtient premièrement une
matière épaiſſe & brune, tirant ſur le jaune.
Puis ſi l'on continue encore davantage avec
la chaleur, cette matière ſe couvre d'une peau
blanchâtre; & ſi l'on défait cette peau toutes
les fois qu'elle paroît, toute la matière devient enfin une maſſe dure & blanchâtre, qui
a le même goût que le nitre crud cryſtallin
dont nous avons parlé ci-deſſus. Si la leſſive a
été bien purifiée, cette maſſe ſe diſſout entièrement dans l'eau; mais ſi elle a renfermé encore de la terre étrangère, alors cette terre
ſeule reſte indiſſoute: ce qui prouve que le nitre crud eſt un véritable ſel.

<h3 style="text-align:center">§. X.</h3>

Nous examinerons donc dans quelle claſſe
& à quel genre de ſels le nitre crud appartient.
On eſt accoutumé de ranger généralement tous
les ſels en trois claſſes, ſavoir en ſels alkalis, en
ſels acides, & en ſels moyens. Si l'on diviſe
les alkalis en fixes & volatils, j'avoue qu'avec
cette diſtinction on a raiſon de dire que tous
les alkalis ſont de même nature. Mais il n'en
eſt pas de même des ſels moyens & acides;
car ce que chaque eſpèce de ſel moyen a de
particulier, par où nous le diſtinguons des

autres, n'a jamais fa raifon dans l'alkali, mais toujours dans la partie acide; & il eſt sûr que dans tous les règnes de la Nature, nous trouvons plus d'une forte d'acide.

§. X I.

Dans le règne minéral, il y a quantité de chofes dont nous pouvons tirer un fel acide par des opérations chimiques. Mais les Chimiſtes modernes ne rangent ordinairement tous ces acides qu'en trois claſſes, favoir en acide de vitriol, en acide de nitre, & en acide de fel commun. Par l'acide de vitriol, ils entendent non-feulement les acides que l'on tire des différentes fortes de vitriol, mais auſſi ceux que l'on tire de l'alun & du foufre. Je n'examinerai pas au long maintenant ſi cette divifion fouffre beaucoup d'exceptions, & ſi le nombre des claſſes eſt fuffifant pour affigner à chaque acide minéral la fienne. Pour faire voir le contraire, il fuffit d'alléguer l'efprit acide volatil de l'ambre; car du pur acide de vitriol, de nitre, ou de fel commun, on ne produira jamais une maſſe feche ouvertement acide, fans qu'on y mêle d'autres chofes.

M 3

§. X I I,

Vouloir démontrer en Chimie fans expériences, c'eft vouloir conftruire un édifice fans fondement. C'eft une vraie prérogative pour elle qu'elle ne fe fonde pas fur des chimères, comme plufieurs autres fciences, qui n'ont fouvent que de confufes imaginations pour foutien. Si la doctrine des Monades avoit pu être confirmée par des expériences, elle n'auroit pas effuyé un fort fi finiftre. Le nitre crud, qu'il foit fec ou liquide, ne change point la couleur du fyrop violat. Les efprits acides de vitriol, de nitre & de fel marin diffolvent bien le nitre crud, mais fans la moindre ébullition, évaporation ou précipitation. Si avec une chaleur fort modérée on fait évaporer la folution faite avec l'efprit-de-vitriol, elle forme des cryftaux quarrés oblongs, d'un goût premièrement vitriolique, puis après nitreux; mais les folutions faites avec l'efprit-de-nitre & de fel commun s'évaporent & fe perdent dans l'air, ne laiffant derrière elles qu'un petit refte de terre falée. Ce qui arrive avec les folutions des alkalis fixes, a été dit ci-deffus aux §. V & VI,

§. X I I I.

Lorſqu'on verſe de l'eſprit-de-ſel ammoniac, ſoit du vineux ou de l'aqueux, ou bien de la fleur de ſel ammoniac dans la leſſive de nitre crud, il s'y forme d'abord des nuages, & après quelque temps de repos, une terre ſubtile jaunâtre ſe met au fond du vaſe. Avec cette terre, on peut rendre corporel le ſel volatil que la chaux vive a détruit ; d'où il eſt évident que la leſſive de nitre crud précipite auſſi la terre contenue dans les alkalis volatils ; mais cela ne leur ôte pas leur odeur urineuſe. Il produit cependant de beaux cryſtaux, qui reſſemblent aux pierres précieuſes taillées en huit, dix ou douze facettes.

§. X I V.

Si l'on jette du nitre crud ſur des charbons allumés, il ne les éteint point, mais il brûle lentement & avec bruit, ſans s'enflammer pourtant, & laiſſe derrière lui une grande portion de terre morte, qui s'élève & ſe courbe comme des cornes ; & après que le ſel en eſt tout conſumé, elle reſte dans cette figure ſur les charbons ; d'où on peut voir que le nitre crud

eft bien pourvu de terre, & même en abondance. Mais s'il eft renfermé dans un creux ,
le plus grand degré de feu n'eft pas capable
d'en faire monter la moindre chofe : ce qui
montre fa fixeté.

§. X V.

Toutes ces expériences font voir que le nitre crud eft un fel moyen fixe, compofé d'un
acide tout particulier & d'une terre calcaire
très-abondante. La grande abondance de terre
fe manifefte le plus, 1°. lorfqu'on met du nitre crud fur des charbons allumés ; 2°. parce-
qu'étant enfermé dans un creufet, il fupporte
une forte calcination, fans fe mettre en fufion ;
& enfin parce qu'étant bien calciné & jeté tout
de fuite dans une bonne quantité d'eau, il ne fe
diffout point entièrement, mais laiffe une terre
grife au fond, laquelle le feu le plus violent
ne peut pas fondre, à moins qu'on ne lui
ajoute quelque matière faline, ou abondamment vitrefcible : ce qui fait voir qu'elle eft auffi
calcaire.

§. X V I.

Avant que de pouvoir faire une recherche
exacte de la nature du fel acide de nitre crud ,

il me faut revênir à la circonſtance particulière, qui ſe manifeſte lorſqu'on jette des alkalis dans la leſſive de nitre crud, & dont
nous avons fait mention ci - deſſus aux §. VI
& VII. Toutes les expériences font voir que
les vrais ſels alkalis précipitent la terre alkaline, qui eſt alliée aux acides dans les ſels
moyens, quand on les mêle enſemble étant
diſſous tous les deux. Mais par rapport au nitre crud, on obſerve préciſément le contraire,
& c'eſt ce que j'appelle une circonſtance particulière. Ce qui s'y rencontre de plus remarquable, eſt que la leſſive de nitre crud ne précipite pas tout le ſel alkali, mais ſeulement ſa
partie terreuſe, & attire le reſte, qui eſt en
quelque façon l'ame du ſel alkali.

§. X V I I.

On pourroit peut-être m'accuſer ici d'une
erreur, & m'objeƈter ce qui a été dit ci-deſſus,
ſavoir que les ſels alkalis précipitent les terres
alkalines de leurs acides. Je ſuis par conſéquent obligé de ſauver mon innocence, & de
juſtifier par une expérience ce que j'ai avancé.
Que l'on prenne quelque ſel alkali fixe, qui
eſt devenu humide, & y laiſſe tomber quelques gouttes d'une leſſive de nitre bien con-

centrée , on verra beaucoup plus de terre fe
mettre au fond que la leſſive de nitre ne pouvoit en contenir. La terre précipitée péſera même
plus que le nitre crud qu'on y a verſé , & l'eau
dans laquelle il a été diſſous avoient péſé enſemble. Si l'on ne veut pas ſe contenter de
cela , qu'on tourne encore cette expérience ,
& laiſſe tomber tout doucement quelques
gouttes de ſel alkali fixe dans une grande quantité de leſſive de nitre , on obſervera clairement que la terre du ſel alkali s'entaſſe ſur le
fond du vaſe , à meſure qu'on y laiſſe tomber, des gouttes.

§. X V I I I.

La raiſon de ce phénomène me paroît conſiſter dans une étroite union de la terre & de
l'acide du nitre crud ; peut-être que les parties
inflammables leur ſervent de colle , & rendent
leur liaiſon beaucoup plus ferme qu'elle ne
ſe rencontre ailleurs : ce qui fait que l'acide
de nitre ne tend point la main aux ſels alkalis ,
& abandonne pour cela ſa liaiſon naturelle.
Mais d'où vient tout cela ? Peut-être eſt-ce que
la terre naturelle du nitre crud tient ſon origine
du règne minéral , au lieu que celles des ſels
alkalis tiennent la leur du règne végétal. Que

la leſſive de nitre crud précipite les ſels alkalis, & les dépouille de leur force, c'eſt une
choſe ſûre. Mais quelle en eſt la raiſon? Je
ne m'étendrai pas beaucoup là - deſſus, &
laiſſerai aux Mécanico - Chimiſtes d'examiner
ſi à l'aide du microſcope ils la pourront trouver dans la figure des particules. Il nous importe peu, à mon avis, que nous le ſachions;
du moins je ne prévois aucun profit que nous
en pourrions tirer. Au reſte, je crois que
cela vient de l'impureté qui eſt conſtamment
attachée au nitre crud ſimplement leſſivé.
Tout nitre crud eſt jaunâtre : cette couleur ſe
perd par la calcination, & dès qu'il a été calciné, il donne des cryſtaux les plus blancs &
les plus purs du monde. Si on diſſout ces cryſtaux dans de l'eau, & qu'on y verſe de l'huile
de tartre p. d. il n'arrive plus la même choſe.

§. XIX.

La partie acide du nitre crud que j'ai appellée ci-deſſus un acide particulier, n'eſt autre choſe qu'un acide vitriolique, affoibli en
quelque façon par le *phlogiſton*, ou l'inflammable des ſels urineux, que la putréfaction produit des végétaux, & principalement des animaux; ſelon le ſentiment de pluſieurs Savans,

la plus grande difficulté qui fe trouve dans la connoiffance du nitre, fe rencontre dans la recherche de fa partie acide. J'avoue qu'il eft très - facile de fe tromper dans cette recherche, & même en bien des manières. J'ai déjà dit ce que c'eft que cet acide ; mais comme au temps où nous vivons on n'ajoute plus foi aux paroles d'un Chimifte, à moins qu'il ne prouve clairement tout ce qu'il avance, nos Ancêtres en Chimie nous ayant tous rendus fufpects, par les énormes fauffetés qu'ils ont fouvent enfeignées, je tâcherai d'éloigner de moi tout foupçon, & prouverai, autant qu'il eft poffible, par des expériences , ce que j'ai dit de cet acide.

§. X X.

J'ai parlé de deux fortes de parties conftitutives dans l'acide du nitre. Pour les mettre plus au jour , je prouverai premièrement que cet acide tire fon origine de l'acide vitriolique ; puis après je démontrerai ce que j'ai dit du phlogifton , que la Nature a fi étroitement uni avec cet acide, quil en eft inféparable. Que l'on prenne quatre parties d'efprit acide de nitre, & une partie d'huile diftillée de térébentine, & les mêle enfemble, & après une évaporation fuffifante , on aura un véritable baume de foufre. Pour que cette expérience réuffiffe bien , on examinera auparavant le degré de force de l'acide de nitre dont on fe fert , & y proportionnera la quantité d'huile éthérée de térébentine qu'on ajoute ; car fi l'efprit-de-nitre renferme beaucoup d'eau, une partie d'huile fuffit pour huit parties d'efprit : mais fi l'efprit eft pur & fort, quatre parties d'efprit contre une partie d'huile fuffifent pour nous donner un baume de foufre.

§. X X I.

Prenant deux parties de nitre crud ou naturel, diffous dans de l'eau , & une partie d'huile de vitriol , on en peut faire un véritable efprit de foufre , parfaitement égal à celui que l'on obtient du vrai foufre par la cloche (*fpiritum fulphuris per campanam*). J'ai répété cette expérience plus de dix fois, & elle ne m'a jamais manqué. On met le tout enfemble dans une cornue ; on y adapte un récipient proportionné, & on augmente le feu dans le four à fable (*furnus ollæ*) par degré ; alors l'eau qu'on y verfe paffe la première en forme de petites gouttes, comme toute eau qui s'attache à un vafe le fait ordinairement ; étant

toute paſſée ; & le feu augmenté , l'eſprit-de
ſoufre la ſuit ſous la forme d'une vapeur gri-
ſâtre. Ce qui reſte dans la cornue eſt une maſſe
ſaline de couleur blanchâtre tirant ſur le brun.
Si on verſe de l'eau ſur cette maſſe , elle s'é-
chauffe & ſe diſſout entièrement ; & après une
évaporation proportionnée , on en obtient un
ſel cryſtallin blanc comme la neige , & pareil à
celui dont nous avons parlé au §. XII.

§. X X I I.

Cette maſſe s'échauffant lorſqu'on verſe de
l'eau froide pardeſſus, nous donne à connoître
non-ſeulement qu'elle renferme des parties inflammables , mais auſſi que l'acide de nitre
doit être de même nature avec l'acide de vitriol ; ſans cela , l'huile de vitriol , comme le
plus fort acide que nous connoiſſons, s'empa-
reroit néceſſairement de la terre du nitre crud,
& en détacheroit & chaſſeroit ſon acide naturel. Mais l'échauffement de cette matière ſaline par l'eau fraîche verſée pardeſſus, prouve
clairement que cela n'arrive point ; car ſi
l'huile de vitriol s'étoit emparée de la terre alkaline du nitre, cet échauffement n'auroit pas
lieu. J'avoue que cette expérience , qui de
rechef ſemble révolter les principes établis en

Chimie, donne bien à penfer; & je crois que plufieurs en feront une étrange explication ; car avec l'huile de vitriol, on peut détacher généralement tous les acides de leur liaifon alkaline, & par conféquent auffi l'acide du nitre ; cependant cela ne réuffit pas bien avec le nitre crud. Pourquoi cela ? Parce que le nitre crud ne renferme pas feulement une terre abondante, mais auffi une grande abondance de parties inflammables, qui affoibliffent l'action de l'huile de vitriol, comme on peut en juger par les acides dulcifiés ; mais fi on continue à augmenter le degré du feu, cette huile dans le récipient détache enfin l'efprit du nitre naturel, qui paffe alors en forme d'une vapeur rougeâtre, tout comme il arrive avec le falpêtre raffiné.

§. XXIII.

Si l'on verfe de l'efprit ou de l'huile même de vitriol fur du falpêtre naturel dans un vaiffeau ouvert, on ne remarque aucune vapeur ni exhalaifon, quand même on les mêle parfaitement bien enfemble. Au contraire, fi on fait cette expérience avec le nitre ou falpêtre raffiné, où l'art a ajouté un fel alkali au nitre naturel, l'odeur de l'eau-forte fe manifefte

d'abord : la raifon en eft évidente par ce que
nous avons dit au §. précédent. Avec l'efprit
féparé du falpêtre, on peut détacher l'acide
du fel commun de fon alkali : ce qui fait voir
que l'acide du falpêtre doit être plus puiffant
que celui du fel commun. La raifon pourquoi
l'acide du nitre fe laiffe détacher par l'acide
du vitriol, ou par fes égaux, eft fondée uniquement fur ce que l'acide eft affoibli, & fon
âcreté enveloppée par le phlogifton qui lui eft
joint.

§. X X I V.

J'efpère donc que par ces quatre importantes preuves, on fera fuffifamment convaincu
que l'acide du nitre tire fon origine, & eft de
la nature des acides vitrioliques. Si quelqu'un
a de la peine à fe perfuader que ce genre
d'acides fe puiffe trouver de tous côtés fur la
terre, qu'il faffe feulement attention à la calcination des minéraux fulfureux, & à la grande
combuftion des charbons foffiles; il me femble du moins que nous en devons conclure
que l'air doit être rempli d'une quantité in-
croyable de parties acides vitrioliques. Si ce
que nous venons de dire ne fuffit pas pour l'en
convaincre, s'il lui refte encore quelque doute,

qu'il

qu'il expose du sel de tartre ou quelqu'autre sel alkali purifié à l'air, mais à couvert de la pluie ou de la neige, & à un endroit où il n'y a guère d'exhalaisons putrédineuses; qu'il le laisse-là un an ou davantage, & il verra que son alkali deviendra premièrement humide, & donnera une huile par défaillance: quelque temps après il le verra se redessécher de soi-même, & être changé à la fin en un véritable tartre vitriolé; & si on met le sel alkali à un endroit où la putréfaction produit en même temps des sels volatils urineux, il se convertira en un véritable salpêtre. Outre cela d'une bonne quantité d'eau de pluie, on peut produire un esprit - de - vitriol à toute épreuve.

§. X X V.

Après avoir démontré l'origine & la nature de la partie acide du nitre, je me propose d'en faire tout autant de sa partie inflammable. La nature ou les opérations qui se font dans l'air, rendent la liaison de cette partie avec la partie acide du nitre inséparable: & à cause de cela, il est impossible de déterminer la proportion du poids de ces deux parties. Mais il est à croire que la portion de l'inflammable est fort petite dans le nitre, parce qu'il ne s'en-

flamme point avec des matière qui ont beaucoup de flegme, pas même avec le foufre allumé, fans être bien échauffé auparavant; &
que le faifant enflammer lorfqu'il eft en fufion,
en y jettant quelque matière sèche allumée,
il s'éteint de foi-même, après que la flamme
en a confumé une portion proportionnée; au
lieu que dans les efprits ardens, où à peine
une partie d'huile volatile inflammable eft mêlée
avec cinquante ou foixante parties d'eau fépa-
rable, nous obfervons que la moindre flamme
qui en approche les fait prendre feu fur le
champ; d'où nous concluons que la portion
de l'inflammable doit être encore beaucoup plus
petite dans le nitre que dans l'efprit-de-vin.

§. X X V I.

Suivant l'explication de l'acide du nitre que
j'ai donné au XIXe. §, il faut que je prouve
non-feulement la préfence actuelle de la partie
inflammable dans cet acide, mais encore je
dois faire voir que cet inflammable tire fon
origine des fels urineux produits par la putréfaction. Si l'on jette du nitre raffiné fur des
charbons allumés, il s'enflamme & fe confume,
jufqu'à ce qu'il ne refte plus rien que fa partie
fixe alkaline: ce qui eft une marque incontef-

table qu'il y a de la matière inflammable dans le nitre. La même chose se manifeste en second lieu, lorsqu'on laisse tomber du charbon en poudre, ou quelque chose de pareil, sur du salpêtre fondu, & fort échauffé dans un creuset, où on le voit également s'enflammer ? ce qui n'arrive pas avec les autres sels moyens. En troisième lieu, si dans de l'esprit-de-nitre on dissout quelque métal inférieur, du plomb par exemple, ou de l'étain, ou bien quelque partie d'un animal, comme de la raclure de corne de cerf, de la laine, & d'autres choses semblables, & on fait évaporer la solution jusqu'à la siccité, la matière restante s'enflamme à la fin, & souvent avec beaucoup d'éclat : ce qui prouve non-seulement qu'il y a de la matière inflammable dans le nitre, mais encore que cette matiére réside uniquement dans sa partie acide. Outre cela le phlogiston ou la partie inflammable du nitre se manifeste encore par le goût ; car tandis que sa terre naturelle lui est jointe encore, il a un goût entremélé de douceur & d'amertume, à-peu-près comme le dulcamare. S'il y a du sel urineux sec dans un vaisseau plat & ouvert, & de l'esprit-de-nitre dans un autre vaisseau semblable au premier, en les mettant proche l'un de l'autre,

leurs exhalaifons fe rencontrant dans l'air, forment une fumée épaiffe, qui s'enflamme même
à la fin, fi on fait du feu fous les vaiffeaux.
Ajoutons encore que l'efprit - de - nitre s'enflamme, quand on le mêle avec de l'huile fraîche de girofle.

§. XXVII.

Toutes ces expériences, & bien d'autres encore, que nous paffons fous filence, pour ne
pas étre trop longs, prouvent clairement qu'il
y a de la matière inflammable dans le nitre.
C'eft pourquoi je trouve fort étrange que
quelques-uns, qui fe croient grands Chimiftes,
foutiennent le contraire. Les argumens qu'ils
allèguent en faveur de leur fentiment font fi
miférables, que ce feroit s'avilir que de les
réfuter. Lorfqu'on fe propofe de dériver ce
que l'on trouve d'inflammable dans l'acide de
nitre des fels volatils alkalis, l'on fuppofe
qu'il eft déjà décidé que ces fels renferment
quelque matière inflammable ; d'où il fera à
propos que nous prouvions, avant toutes
chofes, ce que nous fuppoferons après comme
tel. Qu'il me foit permis pour ce fujet de rappeller l'expérience avec l'efprit - de - nitre & le
fel urineux, dont j'ai parlé au précédent §.

S'il n'y avoit pas quelque matière très-inflammable dans les fels urineux, ni la fumée, ni
la flamme n'auroit lieu dans cette expérience.
On ne pourroit pas non plus diffoudre les fels
urineux dans l'efprit-de-vin rectifié, s'ils n'é-
toient pas entremêlés de parties huileufes &
inflammables. Comment eft-ce que le fel ammoniac, préparé de fels urineux & de l'efprit
acide de nitre, pourroit s'enflammer de foi-
même dans une chaleur médiocre, & brûler
mieux que le falpêtre, qui eft compofé de
l'acide de nitre & d'un fel fixe alkali, & qui
fe diffout auffi dans l'efprit-de-vin rectifié jufqu'à une très-petite portion de terre qui tombe
au fond ? Et enfin par quelle raifon eft - ce
que le falpêtre fixe & ordinaire, fondu dans
un creufet, s'enflammeroit, lorfqu'on y jette
quelques fels urineux, fi ce n'eft que ces fels renferment une matière très-inflammable?

§. X X V I I I.

Que la partie inflammable du nitre tire fon
origine des fels urineux, & que la génération
du nitre ne fauroit fe faire fans eux, c'eft une
vérité des mieux fondées. Où la putréfaction
principalement de parties animales eft abondante, là le nitre croît auffi en abondance;

& au contraire où il n'y a guère de putréfaction, là auſſi il ne croît guère de nitre. La
putréfaction détruit non-ſeulement la liaiſon
que les parties des corps où elle ſe fait ont
entr'elles, mais auſſi elle produit en même
temps des ſels volatils alkalis. C'eſt - là une
choſe toute décidée, & qui n'a plus beſoin de
preuve. Si donc la putréfaction eſt néceſſaire
pour la génération du nitre, il eſt évident qu'il
n'y a que le ſel volatil alkali qu'elle produit
qui puiſſe y contribuer quelque choſe, puiſque ſon autre effet, qui conſiſte dans la deſ-
truction des corps, n'y ſauroit entrer en rien,
parce que la génération du nitre ne ſe fait que
dans des corps minéraux, & qu'en échange
les animaux & végétaux ſeuls ſont ſujets à la
putréfaction.

§. X X I X.

Or, on ſe perſuadera facilement de la préſence de ce ſel dans le nitre crud ou naturel,
puiſque moyennant de la chaux ou de l'eau
de chaux, & un ſel fixe alkali, on peut même
l'en ſéparer, quoiqu'en très-petite quantité.
D'ailleurs j'ai obſervé ſouvent que lorſqu'il y
avoit un pigeonnier au-deſſus de quelque
maiſon, quelqu'élevée qu'elle fût, il ſe forme
une riche production de nitre à l'endroit du

toit qui eſt droit au-deſſus du pigeonnier , &
qu'en échange aux endroits éloignés du pigeonnier, il n'y a pas la moindre trace de nitre.
D'où eſt-ce que cela vient ? N'y a-t-il pas par-
tout des briques & de la chaux pour ſervir de
matrice pour la génération de nitre? N'y a-t-il
pas auſſi le même air de part & d'autre pour
ſeconder cette génération ? D'où vient donc
qu'on trouve une ſi grande abondance de nitre dans le toit qui couvre le pigeonnier, &
qu'on n'en trouve point, ou du moins très-peu ,
dans les toits qui en ſont plus éloignés ? N'eſt-
il pas clair que c'eſt parce que près du pigeonnier la fiente des pigeons fournit par la putréfaction des exhalaiſons urineuſes qui manquent
aux autres endroits ?

§. X X X.

L'expérience ſuivante donnera encore un
nouvel appui à ce ſyſtême. Qu'on prenne de
la terre pure, du nombre de celles que l'on
nomme terres calcaires , & après qu'on l'aura
bien humectée avec de l'eſprit-de-vitriol, qu'on
la mette dans un vaſe , & y verſe de l'urine
pardeſſus , ou en place d'urine quelqu'autre
matière qui ſoit propre à fournir du ſel volatil
par la putréfaction ; qu'on la laiſſe ſe putréfier

& s'évaporer peu-à-peu de foi-même , jufqu'à ce que la terre foit redeſſéchée; & ſi on croit que cette matière n'ait pas fourni une aſſez grande quantité de fel urineux, qu'on y en verfe encore quelqu'autre qui foit fujette à la putréfaction ; il n'importe qu'elle foit de la même forte que la première ou non , mais celles qui font tirées du règne animal , font ici plus propres que celles du règne végétal ; qu'on laiſſe cette matière fe corrompre & s'évaporer comme la première fois; après quoi on leſſivera la terre sèche reftante , & par l'élixivation , on en obtiendra un véritable nitre naturel. Cette infaillible expérience feule eft fuffifante pour prouver la juſteſſe du fyftême que je viens d'établir. Il n'y a peut-être perfonne qui ait fait plus d'épreuves que moi pour parvenir à une juſte connoiſſance de la génération du nitre & de fes parties conftitutives. J'ai eſſayé de faire du nitre avec du camphre , avec de la teinture d'antimoine tartariſée, avec les différentes fortes d'efprits inflammables, tant fimples que rectifiés , & avec une multitude innombrable d'eſſences de végétaux. J'ai tâché de les unir avec quelque fel acide; j'ai fait l'épreuve avec l'un après l'autre, en changeant la proportion en plus de cent manières : mais tout a été vain. Je laiſſe auſſi juger un chacun quelle eſpèce de ſalpêtre on obtiendra, quand on mêle de l'eſprit urineux de tartre & de l'eſprit volatil de vitriol, avec de l'eſſence thériacale, qui eſt compoſée d'une partie de thériaque d'Andromaque, dans laquelle entrent preſque tous les ſimples, & de ſix parties d'eſprit-de-vin rectifié. L'inventeur de cette expérience eſt M. *Stahl.*

§. X X X I.

Ayant ainſi déterminé les parties conſtitutives du nitre, il nous ſera facile d'expliquer ſa génération. Mais afin qu'on la voie dans toute ſa connexion, j'indiquerai l'ordre dans lequel la nature s'y prend. La première choſe qui y eſt requiſe, eſt une terre qui y ſoit convenable, & qui, comme nous avons vu par l'expérience rapportée au Ve. §, doit être du nombre des terres calcaires. Cela étant, comment arrive-t-il donc que l'on trouve du nitre dans des briques & des tuiles, & dans de certaines pierres naturelles ? La réponſe eſt facile ; car bien que l'argille dont on fait les briques & les tuiles ſoit du nombre des terres vitrificantes, de même que les pierres rouges ſablonneuſes, dans leſquelles il croît du nitre ;

cependant elles ne font pas purement de cette nature, mais elles renferment une portion confidérable de terre calcaire, comme on peut le voir quand on éprouve par le feu les réceptacles dans lefquels le nitre a coutume de croître. Les matrices dans lefquelles la génération du nitre fe fait, doivent être poreufes & peu compactes, afin que les parties acides & inflammables du falpêtre y puiffent bien pénétrer; car dans les mines d'argille, où cette terre eft ordinairement fort denfe & compacte, ni dans des pierres dures, ni même dans des pierres à chaux, telles qu'elles fortent de la carrière, on ne verra jamais croître du nitre.

§ X X X I I.

Il s'enfuit de ce que nous venons de dire, que le nitre exige des matrices poreufes, & pourvues de terre calcaire; mais au refte il eft affez indifférent dans quel genre de minéraux elles fe trouvent : cependant l'expérience nous apprend qu'il ne croît nulle part en plus grande abondance, que dans la chaux des murailles. La chofe eft naturelle, fi l'on fuppofe que la muraille foit à un endroit, où il y a quantité d'exhalaifons urineufes; mais en échange, fi les murailles ont été conftruites par le beau temps, & la chaux eft devenue fèche en peu de jours ; alors elle eft auffi fi dure & compacte, qu'elle eft imprénétrable pour le nitre, qui ne croît qu'aux endroits où il trouve quelque terre calcaire humide. On rencontre fouvent des bâtimens, que le nitre a rendus prefque tout ladres, & à côté d'eux, d'autres faits de même matériaux, qui font tout fains, & nullement gâtés du nitre. D'où eft-ce que cela vient ? Uniquement de ce que la chaux de ceux-ci eft d'abord devenue fèche, au lieu que celle des autres eft reftée long-temps humide, & ne s'eft jamais bien féchée. De-là on peut juger, combien il eft préjudiciable de bâtir pendant l'automne & l'hiver. Si donc on vouloit prêter la main à la nature pour faciliter la génération du nitre, il faudroit choifir une terre légère, la mêler avec de la chaux, & en conftruire des murailles peu épaiffes à des endroits convenables ; alors au bout de deux ans, on pourroit déja recueillir une affez bonne dofe de nitre. On fecondera cette production encore mieux, fi dans les interftices & autour des murailles on fait mettre de la fiente de pigeon, ou à fon défaut de la fiente de brebis, qui auffi bien que celle des chevaux fournit, à caufe de l'urine, quantité de fel urineux.

§. XXXIII.

Si l'on veut prendre du limon jaune ou rouge, pour conftruire des murailles de nitre, on doit le mêler avec de la paille, afin qu'après fa corruption le limon foit poreux, & propre à recevoir l'acide du nitre ; d'où l'on voit que dans des terres luteufes ou argilleufes, la génération du nitre doit être fort lente. Plufieurs Chimiftes fe font imaginé que c'eft le vent du nord, qui nous amène le nitre ; mais à l'heure qu'il eft, de tels préjugés ne font plus de mife. Je devinerois bien ce qui les a induits dans cette erreur ; c'eft fans doute parce qu'on trouve le nitre dans la plus grande quantité aux endroits qui font le moins expofés au foleil, & que ce font juftement les côtés qui font face au nord. D'autres Chimiftes plus modernes en ont cru avoir mieux pénétré la raifon, s'étant imaginé que c'eft le foleil qui fait fortir le nitre crud de fes réceptacles, & cela parce qu'ils le croyoient volatil. Mais cela ne me paroît pas non plus en être la raifon principale : bien au contraire, je crois que c'eft plutôt faute d'affez d'humidité, que le nitre ne croît point aux endroits qui font beaucoup expofés au foleil ; car le nitre exige une terre humide

(205)

pour croître, & les rayons du foleil deflèchent les corps par leur chaleur, & empêchent par conféquent une riche produ&ion de nitre.

§. XXXIV.

La feule difficulté qui refte, & qui rend la génération naturelle du nitre encore obfcure, eft de favoir, quand & où l'acide vitriolique s'unit avec le fel volatil ou urineux. Il faut que cela fe faffe, ou dans l'air, ou dans la terre calcaire; or il eft impoffible que cela fe faffe dans l'air, donc il faut que cela fe faffe dans la terre calcaire. Il eft impoffible que cette union fe faffe dans l'air, parce que l'acide de vitriol, loin d'être fort & concentré, y eft fi raréfié & fi foible, qu'il n'a pas même affez de force pour coërcer un alkali, & le changer en fel moyen. Et quand même l'acide vitrioli-que pourroit s'unir dans l'air avec le fel uri-neux, il n'en proviendroit qu'un fel ammoniac vitriolé, & alors, comment aurions-nous du nitre? Ayant ainfi fait connoître que dans la génération du nitre l'union de l'acide vitriolique & du fel volatil, ou urineux, ne peut fe faire que dans la terre calcaire, il nous refte encore à favoir lequel des deux fe lie le premier avec la terre. Il y a du pour & du contre; mais

je crois que l'acide s'infinue le premier dans la
la terre, & s'y attache d'abord, & que le fel
urineux s'y joint après cela peu-à-peu, & fouvent fort lentement, fur-tout aux endroits où
il n'y en a guère. Ce fentiment me paroît être
confirmé par la différence que l'on trouve toujours entre les nitres cruds, & qui eft fouvent
très-fenfible : il arrive quelquefois, qu'en mélant
du fel fixe alkali avec du nitre crud leffivé, puis
en le faifant paffer par du papier, & enfuite
évaporer & former des cryftaux, on n'obtient
pas du nitre complet, mais un *Arcanum duplicatum* en petits cryftaux, qui ne diffère de
l'*Arcanum duplicatum* ordinaire, que par la groffeur des cryftaux.

§. X X X V.

Mais ce qui a achevé de me convaincre
que l'acide vitriolique fe lie le premier avec la
terre calcaire, eft l'expérience que je vais rapporter. Qu'on arrofe quelque terre calcaire
avec de l'efprit de vitriol foible, & l'ayant fait
jufqu'à la faturation, qu'on la pofe à un endroit où il y a des exhalaifons urineufes, &
au bout d'une couple de mois on y trouvera
du nitre naturel le plus parfait du monde. Si
quelqu'un m'objectoit encore qu'on ne fau-

roit expliquer comment un sel volatil alkali se peut lier avec une terre calcaire soûlée d'un acide , je ne me donnerai pas la peine d'y répondre : je me rapporte simplement à cette expérience ; car quiconque n'en sauroit comprendre la possibilité , doit du moins s'en persuader par l'actualité , & captiver sa raison sous l'obéissance de la foi.

§. XXXVI.

Ayant donc déterminé les parties constitutives du nitre naturel , & la manière dont se fait sa génération, l'ordre que nous nous sommes proposé, nous oblige maintenant de traiter de son raffinement, ou de son entière préparation. Dans tout cet ouvrage, on ne fait que changer la terre calcaire du nitre crud en vrai sel alkali, & en séparer celle qui y est superflue : artifice connu à tous les Salpêtriers ; c'est pourquoi je ne m'y arrêterai pas. J'avertis seulement qu'on ne s'imagine point que l'on puisse produire du nitre complet & parfait , par la simple addition d'un sel alkali, soit fixe ou volatil ; il y faut nécessairement de la chaux vive. Mais si après cela l'acide du nitre est intimement mêlé avec un véritable sel fixe alkali , alors c'est un vrai nitre complet & usuel.

§. XXXVII.

Dans les deux premiers §. j'ai enseigné la manière de purifier ce nitre complet, & à présent je me propose encore d'éclaircir brièvement quelle espèce de sel c'est. Pour cet effet, je dirai en quoi consistent ses principales propriétés, & rapporterai les principaux caractères par lesquels on le peut connoître. Le nitre complet est un sel fixe moyen, qui tient son acide particulier de la nature, & sa partie alkaline de l'art; son goût est rafraîchissant; ses crystaux sont transparens, longs & presque généralement tous à six faces; diverses choses sèches, inflammantes, peuvent le faire brûler, & alors après son extinction il laisse derrière lui un fort & vrai alkali fixe; d'entre tous les sels il est le plus facile à fondre; quand il est en fonte, & qu'on y jette un peu de borax, alors il écume fort; cependant même dans la plus forte fonte, il ne s'allume point de soi-même & sans addition; il dépouille les métaux inférieurs de leur phlogiston, & les réduit en chaux, si on le mêle & le fait fondre avec eux; dans la distillation avec des acides de la nature de celui de vitriol, il monte en forme de vapeurs rouges de feu. Ce sont-là

les

les principaux caractères du nitre ordinaire : il a à la vérité encore bien d'autres propriétés, qui le diftinguent des autres fels ; mais je crois que celles que nous venons de rapporter, fuffi-fent pour le faire connoître.

§. XXXVIII.

Je crois qu'il n'eft pas néceffaire de prou-ver au long les caractères que je viens de mar-quer, ni de m'étendre beaucoup fur les expé-riences qui y font requifes, parce que quan-tité de Chimiftes modernes les ont déja fuffi-famment démontrées, & qu'il n'y a rien de plus facile que de faire ces expériences. Ce que j'ajouterai encore, roulera fur la proportion des parties féparables du nitre. Il y a deux voies, qui ont été pratiquées jufqu'ici, pour parvenir à la connoiffance du nitre : l'une eft de le décompofer par la Chimie, & l'autre eft de le recompofer de nouveau. Si l'on veut choifir la première, on doit favoir que l'acide du nitre eft plus foible que l'acide de vitriol pur, c'eft-à-dire, qui n'eft point allié avec quelque matière inflammable ; (qu'on ne m'ob-jecte pas le foufre, car par le mélange du foufre & du falpêtre, on n'obtiendra jamais un pur acide de nitre,) mais plus fort que l'acide du fel commun.

§. XXXIX.

De-là il s'enfuit que l'efprit de nitre peut être détaché par l'acide de vitriol pur, conformément à la règle générale que le célèbre *Stahl* a obfervée le premier, favoir que les acides qui font les plus forts détachent ceux qui font plus foibles de leurs terres & fels alkalis. Si donc on veut avoir de l'efprit de nitre, on n'a qu'à mêler le falpêtre avec du vitriol, ou avec de l'acide de vitriol, & le faire diftiller dans des vafes bien fermés. Mais la queftion eft, en quelle proportion ces deux chofes doivent être mêlées enfemble? Si l'on va confulter les livres de Chimie, on n'y trouve guères de fatisfaction; car les fentimens des Auteurs Chimiftes diffèrent fi fort là-dedans les uns des autres, qu'ils ne fauroient que rendre confus le Lecteur. Mais auffi n'eft-il pas facile de le déterminer exactement, puifqu'il faut toujours que l'on ait auparavant une exacte connoiffance de la force & de la qualité de l'acide vitriolique que l'on y a ajouté. Si l'efprit de nitre doit être inflammable, il faut prendre, au fentiment de quelques-uns, quatre parties de falpêtre pur réduit en poudre, & trois parties d'huile de vitriol. Mais lorfque cette huile n'a qu'une force médiocre, il y en a déja trop, & ne trouve pas affez d'alkali dans le nitre pour fe raffafier, & à caufe de cela, fi on augmente le feu à un certain degré, il paffe facilement avec l'efprit de nitre, & le rend ainfi impur : & alors fi on le veut avoir pur, on eft obligé de réitérer la diftillation. Il y en a d'autres qui difent qu'on ne doit prendre que deux parties d'huile de vitriol fur quatre parties de falpêtre, mais alors il n'y a fouvent pas affez d'huile pour détacher tout l'efprit du nitre ; ainfi quoique par ce moyen on obtienne un pur acide de nitre, ou eau-forte, on n'en acquiert cependant aucune certitude par rapport à la proportion de la partie alkaline & de la partie acide du nitre. Il en eft de même, lorfqu'au lieu de l'huile de vitriol on mêle du vitriol fec, ou de l'alun, avec le falpêtre, pour en détacher l'acide ; d'où il eft clair que toutes les expériences que l'on peut faire par la décompofition du nitre, ne fauroient nous donner une exacte connoiffance de la proportion de fes parties conftitutives.

§. X L.

Si donc on veut avoir une connoiſſance exacte de cette proportion, on ne ſauroit y parvenir, qu'en recompoſant le nitre, en mêlant ſes parties ſéparables de rechef enſemble, & en le compoſant ainſi de nouveau. Cela demande un acide de nitre des plus purs, un ſel alkali pur & fort, & de l'eau pure : on obtient un acide de nitre bien pur, lorſqu'on ſèche premièrement le ſalpêtre dans une chaleur médiocre, & en détache enſuite l'acide par une pas trop grande portion d'huile de vitriol bien purifiée. Quant au ſel alkali, il n'importe d'où il ſoit tiré, pourvu qu'il ſoit pur, & bien ſec. De cet eſprit de nitre on peut prendre autant que l'on veut, & le peſer, & agir de même avec le ſel alkali ; après quoi on mêle l'eſprit avec quatre parties d'eau pure, & on y verſe du ſel alkali, juſqu'à ce que tout l'eſprit eſt raſſaſié ; puis on en fait évaporer la trop grande quantité d'eau par une chaleur modérée, & le laiſſe former des cryſtaux. Ces cryſtaux ſont extraordinairement purs & pèſent préciſément autant que l'eſprit de nitre & l'alkali, qui y ont été employés, ont péſé enſemble. Dans les expériences que j'ai faites neuf parties d'eſprit ont attiré ſept parties de ſel alkali.

§. X L I.

L'acide de nitre renferme tout ce que le falpêtre, en tant que fel moyen, a de particulier. Cela eft manifefte, parce que généralement tout fel fixe alkali, mélé avec l'efprit acide jufqu'au point de la faturation, donne un véritable nitre. Il s'enfuit donc que non-feulement la partie inflammable & la partie acide, mais auffi l'eau qùi eft dans le nitre , font très-étroitement liées enfemble. Il eft par conféquent impoffible de déterminer en quelle proportion ces trois chofes fe trouvent dans le nitre , ou de dire combien il y a de l'une ou de l'autre dans une livre de falpétre, à moins qu'on ne trouve encore le moyen de les féparer les unes des autres. Il y en a auffi qui font dans l'imagination que , pour la préparation du nitre fixe, on peut parvenir à une jufte connoiffance de la proportion de l'efprit acide & du fel alkali. Mais je fais par expérience que cette méthode eft peu propre à donner quelque certitude; car quand j'ai eu foin de faire déflagrer le nitre fort lentement par des charbons en poudre, il me refta dans le creufet bien plus de nitre fixe, qu'il n'y a eu de fel alkali dans la quantité de nitre que j'avois employé.

O 3

Si au contraire on le presse un peu, & se sert de gros charbons, alors il s'élève une flamme pétillante, qui jette une bonne partie de salpêtre hors du creuset. Dans l'expérience qui fournit plus d'alkali qu'il n'y en a naturellement dans la quantité de nitre qu'on y emploie, on découvre d'abord ce qui cause cette augmentation, savoir les cendres des charbons & l'acide de nitre joints ensemble. Car aucun Chimiste expert ne se persuadera jamais que cette augmentation considérable de l'alkali provienne des cendres seules, puisque dans les charbons faits dans les charbonnières, on découvre à peine quelque trace très-légère d'un alkali fixe.

Penſées ſur la multiplication du Nitre , envoyées par M. le D. Pietſch , pour être jointes à ſa Diſſertation.

INTRODUCTION.

L'ACADÉMIE Royale des Sciences & Belles-Lettres m'ayant fait l'honneur d'adjuger le Prix de l'an 1749, à la Pièce que j'ai eu l'honneur de lui envoyer, ſur la génération & les parties conſtitutives du nitre, je prends la liberté de lui préſenter encore cette ſeconde Pièce, & de la ſoumettre à ſon jugement.

Elle y trouvera un examen des arrangemens qui ont été pris dans les pays du Roi, pour faciliter la génération du ſalpêtre. Le jugement que cette illuſtre Société portera de cette Pièce, me fera connoître ce qu'elle vaut. Si elle peut ſervir à faire bien ſuivre les intentions de Sa Majeſté , je me trouverai ſuffiſamment récompenſé.

J'avoue que leſdits arrangemens, conſidérés

en général, paroiſſent d'abord promettre de grands avantages, & être ſagement établis; mais quand on les examine de plus près, on y découvre bientôt quantité de défauts, & même des défauts très-conſidérables. Ce qui ſuit les fera aſſez connoître, pour que nous puiſſions nous diſpenſer d'en faire un examen particulier, & de les faire remarquer l'un après l'autre.

En vertu d'un Edit Royal du 17 Mai 1735, les Salpêtriers, qui ſe trouvent dans les pays du Roi, ont obtenu le privilège de recueillir le nitre des caves, des granges & des murs ſur leſquels il n'y a point de bâtimens; mais ſous l'heureux règne du Roi Frédéric, notre très-gracieux Souverain, Sa Majeſté faiſant conſiſter ſon bonheur dans celui de ſes Peuples, & cherchant à les ſoulager de toutes façons, a ordonné, le 18 Janvier 1748, que dans chaque Communauté, Ville, Bourg & Village on conſtruisît une certaine quantité de murailles épaiſſes, qui ſerviroient uniquement à la génération du nitre.

Comme on eſt encore occupé à la conſtruction de ces murailles, & que je ſuis à portée d'y voir travailler, j'ai eu ſoin d'examiner de près la manière dont on s'y prend, & y ai fait mes remarques, qui, à ce que je crois, ne manqueront pas d'être utiles: c'eſt de quoi je me ſuis propoſé de traiter ici.

· Il y a environ deux mois que je trouvai du nitre naturel à un mur compoſé de pierre & de chaux, du côté qui donne vers le ſud-eſt, où cependant le ſoleil ne peut guères donner, à cauſe des arbres & buiſſons qui y ſont plantés autour. Suivant ma coutume, j'en pris un peu ſur la langue, & y trouvai un goût fort, pareil à celui du nitre raffiné, & point du tout à celui que le nitre crud a, d'ordinaire; puis j'en jetai un peu ſur des charbons allumés, ſans le purifier auparavant, & il s'enflamma, & brûla fort bien ; après cela je le leſſivai de ſa matrice, le réduiſis en cryſtaux, & en obtins premièrement de longs cryſtaux à pluſieurs facettes, & enſuite un nitre cubique, qui ſoutint toutes les épreuves d'un véritable nitre.

Ceci eſt en vérité une choſe très-remarquable. Je pourrois m'en ſervir pour appuyer ce que j'ai dit ailleurs, ſavoir que la nature fournit auſſi du véritable ſel alkali ; mais ne cherchant pas à en impoſer aux autres, & la vérité ayant pour moi trop de charmes, je reconnois avec plaiſir, par le nitre cubique que j'ai obtenu fur la fin, qu'il faut que parmi ce nitre naturel il y ait du fel marin, qui peut-être a été mêlé par hazard avec la chaux qu'on a employée pour cette muraille, qui n'eft point vieille encore, n'y ayant que douze ans tout au plus qu'elle eft faite. Or, l'expérience nous apprend que le fel marin étant expofé à l'air, change de nature, & fe convertit en fel alkali, mêlé avec de la terre alkaline, qui, après cela, a pu fervir de matrice à ce véritable falpêtre, qui ne diffère du nitre crud ordinaire que par le fel alkali qu'il renferme.

J'ai laiffé un peu de ce nitre ufuel à l'endroit où il reffemble parfaitement à du nitre crud, afin de pouvoir prouver ce que j'en ai dit à tous ceux qui l'exigeront. Mais quoique je ne veuille pas faire fervir cette découverte à mon avantage, de la manière que j'ai dit ci-deffus, elle ne perd pour cela rien de fon mérite. Si on la met bien à profit, elle ne laiffera pas d'être de grande utilité. Par elle les intentions du Roi, à l'égard de la production du nitre, pourront être bien mieux fuivies ; c'eft ce que je me fuis propofé de prouver dans la Differtation fuivante.

Penſées ſur la multiplication du Nitre.

§. I.

L E règne de la nature renferme dans ſon ſein une beaucoup plus grande quantité de terre alkaline que de véritable ſel alkali : or outre ces deux choſes, nous ne connoiſſons rien qui attire l'acide de nitre qui voltige dans l'air ; d'où il n'eſt pas ſurprenant que l'on trouve pour l'ordinaire l'acide du nitre uni par la nature avec de la terre alkaline, & point avec du ſel alkali. L'expérience prouve ce que je viens de dire : qu'on mêle de l'acide de nitre avec un alkali, quel qu'il ſoit, & on le verra s'unir avec lui, & ſe convertir par-là en ſel moyen. Et pour ſe convaincre que la terre, dans laquelle l'acide du nitre ſe prend naturel-lement, eſt de nature alkaline, on n'a qu'à l'examiner après : qu'à la ſéparer de ſon acide, ou bien, qu'on prenne de cette terre ſéparée, & la remêle avec de l'eau-forte, ou quelque autre acide du règne animal, végétal ou miné-ral, & on la verra à l'inſtant leur ôter leur âcreté. Si on prend de cette terre, & la mêle en jufte proportion avec de l'efprit acide de nitre, elle s'y diffout entièrement, & fe diftingue par-là du plâtre & des autres terres de cette nature, qui demeurent indiffoutes au fond d'un flacon rempli du plus fort acide de nitre.

§. I I.

Le fecond principe qui entre dans la compofition du nitre, eft l'acide vitriolique. Il y a toujours de cet acide répandu dans l'air, & il n'y a pas lieu de douter que les Monts Etna & Véfuve ne contribuent auffi pour leur part à le répandre. Mais, bien que cet acide fe trouve par-tout, il n'eft pourtant pas également abondant en tous lieux. C'eft une remarque que j'ai faite dans nos Contrées; j'ai obfervé qu'il fe trouvoit en beaucoup plus grande abondance proche des endroits où l'on fond les mines d'argent & de cuivre, dans la Comté de Mansfeld, qu'il ne fe trouve ailleurs, & que le nitre s'accumuloit extraordinairement dans ces environs, lorfqu'il trouve une matrice qui y eft propre. La raifon en eft toute claire; de ces mines, & fur-tout de celles de cuivre, fort, lorfqu'elles commencent à s'échauffer, avant que d'entrer en fufion, une vapeur fulfureufe des plus fortes, & il eft naturel que cette vapeur ſoit d'autant plus condenſée ; qu'elle ſe trouve plus près de ſa ſource. Or je crois pouvoir me diſpenſer de prouver qu'elle eſt d'une nature vitriolique, puiſque la choſe eſt ſi reconnue qu'on ne ſauroir en diſconvenir.

§. I I I.

La troiſième ſorte de parties conſtitutives du nitre conſiſte dans des eſprits volatils alkalis. Outre cela chacun ſait que l'acide de nitre eſt lié très-étroitement, & d'une manière inſéparable, avec une certaine quantité d'eau pure, dont cependant on n'a pas encore pu déterminer la proportion. Ayant déja prouvé toutes ces choſes, dans la diſſertation que j'ai eu l'honneur de préſenter à l'Académie, & qui a eu le bonheur de trouver l'approbation de cet illuſtre Corps, je les regarderai maintenant comme telles, & me diſpenſerai de répéter ici les mêmes preuves. Si l'on fait réflexion ſur l'origine des eſprits alkalis, & qu'on ait pris la peine de s'inſtruire par les expériences, d'où ils naiſſent le plus copieuſement, on ſera en état de juger, où ils doivent ſe trouver le plus condenſés. Or on ſait par expérience, que les corps des animaux, avec ce qui en ſort, eſt ce qu'il y a de plus propre à fournir beaucoup

de fel volatil alkáli ; donc il faut que ce fel
fe trouve dans la plus grande quantité proche des Villes, Bourgs & Villages, c'eft-à-dire,
proche des endroits où habitent généralement les hommes & les beftiaux : car ce qui a
été dit de l'acide vitriolique, favoir qu'il fe
trouvoit d'autant plus condenfé qu'il étoit près
de fa fource, fe peut dire tout de même des
efprits urineux.

§. I V.

Ce que nous venons de dire fe trouvant
fondé fur la raifon & d'infaillibles expériences,
il fera facile maintenant de tracer le plan que
l'on doit fuivre, pour faciliter & augmenter la
génération du nitre. Mais il y a encore quelques circonftances, qui peuvent nuire à cette
génération, & même la détruire entièrement,
lefquelles je tâcherai d'indiquer avant toutes
chofes, pour pouvoir après cela expofer mes
fentimens avec plus d'ordre & de connexion.

§. V.

Les végétaux trouvent leur nourriture en
partie dans le nitre crud, en l'attirant par les
petits canaux de leurs racines, après qu'il a été
diffous par quelque humidité accidentelle. A

(223)

caufe de cela, on doit les arracher foigneufement des murailles deftinées pour la génération du nitre, toutes les fois qu'il y en a qui y
paroiffent. Qu'on ne s'imagine point que ce
que je viens de dire foit une pure imagination; il n'y a rien de plus facile que de prouver la certitude de cette vérité, & cela en
bien des manières. Premièrement, elle fe rend
manifefte, parce qu'on ne trouve jamais de
nitre dans les champs que l'on enfemence tous
les ans, quoiqu'il y rencontre une matrice des
plus propres, à caufe de la grande abondance
de terre alkaline. Secondement, cette vérité
fe fait connoître par les végétaux qui croiffent
aux endroits où s'eft attaché du nitre, & qui
font toujours extraordinairement grands &
bien nourris. En troifième lieu, on peut s'en
convaincre par l'expérience fuivante. Qu'on
prenne un vafe d'une matière auffi peu poreufe
qu'il eft poffible, & fermé par en bas, & y
ayant mis de la terre mêlée avec une certaine
quantité de nitre crud dont on fache exactement le poids, qu'on y feme de la femence
de jufquiame *d'atriplex* de chardon, ou de
quelqu'autre plante de pareille groffeur, &
qu'on l'arrofe fouvent avec de l'eau; & après que
l'herbe fera devenue grande, qu'on examine

combien de nitre y fera refté , & l'on verra qu'il n'y en aura plus guère, ou peut-être point du tout.

§. V I.

Comme le nitre, tant celui qui eft crud que celui qui eft un fel des plus fubtils , & que généralement tous les fels, & celui-ci en particulier, fe fondent facilement dans l'eau, qui les entraîne alors , il faut faire en forte qu'aucune eau ne puiffe approcher les murs qu'on deftine pour fa génération ; à caufe de cela , ces murs doivent être conftruits dans les endroits qui ne font ni marécageux , ni expofés à être inondés par le débordement de quelque rivière. De plus il faut les bien garantir de la pluie ; car puifque le nitre s'attache principalement à la furface des corps, il eft très-naturel qu'il fe fonde & fe laiffe entraîner par la pluie , quand elle y donne : pour cet effet, ils doivent être munis d'un bon toit de paille, qui les mette à l'abri de pareilles infultes.

§. V I I.

J'ai remarqué généralement que le nitre s'attache indifféremment vers tous les côtés, vers l'orient, vers le midi, vers l'occident &

vers

vers le nord, pourvu qu'il trouve une matrice qui lui eſt propre, ſavoir, un ſel alkali ou une terre alkaline, qui ne ſoit pas trop ſèche. Il eſt toujours plus rare du côté du midi, & je n'en ai pu trouver la raiſon, que dans l'ardeur du ſoleil, qui deſſèche trop ces côtés. Il eſt donc eſſentiel, pour bien ſeconder la génération du nitre, qu'on tâche de conſerver un petit degré d'humidité dans les murs qu'on y deſtine, ce que l'on obtiendra facilement, en les mettant aſſez proche les uns des autres ; ce que cependant on n'a pas beſoin de faire, quand la matrice du nitre doit conſiſter dans un véritable ſel alkali, puiſque généralement tous les alkalis fixes, lorſqu'ils ſont expoſés à l'air, en attirent l'humidité aſſez vîte.

§. V I I I.

Le nitre eſt un grand régal pour les moutons, les bœufs & pluſieurs autres animaux, & en eſt fort recherché ; il faut par conſéquent avoir bien ſoin de les empêcher d'approcher les murs, qui doivent ſervir pour ſa génération. Outre cela en les conſtruiſant on doit tâcher de les faire bien droits, en ſorte qu'ils ne penchent, ni d'un côté ni de l'autre, afin que la preſſion ſoit égale de part & d'autre, pour

P

re les point expofer à une chûte prématurée, qui rendroit tout l'ouvrage inutile, & qui cependant, fi les murs font mal conftruits, eft d'autant plus à craindre, que la terre qu'on y emploie , doit être fort poreufe. On peut auffi prévenir en quelque façon cet inconvénient, en mélant beaucoup de paille parmi les autres matériaux , qui en les liant enfemble, leur fert en quelque manière de foutien, jufqu'au terme de fa corruption.

§. I X.

Si l'on confidère toutes ces circonftances, & qu'on fe fouvienne bien de ce que nous avons dit auparavant, on fera parfaitement au fait de tout ce qu'il y a à obferver dans la conftruction de ces murailles, pour bien feconder la génération du nitre, conformément aux intentions du Roi notre très-gracieux Seigneur. On reconnoîtra auffi d'abord, qu'il n'eft pas befoin d'un fi grand nombre de toifes qu'il a été ordonné, pourvu qu'on faffe un meilleur choix en fait de matériaux, & qu'on ait foin de les bien employer. Par les derniers ordres que le Roi a donnés fur ce fujet, les Salpêtriers ont été chargés du choix des matériaux & de la direction de tout l'ouvrage; mais il faut qu'une partie de ces gens-là, ou ait manqué de capacité, ou ait été trop négligente dans cette affaire. Car dans bien des endroits on a entaffé de la terre fans faire attention fi elle eft propre ou non, pour le but qu'on s'étoit propofé; & par conféquent on peut dire de cet ouvrage, que c'eft peine perdue, du moins pour la plupart.

§. X.

La terre que l'on doit choifir pour la conftruction de ces murailles, doit renfermer un fel alkali, ou une terre alkaline; propriété qu'on ne fauroit y reconnoître, fans qu'on faffe les expériences néceffaires. Si elle renferme un fel alkali, il naîtra un nitre, qui après qu'on l'aura purifié, pourra fervir non-feulement pour la poudre à canon, mais auffi pour tout autre ufage, où l'on aura befoin d'un nitre complet ou raffiné, comme on l'appelle communément. Mais fi la terre, qu'on emploie pour les murailles, ne renferme qu'une terré alkaline, elle ne produira qu'un nitre incomplet, qui dans la précédente piece, que j'ai eu l'honneur de préfenter à l'illuftre Académie, a paru fouvent fous le nom de nitre crud.

§. X I.

La plupart des Salpêtriers ne sachant que faire de ce nitre crud, le rejettent comme s'il ne valoit rien du tout; mais les plus avisés d'entre eux le jettent devant leur cabane, & versent souvent de la lessive de quelque alkali fixe pardessus. Au bout de quelque temps la nature opère un changement qui se fait en plein air : l'acide de nitre abandonne sa terre pour s'unir avec le véritable alkali, & dans l'espace d'un an, il se convertit en un nitre parfait.

§. X I I.

Nous pouvons donc fournir à la nature des occasions, tant pour lui faire produire du nitre complet, que pour nous en donner d'incomplet. Le premier peut-être employé à l'autre : il faut le rendre complet, en lui ôtant sa terre naturelle (ce qui jusqu'ici est encore un secret ponr la plupart des Chimistes) & lui donnant en échange un véritable alkali : ou bien nous pouvons nous en servir pour faire du sel cathartique à l'imitation des Anglois, & en pourvoir non-seulement les heureux pays de Sa Majesté le Roi, mais aussi nos Voisins & encore d'autres Nations. Par ce moyen nous garderons non-seulement une somme d'argent affez confidérable dans le pays , mais encore on nous en apportera de dehors. Car puifque nous pouvons l'avoir plus fin & au même prix , que celui que l'on fait venir d'Eb-fom , il n'eft pas à douter qu'on ne vienne le chercher chez nous.

§. X I I I.

Si l'on veut faire des murailles dans lef-quelles puiffe naître du nitre complet, il faut, comme nous avons déja dit , que la terre qu'on y emploie , renferme un véritable fel alkali. Pour le lui fournir , il n'y a rien, que je fache , de plus propre que des cendres. Celles même qui ont déja été leffivées, ne font pas tout-à-fait à rejetter. Car bien que la plus plus grande partie du fel alkali en ait été tirée, il y en refte pourtant toujours un peu, qui peut encore fervir pour la génération du nitre. Il y a à la vérité auffi le fel marin qui y feroit des plus propres , mais il eft un peu trop cher pour cela.

§. X I V.

Il me femble que ce qu'on pourroit faire de meilleur, & fans beaucoup incommoder les habitans du pays, ce feroit d'ordonner à tous les Chefs de famille, fous une certaine amende, non-feulement de porter toutes leurs cendres

leſſivées dans des endroits qu'on leur indique-
roit , mais encore de contribuer tous les ans
à un jour fixé , une certaine quantité de cendres non leſſivées. Cette quantité pourroit
être très-modique & proportionnée aux terres
que chacun poſſède, & à la plus ou moins
grande abondance de bois de chaque endroit;
par exemple , tous les ans deux *Metzes* (*)
par arpent dans les endroits où le bois eſt fort
abondant , & une *Metze* dans ceux où il y en
a moins. Alors il reſteroit encore aſſez de
cendres pour laver le linge, & pour faire du
ſavon. Pour rendre la choſe auſſi commode
qu'il eſt poſſible à tous les Particuliers : on
pourroit conſtruire de ces murailles dans toutes les Villes, Bourgs & Villages , & y recevoir auſſi de chacun ſon contingent en cendres. La quantité de cendres qu'on recevroit,
deviendroit d'autant plus conſidérable, ſi la
Nobleſſe n'étoit pas exempte de cette petite contribution , & que l'on mît encore quatre *Metzes*
d'impôt ſur chaque maiſon.

(*) Deux metzes font à-peu-près un demi - boiſſeau de
Paris.

§. X V.

Un *Scheffel* de cendres non leſſivées, cinq
Scheffels de bonne terre, & une botte de paille
médiocre, mêlés enſemble, font un excellent
mélange pour faire des murailles de nitre; &
pour humecter toutes ces choſes, il n'y a rien
de meilleur que l'eau ſale des bourbiers, qui
ſe trouvent proche des fumiers. Je l'ai éprouvé
par expérience, & en puis garantir la vérité:
& comme les murailles conſtruites de cette
manière font d'un très-riche rapport, & que
par cette raiſon, on n'a pas beſoin d'en conſtruire une fort grande quantité, il n'eſt pas
à croire que l'eau des bourbiers ne ſuffiſe
point, & qu'on ſoit obligé d'avoir recours à
d'autre eau; mais, ſi néanmoins le cas arrivoit, l'eau de pluie ſeroit alors la meilleure
que l'on pourroit lui ſubſtituer.

§. X V I.

La terre la plus propre pour ce mélange eſt
celle dans laquelle il y a déja un commencement
de nitre; mais au défaut d'une pareille, il en
faut choiſir une qui ait du moins les qualités
néceſſaires pour attirer l'acide qui eſt requis

pour fa génération, afin qu'on puiffe être fûr qu'elle s'y faffe, & même qu'elle s'y faffe richement; car il eft certain que cela dépend en grande partie de la terre qu'on y emploie; & il eft fâcheux que plufieurs Salpêtriers n'aient pas affez de capacité pour en faire un bon choix. On a grand tort de croire que les terres que l'on trouve dans les granges, dans les caves & dans les écuries, font toutes également propres pour ce fujet : il arrive fouvent que ces endroits font remplis de gravier, qui ne vaut abfolument rien pour la génération du nitre; & par conféquent on devroit toujours les bien examiner avant que de s'en fervir.

§. X V I I.

Si malgré le petit nombre de murailles de nitre qu'on aura befoin de conftruire, il arrivoit pourtant en quelques endroits, que dans les caves, granges & écuries, & fous les fumiers, on ne trouvât pas affez de terre qui y fût propre, on n'auroit pas befoin de ruiner des champs pour cela, en les dépouillant de leur bonne terre : mais dans les prairies & les places incultes qui font auprès des Villes, Bourgs & Villages, il y a quelques pouces fous le gazon une terre noire, que j'ai trouvée préférable pour ce fujet à beaucoup d'autres, & dont on pourra fe fervir en cas de befoin.

§. X V I I I.

La caiffe royale du nitre n'aura auffi plus befoin à l'avenir de faire la dépenfe d'acheter de bons terroirs, pour y placer ces murailles; comme il n'en faut guères, on trouvera affez d'autres places pour les y mettre. Un autre avantage encore qui réfulte du peu de cette forte de murailles qu'on aura befoin de faire & qui rejaillit fur les Sujets même de Sa Majefté, c'eft qu'il leur épargne beaucoup de travail.

§. X I X.

Si la manière de conftruire les murailles de nitre, que je viens d'enfeigner, trouve l'approbation de l'illuftre Académie, & qu'on voulût la mettre à profit, il faudroit pour employer les matériaux indiqués au §. XV, auffi avantageufement qu'il eft poffible, avoir foin, premièrement de ne pas faire les murailles trop épaiffes, & en fecond lieu de les placer partout, s'il fe peut, dans les endroits où vraifemblablement il doit y avoir le plus d'acide vitriolique & de fel volatil alkali répandu dans

l'air. Outre cela la fiente de pigeon, que la plupart des perfonnes jettent, & ne favent pas
faire valoir, pourroit ici être employée très-
utilement; ce feroit en la jettant proche de
ces murailles, afin que les efprits volatils alkalis qu'elle exhale, fourniffent à la nature d'autant plus d'étoffe pour la production du
nitre.

§. X X.

J'ai éprouvé par un grand nombre d'expériences, que de tous les excréments des animaux il n'y en a aucun, dont on puiffe tirer
tant de fel urineux, que de la fiente de pigeon;
ce qui fait voir combien elle eft propre pour
l'ufage, pour lequel je viens de la recomman-
der; & après qu'elle a fervi de cette manière,
après que tout le fel volatil en eft forti, &
qu'elle eft tombée en poudre, alors elle peut
encore être mêlée avec les matériaux qu'on
prépare pour d'autres murailles; car alors elle
renferme encore un fel fixe alkali que l'on peut
démontrer tant *à priori* qu'*à pofteriori*, du moins
quand la fiente a toujours été au fec, & qu'aucune eau n'a pu en approcher, & diffoudre
& entraîner ce fel; & quand même cela feroit
arrivé, elle ne feroit pourtant pas tout à fait
inutile, à caufe de fa grande quantité de terre
alkaline.

§. X X I.

Dans la plupart des murailles que l'on a
faites jufqu'ici, il ne pourra fe faire aucune
génération de nitre, & dans les autres il ne fe
fera que du nitre crud, parce qu'il n'y a point
de véritable fel alkali. Cela étant, on pourroit
l'employer, fi Sa Majefté l'approuvoit, pour
faire du fel cathartique d'Angleterre. Dans quelque temps d'ici, j'aurai l'honneur d'apprendre
à l'illuftre Académie Royale, de quelle manière je crois qu'on pourroit s'y prendre, pour
y réuffir le mieux. Au refte que mes très-
humbles avis foient fuivis ou non, j'aurai toujours la fatisfaction d'avoir fait ce qu'un fidèle
Sujet doit faire en les donnant.

INSTRUCTION

Sur la construction & l'établissement des nitrières, publiée par l'ordre du Conseil Royal du Département de la Guerre à Stockholm. 1747 (*).

CHAPITRE PREMIER.

§. I. *Du choix de la place pour l'établissement d'une nitrière.*

§. II. *De la construction du bâtiment.*

§. III. *De la manière d'en éloigner les eaux.*

§. I.

L'ENDROIT propre pour l'établissement
d'une nitrière doit être élevé, & s'il est possible,

____

(*) M. le Duc *de la Rochefoucault*, dont les connoissances & le zèle pour l'avancement des Sciences sont
connus, a bien voulu faire venir de Suède cette Disser-

fitué de façon que fur tous les côtés il y ait une pente pour empêcher les eaux de pluie ou de neige de pénétrer dans la nitrière : ce qui feroit préjudiciable aux terres ou couches à falpêtre. La nitrière doit être éloignée pour le moins de cent pas de tout lac, rivière ou mare, dont il s'élève beaucoup de vapeur. Il eft cependant bon que ces fortes d'établif-femens ne foient pas trop éloignés des eaux, pour la commodité du tranfport de tous les matériaux, ainfi que pour la facilité des lef-fives. Il faut éviter que le fol foit un rocher, une terre à fource, ou autre terre mobile. Un fond d'argille eft le meilleur. S'il s'y trouve des cailloux, du gros fable, ou autre terre mobile, il faut enterrer la nitrière à une demi-aune (*) de profondeur, au cas que la maffe de terre à falpêtre doive être placée au-deffus du niveau de la terre; mais fi la

---

ration, ainfi que plufieurs autres éclairciffemens intéref-fans fur la production du falpêtre : & M. *Baer*, Miniftre de Sa Majefté le Roi de Suède & Correfpondant de l'Académie Royale des Sciences de Paris, a bien voulu fe charger de les traduire du Suédois en François.

(*) L'aune de Suède n'eft que la moitié de celle de France.

maſſe doit être placée au-deſſous du niveau, alors il faudra enterrer cette matière à une aune ou une aune un quart d'aune de profondeur : ce qui dépend du coup - d'œil du Directeur. Enſuite on couvre le fond avec de l'argille d'un quart d'aune d'épaiſſeur, ſur laquelle on met la terre noire & autres matériaux propres à la génération du ſalpêtre. Pour éviter des défoncemens trop pénibles, on peut eſſayer le fond avec une tarière ; & ſi on le trouve conditionné, comme il a été dit, on pourra commencer les bâtimens.

§. I I.

On peut conſtruire les nitrières de pluſieurs manières différentes, & avec plus ou moins de dépenſe, ſelon le goût du propriétaire. Cependant ſi l'on veut rendre ces établiſſemens bien utiles, il eſt bon de faire dès le commencement un bâtiment ſolide & ſuffiſant, puiſqu'on peut alors augmenter la maſſe de la terre à ſalpêtre à meſure que l'établiſſement aura duré. On pourra auſſi par la ſuite du temps allonger le bâtiment par les extrémités, leſquelles, s'il eſt poſſible, doivent être expoſées au ſud-eſt & nord-oueſt, de manière que les encoignures de la maiſon ſoient expoſées au ſud-oueſt, nord & eſt, puiſque, ſelon l'opinion la plus accréditée, une telle poſition doit être la plus favorable pour la génération du ſalpétre. Quant aux bâtimens mêmes dont on ne produit ici que deux eſpèces, on en trouvera les deſſins ci-après, Tabl. I.

§. I I I.

Si l'emplacement deſtiné au bâtiment eſt diſpoſé de manière qu'on ne puiſſe empécher l'eau de la pluie de s'y rendre de quelque côté & de s'introduire ainſi dans la nitrière, on doit, quand le bâtiment eſt fait, creuſer un foſſé à la diſtance d'une aune du bâtiment. On donnera à ce foſſé la profondeur & la largeur que le terrain exige, & on y pratiquera un écoulement convenable. Il faut avoir ſoin que ces foſſés ſoient unis dans leur fond, & bien nettoyés chaque fois qu'ils en auront beſoin, afin de procurer toujours un prompt écoulement aux eaux.

Chapitre II.

§. I. *Des matières provenantes du règne minéral, propres à la génération du salpêtre.*

§. II. *Des mêmes, provenantes du règne animal.*

§. III. *Des mêmes, provenantes du règne végétal.*

§. IV. *De quelques règles fondamentales concernant la génération du salpêtre.*

§. I.

Dans le règne minéral, les matières suivantes servent à la production du salpêtre; savoir, la terre noire de jardin, toutes espèces de terres calcaires, sous la dénomination desquelles on comprend toutes sortes de terres de coquilles, d'écailles & de coquillages, toutes les terres argilleuses fines ou marneuses, l'argille grossière, le gros sable, & sur-tout le sable de mer, le limon des lacs & des mares, la balayure des rues & autres, la chaux vive, & éteinte, les plâtras de chaux, du sable, de brique,

brique, provenans des démolitions, le mâche-
fer, la pierre molle, le fel commun, la
faumure provenant de falaifons de chair ou
de poiffon, & l'eau de chaux. Toutes ces matières font plus ou moins propres à contribuer
à la génération du falpêtre. La terre noire,
qui a été à couvert, & qui n'a pas été délayée par l'eau, eft préférable à celle qui eft
expofée au grand air. Les terres calcaires,
fines & fortes, font préférables à celles qui
font plus groffières & plus foibles. La chaux
vive vaut mieux que celle qui eft éteinte, &
celle-ci vaut mieux que le plâtras. Les terres
argilleufes, fines, tendres & graffes, font plus
avantageufes que celles qui font groffières &
adhérentes. Les morceaux de brique, le mâche-fer, & la pierre molle, qu'il faut battre &
réduire en morceaux de la groffeur d'une
poire pour le moins, ainfi que le fable, ont
cet avantage, que mêlées avec les terres fortes
& tenaces, elles les rendent friables ; & par
conféquent il ne faut les employer qu'avec
modération. On dira ci après avec quelle modération il faut employer le fel commun, & les
liquides dont on a parlé.

Q

§. I I.

Du règne animal, on emploie toute forte de chair d'animaux, d'oifeaux & de poiffons, & parmi ces derniers, particulièrement les homares & les écreviffes, le fang des animaux, leur poil, leur duvet, leurs plumes, cornes, os, peaux, & par conféquent toutes les parties du corps des animaux. Les meilleures de toutes les matières animales font les excrémens frais ou defféchés des hommes & des animaux, ainfi que les eaux des fumiers. L'urine des hommes vaut mieux que celle des animaux, & celle-ci mieux que l'eau des fumiers.

§. I I I.

Dans le règne végétal, toutes les plantes qui fervent à la nourriture des hommes & des animaux, font utiles dans les nitrières, de même que les herbes qui ont une odeur forte, les amères, les douces, en partie auffi les aqueufes, les fruits, les feuilles, fur-tout les plantes graffes, amères & acides, celles qui viennent fur le bord de la mer, & même dans la mer, & que la mer jette fur les bords, comme le *zootern marine*, & autres, les ba-

layures de foin & de paille, le chaume pourri,
les fruits gâtés & autres matières végétales
corrompues, ainsi que le tan, la poussière de
charbon, la suie, la potasse, toutes sortes de
cendres de bois, sur-tout celles qui viennent
d'un bois dur comme le chêne, le charme, le
bouleau & autres. Les pins & l s sapins donnent la cendre la moins bonne. Au défaut de
cendres neuves, on peut se servir de celles
qui proviennent des lessives des Savonneries,
des Salines, des Blanchisseries & des Tanneries,
& de leurs restes, d'autant plus que celle - ci
est brûlée de nouveau, & calcinée. On se sert
aussi d'eau de lessive, d'eau de blanchissage &
de savonnage. Il faut cependant observer qu'il
vaut mieux recueillir les plantes en été ou
dans le temps qu'elles sont fraîches & qu'elles
ont le plus de sel, qu'en automne, où la graisse
y est trop prédominante.

§. I V.

Quand toutes ces matières, ou du moins
autant que chacun, selon sa situation, aura
pu se les procurer, seront bien mélangées de
manière qu'elles puissent fermenter, se putri-
fier & se dissoudre l'une l'autre, il en naît du
salpêtre, que l'on en extrait par une lessive

d'eau que l'on fait bouillir & cryſtalliſer enſuite.

Les moyens dont la Nature ſe ſert pour
produire le ſalpêtre dans les corps, ſont 1°.
une juſte humidité, 2°. une chaleur modérée,
3°. un libre accès de l'air, où il faut obſerver
les circonſtances ſuivantes. Toutes les matières
qui contiennent beaucoup de ſel commun ſont
de nature à réſiſter, non-ſeulement elles-
mêmes long-temps à la putréfaction, mais
auſſi d'empêcher celle des autres matières
qu'elles touchent. Par cette raiſon, tout ſel
commun, ſaumure, eau de mer, & urine,
avant que d'être employés pour humecter les
mélanges de terre, doivent être mis de côté
pendant quelque temps, afin qu'ils puiſſent
ſe putréfier, fermenter & ſe décompoſer au
point de répandre une fort mauvaiſe odeur :
& pour cet effet, il eſt bon d'y mêler un peu
de chaux vive. Il en eſt à-peu-près de même
de la potaſſe & de la cendre de la leſſive qu'on
en fait. Il eſt de certains corps gras, tenaces
& durs, qui naturellement demandent beaucoup de temps pour ſe décompoſer ; tels ſont
les morceaux de cuivre, d'os, de cornes &
autres, & qu'on peut cependant diſſoudre facilement par le moyen d'une leſſive de potaſſe

ou de cendre ordinaire , fur - tout fi elle eft chaude, & qu'on y répande un peu de chaux vive. Il faut écrafer & brifer les cornes & les os, afin que la leffive puiffe y faire une impref-fion plus prompte.

La pouffière de charbon ne fe diffout pas facilement dans la terre; on peut cependant en méler une quantité médiocre, ainfi que du plâtras, des tuiles écrafées, du mâche-fer & du gros fable, avec les terres, fur-tout avec les terres tenaces & compactes, dont il ne faut pas faire un fi grand ufage que des terres mo-biles & légères; alors elles deviennent plus meubles, fe laiffent manier plus facilement, & donnent un accès plus libre à l'air.

CHAPITRE III.

§. I.

La nitrière étant construite, tout le reste étant fait, comme il a été dit au Chapitre I, quand on se sera procuré une quantité suffisante des matériaux énoncés au Chap. II, que toutes les espèces de terres seront bien sèches, on commencera à faire le mélange fondamental dans la nitrière de la manière suivante. On jette d'abord au fond une couche mince de terre de jardin ; on met pardessus une couche des herbes & plantes qu'on aura pu se procurer, mélées avec des excrémens d'hommes & de beftiaux, ainfi que de la chair corrompue d'animaux ; entre chacune de ces couches on répand toutes fortes de terres , de balayures de rue, de chaux, de fuie, de tartre, de cendres de cheminée, de potaffe, & de cendres. Pour avancer d'autant mieux la fermentation & la putréfaction de ce mélange, il eft bon d'humecter chaque couche avec de l'urine d'hommes ou d'animaux, de l'eau de chaux, de la faumure, de l'eau de leffive , de l'eau de mer, de fumier, de favon, & de ce qu'il y a de plus épais dans la lavure de vaiffelle.

Il faut en outre faire les obfervations fuivantes. 1°. Ce mélange doit être rangé en élevation dans la nitrière, de manière qu'il n'y occupe pas une trop grande étendue, & qu'il n'embarraffe pas les ouvriers dans la feconde opération, dont il fera queftion dans le §. fuivant. 2°. Il faut fe procurer des fupports de bois fur lefquels on pofe des planches fur lefquelles on puiffe marcher pour pouvoir avec d'autant plus de facilité arranger les différentes couches de la maffe, & les humecter afin de ne point être obligé de marcher fur la terre & de la fouler, mais qu'elle refte toujours mobile. 3°. Il faut couvrir ce mélange fondamental avec des tuiles écrafées & du plâtras battu , mélés avec de la chaux en pouffière, & de la cendre. 4°. Quand la maffe commence à devenir sèche , il faut l'humecter de nouveau.

On peut auffi préparer ce mélange fondamental de la même façon dans des foffes qu'on pratique autour des granges, dans la quantité & de la grandeur proportionnées aux matériaux qu'on a. Il ne faut pas faire ces foffes dans des terrains humides & dans des bas-fonds , mais dans des endroits élevés. Si la terre eft mobile, il faut garnir le fond avec de la terre-glaife, de l'épaiffeur de quatre à cinq pouces ; & quand on aura rempli les foffes avec les matériaux propres pour le falpêtre , on doit les recouvrir avec la terre dont elles étoient remplies, de manière qu'elles aient une furface convexe qui empêche les eaux de pluie d'y pénétrer.

§. I I.

Quand ce mélange fera bien putréfié & décompofé , alors il faut le remuer avec une pêle, & le bien mêler. On peut auffi pour cet effet fe fervir d'une herfe de fer bien forte , qui foit garnie de pointes de quatre à cinq pouces de longueur. On mêle enfuite cette matière, felon la quantité qu'on en a, avec une plus grande quantité de terre de jardin, de balayures, d'argille, & autres efpèces de terres que l'on doit avoir amaffées auparavant, & on y ajoute d'autres matières propres à la rendre mobile & facile à manier, & alors on la range en compartimens ou couches dans la nitrière, auxquelles on donne la forme des couches de jardin, en leur donnant la hauteur d'environ deux aunes, felon que la commodité du travail le permet, & comme on peut voir dans la Table I, n°. 2, lit. d. On arrofe ces couches avec les liqueurs dont on a parlé, & auffi-tôt que la terre fe sèche, on l'arrofe de nouveau avec les mêmes matières ; de temps en temps on les remue jufqu'au fond, auquel il ne faut pourtant pas toucher, & on les herfe avec la herfe de fer, afin d'entretenir le tout mobile, & de bien divifer toutes les mottes.

La longueur & la largeur des couches n'ont rien de déterminé, & doivent fe proportionner à celles du bâtiment, en prenant pour règle le deffin ci-joint.

Les couches doivent être féparées par des allées ; il en faut auffi, quoique de plus étroites, tout à l'entour du bâtiment, entre les parois & les couches, afin d'empêcher que celles-ci ne faſſent pourrir les boiſeries. On peut auſſi rendre les couches étroites & pointues dans la forme des toits des maiſons (Tabl. I, n°. 1, lit. c.); mais ces couches pointues ne contiennent pas tant de terres que les plates (Tab. I, n°. 1, lit. d.).

Dès qu'on prend le mélange fondamental pour faire le mélange deſtiné pour les couches, il faut ſonger à ſe procurer un nouveau mélange fondamental, afin d'en avoir toujours une certaine proviſion pour continuer le mélange des couches.

§. I I I.

Au lieu du mélange dont on vient de donner la deſcription, l'on peut auſſi eſſayer le ſuivant; ſavoir, 1°. l'on mêle avec toutes ſortes de terres & de chaux alternativement toutes ſortes de fruits & de plantes aqueuſes, comme des choux & des raves pourris, &c. On arroſe cette maſſe, mais ſeulement autant qu'il faut pour l'humecter, avec de l'eau croupie. On laiſſe ainſi repoſer cette matière pendant pluſieurs mois, pour lui donner le temps de ſe putréfier, en faiſant attention de l'arroſer chaque fois qu'elle paroît être sèche.

2°. On fait en même temps une préparation particulière , compofée de corps des trois règnes qui contiennent quelques parties amères & acides ; on y ajoute auffi des cendres & de la potaffe ; on humecte ce mélange avec de l'urine , afin de faire également fermenter cette maffe , & la réduire en putréfaction. Quant aux matières qui contiennent du fel commun , on les garde pour une autre opération.

3°. Ces deux maffes préparées féparément étant putréfiées , on les mêle enfemble , & on y ajoute pendant le mélange des excrémens d'hommes & d'animaux ; & pendant cette opération, on arrofe de temps en temps le tout avec de la faumure , & tout ce qui contient du fel commun ; on peut auffi y ajouter de la chaux vive. Ce mélange ainfi fait , on le répartit en couches dans la nitrière ; on les couvre avec un mélange de tuiles écrafées , de cendres & de chaux , de l'épaiffeur de trois travers de doigt , de la manière qu'il a été dit ci-deffus ; il faut également arrofer cette maffe préparatoire chaque fois qu'elle en a befoin.

§. I V.

Les lucarnes de la nitrière doivent toujours être ouvertes, excepté pendant tout l'hiver, ainfi que dans les temps froids de l'automne & du printemps. Si les portes de la nitrière font expofées au midi, il faut les fermer en été, quand le foleil eft bien chaud. Quand la putréfaction eft faite, & que le falpêtre eft formé, ce qu'on peut favoir par des effais, on prend les couches les unes après les autres, & dans le même ordre qu'elles ont été formées pour faire la lixiviation ; de manière qu'on prend la première pour faire la première leffive, & ainfi de fuite avec les autres. On place la terre leffivée au lieu où on l'avoit prife, & 1°. on l'évente, on la remue & on la herfe, afin de la faire fécher. 2°. On l'augmente en y ajoutant une quantité fuffifante du nouveau mélange fondamental dont on a donné la recette, pour conferver toujours une affez grande quantité de maffe pour faire aller le travail. 3°. On arrofe ce nouveau mélange avec de la leffive mère, de l'écume & d'autres immondices provenants de la cuite, chaque fois que la terre s'eft féchée. On continue de même avec chaque partie de terre pendant chaque cuite : ce qui fera que dans l'efpace de peu d'années on aura un produit affez confidérable de falpêtre au grand profit de l'Entrepreneur.

CHAPITRE IV.

§. I. *Des différentes manières de raf-fembler des liqueurs propres pour arrofer les nitrières.*

§. II. *De la manière d'arrofer & de la quantité des arrofemens.*

§. I.

Dans les endroits où l'on n'a point établi auparavant des terres à falpêtre dans les écuries & les étables, on peut raffembler les urines de la manière fuivante. On pratique à l'extré-mité de la litière une rainure ou conduit qui commence au haut de la longueur de l'écurie, & va en pente jufqu'à l'autre extrémité, où l'on enterre, foit en dedans, foit hors du mur, un tonneau pour recevoir les urines qui s'é-coulent par ledit conduit. On fait des rainures ou conduits femblables dans les étables, au bord de la loge des animaux ; s'il y a double

rang de loges, on fait aller le conduit au milieu des deux rangs, en prenant la précaution
de donner un peu de pente à l'écoulement depuis l'extrémité des loges jufques dans le conduit; de manière que toute l'urine tombe dans
celui-ci, & enfuite dans le tonneau. Ce tonneau doit être garni d'un couvercle, afin d'empêcher l'eau de pluie d'y tomber. On raffemble enfuite toute cette urine, ainfi que celle
des hommes, dans de grands vafes qu'on a
eu foin d'enterrer près de la nitrière, ayant
trois aunes de long & de large fur deux aunes
de haut (Tab. I , plan n°. 1. lit. f, & plan n°. 2,
lit. g.). Ces vafes doivent être placés dans la
terre de manière qu'ils ne débordent fa furface que d'un quart d'aune. Dans les temps de
pluie & d'orage, on les couvre d'un couvercle, pour empêcher l'eau d'y entrer. Quand il
fait foleil , on lève un peu ces couvercles, en
mettant une cale entr'eux & les bords du vafe,
afin que l'air chaud puiffe y entrer, & hâter
la putréfaction.

On peut auffi, dans les baffe-cours, & près
des tas de fumier, pratiquer deux foffes dans
la terre, de quatre à cinq aunes de diametre &
de trois aunes de profondeur, fur-tout fi la
terre eft argilleufe, ou forte & compacte. On

conduit dans ces foſſes toutes les eaux qui découlent des fumiers. Dans le fond de ces foſſes,
on met du fumier à la hauteur d'environ une
demi-auſſe; on verſe là-deſſus la ſaumure provenant de viandes ou poiſſons ſalés, les lavures de vaiſſelle qui ont de la conſiſtance,
les eaux de ſavon, de l'eau de mer ; on
jette auſſi un demi-quarteron de ſel commun
dans chaque foſſe, ſi l'on peut le faire ſans
beaucoup de dépenſe, & on laiſſe toutes ces
matières ſe putréfier. Ce qui peut améliorer
beaucoup ces eaux, c'eſt quand on y jette des
cadavres d'agneaux, de veaux & d'autres animaux. Dans le beau temps, on laiſſe ces foſſes
ouvertes, en abritant du ſoleil; mais en temps
de pluie, on les couvre le mieux qu'on peut.
Il faut encore bien prendre ſes précautions pour
empêcher que ces eaux ne filtrent & ne s'échappent ainſi dans la terre.

§. I I.

Les eaux étant parvenues à un juſte état de
putridité, & la terre de la nitrière ayant beſoin d'être arroſée, on poſe dans l'allée de la
pièce où l'arroſement doit ſe faire, un baquet dans lequel on verſe moitié urine de la
tonne à urine, & moitié leſſive de fumier, &

autres eaux tirées de la foſſe de l'eau de fumier. Si l'on n'a pas aſſez d'urine, on en prend
ſeulement un tiers avec deux tiers des autres
liqueurs, & on les mêle bien dans le baquet.
Avec ce mélange, on arroſe le mélange fondamental par le moyen d'un arroſoir ordinaire
de jardin; mais on n'en verſe pas plus qu'il n'en
faut pour la fermentation & la putréfaction du
mélange fondamental. Quand ce mélange eſt
putréfié, mêlé & réparti en couches, on verſe
le mélange d'eau ſur la terre, dans de petits
trous ronds qu'on y aura pratiqués pour cet
effet, & à une diſtance l'un de l'autre, que
pour plus grande ſûreté on aura marquée à
l'aune. Cette opération faite, on attend juſqu'au lendemain, afin de donner à la terre le
temps d'attirer bien les eaux ; alors on remue
bien la terre juſqu'au fond d'argille, & on
l'étend également dans les couches. Pour ne
pas fouler la terre pendant qu'on fait les trous
& qu'on arroſe, il eſt bon d'y mettre une
planche pour y marcher pendant l'opération. On agit de même à chaque arroſement, qui paroît devoir ſe faire trois fois chaque été. Quelques-uns prétendent que le renouvellement de la lune eſt le meilleur temps
pour cette opération. En laiſſant une diſtance

d'une

d'une aune entre chaque trou, mentionné ci-deffus, & pratiqué fur la furface de la terre, la quantité de l'eau deftinée à l'arrofement, peut être à la profondeur de la terre dans la proportion fuivante ; favoir fi la terre a demi-aune de profondeur, on verfe dans chaque trou une demi-kanne d'eau. Si la terre a une aune de profondeur, on y verfe une kanne entière, & ainfi du refte, dans la proportion d'une kanne par aune de profondeur. Si l'on avoit une affez grande quantité de ces eaux, on pourroit bien augmenter un peu la dofe de l'arrofement, mais en prenant grand foin de ne pas tant mouiller la terre qu'elle en devienne adhérente comme une pâte, lorfqu'on la preffe ; il faut qu'après l'avoir preffée, elle fe fépare.

CHAPITRE V.

De la proportion des matériaux.

Quoique la génération du falpêtre ne dépende pas abfolument d'une certaine proportion des matières qui entrent dans la compofition de la terre à falpêtre, on a pourtant voulu expofer ici quatre différentes mefures de matières folides qui y entrent principalement, & que les Fabricans peuvent effayer dans la

même nitrière, quoique dans des couches différentes; ces proportions pouvant être aug-
mentées ou diminuées, comme on le jugera
convenable, & felon que la provifion des matières le permettra. Savoir :

PROPORTIONS.

	N. I.	N. II.	N. III.	N. IV.
	Tonnes.	Tonnes.	Tonnes.	Tonnes.
Nº. I. Toutes fortes de terres..	.. 30	.. 50	.. 60	.. 20
Nº. II. De la chaux	.. 5	.. 2	.. 2	.. 10
Nº. III. Du fumier, toutes fortes de viandes putréfiées, autres matières folides du règne animal. ..	.. 20	.. 15	.. 10	.. 45
Nº. IV. Herbes & plantes	.. 20	.. 18	.. 15	.. 9
Nº. V. De la cendre	.. 15	.. 5	.. 3	.. 6
Sommes ..	.. 90	.. 90	.. 90	.. 90

(259)

En conféquence des quatre proportions ci-
deffus , on a calculé les quatre tableaux fuivants , dans lefquels on montre combien il faut
de tonnes de matières folides pour des nitrières
de différentes grandeurs, depuis quinze jufqu'à
cent aunes de long fur quinze aunes de large ,
la terre dans la nitrière ayant deux aunes de
hauteur depuis le fond. Ce calcul eft fait pour
des couches étendues & plates, en déduifant
les efpaces néceflaires pour les allées grandes
& petites , fur le pied qu'on donne aux allées de
côté, tout autour de la terre à nitre dans la nitrière, un & demi de diftance des parois; on donne
la même largeur aux allées qui traverfent la
largeur de la nitrière ; mais à la grande allée
qui traverfe la nitrière en long, on donne trois
aunes de largeur, comme on peut le voir dans
le plan (Tab. I, n°. 2, lit. d. e. f.). Quant au
nombre des allées de traverfe , ainfi qu'à la
quantité & grandeur de couches obfervées dans
ce calcul, & que chacun peut changer à fa fan-
taifie , le Tableau n°. 1 , les indiquera.

R 2

Table N°. I, exposant la quantité des matières solides pour la composition des terres, selon la proportion N°. I.

NITRIERE.		Nomb. des allées de traverse.	COUCHES.			Matières pour la préparation des terres dans l'ordre susdit, sous					Somm. des mat.
Long.	Larg.		Nomb.	Long.	Larg.	N. 1.	N. 2.	N. 3.	N. 4.	N. 5.	
Aun.	Aun.	Pieces.	Pieces.	Aun.	Aun.	Ton.	Ton.	Ton.	Ton.	Ton.	Tonnes.
15	15	=	2	12	$4\frac{1}{2}$	96	16	64	64	48	188
16	15	=	2	13	$4\frac{1}{2}$	104	$17\frac{1}{3}$	$69\frac{1}{3}$	$69\frac{1}{3}$	52	212
17	15	=	2	14	$4\frac{1}{2}$	112	$18\frac{2}{3}$	$74\frac{2}{3}$	$74\frac{2}{3}$	56	336
18	15	=	2	15	$4\frac{1}{2}$	120	20	80	80	60	360
19	15	=	2	16	$4\frac{1}{2}$	128	$21\frac{1}{3}$	$85\frac{1}{3}$	$85\frac{1}{3}$	64	384
20	15	=	2	17	$4\frac{1}{2}$	136	$22\frac{2}{3}$	$90\frac{2}{3}$	$90\frac{2}{3}$	68	408
21	15	=	2	18	$4\frac{1}{2}$	144	24	96	96	72	432
22	15	=	2	19	$4\frac{1}{2}$	152	$25\frac{1}{3}$	$101\frac{1}{3}$	$101\frac{1}{3}$	76	456
23	15	=	2	20	$4\frac{1}{2}$	160	$26\frac{2}{3}$	$106\frac{2}{3}$	$106\frac{2}{3}$	80	480
24	15	=	2	21	$4\frac{1}{2}$	168	28	112	112	84	504
25	15	=	2	22	$4\frac{1}{2}$	176	$29\frac{1}{3}$	$117\frac{1}{3}$	$117\frac{1}{3}$	88	528
26	15	=	2	23	$4\frac{1}{2}$	184	$30\frac{2}{3}$	$122\frac{2}{3}$	$122\frac{2}{3}$	92	552
27	15	=	2	24	$4\frac{1}{2}$	192	32	128	128	96	576
28	15	=	2	25	$4\frac{1}{2}$	200	$33\frac{1}{3}$	$133\frac{1}{3}$	$133\frac{1}{3}$	100	600
29	15	=	2	26	$4\frac{1}{2}$	208	$34\frac{2}{3}$	$138\frac{2}{3}$	$138\frac{2}{3}$	104	624
30	15	=	2	27	$4\frac{1}{2}$	216	36	144	144	108	648
40	15	1	4	$17\frac{3}{4}$	$4\frac{1}{2}$	284	$47\frac{1}{3}$	$189\frac{1}{3}$	$189\frac{1}{3}$	142	852
50	15	1	4	$22\frac{3}{4}$	$4\frac{1}{2}$	364	$60\frac{2}{3}$	$242\frac{2}{3}$	$242\frac{2}{3}$	182	1092
60	15	2	6	18	$4\frac{1}{2}$	432	72	288	288	216	1296
70	15	2	6	$21\frac{1}{8}$	$4\frac{1}{2}$	512	$85\frac{1}{3}$	$341\frac{1}{3}$	$341\frac{1}{3}$	256	1546
80	15	3	8	$18\frac{1}{8}$	$4\frac{1}{2}$	580	$96\frac{2}{3}$	$386\frac{2}{3}$	$386\frac{2}{3}$	290	1740
90	15	3	8	$20\frac{5}{8}$	$4\frac{1}{2}$	660	110	440	440	330	1980
100	15	4	10	$18\frac{1}{8}$	$4\frac{1}{2}$	728	$121\frac{1}{3}$	$485\frac{1}{3}$	$485\frac{1}{3}$	364	2184

Table N°. II, qui donne la quantité des matières, suivant la proportion N° II.

NITRIERE.		Matières pour la préparation de la terre dans ledit ordre, sous						Sommes des matiér.
Long. Aun.	Larg. Aun.	N. 1. Ton.	N. 2 Ton.	N. 3. Ton.	N. 4. Ton.	N. 5. Ton.		Tonnes.
15	15	160	$6\frac{2}{5}$	48	$57\frac{3}{5}$	16		288
16	15	$173\frac{1}{3}$	$6\frac{14}{15}$	52	$62\frac{2}{5}$	$17\frac{1}{3}$		312
17	15	$186\frac{2}{3}$	$7\frac{7}{15}$	56	$67\frac{1}{5}$	$18\frac{2}{3}$		336
18	15	200	8	60	72	20		360
19	15	$213\frac{1}{3}$	$8\frac{8}{15}$	64	$76\frac{4}{5}$	$21\frac{1}{3}$		384
20	15	$226\frac{2}{3}$	$9\frac{1}{15}$	68	$81\frac{3}{5}$	$22\frac{2}{3}$		408
21	15	240	$9\frac{3}{5}$	72	$86\frac{2}{5}$	24		432
22	15	$253\frac{1}{3}$	$10\frac{2}{15}$	76	$91\frac{1}{5}$	$25\frac{1}{3}$		456
23	15	$266\frac{2}{3}$	$10\frac{2}{15}$	80	96	$26\frac{2}{3}$		480
24	15	280	$11\frac{1}{5}$	84	$100\frac{4}{5}$	28		504
25	15	$293\frac{1}{3}$	$11\frac{11}{15}$	88	$105\frac{3}{5}$	$29\frac{1}{3}$		528
26	15	$306\frac{2}{3}$	$12\frac{4}{15}$	92	$110\frac{2}{5}$	$30\frac{2}{3}$		552
27	15	320	$12\frac{4}{5}$	96	$115\frac{1}{5}$	32		576
28	15	$333\frac{1}{3}$	$13\frac{1}{3}$	100	120	$33\frac{1}{3}$		602
29	15	$346\frac{2}{3}$	$13\frac{13}{15}$	104	$124\frac{4}{5}$	$34\frac{2}{3}$		624
30	15	360	$14\frac{2}{5}$	108	$129\frac{3}{5}$	36		648
40	15	$473\frac{1}{3}$	$18\frac{14}{15}$	142	$170\frac{2}{5}$	$47\frac{1}{3}$		852
50	15	$606\frac{2}{3}$	$24\frac{4}{15}$	182	$218\frac{2}{5}$	$60\frac{2}{3}$		1092
60	15	720	$28\frac{4}{5}$	216	$259\frac{1}{5}$	72		1296
70	15	$853\frac{1}{3}$	$34\frac{2}{15}$	256	$307\frac{1}{2}$	$85\frac{1}{3}$		1536
80	15	$966\frac{2}{3}$	$38\frac{2}{3}$	290	338	$96\frac{2}{3}$		1740
90	15	1100	44	330	394	110		1980
100	15	$1213\frac{1}{3}$	$48\frac{2}{15}$	364	$436\frac{1}{5}$	$121\frac{1}{3}$		2184

Table N°. III, qui montre la quantité des matières, conformément à la proportion N°. III.

MATIERE.		Matières pour la préparation de la terre dans ledit ordre, fous					Sommes des matières.
Long. Aun.	Larg. Aun.	N. 1. Ton.	N. 2. Ton.	N. 3. Ton.	N. 4. Ton.	N. 5. Ton.	Tonnes.
15	15	192	$6\frac{1}{5}$	32	48	$9\frac{3}{9}$	288
16	15	208	$6\frac{14}{15}$	$34\frac{2}{3}$	52	$10\frac{2}{5}$	312
17	15	224	$7\frac{7}{15}$	$37\frac{1}{3}$	56	$11\frac{1}{5}$	336
18	15	240	$8\frac{1}{15}$	40	60	12	360
19	15	256	$8\frac{1}{15}$	$42\frac{2}{3}$	64	$12\frac{4}{5}$	384
20	15	272	$9\frac{9}{15}$	$45\frac{1}{3}$	68	$13\frac{3}{5}$	408
21	15	288	$9\frac{3}{15}$	48	72	$14\frac{2}{5}$	432
22	15	304	$10\frac{2}{13}$	$50\frac{2}{3}$	76	$15\frac{1}{5}$	456
23	15	320	$10\frac{2}{3}$	$53\frac{1}{3}$	80	16	480
24	15	336	$1\frac{4}{15}$	56	84	$16\frac{4}{5}$	504
25	15	352	$11\frac{11}{15}$	$58\frac{2}{3}$	88	$17\frac{3}{5}$	528
26	15	368	$12\frac{4}{15}$	$61\frac{1}{3}$	92	$18\frac{2}{5}$	552
27	15	384	$12\frac{4}{5}$	64	96	$19\frac{1}{5}$	576
28	15	400	$13\frac{1}{3}$	$66\frac{2}{5}$	100	20	600
29	15	416	$13\frac{11}{15}$	$69\frac{1}{3}$	104	$20\frac{4}{5}$	624
30	15	432	$14\frac{2}{8}$	72	108	$21\frac{3}{5}$	648
40	15	568	$18\frac{14}{15}$	$94\frac{2}{3}$	142	$28\frac{2}{5}$	852
50	15	728	$24\frac{14}{15}$	$121\frac{1}{3}$	182	$36\frac{2}{5}$	1092
60	15	864	$28\frac{4}{5}$	144	216	$43\frac{1}{5}$	1296
70	15	1024	$34\frac{2}{15}$	$170\frac{2}{3}$	256	$51\frac{1}{5}$	1536
80	15	1160	$38\frac{2}{3}$	$193\frac{1}{3}$	290	58	1740
90	15	1320	44	220	330	66	1980
100	15	1456	$48\frac{8}{15}$	$242\frac{2}{3}$	364	$72\frac{4}{5}$	2184

Table N°. IV, contenant la quantité des matières, selon la proportion N°. IV.

NITRIERE		Matières pour la préparation de la terre dans ledit ordre, sous					Sommes des matières.
Long.	Larg.	N. 1.	N. 2.	N. 3.	N. 4.	N. 5.	
Aun.	Aun.	Ton.	Ton.	Ton.	Ton.	Ton.	Tonnes.
15	15	64	32	144	$28\frac{4}{5}$	$19\frac{1}{5}$	288
16	15	$69\frac{1}{3}$	$34\frac{2}{3}$	156	$31\frac{1}{5}$	$20\frac{4}{5}$	312
17	15	$74\frac{2}{3}$	$37\frac{1}{3}$	168	$33\frac{1}{5}$	$22\frac{2}{5}$	336
18	15	80	40	180	36	24	360
19	15	$85\frac{1}{3}$	$42\frac{2}{3}$	192	$38\frac{2}{5}$	$25\frac{3}{5}$	384
20	15	$90\frac{2}{3}$	$45\frac{1}{3}$	204	$40\frac{4}{5}$	$27\frac{1}{5}$	408
21	15	96	48	216	$43\frac{1}{5}$	$28\frac{4}{5}$	432
22	15	$101\frac{1}{3}$	$50\frac{2}{3}$	228	$45\frac{3}{5}$	$30\frac{2}{5}$	456
23	15	$106\frac{2}{3}$	$53\frac{1}{3}$	240	48	32	480
24	15	112	56	252	$50\frac{2}{5}$	$33\frac{3}{5}$	504
25	15	$117\frac{1}{3}$	$58\frac{2}{3}$	264	$52\frac{4}{5}$	$35\frac{1}{5}$	528
26	15	$122\frac{2}{3}$	$61\frac{1}{3}$	276	$55\frac{1}{5}$	$36\frac{4}{5}$	552
27	15	128	64	288	$57\frac{1}{5}$	$38\frac{2}{5}$	576
28	15	$133\frac{1}{3}$	$66\frac{2}{3}$	300	60	40	600
29	15	$138\frac{2}{3}$	$69\frac{1}{3}$	312	$62\frac{2}{5}$	$41\frac{3}{5}$	624
30	15	144	72	324	$64\frac{4}{5}$	$43\frac{1}{5}$	648
40	15	$189\frac{1}{3}$	$94\frac{2}{3}$	426	$85\frac{1}{5}$	$56\frac{4}{5}$	852
50	15	$242\frac{2}{3}$	$121\frac{1}{3}$	546	$109\frac{1}{5}$	$72\frac{4}{5}$	1092
60	15	288	144	648	$129\frac{3}{5}$	$86\frac{2}{5}$	1296
70	15	$341\frac{1}{3}$	$170\frac{2}{3}$	768	$153\frac{3}{5}$	$102\frac{2}{5}$	1536
80	15	$386\frac{2}{3}$	$193\frac{1}{3}$	870	174	116	1740
90	15	440	220	990	198	132	1980
100	15	$485\frac{1}{3}$	$242\frac{2}{3}$	1092	$218\frac{2}{5}$	$145\frac{3}{5}$	2184

CHAPITRE VI.

§. I. *De la manière de faire la leſſive de ſalpêtre.*

§. II. *De la cuiſſon de la leſſive.*

§. III. *De la cryſtalliſation du ſalpêtre.*

§. IV. *Du produit de chaque nitrière en ſalpêtre.*

§. I.

La terre à ſalpêtre étant parvenue à ſa maturité & ſèche, on procède à la lixiviation, laquelle ſe fait en la manière ſuivante. Au fond du vaſe appelé Fordkaren (vaſe à terre) (tab. I. plan. n°. 1. lit. h.), on poſe deux ſupports, en prenant garde de ne pas les poſer trop près de l'ouverture à écoulement, leſquels doivent avoir un pouce de large ſur deux de haut. L'on poſe deſſus un fond détaché, bien ajuſté & percé par-tout de petits trous, ſur lequel on arrange une grille de paille ou de cannes de la hauteur à peu près d'un travers de main. Enſuite, on fait un mélange de deux parties de cendres de chéne ou de charme, & d'une partie de chaux vive; ou bien l'on prend cette cendre toute ſeule & l'on en répand ſur la grille, à la hauteur d'un bon travers de main, avec double quantité de cendre de bouleau, de coudrier, de pin ou de fapin, au défaut de cendre provenant de bois plus durs ; l'on peut auffi placer de la terre de falpêtre & de la cendre alternativement dans le vafe, de manière à le remplir jufqu'à un quart d'aune à peu près de diftance du bord : au défaut de toute efpèce de cendres & de chaux, il faut fimplement répandre de la terre à falpêtre d'abord fur la grille de paille.

La terre étant arrangée dans le vafe & étendue de façon vers les bords que ceux-ci aient une élévation d'environ d'un travers de main, à l'égard du centre, l'on pofe fur la furface une natte de paille ; enfuite on verfe doucement & peu à peu quelques chopines d'eau de mer, de rivière ou de puits. La terre ayant bien imbibé cette eau, on y en verfe encore quelques chopines : enfuite & lorfqu'on s'apperçoit dans le vafe que l'eau remonte de bàs en haut dans la terre, on les remplit doucement avec de l'eau, de manière que celle-ci s'élève à peu près d'un quart d'aune au-deffus de la terre. On laiffe enfuite repofer cette eau dans le vafe, au moins pendant dix à douze heures ; alors on ouvre le bouchon, & la leffive s'en écoule en un petit filet de l'épaifseur de deux brins de paille', pour se déposer dans un autre vaisseau, servant de récipient, (tab. I. plan. n°. 1. lit I.).

Toute la lessive s'étant ainsi écoulée, on remet le bouchon, & l'on remplit de nouveau le vase avec de l'eau, que l'on laisse reposer sur la terre pendant le même espace de temps que la première fois, & on la soutire de même. Cette seconde lessive est plus foible que la première; mais on la retire pourtant de tous les vases: ensuite on ôte la terre lessivée de tous les vases, on la remet à son ancienne place, & on la traite de la manière qui a été dite; mais on n'ôte pas les grilles de paille, tant que les vases rendent une lessive bien limpide. On remplit ces vases d'une nouvelle terre à salpêtre, sur laquelle on verse la liqueur des première & seconde lessives, & si celles-ci ne suffisent pas à remplir tous les vases, on y supplée avec de l'eau fraîche. La lessive qui provient de cette opération est double, & on s'en sert pour la cuite si on la trouve suffisamment chargée de salpêtre, ce qui se voit aisément par un *nitromètre*, dont on trouve la description dans le troisième trimestre des Mémoires de l'Académie pour l'année 1743 ; on peut aussi, au défaut de cet instrument, se servir d'ambres bien ajuftés que l'on fait defcendre dans la leffive.

Si la leffive n'a pas encore acquis fa force convenable, on la reverfe fucceffivement fur d'autres vafes à terre, dans la manière indiquée, parce que fans cela la cuite & l'évaporation d'une leffive trop foible feroient trop difpendieufes, tant par la main d'œuvre que par la confommation du bois.

L'on continue ainfi à faire la lixiviation de la leffive, du commencement jufqu'à la fin, de manière que l'eau fimple devienne leffive fimple, que la leffive fimple devienne double, & que la double devienne triple, &c. & l'on raffemble la leffive achevée dans le vafe à leffive (tab. I. plan. n°. 1. lit. G.), qui eft dans la nitrière. De-là on la tranfporte dans l'Attelier à cuite , dans le grand vafe, pour être à la portée du chaudron, quand on en aura befoin (tab. II. lit. G).

§. I I.

Quand on eft pourvu d'une affez grande quantité de cette leffive, pour ne pas mettre de l'interruption dans la cuite, on en remplit le chaudron (tab. II. lit. A.) à la diftance d'un quart d'aune du bord, & on allume le feu en-deſſous , lequel doit être entretenu ; autant qu'il eſt poſſible , dans une chaleur égale. Sur le four & à côté du chaudron , on poſe la *ſpe tunna* (tonne à rempliſſage), qui pendant tout le temps de la cuiſſon eſt remplie de la même leſſive ; & à meſure que celle du chaudron eſt réduite & diminuée par l'évaporation , on ouvre le bouchon de la tonne de rempliſſage , de manière que la leſſive puiſſe en découler goutte à goutte dans le chaudron , afin que celui-ci ſoit toujours entretenu également plein & toujours bouillant.

Quand après cela la leſſive à force de bouillir , commence à devenir plus épaiſſe , à avoir plus de conſiſtance , & qu'une matière trouble s'élève enfin en forme d'écume , qui ſi elle n'étoit enlevée troubleroit toute la cuite , on fait deſcendre dans le chaudron juſqu'à la diſtance de deux à trois pouces de fond , le ſceau à écumer (*pohl ou Grumel ducbare*) tab. II lit. B. qu'on attache avec une corde à une perche placée au-deſſus des bords du chaudron ; & on y met quelques pierres , afin qu'il demeure ſuſpendu tranquillement , & ne puiſſe être remué de ſa place. Ce ſceau a l'avantage que , lorſque les immondices s'élèvent dans l'écume du fond du chaudron autour du ſceau ,

elles font portées par la force du bouillonnement, du bord du chaudron vers le centre,
où le fceau donne une efpèce de repos, &
reçoit cette matière trouble, qui enfin fe fépare de la leffive, & defcend dans le fceau.
L'on continue ainfi la cuiffon jufqu'à ce que
la leffive devienne claire & pure, & affez
forte pour qu'elle puiffe commencer à fe figer:
ce qui arrive communément au bout de deux
fois vingt-quatre heures depuis le commencement de la cuiffon; & c'eft alors qu'on enlève
bien doucement le fceau à écumer du chaudron, & l'ufage de la tonne à rempliffage ceffe
en même temps.

§. I I I.

S'il n'y a pas eu moyen d'avoir, comme il
a été dit au §. I, de la cendre mêlée avec de
la chaux ou de la cendre pure pour faire la
lixiviation, il faut en ce cas, pour le raffinement de la leffive, fe fervir des moyens fuivans.

Le feù étant éteint fous le chaudron, &
après qu'on aura placé fur une certaine élévation, près du chaudron, deux cuves (Tab. II,
lit. I.), lefquelles feront pourvues d'une grille
femblable à celle des vafes à leffive, & remplies jufqu'à un quart d'aune du bord, foit

d'un mêlange de deux parties de cendre de chêne ou de charme, & d'une partie de chaux vive, soit de ladite cendre seulement, & en cas de nécessité de celle de bouleau ou d'autre bois, on couvre cette cendre d'une natte de paille, & l'on verse alors dessus la lessive concentrée, laquelle à mesure qu'elle traverse les cendres, est soutirée dans des baquets destinés à cet usage, & placés en-dessous (Tab. II, lit. K); quand la liqueur est écoulée, on en verse d'autre dans les mêmes cuves, & l'on continue de même jusqu'à ce que toute la lessive soit ainsi soutirée & clarifiée. Le chaudron ainsi vuidé, on ramasse le marc & les immondices qui s'y seront précipités dans le fond; & quand le chaudron est bien nettoyé & lavé, on y reverse de nouveau la lessive clarifiée ; on rallume le feu dessous, & l'on continue la cuisson doucement & avec égalité, jusqu'à ce que la matière qu'on a toujours soin de bien écumer soit assez concentrée : ce qu'on peut voir par les essais suivans. 1°. On en laisse tomber quelques gouttes sur un fer plat ou sur une pierre bien unie ; si celles-ci se figent sur le champ comme du suif fondu, ou comme du sucre, sans humidité apparente, & qu'elles poussent des rayons en dehors, c'est une marque que la leſſive eſt aſſez concentrée. 2°. Une leſſive ſuffiſamment concentrée doit être telle qu'en en laiſſant tomber quelques gouttes ſur un charbon ardent , il s'en élève ſur le champ une flamme. 3°. Il faut que la cuite ſoit aſſez riche en ſalpêtre, pour qu'en y jettant un œuf frais, celui-ci ne puiſſe aller au fond. 4°. On peut encore faire un autre eſſai , en verſant un peu de leſſive dans une petite terrine, que l'on poſe enſuite dans de l'eau froide pour ſe refroidir ; alors le ſalpêtre pouſſe ſes rayons du bord, en laiſſant une ouverture dans le centre. Si cela n'arrive pas , & qu'au contraire le ſalpêtre ſe couvre d'une peau graſſe, alors on verſe dans le chaudron deux ou tout au plus trois chopines d'eau froide : ce qui produit tout de ſuite une écume qu'on a ſoin d'enlever ; enſuite on continue à faire bouillir juſqu'à ce que la liqueur ait les qualités qu'indiquent les épreuves dont on vient de faire mention.

S'il arrive qu'une leſſive ſoit aſſez mauvaiſe pour réſiſter à l'expédient qu'on vient de propoſer , alors on fait piler un quarteron de colle d'Angleterre, qu'on fait bouillir dans ſeize pintes d'eau juſqu'à ce qu'elle ſoit réduite à douze pintes ; enſuite on écume bien le chaudron, & on y verſe ce mélange, en

remuant fortement la matière ; il s'en élève
pour lors une forte écume de graiffe & de
parties falines qu'on ôte avec l'écumoir. En
continuant ainfi la cuiffon, & voyant que la
matière eft parvenue à fa confiftance requife,
on éteint le feu deffous le chaudron, & après
que la matière a repofé pendant une heure,
qu'elle s'eft un peu refroidie, & que les immondices font allées au fond, on verfe doucement la liqueur hors du chaudron, afin de
ne pas mettre le marc en mouvement, & on
la tranfporte, foit par un canal, foit par des
baquets, dans le *faliftdand* (cuve à dépofer),
Table II, lit. L, dans laquelle on la laiffe repofer pendant fix à huit heures, ou pour
mieux dire jufqu'à ce qu'elle foit affez refroidie qu'on puiffe commodément y laiffer le doigt.
Pendant ce temps, la matière trouble, qui
jufques-là a fuivi le falpêtre, fe dépofe au fond,
& rarement elle s'attache aux parois pendant
que le matière eft encore chaude. Alors on
foutire la leffive fans délai, & avant que le
falpêtre commence à fe former, & on la laiffe
découler dans la cuve qui eft au-deffous (Tab. II,
lit. M.), ou on verfe une quantité égale dans
chacun des dix baquets (Tab. II, lit. O.);
on les place dans l'allée de la nitrière, où l'air
eft

eſt plus frais, en les couvrant avec ſoin, & les y laiſſant au printemps & en automne pendant deux fois vingt-quatre heures, & en été vingt - quatre heures de plus. Après que ce temps eſt paſſé, on verſe la mère-leſſive, c'eſt-à-dire, ce qui reſte de liqueur, dans d'autres cuves vuides; on détache des baquets le ſalpêtre qui s'y eſt formé, & on le met dans le panier (Tab. II, lit. N), qu'on a placé d'avance ſur le *fallſtdand* (cuve à dépoſer, Tab. II, lit. L), dans lequel le reſte de leſſive peut découler du ſalpêtre par le panier; & ſi ce ſalpêtre paroît encore un peu trouble, on peut le nettoyer avec de l'eau dans le panier; enſuite on le met encore à ſe ſécher pendant quelques jours, & enfin on le met en tonneau.

Quant à la mère leſſive, celle qui provient de l'écume, & qui eſt claire, celle qui provient du ſceau à écumer, également claire, ainſi que celle qui aura découlé du ſalpêtre crud dans le *fullſtaander* (cuve à dépoſer), on les fait paſſer à la manière ordinaire par la cendre qui eſt dans les cuves à cendres qui ont déjà ſervi; & étant ainſi purifiées, on les garde pour la cuiſſon prochaine, pour être verſées dans la tonne à rafraîchiſſement, immédiatement avant que la converſion ſe faſſe. Mais pour çe qui regarde l'écume & autres déchets recueillis pendant la cuisson, ainsi que la cendre, il faut, après en avoir lavé avec l'eau fraîche le salpêtre qui y a resté (ce qui forme une nouvelle lessive, qu'il est encore bon de garder pour la cuisson prochaine), les mêler avec la terre à salpêtre lessivée dans la nitrière, comme il a été remarqué, Chap. III. §. V; enfin il faut observer de bien nettoyer le chaudron après chaque cuite.

§. I V.

Pour mettre ceux qui auroient envie d'établir une nitrière en état de voir le profit qu'ils pourroient à-peu près en retirer, on a fait le calcul suivant, par lequel on peut s'instruire de la quantité de salpêtre qu'on pourroit tirer d'une nitrière d'une grandeur donnée à chaque cuisson. On a fait la supposition que chaque tonne de terre à salpêtre rend deux demi - livres de salpêtre crud : ce qui est la supposition la moins favorable, puisque la meilleure terre d'étable ou de basse-cour, sans autre travail ni préparation, en peut donner autant, & qu'il est à présumer qu'une terre à salpêtre, préparée par la Nature & l'Art, par les moyens qu'on a exposés, en doit rendre beaucoup plus qu'une terre ordinaire.

Calcul du produit des nitrières de la longueur de quinze à cent aunes ſur quinze aunes de large, la terre étant de deux aunes de hauteur, & les couches étant arrangées de la manière qu'il a été dit dans la Table précédente N. I.

NITRIÈRE.		Quantité de ſalpêtre.		NITRIERE.		Quantité de ſalpêtre.	
Long.	Larg.			Long.	Larg.		
Aun.	Aun.	Lifpun.	Livres.	Aun.	Aun.	Iifpun	Livres.
15	15	36		27	15	72	
16	15	39		28	15	75	
17	15	42		29	15	78	
18	15	45		30	15	81	
19	15	48		40	15	106	10
20	15	51		50	15	136	10
21	15	54		60	15	162	
22	15	57		70	15	192	
23	15	60		80	15	217	10
24	15	63		90	15	247	10
25	15	66		100	15	273	
26	15	69					

S 2

'Après avoir donné la description de la construction d'une bonne nitrière, qui rend du salpêtre en abondance, on en va donner une d'un établissement moins coûteux en faveur de ceux qui voudroient s'appliquer à cette fabrique, & qui ne sont pas assez riches pour suivre l'instruction ci-dessus.

Sur un fond convenable & choisi suivant les principes ci-dessus, on construit un bâtiment de la manière suivante. On se procure de bonnes pièces de bois de chêne ou de sapin pour servir de support, de la longueur de trois demi-aunes, en nombre proportionné à la grandeur du bâtiment qu'on veut faire. On enfonce ces poteaux en terre à la profondeur d'un quart d'aune, & à la distance de dix aunes l'un de l'autre dans la longueur du bâtiment, & un peu près l'un de l'autre dans les largeurs, en prenant soin que les quatre coins soient directement opposés à l'est, sud, ouest & nord.

Sur ces poteaux on pose des solives en traverse, répondant à la largeur du bâtiment, laquelle ne doit point excéder celle de quinze aunes. On les attache bien aux poteaux par de bonnes (1) (planches); ensuite on élève la charpente

____

(1) Ofvertrod, planches pour mettre dessus ou couvrir.

du toit, & on la couvre. Au défaut de planches, on peut faire les parois avec du branchage noué de fapin, en laiffant près du toit, de diftance en diftance, des ouvertures d'un quart d'aune en quarré. Plus il y en aura, & mieux ce fera. Dans chaque largeur du bâtiment, on fera une porte de trois aunes de haut, & autant en largeur.

Le bâtiment étant achevé, on défonce la mauvaife terre à la profondeur de deux à deux & demi & tout au plus de trois aunes; on l'enlève, & on la remplace avec de la bonne terre noire, de la balayure des rues, de l'argille, du gros fable, des copeaux, des plâtras provenans de démolitions, de bon fumier d'étable, indifpenfable pour la fabrique du falpêtre, d'autres fumiers, de feuilles & de jeunes branches d'arbres, de toutes fortes d'herbes & de plantes, ainfi que d'autres matériaux ci-deffus énoncés, comme propres à la formation du falpêtre, en auffi grande quantité qu'il eft poffible. On mélange tous ces matériaux couche fur couche, & fi l'on a de l'urine ou d'autres eaux ci-deffus décrites, on pourra en arrofer la maffe. En général on fuivra pour cette opération, autant qu'il fera poffible, l'inftruction donnée ci-deffus, en ayant foin que la plus grande partie de la terre à falpêtre foit placée dans le fond, & le refte de façon que la furface foit au niveau du terrain.

Ce mélange fait & arrangé, on peut de temps en temps y faire paffer les chevaux, le bétail, les cochons, afin que ces animaux l'humectent avec leur urine. On tâchera de les y tenir le plus fouvent qu'il fera poffible.

Mais fi la nitrière étoit fituée de façon que les animaux ne puffent y venir, il faudroit ramaffer les eaux d'arrofage dans les étables & les écuries, en y formant des conduits de la manière qu'il a été dit ci-deffus; & comme la terre de la nitrière fera foulée par les animaux, il faudra la défoncer, & remuer de temps en temps avec la péle jufqu'au fond, & mêler avec la terre le fumier que les animaux y auront dépofé.

En ouvrant & fermant les lucarnes & les portes, il faudra faire attention aux avertiffemens donnés ci-deffus. On peut cependant ouvrir les portes, même dans les faifons froides, lorfqu'on y conduit les animaux, en prenant la précaution de n'ouvrir que du côté qui eft le moins expofé au vent.

Ceux qui veulent faire la cuiffon du falpétre

eux-mêmes, & qui cependant n'ont pas les moyens de faire conftruire un attelier à cuiffon, & de faire maçonner le chaudron, felon le deffin Tab. II, ce qui cependant contribue beaucoup à !a durée de cet uftenfile & à l'épargne du bois, pourront enterrer le chaudron dans la terre, fous le ciel, à la manière des Fabricans de falpêtre ambulans.

EXPLICATION DES PLANCHES.

TABLE I.

Explication du Plan N°. 1.

a. Des poteaux à feuillure ou cannelés, entre lefquels on place des planches ou autres boiferies & branchages entrelacés.

b. Entrée de la nitrière.

c. Couches pyramidales allant en pointes.

d. Couches plates en-deffus en forme de couches de jardin.

e. Allées entre les couches & à l'entour.

f. Vafe à urine.

g. Vafe pour le falpêtre crud, dont on peut auffi fe fervir pour arrofer.

h. Vaſe pour la lixiviation.
i. Vaſe pour poſer au-deſſous du précédent.

Explication du profil & de la face N°. 1.

a. Les poteaux & la charpente du toit.
b. Elévation du toit.
c. Ouvertures du vent.
d. Poſition du vaſe à leſſiver, & du vaſe à terre, avec le vaſe en-deſſous.
e. Ouvertures de la nitrière avec leur fermeture.
f. Entrée de la nitrière.

Explication du Plan N°. 2.

a. Piliers de pierre ou de brique.
b. Poteaux à feuillure des deux côtés des piliers.
c. Garniture de planches entre les poteaux.
d. Couches plates en-deſſus en forme de couches de jardin.
e. Grande allée entre les couches.
f. Petites allées entre les couches, & autour.
g. Réſervoir de l'urine.
h. Entrée de la nitrière.

Explication du profil & de la face N°. 2.

a. Piliers de pierre.
b. Poteaux.

c. Garniture.

d. Soupiraux ou lucarnes.

e. Elévation du toit.

f. Ouverture pour le vent.

Explication des grands deſſins de profil & de face.

Le profil, N°. 1, eſt la demi‑largeur de la ni‑
trière ſur ſes poteaux, avec ſon élévation de
toit.

La face, N°. 1, eſt une partie de la nitrière ſur
ſes poteaux, avec ſon toit couvert.

Le profil, N°. 2, repréſente la moitié de la
largeur d'une nitrière à piliers de pierre.

La face, N°. 2, repréſente une partie de la
nitrière à piliers de pierre.

TABLE II.

Explication du Plan d'un attelier à cuite.

A. Le chaudron maçonné.

B. Le ſceau à écumer dans le chaudron.

C. La tonne à rafraîchir, ſur ſon pied.

D. Terrine pour ramaſſer l'écume.

E. Ouverture dans le mur pour donner de l'air.

F. Perche placée horizontalement au-deſſus du chaudron, à laquelle on attache le ſceau à écumer.

G. Vaſe ovale pour ramaſſer le ſalpêtre crud.

H. Vaſe rond pour le même uſage, & autres.

I. Baquets à cendre.

K. Baquets pour mettre en-deſſous.

L. Le fallſtanda avec ſon vaſe deſſous.

M. Baquet pour mettre deſſous.

N. Panier pour faire découler le ſalpêtre crud, & pour l'épurer.

O. Baquets pour la formation du ſalpêtre.

P. Ecumoir.

Q. Poteaux au-deſſous du toit.

Explication des profils du four.

a. Ouverture du foyer par où l'on met le bois & le feu.

b. Le foyer même.

c. Ouverture par où la cendre tombe dans le fond inférieur au-deſſous de la voûte, & qui ſert en même temps de ventouſe.

d. Voûte inférieure pour recevoir la cendre & pour faire circuler l'air.

e. Le foyer lui-même avec ſon âtre & ſa ventouſe.

f. Ventouſe qui traverſe le mur par le haut.

Explication de la face & du profil de l'attelier à cuite.

g. Poteaux enfoncés dans la terre, fur lefquels on pofe la charpente du toit.

h. Pierres pour affermir les poteaux dans la terre.

i. Soutiens des poteaux.

k. Solives qu'on attache dans les poteaux avec des chevilles.

l. Barres en foutien au-deffous des folives, dans l'intérieur du bâtiment.

m. Charpente du toit.

n. Soutiens de cette charpente.

o. Traverfes entre la charpente.

p. Lattes pour attacher les planches au toit.

q. Couverture de planches, tant pour le toit que pour les extrémités des deux côtés.

r. Jointure des planches au toit & fur les côtés.

MEMOIRE ABRÉGÉ

Et pratique fur la formation du falpêtre,
par M. Bertrand.

JE laiffe au Naturalifte, au Phyficien & au
Chimifte, le foin de raifonner fur la nature &
les différences du falpêtre, fur les caufes & le
mécanifme de fa formation, fur l'analyfe & les
principes de ce fel. MM. *Stahl*, *Wolf*, *Wallerius*,
Junker, *de Jufli*, *Kazelberg*, *Pietfch*, & plufieurs
autres Auteurs, femblent avoir raffemblé tout
ce que l'expérience a appris fur ce fel, que la
fureur barbare des hommes rend fi néceffaire.
Je me propofe de décrire feulement en abrégé
les moyens de cultiver le falpêtre, & d'en cuire
la leffive, en me bornant à la méthode du Brandebourg, qui me paroît la plus propre à engendrer le falpêtre promptement. M. *Pietfch*
décrit cette méthode, ce femble, avec quelque myftère; mais j'ai été à portée de confulter
une perfonne qui a été fur les lieux, qui a vu
tout le travail, & je m'en fuis entretenu avec
M. *Gruner*, Avocat en Confeil Souverain, qui

à eu auffi le complaifance de me communiquer ce que fon expérience lui a appris fur
des opérations auxquelles il s'eft appliqué autrefois à Berlhoue, où il avoit établi une plantation de falpêtre, mais felon une autre méthode.

Je rapporterai à deux chefs ce qu'il importe
le plus de favoir fur cette matière pour la pratique. Je donnerai d'abord la conftruction des
murs où fe forme le falpêtre. J'indiquerai enfuite la manière d'en tirer le falpêtre formé.

1°. M. *Pietfch* croit le falpêtre ou le nitre
compofé d'un acide vitriolique qui eft répandu
dans l'air, & d'un fel volatil urineux, inflammable, qui fe trouve dans la terre. On demande donc, pour la matière propre à la génération du falpêtre, une terre calcaire, alkaline & vifqueufe, qui foit en même temps
poreufe, afin que l'acide & le phlogiftique du
nitre puiffent mieux s'y infinuer, & y être re-
tenus. Telle eft 1°. la terre qui eft à quelques
doigts de profondeur, fous le gazon des pâturages communs, ou dans les lieux fréquentés
par des beftiaux. 2°. Telle eft encore la terre
noire qui eft autour des Villes, des Villages &
des maifons, & qui n'a pas été cultivée. La
meilleure de toutes eft fans doute la terre des

caves, des granges, des écuries, à moins que
ce ne foit un fond fablonneux ou pierreux, &
celle qui a été long-temps fous les fumiers ou
fous les égoûts & les cloaques.

On prend cinq mefures de terre calcaire pour
une mefure de cendres non leffivées; fi on a
du fel fale, ou des terres vitrioliques, on peut
diminuer la quantité des cendres, & celle du
falpêtre s'accroît; on fait une pâte de cette matière, ou une forte de mortier, en l'humectant avec du bourbier, ou de l'égoût de fumier, ou avec de l'eau de pluie, qui s'amaffe
dans les Villages, autour des fumiers, ou enfin
avec de l'urine d'hommes & d'animaux.

Sur ces fix mefures de terre & de cendres,
on joint une botte médiocre de paille fou-
ple, telle qu'eft celle d'orge; il faut remuer &
mêler exactement toutes ces matières comme
on feroit la chaux & le fable avec de l'eau pour
en faire du mortier.

C'eft avec cette boue ou ce mélange qu'on
élève les murailles à falpétre; on leur donnera
environ quinze à vingt pieds de longueur, fix
à fept pieds de hauteur, trois pieds d'épaiffeur
au bas, & deux pieds au haut; deux planches
fervent d'abord d'étui pour pofer le fondement;
d'intervalle en intervalle, à la diftance d'envi-

ron un pied, on met des bois ronds, de deux pouces de diametre, dans la boue ; quand la muraille eſt un peu deſſéchée, on les retire, ce qui laiſſe autant de trous ronds qui favoriſent la circulation de l'air. C'eſt dans ces trous, qui peuvent être rangés en quinconce, qu'oh apperçoit d'abord le ſalpêtre ſe former, & ils ſe rempliſſent même entièrement de ces fleurs nitreuſes. La paille qui a ſervi à donner de la fermeté & de la conſiſtance à la matière limoneuſe, pour la rendre propre à la conſtruction d'un mur, ſe pourrit bientôt ; par-là ce mur eſt rendu poreux, & l'air en circule plus librement.

Ce mur élevé doit finir par un dos-d'âne, & être couvert d'un toit de paille, qui déborde un peu de part & d'autre, de façon que les parois ſoient garantis de la pluie & de la neige, qui enleveroient le ſalpêtre ; ce toit doit déborder davantage du côté du vent de pluie le plus ordinaire dans ce lieu-là.

Ces murs feront placés dans les lieux les plus humides, autant à l'abri du ſoleil qu'il eſt poſſible, & à couvert des vents de pluie qui dominent en chaque lieu.

L'humidité eſt accompagnée d'exhalaiſons nitreuſes, qui favoriſent la génération du nitre ;

mais le soleil en deſſéchant trop les murailles,
en empêcheroit la formation, & les pluies, en
entraînant les fleurs naiſſantes, qui attirent le
nitre de l'air environnant, retarderoient toute
l'opération.

La fiente des pigeons & des poules eſt encore fort utile à ces murailles, non pas en le
mêlant dans la compoſition, mais en la pla-
çant à leurs pieds ; il s'évapore de cette fiente
des eſprirs alkalins & volatils qui attirent auſſi le
nitre.

Cette fiente réduite en terre peut être enlevée pour être miſe dans la pâte qui ſervira
l'année ſuivante à l'édification d'autres murs.

C'eſt en automne qu'il convient le mieux
d'élever ces murailles, & après une année, on
les rompt en morceaux pour leſſiver & faire
cuire la terre qui les compoſe, & en tirer le
ſalpêtre par les mêmes procédés qu'on emploie
pour l'extraire de toutes les terres nitreuſes.

Si le ſel alkalin manque dans la compoſition
des murailles, ou qu'il n'y ſoit pas dans la proportion requiſe, elle ne donnera pas du ſalpêtre, mais un ſel neutre, qui eſt de même
nature que le ſel Anglois purgatif (1).

---

(1) Ce n'eſt point du ſel Anglois purgatif ou du ſel

La quantité de salpêtre qu'on tire de ces murs dépend toujours de ces trois choses; 1°. de la bonté des matières qui ont servi à leur construction; 2°. du lieu plus ou moins convenable où elles ont été placées ; 3°. des saisons plus ou moins favorables qu'il y a eu pendant l'année courante. Les brouillards surtout favorisent beaucoup la formation du salpêtre; la sécheresse & les pluies continuelles nuisent toujours beaucoup.

La paille qui a servi de toit une année, peut être mise dans la composition du mur pour l'année suivante.

Les matières terrestres qui restent après qu'on en a tiré le salpêtre, doivent être placées sous un abri à couvert de la pluie , mais où l'air circule, & après une année être employées dans la composition du mur avec de nouvelle terre alkaline, & des cendres ; on peut aussi la répandre sur des prés usés , où il croît de la mousse, après les avoir bien labourés.

2°. Après avoir considéré la génération du salpêtre & la formation des murs où il est attiré , voyons maintenant la manière de le tirer

---

d'Epsom qu'on obtient quand le sel alkalin manque, mais du nitre à base terreuse.

T

de ces murs rompus. D'abord il faut réduire en petits morceaux ou en poudre grossière cette terre desséchée qui a servi à la muraille ; on jette cette terre de salpêtre dans de grandes cuves à doubles fonds ; le fond supérieur est percé de grand nombre de petits trous, pour que l'eau qu'on jette pardessus, & qui doit surpasser la terre d'un travers de main, puisse s'écouler. Après avoir soutiré cette lessive, qui doit avoir séjourné pour le moins douze heures sur la terre, on peut la mettre, pour l'enrichir davantage, sur une deuxième, une troisième & même une quatrième cuve de nouvelle terre, suivant que la lessive sera plus ou moins forte. On peut reconnoître aisément la force de la lessive par le moyen d'un pèse-liqueur. Par cette attention de rendre la lessive forte, en épargne beaucoup de frais, en bois sur-tout. Il faut cependant bien observer de ne la pas charger trop. Six livres & demie de lessive ne peuvent contenir qu'une livre de salpêtre ; le surplus tombera à terre, ou restera dans la dernière cuve. Sur ces cuves dont on a tiré cette première lessive, on mêle de nouvelles eaux, après avoir bien remué les terres, & en procédant de la même manière. Cette seconde lessive sera moins forte que la première,

& fi elle n'eft pas affez forte pour être cuite, on s'en fert à la place d'eau fimple pour la mettre fur une nouvelle cuve remplie de nou-velle terre.

En général, en faifant cette leffive, il faut bien obferver fi la terre eft fuffifamment pour-vue de parties alkalines ; fi elle ne l'eft pas, comme le font ordinairement les terres qu'on tire des écuries, il faut y ajouter au fond des cuves de la cendre & de la chaux-vive pour lui donner l'alkali qui lui manque, & fans lequel le fel ne fe cryftalliferoit jamais. Cent livres de cette leffive, faite comme je viens de le dire, doivent contenir feize livres de falpêtre.

On la jette enfuite dans une chaudière, & après l'avoir cuite deux, trois ou quatre fois vingt-quatre heures, fuivant qu'elle fe trouvera plus ou moins forte, on la paffe par une cuve auffi à doubles fonds, dont l'intervalle des deux fonds eft rempli de chaume. On jette auffi dans cette cuve de la cendre & de la chaux, pour dégraiffer la leffive; ce qui augmente encore fon alkali, & fait que le fel fe cryftallife mieux & en plus grands cryftaux.

Cela fait, on met cette leffive repofée, dé-graiffée & foutirée dans la chaudière, on la cuit jufqu'à la confiftance entière de l'eau de

T 2

falpêtre ; alors on la met dans une autre cuve à fond large ; on la couvre, & on la laiffe ainfi l'efpace d'une demi-heure, pour que le refte de la graiffe & le fel puiffent fe précipiter ; on l'en tire, & on la met dans des petits vafes propres, qu'on place dans un lieu froid, pour laiffer cryftallifer le fel qui fera le falpêtre brut.

Pour le raffiner, on le remet de nouveau dans la chaudière, avec fix fois & un tiers autant d'eau que fon poids ; quand il eft fondu, on y ajoute un peu d'alun ou de vinaigre : ce qui fait monter les impuretés & la graiffe en formè d'écume, qu'on a foin d'enlever. L'alun eft plus avantageux pour la quantité, & le vinaigre pour la qualité du falpêtre. On peut fe fervir utilement de tous les deux, premièrement du vinaigre, lorfque la folution commence à écumer, & après cela de l'alun, lorfque l'écume paroît devenir noire ; dès que la folution commence à bouillonner, on l'ôte de deffus le feu, on la met dans des vafes qu'on place dans des lieux froids. Là fe forment des cryftaux purs ou le falpêtre raffiné.

Aucune des matières qui ont été mifes en œuvre, ou qui font reftées terres, cendres, écumes de pots, rien ne doit être perdu ou jeté ; toutes ces matières reftantes doivent être

amaſſées avec ſoin ſous un abri. Il y a une affinité ſingulière entre ces matières & le nitre de
l'air; elles l'attirent, & dans une année, elles
rentreront avec fruit dans la compoſition des
murailles.

Le prix du ſalpêtre varie, mais il eſt par-
tout aſſez cher & aſſez néceſſaire, pour que tout
ce travail, s'il eſt bien dirigé avec ordre &
avec économie, ne ſoit pas infructueux pour
le Directeur. C'eſt par cette raiſon que j'ai compoſé ce Mémoire, pour exciter quelqu'un à
faire une entrepriſe avantageuſe pour lui & pour
le Public.

DISSERTATION
SUR LA GÉNÉRATION
DU SALPÊTRE,

*Par M. Théophile - Sigismond Gruner,
Tirée des Mémoires de la Société
Economique de Berne, T. II, 3ᵉ. part.*

LE salpêtre, ce sel *neutre*, si utile & si nécessaire, peut être produit par l'Art, & cela
par divers moyens. Ceux qui ont lu les écrits
des Auteurs anciens & modernes sur cette matière, en concluront d'abord qu'on peut tirer
de l'élaboration du salpêtre un profit considérable, sans beaucoup de peine & de dépenses.
Un grand nombre de personnes l'ont tenté,
& la plupart avec peu de succès. Il est donc
temps de démontrer, par des preuves tirées
de l'expérience, à tous ceux qui ont eu là-
dessus de fausses idées, jusqu'à quel point une
plantation de salpêtre peut être profitable, &
comment on doit s'y prendre dans son établissement pour être assuré d'y réussir.

Je n'aurois jamais entrepris de mettre au jour mes penfées fur cet établiffement, fi je ne pouvois appuyer mes idées fur ma propre expérience, & fi je n'étois du nombre de ceux qui y ont cherché plus de profit qu'ils n'y en ont trouvé réellement. Je dois pourtant dire que ce mauvais fuccès ne fauroit être attribué au défaut d'un bon établiffement, ni d'une élaboration convenable, mais à des caufes accidentelles, & fur tout au défaut d'une abondance néceffaire des matières propres pour l'arrofage. Je fouhaite que la perte que j'ai faite dans cette entreprife, puiffe fervir à l'inftruction & à l'avantage de ceux qui voudront s'en occuper.

Je n'entrerai point dans la difcuffion de toutes les différentes manières de produire le falpêtre; il y en a peut-être cinquante poffibles, mais très-peu de profitables. L'Auteur anonyme d'un Traité fur le falpêtre, écrit en langue Suédoife, prétend qu'on peut tirer le falpêtre des pierres de roc, du bois & de l'eau.

La manière d'établir des plantations de falpêtre varie de même beaucoup. Les uns creufent dès foffes profondes, qu'ils rempliffent fucceffivement de matières fufceptibles de corruption qu'ils y laiffent confommer fans autre foin.

L'avantage qu'on tire de cette méthode, quoique plufieurs nous l'aient repréfentée comme un vrai Pérou, eft d'un effet fi borné, qu'en leffivant la terre de ces foffes au bout de dix ou vingt ans, on y trouveroit à peine affez de falpêtre pour rembourfer les frais qu'on a faits pour les leffiver, & l'on ne pourroit même compter fur ce profit qu'autant qu'on auroit bien couvert le creux, qu'on l'auroit arrofé fouvent d'urine, & mélangé de plufieurs couches d'une terre convenable.

D'autres conftruifent des voûtes de pierres cuites; mais cette méthode eft très-difpendieufe, & ces voûtes doivent être renouvellées de temps en temps. On voit déjà que le profit ne fauroit être confidérable par cette méthode; elle a même cet inconvénient, que la partie alkaline furpaffera de beaucoup la partie urineufe; en forte que cette dernière ne s'y trouvera pas en affez grande quantité. Enfin après qu'on aura leffivé la voûte, vous aurez, au lieu de falpêtre, un fel alkalin d'une toute autre nature, que les Anciens appelloient *aphronatron* & *halinatron*.

Il y en a d'autres qui font conftruire des

murs compofés d'argille ou d'autre efpèce de terre forte, mélée de cendre, de chaux & de paille. On ne fauroit difconvenir qu'en des pays, tels que la Pruffe, où les Sujets de chaque Village font obligés de fournir toutes ces matières à leurs frais, & où les dépenfes du Seigneur fe réduifent à faire leffiver le falpêtre, cette méthode ne peut être qu'avantageufe ; mais en d'autres lieux ce profit ne fauroit être confidérable, par la raifon que ces murs devant être conftruits d'argille ou de terre graffe, pour être folides, l'air n'y pénétrera pas affez, & dès-là ils ne produiront jamais de falpêtre qu'en petite quantité. De plus, on ne fauroit préferver ces murs de l'ardeur du foleil, qui fait évaporer le falpêtre, ni de la pluie qui l'entraîne & qui le diffipe.

D'autres enfin, que je rangerai dans la claffe de ceux qui s'y prennent le mieux, bâtiffent des hangards, fous lefquels les plantations de falpêtre font à l'abri du foleil & de la pluie ; cette méthode eft fans contredit la meilleure & la plus avantageufe : & c'eft de celle-là uniquement que j'ai deffein de parler dans ce Difcours.

Tout cependant dépend du mélange des matières & de la compofition des parties principales. La meilleure compofition fera donc celle qui produira le plus de falpêtre en moins de temps & à moins de frais. Une plantation de falpêtre, deftituée de ces trois avantages, ne fauroit être profitable. Si l'on tire peu de falpêtre d'une plantation, les frais abforberont le profit ; s'il faut employer trop de temps, les capitaux fe confumeront , & fi les dépenfes font trop grandes, on n'en recueillera aucun fruit.

Quelle eft donc la meilleure compofition des matières principales ? Pour la favoir, il faut une connoiffance complette de la nature des principes du falpêtre. Cette analyfe nous affurera en quoi doit confifter le mélange qui en fait le fond.

M. J. *Gottfried Pietfch* eft le premier qui a découvert les parties effentielles du falpêtre ; il en a établi la preuve par des raifonnemens folides, appuyés de diverfes expériences. Il défigne le falpêtre comme un fel neutre, compofé d'un acide particulier & d'une terre alkaline très-abondante ; 1°. d'une terre alkaline ; 2°. d'un acide vitriolique ; 3°. d'un fel alkalin volatil ou urineux. L'acide vitriolique que l'air produit, eft affoibli par les matières phlogiftiques ou inflammables qui fe trouvent dans les fels , produits par la putréfaction : & ces deux principes s'uniffent & s'incorporent avec la terre alkaline.

M. *Gottfchalk Vallerius* a démontré la même chofe. Il nomme le falpêtre un *fel neutre* , compofé d'eau , d'un efprit acide qui lui eft propre , & d'une efpèce de fel qui eft tantôt *calcaire* , tantôt *lixiviel* , tantôt tous les deux enfemble. Il fait confifter fes parties intégrantes , 1°. en un alkali minéral , produit par une terre calcaire , que la matière acide a diffoute , & qui fe trouve étroitement unie à une matière *phlogiftique* ; 2°. en un efprit acide , compofé d'eau , d'un fel acide , & d'une matière huileufe ou phlogiftique , ou pour le dire en un mot , en une matière calcaire & une matière graffe. Le fel calcaire , lixiviel ou fixe , attire par le moyen de l'air l'acide vitriolique , & celui-ci fe lie par fon mélange à la matière huileufe qui fe trouve dans le règne végétal & animal , & acquiert par-là fa partie fubtile & phlogiftique.

Le célèbre M. *de Jufti* eft du même fentiment que ces deux Naturaliftes. Il a trouvé dans le falpê-tre , après plufieurs expériences réitérées , 1°. un fel acide , qui , par fa nature , reffemble à l'acide vitriolique , & que l'air introduit dans la terre-

meuble qui fert de matrice au falpêtre; 2°. un
fel urineux que la putréfaction des animaux y
produit; & 3°. un fel alkalin fixe, contenu dans
les cendres des plantes brûlées, ou dans la
chaux des vieilles murailles. Le fel urineux fe
mêlant avec l'acide vitriolique, produit ce fel
particulier, appelé *l'acide du falpêtre*.

Les parties principales du falpêtre font donc
inconteftablement de trois fortes; 1°. un fel
acide produit par l'air; 2°. un fel alkalin fixe
qui fe trouve dans la chaux, dans les décombres de murailles, & dans les cendres; 3°. un
fel urineux volatil, produit par la putréfaction. Le fel acide conftitue la partie la plus
confidérable de ce mêlange, & le volatil en fait
la moindre partie. Le fel volatil & le fel fixe
font les aimans qui attirent l'acide de l'air, &
ils fervent également à cet ufage.

Si l'on expofe pendant quelque temps à l'air
des cendres qui ne contiennent qu'un fel lixiviel & fixe, en les garantiffant du foleil & de
la pluie, elles produiront du falpêtre. Faites la
même expérience avec de la terre imprégnée
de matière diffoute par la corruption du règne
animal, & qui ne contienne qu'un fel volatil,
elle vous donnera de même du falpêtre.

Il faut cependant obferver que quoique l'air

contienne, outre ce sel acide, une quantité abondante de sel urineux , la génération du salpêtre
se fait toujours de beaucoup plus lentement,
lorsque le sel alkalin fixe en doit être le seul
aimant; en sorte qu'il sera nécessaire , pour
accélérer la génération du salpêtre , de joindre
au mélange primitif une certaine quantité de sel
urineux.

L'imprégnation ou la génération du salpêtre
se fait de cette manière. Le sel calcaire lixiviel , ou le sel alkalin fixe, attire l'acide vitriolique dont l'air est généralement rempli , &
s'en nourrit. Cet acide vitriolique est affoibli
par la matière phlogistique avec laquelle il est
intimement uni, & qui se trouve dans tous les
sels que la putréfaction a coutume de produire ;
car le propre de la putréfaction est non-seulement d'opérer la dissolution des parties animales, mais aussi de produire un sel alkalin &
volatil. Cet acide vitriolique & ce sel urineux
volatil, en s'unissant à la terre alkaline , & en
s'y imbibant (ce que l'acide vitriolique opère,
suivant toute apparence, le premier), donnent
la naissance au sel neutre du salpêtre.

Quant aux différentes proportions qu'ont entr'elles ces parties principales, les expériences
de M. *de Justi* nous démontrent qu'à l'égard de

l'acide vitriolique, il ne demande pas beaucoup
de fel urineux , & que cet acide vitriolique n'en
reçoit pas plus pour s'imprégner, qu'il ne lui
en faut pour former un acide nitreux; en forte
qu'il rejette, dépofe & précipite tout ce qui
lui eft fuperflu, pour devenir l'acide nitreux.

Il réfulte de là que le fel urineux ne forme
au plus que la vingtième partie du tout, par
rapport à l'acide vitriolique, & que l'acide nitreux du falpêtre en forme la partie la plus
confidérable: il furpaffe même de beaucoup la
partie fixe. Selon plufieurs expériences, il faut
pour une partie de fel fixe alkalin cinq parties ou cinq parties & demie de cet acide nitreux.

Dès que nous favons en quoi confiftent les
parties principales du falpêtre, & comment la
Nature le travaille , nous devons penfer
aux moyens de réunir ces parties par l'Art.
Il faudra d'abord mêler un fel urineux
avec un fel alkalin, & attendre que l'acide vitriolique, contenu dans l'air, s'y joigne pour
s'en imprégner. Ces deux efpèces de fels fe
trouvent dans plufieurs corps de tous les règnes de la Nature, mais en différente abondance; d'où il eft aifé de conclure que l'un de
ces corps fera plus avantageux que l'autre aux

plantations de salpêtre, & que les succès feront de même fort inégaux.

Si l'on veut donc que la génération du salpêtre soit profitable, il faut se pourvoir de ces deux sels si nécessaires, 1°. en grande quantité; 2°. faire en sorte que ces sels soient d'une force convenable; & 3°. qu'ils coûtent le moins de frais qu'il sera possible.

Mais où trouvera-t-on un pareil sel alkalin de la meilleure qualité, en quantité suffisante & avec moins de frais & de peine, sinon dans les murailles faites de maçonnerie, dans les débris des vieux bâtimens & dans les cendres lessivées ou non, particulièrement dans les cendres de tourbe, dont on pourroit ramasser dans nos quartiers, une grande quantité, & sans beaucoup de dépense ?

Quant au sel urineux, chacun sait que les excrémens humains & ceux des animaux en fournissent abondamment, & à bon compte. Par le moyen de ces matières, le mélange du sel fixe avec le volatil se fait avec une force & abondance suffisantes, & à peu de frais. Plus ces sels seront actifs & abondans, plus ils attireront l'acide vitriolique avec force & en grande quantité.

Si ces deux parties principales ne sont pas

dans une proportion convenable, le fuccès ne fauroit être avantageux. Si le fel alkalin eft plus abondant que le fel urineux, il ne fera pas fuffiamment imprégné par le fel acide & urineux volatil, ou il faudra du moins trop de temps pour produire cet effet. Vous aurez à la vérité des cryftaux de falpêtre très-beaux & très-grands, mais en petite quantité.

Si au contraire le fel urineux eft trop abondant, toute fa quantité ne pourra pénétrer dans le fel alkalin; en forte que le fuperflu fe changera en fel. Ceux qui ont des plantations de falpêtre, tombent ordinairement dans le défaut de ne pas mettre une quantité fuffifante de fel alkalin, & fi l'on diminue la partie urineufe pour qu'elle ne produife pas trop de fel (ce que j'ai vu faire très-fouvent), au lieu d'augmenter la partie alkaline, on donnera dans l'extrémité oppofée, & l'on aura très-peu de falpêtre; fi au contraire le fel urineux n'eft pas affez abondant, la génération du falpêtre ne fe fera pas convenablement, ou il faudra, comme je l'ai remarqué ci-deffus, un temps confidérable pour produire cet effet; car la partie urineufe doit pour ainfi dire atténuer & affoiblir l'acide vitriolique pour produire un acide particulier.

La

La partie onctueuſe du ſel urineux eſt auſſi très - avantageuſe à la génération du ſalpêtre. Je n'examinerai pas, pour le préſent, ſi cette partie onctueuſe conſtitue, comme pluſieurs le prétendent, l'eſſence phlogiſtique ou inflammable du ſalpêtre; ou ſi, ſelon le ſentiment de **M.** *de Juſti,* le ſalpêtre ne contient en lui-même aucun principe qui s'enflamme dans le mélange avec d'autres matières phlogiſtiques, & ſe trouve dans le ſel acide; il nous ſuffit de ſavoir que la génération du ſel urineux demande une putréfaction, & que la matière calcaire dont ſont compoſées toutes les parties ſolides des animaux, doit être ſéparée de la partie onctueuſe; en ſorte que le ſel urineux ſe fixe dans cette dernière. Plus il y a de matière onctueuſe, plus elle paroît contenir de ſel urineux; & s'il eſt vrai, comme nous avons pluſieurs raiſons de le ſuppoſer, que le principe phlogiſtique du ſalpêtre ſoit renfermé dans cette matière huileuſe, elle doit être utile & néceſſaire à la génération de ce ſel neutre.

Si j'étois appellé pour établir une ſalpêtrière, ou en avoir la direction, mon premier ſoin ſeroit de ſupprimer tant de dépenſes inutiles ou ſuperflues qu'on fait, ſoit pour l'établiſſement, ſoit pour l'élaboration, pour que

V

l'intérêt des capitaux qu'on y place ne confu-
mât pas la moitié du profit que l'on efpère.

Je préférerois la conftruction d'un hangard
couvert aux , voûtes & aux murs que l'on déf-
tine à recueillir le falpêtre. Je le conftruirois
le plus folidement poffible, fans le charger cependant d'un toit de tuiles , parce que les tuiles
s'échauffant trop en été, sèchent trop vîte la
terre. Il me paroît qu'un toit de paille ou bar-
deau conviendroit mieux.

J'emploierois au contraire les frais d'un
toit de tuiles à un plancher de briques; il en
reviendroit ces trois avantages affûrés, 1°. que
ce plancher ne laifferoit échapper aucune humidité, qui eft fi néceffaire & fi utile aux lits
de falpêtre ; 2°. que dans l'arrofage & dans
l'humectation , fur-tout quand on jette la terre
mouillée fur le plancher, après la leffive faite,
ce qui y refte de falpêtre ne peut pas fe perdre; 3°. que les tuiles étant de nature alkaline, abforbent toute humidité urineufe, s'en
rempliffent, & deviennent par-là très-propres à
la génération du falpêtre.

Je chargerois ce plancher d'une terre de
chaux & de débris de vieilles murailles, qui
contiennent non - feulement plus de matières
alkalines que toutes les autres efpèces de terres ,

mais aussi parce qu'on en trouve ici en abondance, & sans frais.

Pour rendre cette terre bien meuble, &
augmenter la partie alkaline, de même que
pour qu'elle s'imprègne d'autant mieux de la
la partie urineuse, que toutes les deux enfin
reçoivent mieux l'acide de l'air, je la mêlerois
avec autant de cendres que je pourrois en
avoir, sans frais. Pour cet effet, j'ordonnerois
à l'ouvrier, à qui le soin en seroit remis, de
ramasser pendant l'hiver, temps auquel il a
peu d'ouvrage dans les salpétrières, une quantité suffisante de cendres de tourbes, qu'on
trouve chez nous avec facilité, & qui est très-
propre à cet usage, & je la laisserois exposée à
l'air jusqu'au printemps.

Quant aux autres terres qu'on emploie à
l'ordinaire dans les plantations de salpêtre, je
prendrois le parti ou de m'en passer tout-à-
fait, ou d'en trier la meilleure, & même dans
ce dernier cas, je n'en mêlerois avec la terre
calcaire qu'autant qu'il en faudroit pour
la rendre plus meuble. Une terre reposée
dans les écuries, dans les granges, &c. est très-
souvent fort abondante en salpêtre: mais cela
n'a lieu qu'après un assez long espace de temps,
pendant lequel elle s'est bien humectée de ma-

V 2

tières urineuses. Mais il faut aussi un temps considérable pour qu'une terre commune produise du salpêtre dans un tel hangard, parce que cette terre ne contient pas à beaucoup près autant d'alkali qu'une terre purement calcaire ; on s'apercevroit aisément de cette différence, si l'on remplissoit les écuries où l'on a lessivé le salpêtre de temps en temps, plutôt de débris de murailles que de terre commune. Il est certain que plus les couches de salpêtre contiennent d'alkali, plus elles attireront l'acide de l'air , & plus elles absorberont le sel volatil du fumier ; & au contraire une terre qui renferme moins d'alkali, recevra de même une plus petite quantité de ce sel, & sera par-là même moins propre à la génération du salpêtre. Pour imprégner suffisamment la terre, dont l'alkali est si abondant, il est nécessaire que la partie urineuse s'y trouve aussi dans la proportion convenable & nécessaire. Je ne me servirois donc pas seulement de l'urine commune, comme on a coutume de le faire, & je ne la laisserois pas pourrir non plus, parce qu'il arrive dans la putréfaction que la partie grasse & le sel commun qu'elle contient se précipite au fond, en sorte que quand l'urine a reposé pendant un certain temps, le sel s'attache aux bords & au fond du vafe, & la meilleure partie fe perd. Pour remédier à cet inconvénient, je préférerois de laiffer croupir l'urine dans la terre même, pour qu'elle y dépofe fa graiffe & fon fel, fans faire attention à ceux qui fe moqueroient de ce maniement, & je choifirois pour cet effet l'urine la plus onctueufe, telle qu'on la trouve communément dans les privés; je lui donnerois la préférence fur l'urine des chevaux & des vaches, non-feulement à caufe de ce qu'elle vaut par elle-même pour l'objet dont il s'agit, mais auffi parce qu'on pourra s'en procurer en plus grande quantité, & à moins de frais, comme je le prouverai.

Si je voulois faire encore quelqu'autre dépenfe pour l'avancement d'une plantation de falpêtre, je remplirois quelques cuves de fumier de mouton, avec de la fiente de poules & de pigeons autant que j'en pourrois ramaffer, fans trop de peine & de frais, & j'y laifferois repofer pendant quelque temps de l'urine commune; après quoi j'en arroferois les plantations de falpêtre.

Quoique la proportion du fel urineux à l'acide vitriolique ne foit que comme de un à vingt, il faut cependant remarquer que cette propor-

tion n'a lieu qu'à l'égard de l'analyſe du ſalpêtre cryſtalliſé, ou de la décompoſition de ſes
parties principales, & non à l'égard de la compoſition des matières néceſſaires à ſa plantation. Comme les additions urineuſes contiennent peu de ſel volatil & urineux, il faut une
grande abondance de cette matière urineuſe;
& quand même on auroit aſſez de ſel urineux
dans la plantation, il faudra néanmoins continuer d'arroſer la terre avec cette leſſive urineuſe; ſoit parce que le ſel urineux eſt l'aimant
du ſel acide, & qu'il attire toujours plus d'acide
dans la même proportion, ce qui contribue à
rendre plus féconde la plantation; ſoit parce
que la terre ſalpêtrique a toujours beſoin d'une
nouvelle humidité pour attirer l'acide de l'air:
un arroſement fréquent, en ſuppoſant une
bonne terre alkaline, eſt, à mon avis, ce qui
produira le plus d'effet & le plus d'avancement
dans une plantation de ſalpêtre. Le défaut d'arroſement eſt au contraire la plus grande faute
& la plus commune de celles que commettent
ceux qui font de pareilles entrepriſes. Je ferois
donc arroſer la terre ſalpêtrique, ſur-tout dans
les commencemens & dans les grands jours de
ſéchereſſe, avec beaucoup d'attention, & auſſi
ſouvent que je m'apercevrois que la ſuperficie

de cette terre auroit perdu l'humidité dont elle a befoin.

Mais où trouvera-t-on une quantité fuffi- fante de cette matière, pendant qu'elle eft fi recherchée pour fervir d'engrais aux champs & aux jardins, & que chacun l'emploie avec uti- lité à fon propre ufage ? Il y a peut-être peu d'endroits où il foit fi aifé d'y pourvoir que dans notre Capitale. On a établi prefque par- tout entre deux rues, où les maifons fe tou- chent par leurs derrières, des foffés de dé- charge, dans lefquels fe vuident les privés des deux côtés, & où le ruiffeau de la Ville paffe de temps en temps pour en entraîner les im- mondices. C'eft donc dans ces foffés, qui ont une pente & des canaux de décharge. On pourroit donc, fans beaucoup de frais, choifir un de ces foffés le mieux fitué, & le diriger de façon que l'urine tombât d'elle-même dans un réfervoir qu'on auroit foin de fermer toutes les fois que le ruiffeau de la Ville devroit y paffer pour entraîner les autres immondices. Un feul de ces foffés, d'environ deux cents pas de long, dirigé de cette manière, feroit fuffi- fant pour fournir abondamment, & fans beau- coup de frais, cette leffive, fi néceffaire & fi utile aux principes urineux du falpêtre.

V 4

Il n'y auroit qu'un feul obftacle qui pût nuire à cet établiffement ; c'eft que ces foffés fe rempliffent non-feulement d'urine , mais d'eau de lavage ; à quoi on pourroit facilement remédier , & fans beaucoup de dépenfe , en dirigeant l'écoulement de ces eaux de façon qu'après avoir paffé par de petits canaux féparés , elles s'amaffaffent dans un grand canal de bois élevé , & tombaffent de-là dans un réfervoir particulier , ou feulement un peu plus loin que de celui de l'urine , fans que l'un puiffe fe mêler avec l'autre.

Les frais pour la conftruction de ces canaux & réfervoirs feroient peu confidérables , en comparaifon du profit réel qu'on tireroit des plantations de falpêtre ; puifque , par ce moyen , on fe procureroit abondamment , & fans interruption , de cette matière fi utile , qu'on a tant de peine à trouver , & qu'on eft obligé d'amaffer de divers endroits.

On voit , par ce que nous venons de dire , l'erreur de ceux qui rebutent toute matière graffe dans les plantations de falpêtre , dans l'idée que les matières onctueufes produifent trop de fel. On a tort de regarder cet effet comme un mal ; & fuppofé même qu'il fût réel , on ignore la manière d'y remédier. J'avoue

que fi les parties huileufes prévalent en proportion fur la terre alkaline au delà de ce que
celle-ci demande, en forte qu'elle ne puiffe
l'abforber & s'incorporer avec elle, le fuperflu
de cette humeur graffe engendrera du fel ;
mais c'eft juftement en quoi confifte le principal avantage d'une plantation de falpêtre , que
les parties principales du mélange foient entr'elles dans une jufte proportion. Si la partie
urineufe , & par-là même la partie huileufe,
eft trop abondante, il fuffira d'y joindre une
plus grande quantité de terre alkaline, pour
qu'elle puiffe abforber la partie urineufe fuperflue, & fe mélanger avec elle pour fe convertir enfin en falpêtre. Plus il y a au contraire
du fel urineux dans le mélange, plus il attirera
l'acide de l'air, & plus auffi l'acide du falpêtre
ou nitre, produit par le moyen du mélange ,
fera abondant. Je fuppofe encore que la matière huileufe l'emporte fur l'alkali, & qu'elle
dépofe du fel, le défaut de la partie alkaline
pourra être reparé dans le leffivage, en mettant des cendres & de la chaux dans les foffes,
ou en filtrant la lixive cuite par une foffe remplie de cendre & de chaux à cet effet : ce qui
diminuera la maffe des parties graffes.

Et fuppofé même qu'on négligeât ce moyen,

& qu'on trouvât beaucoup de fel dans la cryftallifation, ce fel ne fera pas perdu ; il faudra
le diffoudre dans l'urine, ou (ce qui fera plus
profitable) dans une leffive de chaux ou de
cendre, le répandre enfuite fur une terre alkaline fraîche, ou fur la chaux, ou fur la cendre, pour qu'il en foit abforbé : après quoi
il fe convertira en très-peu de temps en falpêtre.

Voilà donc la compofition des parties intégrantes de l'alkali fixe & du volatil urineux du
falpêtre même ; il faut indifpenfablement l'action
de l'air, par le moyen duquel ces deux principes fe chargent du troifième, favoir de l'a-
cide ; mais il faut diriger l'air de façon que ni
le foleil, ni la pluie, ni les vents trop chauds
ou trop froids, n'y puiffent pénétrer, parce que
l'ardeur du foleil fait évaporer le falpêtre, &
que les vents fèchent trop les plantations. Je
confeillerois donc de faire mettre des contre-
vents du côté du nord, lefquels on pourra ouvrir ou fermer, felon le befoin. Je ferai boucher toutes les ouvertures du côté du midi,
parce que les vents du midi fèchent trop ; mais
je laifferai à l'air une entrée libre du côté du
levant & du couchant, de façon cependant
que ni le foleil ni la pluie n'y puiffent entrer.

C'eſt à quoi pourront ſervir des contre-vents à jour, comme on en fait en Bavière, compoſés de petites lames de bois, couchées par intervalle, & poſées de biais à diſtance égale. L'air y a un libre cours, les vents forts en ſont rompus, & les plantations ſont à l'abri du ſoleil & de la pluie.

L'illuſion de ceux qui croient le ſecours de l'air entièrement inutile, vient de ce que le ſalpêtre ſe forme ſans le ſecours immédiat de l'air dans les caves & ſous les planches des écuries; mais ils ignorent que le prétendu ſalpêtre des caves n'eſt autre choſe qu'un ſel de mur. Et quant au dernier, il eſt à remarquer que l'abondance de la partie urineuſe, qui conſtitue l'un des aimans du ſalpêtre, y répare le défaut de l'air: ce qui demande cependant un plus long eſpace de temps. Leſſivez une partie de la terre nouvellement tirée de l'écurie ; expoſez au contraire l'autre partie pendant aſſez peu de temps à l'air, cette dernière vous donnera un tiers plus de ſalpêtre que l'autre.

Il eſt vrai que l'air ne pénètre pas bien avant dans la terre; il paroît donc convenable d'expoſer à l'air une ſuperficie conſidérable de terre, ſans regarder ni à la hauteur ni à la profondeur des couches. La choſe eſt certaine, mais il faudra cependant, pour une couche d'un pied de haut, un bâtiment pareil à celui qui contiendroit des couches de deux à trois pieds ; les frais des bâtimens étant les plus confidérables , il faudra chercher à s'en dédommager d'une autre manière.

On peut donc, fans aucun rifque, élever la terre à la hauteur de deux à trois pieds, en obfervant avec foin de la remuer d'autant plus fouvent, afin qu'il y ait toujours une furface nouvelle expofée à l'air. De cette façon, un bâtiment de cent pieds en quarré, dans lequel la terre eft à la hauteur de trois pieds, rapportera le double de plus qu'un même bâtiment, où la terre ne fera que d'un pied & demi de haut ; mais il faudra, dans le premier cas, arrofer au double de la terre, & la remuer de même. Cette peine n'égalera jamais les frais d'un bâtiment du double plus grand. Je ferois donc remuer la terre, autant qu'il feroit poffible, pendant tous les mois du printemps & de l'été, il n'importe dans quel temps ; je préférerois cependant les temps humides aux temps fecs, & la nouvelle lune à toute autre époque.

J'eftime cette manière d'établir une falpêtrière la meilleure, la plus abrégée, la moins difpendieufe , & par conféquent la plus utile , & j'ofe même affurer qu'elle fe trouve juftifiée par l'expérience.

Outre les avantages généraux d'un établiffement fur ce plan, notre illuftre Etat peut en tirer encore un particulier. Il y a dans le pays pour le moins foixante - dix Salpêtriers privilégiés, qui leffivent le falpêtre des écuries dans les Villages , & qui le livrent aux magafins de LL. EE. Ces foixante-dix ouvriers doivent livrer pour le moins fept cents quintaux par année ; il faudroit les obliger par une Ordonnance fouveraine , de livrer tout ce falpêtre crud, pour le purifier dans les falpêtrières, & pour arrofer la plantation avec la leffive qui refte après le raffinement de ce falpêtre crud. Sur cinq quintaux de falpêtre, felon fa qualité, il doit refter pour le moins un cuvier plein de leffive, dans lequel fe trouvera encore une portion confidérable ou de falpêtre ou de fel, qui, dans l'efpace d'une année , fe convertira en falpêtre. Comme il eft prouvé que le raffinement laiffe un déchet de vingt à vingt-cinq livres par quintal, on ne fauroit douter qu'il ne refte beaucoup de matière nitreufe dans une cuve de cette leffive reftante. Suppofé que vous n'en tiriez qu'un quart de falpêtre, fept cents quintaux, que lefdits Salpêtriers livrent

par an, vous rendront toujours quarante quintaux; mais il faudra avoir foin de verfer toujours cette leffive reftante, ou fur de la nouvelle terre de chaux, ou fur des cendres.

On pourroit même augmenter confidérablement ou doubler peut-être le profit du falpêtre que ces ouvriers livrent, fi le creufage
des écuries étoit plus général; fi l'on étoit plus
foigneux d'empêcher que ces ouvriers ne ven-
diffent leur falpêtre ailleurs; fi par des Arrêts
fouverains, qu'on feroit exécuter avec foin, il
étoit ordonné que toutes les écuries du pays
fuffent planchéyées d'ais, & remplies de bonne
terre, s'il eft poffible même, d'une terre calcaire,
au lieu qu'actuellement la plupart font pa-
vées de cailloux, de gravier ou de terre graffe;
& fi enfin il étoit ordonné à ces ouvriers d'expofer à l'air, au moins quelques femaines, la terre
nouvellement tirée avant que de la leffiver, en
la mettant à couvert du foleil & de la pluie,
il eft fûr que par tous ces divers moyens, le
revenu annuel du falpêtre feroit beaucoup augmenté, & que par-là les plantations rendroient d'autant plus de leffive pour l'arrofement.

Il feroit auffi à fouhaiter que les Salpêtriers
fuffent tenus de féparer le fel d'avec le falpêtre:

ce qui pourroit fe faire fort aifément dans la cuite, ou à mefure qu'on le tireroit des auges. Mais comme il feroit difficile de remédier à cet inconvénient, en ce que ces ouvriers, en livrant leur marchandife, mêlent fi bien le fel avec le falpêtre, qu'on ne fâuroit le diftinguer, il en réfulte que la caiffe deftinée pour l'achat du falpêtre paie ce fel pour véritable falpêtre ; & fi le fel, qui, dans le temps de la purification, eft refté dans la leffive, n'a pas été mis à profit de la manière que j'ai indiqué ci-deffus, & converti en falpêtre, c'eft unè perte réelle pour la caiffe. On pourra, en fuivant l'avis que je viens de donner, réparer cette perte ; le Salpêtrier y trouvera fon compte, puifqu'on lui paie le fel autant que le falpêtre, & la caiffe n'y perdra pas beaucoup non plus, parce qu'elle pourra convertir à peu de frais ce fel en falpêtre.

A toutes ces indications, dont j'ai moi-même éprouvé en bonne partie l'utilité, je joindrois encore mes idées fur une autre façon de fabriquer le falpêtre, qui me paroît non-feulement poffible, mais de plus profitable à notre pays. Comme il a été démontré que les parties principales du falpêtre font un acide vitriolique, un fel fixe alkali, & un fel urineux volatil, il eſt très-poſſible que non - ſeulement les deux derniers , mais encore le premier, puiſſent être produits par l'art dans les plantations. Il a été clairement démontré par le célèbre M. *de Juſti*, & par l'expérience, que le vitriol & les terres vitrioliques peuvent être convertis en ſalpêtre par le ſecours des ſels alkalins & urineux. On trouve en diverſes contrées de notre pays une grande quantité de terre & pyrites vitrioliques, aſſez riches pour en tirer un grand avantage; j'en ai fait l'expérience avec trois eſpèces de terres d'une qualité pareille.

Une terre vitriolique noire, telle que je l'avois reçue, contenoit ſix pour cent de ce minéral, & après l'avoir expoſée pendant deux mois au ſoleil & à la pluie, environ le double. Une autre terre jaune, mêlée de beaucoup de ſoufre, contenoit, telle qu'on me l'apporta de la montagne, très - peu de vitriol; mais dès qu'elle eut reçu pendant quelque temps les in-fluences du ſoleil & de la pluie, elle ſe réduiſit en une poudre blanche très-fine, qui étoit preſque toute compoſée de vitriol & d'alun; enfin je fis une troiſième épreuve avec un pyrite ſou-freux, dur & brillant, mêlé de vitriol & de ſoufre, de la même eſpèce dont on ſe ſert en Angleterre dans la fameuſe Fabrique de vitriol,

&

& qu'on fait venir de plufieurs milles loin; après que je l'eus expofé pendant quelques mois au foleil & à la pluie, il contint en parties vitrioliques ou alumineufes, à-peu-près autant que la première efpèce de terre.

Si une terre nitreufe, qui contient douze pour cent, eft affez riche, on peut fe flatter avec plus de raifon qu'une plantation de fal-pêtre ainfi établie & dirigée, fera des plus avantageufes. Si, comme nous avons fuppofé, le mélange de douze parties vitrioliques avec un cinquième d'alkali, outre la partie urineufe, conftitue les principes du falpêtre; & fi l'on confidère de plus que ce mélange n'attirera pas moins l'acide de l'air que dans une plantation de falpêtre ordinaire, on en conclura avec probabilité qu'une telle terre produira le dou-ble; car fi une livre de terre falpétrique con-tient trois à trois & demi onces de falpêtre, elle fera fuffifamment riche pour être leffivée.

Il eft encore prouvé par l'expérience, que le fel ordinaire peut être converti en falpêtre par le mélange avec du vitriol. L'on trouve dans les Salines appartenantes à notre illuftre Sou-verain, des fcories de fel en abondance, & du fel fale & gâté, peut-être même en quantité, dont on ne fauroit autrement tirer parti. Il fe

X

peut encore qu'il y ait dans ces contrées, abondantes en minéraux, une terre vitriolique ou
des pyrites, qui pourroient être employés à
cet usage. On peut le conjecturer, de ce qu'on
y trouve un sel appellé *sal mirabile Glauberi nativum*, qui doit sa génération au mêlange du
sel commun avec du vitriol. Il se pourroit
qu'après quelques recherches on y trouveroit
abondamment de cette terre, qui produiroit
un effet merveilleux. Mais supposé que ces
endroits fussent dépourvus de terre vitriolique,
celle dont j'ai fait mention ci - dessus n'en est
pas assez éloignée pour s'épargner la peine de
l'y chercher. Ce sel donc & cette terre vitriolique contiennent les deux principes du salpêtre, savoir l'acide vitriolique & le sel alkali
fixe. On pourroit même fortifier ce dernier,
en y ajoutant les cendres qui se trouvent en
abondance dans les Salines. Il ne manqueroit
plus à la production du salpêtre que son troisième principe, qui est le sel urineux volatil,
qu'on peut se procurer par-tout fort aisément.
On ne sauroit donc douter qu'une plantation
de salpêtre, établie sur les deux plans proposés, & sur-tout près des endroits où se trouvent les susdits minéraux, ne rapportent un
profit considérable ; on pourroit du moins

en faire l'épreuve sans beaucoup de frais.

Si par ce que nous venons de dire, l'on voit combien il est difficile d'établir avec avantage une plantation de salpêtre, nous voyons d'un autre côté, à notre honte, avec quelle facilité la Nature elle-même le produit, & combien même on a de la peine à le détruire dans les endroits où il est devenu un hôte incommode. Notre vaste & magnifique Hôpital, construit depuis peu d'années, en fournit un fâcheux exemple, le salpêtre s'étant si fort attaché à ses fondemens, qu'il les a endommagés en plusieurs endroits ; en sorte qu'on est souvent obligé d'en réparer les murailles. Qu'il me soit permis d'examiner les raisons de cet inconvenient, & de proposer quelques moyens d'y remédier. L'essai sur la génération du salpêtre m'a conduit à cette question, & il me servira de même de guide pour la résoudre.

C'est sans raison qu'on a attribué cet inconvénient ou à l'espèce de pierre dont on s'est servi pour construire ce grand édifice, ou à d'autres causes. Les principes que nous avons démontrés ci - dessus , joints à la description fidelle du sol où l'on a posé les fondemens de l'édifice, nous feront découvrir avec plus de facilité la véritable source du mal. Chacun sait qu'avant sa conſtruction, le terrain ſur lequel on l'a placé ſervoit à des plantations de jardinage & d'arbres fruitiers. Il eſt à préſumer que ces jardins y étoient établis dès la fondation de Berne, c'eſt-à-dire, depuis plus de cinq cents ans, & qu'ils ont été bonifiés pendant cinq ſiècles par une grande abondance de fumier. On ne ſauroit douter qu'un fumier de pluſieurs ſiècles n'ait rempli la terre d'une quantité de ſel urineux, qui conſtitue l'un des principes du ſalpêtre; ce ſel aura néceſſairement attiré de l'air une abondance de ſel acide, qui fait une ſeconde partie eſſentielle à ſa formation. Pour que ces deux parties ſe fuſſent converties en ſalpêtre, il ne manquoit plus que l'alkali, qui doit abſorber & réunir ces deux ſels. Les pierres propres à la bâtiſſe, quoiqu'elles ſoient pour la plupart vitrifiables, contiennent cependant dans leur maſſe quelque matière calcaire & alkaline. La chaux dont on ſe ſert pour bâtir, eſt un puiſſant alkali; d'où il réſulte que la Nature ne pouvoit faire naître de ce mélange une autre matière que du ſalpêtre : & le ſel urineux & *armoniac* qui ſe trouvoit dans cette terre, venant à ſe mêler avec le ſel alkali, devient néceſſairement nitreux.

Le bâtiment lui-même nous en fournira une preuve convaincante. On voit tout autour de ce bâtiment des veſtiges de ſalpêtre, qui s'y eſt inſinué plus ou moins. Il y a des endroits où il monte pluſieurs toiſes, en d'autres il n'attaque que la partie la plus baſſe ou le ſocle du bâtiment. La raiſon de cette différence eſt ſans contredit celle que, ſelon le témoignage de pluſieurs perſonnes qui s'en ſouviennent encore, il y avoit autrefois, à un endroit où le ſalpêtre eſt le plus abondant, une maiſon avec des privés ; à un autre endroit une maiſon à leſſive, où l'on jettoit beaucoup de cendres & de leſſive ; à un troiſième endroit un réſervoir d'urine pour l'arroſage des jardins, ou des tas de fumier ; d'où il réſulte que cette terre s'eſt remplie inégalement des parties urineuſes & ſalines, propres à la génération du ſalpêtre. Il y a même aſſez d'apparence que ce mal a beaucoup augmenté depuis le temps que ce bâtiment eſt établi, parce que le grand nombre de perſonnes qui y habitent, vuident leurs pots de chambre par les fenêtres, & l'urine qui tombe contre les fondemens, contribue beaucoup à nourrir le ſalpêtre, & à accélérer ſon accroiſſement.

Quand on connoît à fond la ſource d'un

mal, il est d'autant plus aisé d'y remédier ; mais quel remede emploierons - nous dans le cas présent ? Cette question est autant importante, que difficile à résoudre. Il seroit impossible de guérir ce mal sans frais. Ceux qui considéreront que des essais & des conseils, en matières importantes & difficiles, demandent plus d'indulgence que d'autres, pardonneront si je hasarde d'indiquer quelques remèdes, qui, étant appuyés sur des principes physiques, pourront mériter quelque confiance.

Le célèbre M. *Stahl* a fait une découverte d'un grand poids, qui consiste à pouvoir détruire tous les esprits acides avec d'autres esprits acides plus forts. S'il n'étoit donc question ici que de détruire le salpêtre qu'on voit distinctement sur les pierres qui sortent de terre, on pourroit y réussir facilement, en les arrosant avec de l'huile de vitriol ou avec de l'esprit-de-vitriol.

Mais comme la source de ce salpêtre se trouve dans la terre même sur laquelle ce bâtiment est fondé, le salpêtre se reproduiroit de nouveau en très-peu de temps. Il sera donc absolument nécessaire de porter quelque remède à la terre même. Je n'en connois aucun de plus sûr, mais à la vérité pas moins dispendieux, que de faire enlever toute la terre qui entoure les fondemens. Mais j'indiquerai encore deux autres moyens beaucoup moins coûteux, qui produiroient peut-être le même effet, & dont on pourroit faire l'épreuve en peu de temps, dans quelque partie peu confidérable du bâtiment.

PREMIER MOYEN.

La Nature démontre clairement que l'eau empêche toute génération de falpêtre, en ce qu'elle le diffout & l'entraîne. S'il étoit donc poffible qu'on pût établir tout autour de ce bâtiment des demi-canaux de pierre de façon qu'il fût arrofé tout à l'entour, & que l'eau fût de niveau avec la fuperficie du terrain, il en réfulteroit que l'eau enleveroit toutes les vapeurs nitreufes qui s'échappent de la terre, & qui s'attachent au bâtiment, & qu'elle les diffoudroit, & les entraîneroit abfolument. Outre qu'en humectant les murailles, ne fût-ce qu'à la hauteur de deux pouces, le falpêtre n'y pourroit monter, le canal de pierre rendroit déjà l'élévation des vapeurs impoffible, & le falpêtre qui fe trouve en terre fous ces pierres, s'étoufferoit faute d'air, ou bien ce falpêtre cauferoit moins de dommage, n'étant encore qu'imparfaitement formé; mais il faudroit que l'eau de ces canaux, qui ne doivent avoir qu'un pied de large, fût une eau courante, foit pour qu'elle ne fût pas trop chargée de falpêtre, foit parce qu'une eau courante occafionne toujours quelque courant fluide dans l'air, qui emporteroit entièrement les vapeurs qui auroient pu encore s'échapper. Il y auroit peut-être moyen de diriger, fans beaucoup de frais, le cours du ruiffeau qui eft à une petite diftance du bâtiment, de façon qu'une portion d'eau peu confidérable en fît l'enceinte. Le peu d'humidité que donneroit une eau de deux pouces de hauteur, ne fauroit porter aucun préjudice aux fondemens.

SECOND MOYEN.

Je ferois enlever la terre nitreufe tout à l'entour du bâtiment, au moins dans les endroits où le falpêtre s'eft manifefté, de trois à quatre pieds de profondeur, & de la même largeur, & je la remplacerois par une couche de terre graffe ou d'argille, à la hauteur de deux pieds ; cette argille étant fi compacte que ni l'humidité ni les vapeurs nitreufes ne fauroient percer au travers, elle les intercepteroit, & les empêcheroit de s'élever & de s'attacher au bâtiment, de forte que les eaux de

pluie pourroient couler vers le fondement ; &
y féjourner quelque temps , afin que l'humidité empêche d'autant mieux les vapeurs de
monter, ou entraîne celles qui pourroient encore trouver quelqu'iſſue par les inteſtices. Il
faudra encore obſerver de ne laiſſer aucun vuide
entre le bâtiment & les couches de terre graſſe,
mais de les ferrer fortement contre les murs,
pour que les vapeurs nitreuſes ne trouvent
aucune iſſue tout le long du bâtiment. Quant
aux deux autres pieds de terre que j'aurois fait
enlever, & qui ſont entre les couches d'argile
& la ſuperficie, ils doivent être remplis ou
d'une terre ſablonneuſe ou de gravier, & pavés
de petits cailloux.

J'ai donc prouvé que le ſalpêtre qui ſe manifeſte autour de l'Hôpital, doit ſa ſource au
ſel urineux, dont la terre ſur laquelle il a été
bâti ſe trouve remplie, & qu'il eſt impoſſible
d'en extirper le ſalpêtre que par l'un des moyens
que j'ai indiqués, ou d'enlever entièrement la
terre nitreuſe, & de lui en ſubſtituer une nouvelle, ou d'empêcher que les vapeurs nitreuſes
ne montent & ne s'attachent au bâtiment;
lequel des deux que l'on mette en œuvre, il y
a toute eſpérance que le mal ceſſera.

Ce feroit une entrepriſe inutile & dangereuſe

d'enchâffer dans les fondemens extérieurs de ce bâtiment de nouvelles pierres dures, impénétrables au falpêtre, puifque la chaux qu'on emploieroit à cet ouvrage, fournit la meilleure nourriture du falpêtre. Dès que le falpêtre auroit confumé cette chaux, il attaqueroit les vieilles pierres, placées derrière les nouvelles, & mineroit ainfi la bafe de l'édifice, fans qu'on pût même s'en appercevoir.

Mais fi l'on empêche les vapeurs nitreufes de fortir de terre, on coupera le mal par la racine ; il en réfultera que le falpêtre qui exifte actuellement, ne rencontrant aucune matière propre à lui fervir de matrice & de nourriture, & à favorifer fon accroiffement, fera aifément détruit, ou reftera fans effet.

Auffitôt que l'on aura empêché l'évaporation du falpêtre qui fe trouve dans la terre, on aura en même temps porté remede à la fource du mal, & à fon effet. Cela fait, le falpêtre ne trouvant plus aucune nourriture dans les murailles du fondement où il s'eft niché, il pourroit d'autant mieux en être chaffé.

Il eft très-probable que le foleil & la pluie feront évaporer & diffiper le falpêtre, fans autre remède ; mais fi cela ne fuffifoit pas, il faudroit garnir les murailles, où le falpêtre a niché, avec de la chaux ou avec un mélange de chaux & de fiente de vache. Cette matière servant d'aimant au salpêtre, l'attire, s'en imprègne, & tombe.

La génération du salpêtre bien dirigée dans les fabriques, & sa destruction dans le magnifique bâtiment dont on a parlé, font deux objets également dignes d'attention. Par le premier projet, on épargneroit d'un côté bien des dépenses inutiles : de l'autre, on augmenteroit considérablement le profit du commerce de la poudre; par le second, on mettroit en sûreté un édifice, qui, par sa beauté & son étendue, mérite qu'on ne néglige rien pour le conserver.

Heureux, si mes foibles conseils pouvoient contribuer à produire l'un ou l'autre de ces effets!

De la nature, de la génération & de la plantation la plus avantageuse du Salpêtre.

LES grands avantages qu'on peut retirer de la plantation du salpêtre, m'ont déterminé à proposer mes idées sur ce sujet; chacun sait combien les Manufactures en général sont propres à augmenter le numéraire d'un pays & à l'enrichir. On compte que la simple fabrication d'une matière tirée de l'Etranger, fait hausser sa valeur des trois quarts; ce qui n'a coûté que mille, vaut par la main-d'œuvre quatre mille, & lorsque la marchandise fabriquée est du crû du pays, toute sa valeur vénale est à pur profit; c'est d'un article de ce genre dont il s'agit dans cet essai, puisqu'après avoir tiré le salpêtre par le lavage des terres, nous en fabriquons de la poudre à canon, dont nous avons chez l'Etranger un débit très-considérable pour la chasse, car nous n'en exportons pas d'autre espèce, & elle est très-recherchée à cause de la qualité supérieure de notre salpêtre, qui abonde en parties urineuses.

Jusqu'à préfent, nous nous fommes procuré une certaine quantité de ce fel, par divers moyens également incommodes aux peuples & au Souverain. Les Salpêtriers privilégiés n'en fourniffent que peu ; ils en font un commerce de contrebande ; ils trompent le Bureau pour la qualité, & fur-tout ils font effuyer mille avanies aux Communautés. On doit les loger, leur fournir le bois & une place pour établir les chaudières, & ce qui eft bien dur pour les Particuliers, les Salpêtriers font autorifés à creufer les écuries, à en renverfer le fol & à en ôter les planchers. Ils font à la vérité tenus de réparer ces dommages ; mais ils les réparent toujours très-mal : après avoir contracté des dettes, ils fe retirent fans payer ; & comme ils n'ont ni feu, ni lieu, on ne fait où s'adreffer pour obtenir fon paiement ; auffi les Communautés & les Particuliers imaginent toutes fortes de moyens pour dégoûter des gens fi incommodes & pour les éloigner de leurs territoires & de leurs habitations. Ils ne ceffent de leur fufciter des difficultés & de leur oppofer des obftacles ; ils font paver ou fabler leurs écuries, afin de prévenir la formation du falpêtre, &c.

Je me perfuade donc que je rendrois un très-grand fervice à ma Patrie, fi je pouvois indiquer quelque méthode pour nous procurer commodément une auffi grande quantité de falpêtre que nos moulins en ont befoin pour fabriquer la poudre à canon.

Dans ce but j'expoferai d'abord les principales parties qui entrent dans la compofition du falpêtre.

Je fpécifierai enfuite les diverfes efpèces de matières & de fubftances que peuvent fournir les parties donc ce fel eft compofé.

En troifieme lieu, je propoferai les principales méthodes qu'on met en ufage pour aider la génération du falpêtre.

Enfin je développerai une nouvelle manière de faire ces plantations, que je crois la meilleure : ce qui me donnera occafion d'indiquer quelques directions pour l'établiffement d'une Salpêtrière à Berne & ailleurs dans le Canton.

I°.

Parties qui entrent dans la compofition du falpêtre.

Le falpêtre eft un des fels les plus compofés. « *Cartheufer* dit que le falpêtre ou nitre moderne eft un fel moyen, compofé d'un acide de fon genre & d'une fubftance terreftre, fa-

» line, alkaline; il est blanc, crystallin, fixe,
» fondant avec facilité auprès d'un feu mé-
» diocre, & se consumant par la flamme lors-
» qu'il est mêlé avec quelques corps sulfureux,
» bitumineux, résineux, huileux, gras par le
» principe terrestre phlogistique, sec, concentré
» qu'il contient ». Faisons quelques observations
sur cette idée, que ce savant Chimiste donne
du salpêtre.

1°. Le nitre contient un sel alkali qui en fait
une partie considérable & essentielle; dans son
origine, c'est un alkali ordinaire, qui par son
mélange avec d'autres matières, prend des qualités particulieres.

2°. Il en est de même de l'acide : par le mêlange il prend aussi des qualités différentes. C'est
ce que nous appelons l'esprit universel ou vitriolique qu'on suppose répandu dans l'air.

3°. Le salpêtre renferme une terre très-fine
& imperceptible; les expériences chimiques le
démontrent.

4°. Le soufre ou l'huile phlogistique & inflammable, fait une bonne partie du nitre. Quelques-uns prétendent au contraire, que cette
matière ne s'y trouve qu'en très-petite quantité; mais si elle y est petite en volume, elle
est très-considérable par ses effets, sa vertu

& son efficace; tout comme une dragme de quelque liqueur spiritueuse contient plus de cette matière inflammable, qu'une livre d'une autre liqueur aqueuse & flegmatique.

5°. Le salpêtre contient manifestement beaucoup d'eau, puisqu'il n'y a point d'espèce de sel qui s'humecte plus promptement & qui se fonde plutôt; c'est à cette partie aqueuse que j'attribue principalement la qualité explosive & foudroyante de la poudre à canon. Ces globules d'eau sont enveloppées de parties huileuses & phlogistiques. Lorsque les parties huileuses sont enflammées, les aqueuses se dilatent au même instant; de-là ce grand fracas & cette force à tout briser.

6°. Quoique ces parties phlogistiques soient sulfureuses & inflammables, elles ne le sont pas assez pour prendre feu à l'instant: l'art y supplée dans la poudre à canon; on accélère leur action par une huitième partie de soufre, une égale quantité de charbon, qui portant le feu subitement à toutes les parties du grain, produisent l'effet mentionné.

7°. On comprend aisément que pour former de bon salpêtre, il faut que toutes les matières dont nous venons de parler, se trouvent réunies dans une proportion convenable : on sait que le

sel

ſel ordinaire contient beaucoup d'alkali ; mais il renferme en même temps d'autres parties qui ne conviennent point au nitre. Il eſt donc néceſſaire de purger le ſalpêtre du ſel ordinaire , qui, après ſa ſéparation , ne laiſſe pas de conſerver beaucoup de parties nitreuſes, de ſervir à la génération d'autre ſalpêtre , & même d'être plus propre à bien des uſages particuliers.

L'expérience a encore appris qu'une trop grande abondance de parties huileuſes & ſulfureuſes , empêche la formation , ou la cryſtaliſation du ſalpêtre. *Stahl* en rapporte un exemple ; il arriva un jour dans une Salpêtrière, au moment qu'une cuite devoit tirer à ſa fin ; le maître n'en étoit pas content, diſant qu'elle étoit mauvaiſe & que le ſalpêtre ne ſe formeroit pas. *Stahl* lui en demanda la raiſon ; & comme il l'ignoroit, il eut recours à l'aſyle de l'ignorance. Il prétendoit que quelque voiſin jaloux & envieux y avoit jeté un ſort, & qu'il n'y avoit pas d'autre moyen de profiter de cette leſſive, qu'en la rejettant ſur la plantation.

Stahl rit de cette ſottiſe, & trouva, en examinant la cuite, que la leſſive étoit trop chargée de parties huileuſes ; il le dit au Salpêtrier, & lui apprit qu'on pouvoit aiſément y remédier au moyen des alkalis.

J'ai moi-même été témoin d'une chofe toute femblable: mon Salpêtrier prétendoit qu'il étoit impoffible de tirer du falpêtre de la terre où l'on avoit enfoui des charognes; mais il vit bientôt que je n'étois pas embarraffé à dégraiffer la leffive.

Après ces obfervations, qui peuvent fuffire pour des perfonnes qui voudroient établir quelque Salpêtrerie pour l'avantage de l'Etat, je dois pofer quelques principes, & indiquer les diverfes matières ou fubftances, qui renfermant les parties dont le falpêtre eft compofé, peuvent contribuer à fa formation.

I I°.

Subftances propres à la formation du falpêtre.

1°. Sans la putréfaction, la génération du falpêtre eft abfolument impoffible; le nitre qui réfifte à la corruption & qui en préferve, ne peut cependant fe former que par la fermentation & la corruption.

2°. Tout ce qui fe corrompt & qui fe putréfie, peut fervir à la formation du falpêtre.

3°. Tout ce qui appartient au règne animal, surpasse les autres matières.

4°. Les excrémens & l'urine, qui sont déja en partie putréfiés, sont sur-tout ce qu'il y a de meilleur; ainsi le petit nombre de lieux où les terres n'ont pas besoin de fumier seroient les plus commodes à établir des Salpêtrières; mais la Suisse n'est certainement pas dans le cas. Par-tout nous pouvons faire du fumier, un meilleur emploi que celui d'en tirer du sal-pêtre.

5°. Les végétaux sont plus ou moins propres à la formation du salpétre, à proportion des parties salines, nitreuses, phlogistiques, &c. qu'ils contiennent. Les tiges des plantes de tabac & de choux, les orties, les tithymales, la persicaire, toutes les plantes qui croissent sur les murailles, &c. se distinguent à cet égard (1). Les plantes succulentes & aqueuses, comme la plupart des légumes en ont moins, mais elles n'en sont pas entièrement dépourvues; & après qu'elles sont consumées, elles forment

____

(1) Les feuilles des arbres, les piquans de sapins, & leurs cônes, sur-tout pendant qu'ils sont résineux ; toutes sortes de fruits pourris, & de racines sans exception, les écorces, le tan, &c.

une terre & une matrice très-propre à recevoir les sels, les acides & les autres parties qui composent le nitre.

6°. Toutes les substances qui peuvent contribuer à la génération des parties salines, alkalines, sulfureuses, vitrioliques & autres, qui entrent dans la composition du nitre, comme le soufre, le vitriol, l'alun, le sel, &c. toutes les matières qui en contiennent, comme le mâche-fer ou scories de fer, les petits éclats de fer qu'on ramasse dans les forges, tout cela peut aider à la formation de ce sel précieux.

7°. Mais le sel marin surpasse tous les autres sels; la raison en est toute simple; tant de corps d'animaux, tant de végétaux ont été dissous & consumés dans la mer, depuis la création, que les parties nitreuses contenues en abondance dans ces corps, doivent nécessairement se communiquer à l'eau de la mer & au sel qu'on en tire. Ce sel participeroit même beaucoup plus à la nature du salpêtre, s'il ne se trouvoit mélé avec une infinité de parties minérales & métalliques que les rivières & les canaux souterrains y charient; quoi qu'il en soit, il est certain que le sel marin est plus propre que tout autre à augmenter la quantité du nitre.

8°. Rien de plus excellent pour la nitrification que les cendres ; leur sel eſt ſi actif, & elles
contiennent un alkali ſi néceſſaire, qu'en les
expoſant à l'air, elles en attirent l'humidité &
l'acide vitriolique, ce qui les rend très-abon-
dantes en parties nitreuſes : ajoutons que les
cendres ne contenant point de parties ſulfureuſes & phlogiſtiques & les matières pourries
& putréfiées manquant d'alkali, c'eſt le mélange
proportionné de ces parties qui produit le meilleur nitre & en plus grande quantité. Les meilleures de toutes les cendres pour cet uſage,
ſont celles de chêne, parce qu'elles abondent
en parties vitrioliques, ſulfureuſes & alumi-
neuſes.

9°. Le règne végétal ne fournit rien de meilleur pour le ſalpêtre, que ce qui eſt produit de la
vigne, le vin, le marc, les lies, le tartre. Ces
matières ont un acide, & une grande diſpoſition à fermenter, ce qui doit néceſſairement
beaucoup contribuer à la formation du ſel ;
auſſi tous les Artificiers ſavent que le vinaigre
donne au nitre une qualité très-ſupérieure, &
que par ſon moyen ils augmentent conſidérablement ſa propriété inflammable.

10°. La matière la plus néceſſaire à une
Salpêtrière, eſt la terre qu'on peut enviſager

fous trois faces principales; ou comme entrant dans la compofition du nitre, qui contient toujours un peu de terre très-fine & imperceptible, fuivant la remarque que j'ai faite ci-deffus n°. 1, §. 3; & ceux qui affurent qu'un nitre bien purifié, doit entièrement fe confumer fur la braife, fe trompent certainement : il laiffe toujours un petit réfidu de terre. On peut auffi la confidérer comme renfermant dans fon fein plus ou moins de parties nitreufes & fécondantes, ou enfin comme une matière purement paffive, comme une matrice qui attire, qui reçoit, qui conferve toutes les parties qui entrent dans la compofition du falpétre. Là ces diverfes parties fe mêlent, fe préparent & fe changent en nitre crud, qui perfectionné par la leffive, par l'addition d'un alkali fuffifant, par la cuite & par la cryftallifation, devient un falpétre parfait, après la purification portée au degré qu'on la fouhaite; tout cela ne fauroit en aucune façon être contefté.

Mais les Auteurs diffèrent extrêmement lorfqu'il eft queftion de déterminer quelle eft la meilleure terre pour les Salpêtriers.

Tous conviennent que le fable ou le gravier n'y font pas propres; ils ont raifon, puifque le

fable n'eft autre chofe que de petits cailloux ,
qui ne fauroient être ni pénétrés par aucun fel ,
ni mis en fermentation, ni corrompus.

Quelques-uns excluent la terre argilleufe &
même toute terre ftérile, parce, difent-ils ,
qu'elle ne contient pas des parties fécondantes.
Je ne fuis pas auffi difficile ; cette terre peut
toujours fervir de matrice , quoiqu'elle ne
puiffe pas aifément être pénétrée; d'ailleurs il
eft inconteftable que les briques faites d'argille
font excellentes pour l'accroiffement du falpêtre, & fi par la cuite l'argille devient plus
poreufe qn'elle n'eft naturellement, il n'eft pas
moins certain que lorfqu'elle eft fèche, elle fe
laiffe aifément pénétrer : quoi qu'il en foit, je
regarde principalement dans la formation du
falpêtre la terre comme paffive, & comme une
matrice deftinée à recevoir les parties nitreufes
de l'air, des végétaux diffous & des animaux
corrompus, & ces corps eux-mêmes , lorfqu'ils
font confumés, font une terre qui fait merveille
avec les terres argilleufes.

G. M. dans le Mémoire inféré dans le Recueil
économique de Berne, tome II, part. IV. confeille préferablement les décombres des vieux
bâtimens; il a raifon : d'un côté, la chaux qui
s'y trouve contient une grande quantité de cet

alkali fi néceffaire pour la formation du nitre; & de l'autre, ces débris font très-propres à fervir de matrice, puifque fi le fable qui conftitue les trois quarts du mortier, ne fait pas une matrice convenable, il fert au moins à divifer la chaux, de manière que les parties nitreufes peuvent s'y fixer, comme on le voit par le halonitre ou falpêtre de houffage qui s'attache aux murailles; mais il ne faut pas s'imaginer qu'il n'y ait que les déblais de bâtimens, qui puiffent fervir à la plantation du falpêtre; toute terre y eft propre; fi elle eft déja nitreufe, tant mieux; ainfi de la paille, des feuilles, du tan, des piquans & des pommes de pin, toutes fortes de plantes & de fruits réduits en terre, feront toujours préférables à une terre naturelle deftituée de pareilles parties.

Examinons préfentement les diverfes méthodes dont on fe fert pour la formation & la plantation du falpêtre.

I I I°.

Première Méthode.

Les voûtes.

Glauber, qui fut un des plus grands Chimiftes de fon temps, & qui avoit particulièrement approfondi la nature & la formation du falpêtre, propofe des voûtes de bois; mais de pareilles voûtes me paroiffent une chimère & je ne faurois les approuver.

Celles de pierre de taille ne valent guères mieux; elles font trop coûteufes, & ne fe pénètrent pas aifément.

Quant aux voûtes de briques, je fais que leur conftruction exige des frais confidérables; cependant je les approuve extrêmement. La plantation du falpétre eft fi avantageufe & fi defirable, qu'il ne faut négliger aucun des moyens qui peuvent faciliter fa formation & fon accroiffement, & les voûtes font dans ce cas.

M. G. les condamne (1), il femble même qu'il les attaque (2) par leurs effets; il dit que ces voûtes produiront un nitre dénué de la partie urineufe, en forte que cette dernière ne s'y trouvera pas en affez grande quantité; mais rien de plus facile que d'y fuppléer, & il avoue lui-même que la partie urineufe ne doit entrer dans le falpêtre que pour le vingtième, & à

---

(1) Recueil Econom. de Berne, Tom. II, part. IV.
(2) Pag. 901.

la page 910, il reconnoît que les tuiles étant
de nature alkaline, abforbent toute l'humidité urineufe, s'en rempliffent & deviennent
par-là, très-propres à la génération du falpêtre.

M. G. allègue une feconde raifon; il affure
que ces voûtes de briques ne produifent, au
lieu de falpêtre, qu'un fel alkalin d'une toute
autre nature, que les Anciens appelloient aphronitre & halonitre.

A cela je réponds trois chofes; premièrement, *Pietfch*, qui a fi bien obfervé la nature
& la formation du falpêtre, donne au contraire pour inconteftable, que ce fel qui fe
trouve aux vieilles maçonneries & murailles,
& qui fe produit fans art, n'a befoin pour
devenir un falpêtre complet que d'un fel alkalin
fixe. *Pietfch* veut auffi que le halonitre manque d'alkali; & *M. G.* que ce ne foit qu'un fel
alkalin. J'obferve en fecond lieu, que cet
halonitre eft très-bon, & il peut aifément être
changé en véritable falpêtre & à peu de frais.
C'eft le même que le falpêtre de houffage; enfin ne voyons-nous pas fur les murailles des
écuries, cette fleur de nitre qui en eft la partie
la plus fine, & n'eft-ce pas à l'urine des bef-

tiaux qu'elle doit fon exiftence; & par conféquent cet halonitre ne marque-t'il pas l'abondance du fel urineux dont le mur eft rempli &
pénétré?

M. G. dit encore qu'il ne croit pas ces
voûtes de durée; il a raifon: mais elles font
d'autant plus profitables qu'elles durent moins,
puifqu'elles ne fe dégradent que parce qu'elles
font remplies de falpêtre, & c'eft ce qu'on
cherche.

Voici la méthode de façonner les briques deftinées à faire des voûtes de falpétrière.

On prend douze parties de terre de Potier,
quatre de chaux vive & deux de fel de cuifine;
le marin feroit préférable. Quelques-uns veulent qu'on y ajoûte une partie de falpêtre, &
il eft vrai que ce feroit un germe qui fructi-
fieroit beaucoup; mais il en coûteroit, & je
penfe qu'on peut très-bien épargner ces frais
en y fubftituant de la fiente de pigeon ou
d'autre volaille; des crottes de chèvres ou de
brebis, menuifées & délayées; on pétrit bien
le tout, & on le mêle avec de la paille
coupée bien menu: en place d'eau, on fe fert
d'égoût de fumier; l'urine humaine feroit encore meilleure; à leur défaut on emploie de
l'eau de pluie; on forme avec ce corroi, des

briques auxquelles on ne donne que la demi-
cuiſſon, afin qu'elles puiſſent plus promptement
être pénétrées des parties nitreuſes.

Si l'on vouloit diminuer la doſe du ſel, il
n'y auroit qu'à y mêler quelques autres ingrédiens , comme des cendres, des lies, du tartre,
du mâche-fer, du ſang, &c.

De ces briques , on conſtruit ſuivant l'art ,
des voûtes de quinze à vingt pieds de large , &
de huit à dix pieds de haut. La long eur eſt arbitraire ; elle peut être de cent cinquante pieds
& plus ; on les tourne du ſud au nord , avec
une porte aux deux extrémités, pour donner
un libre paſſage à l'air.

Le comble eſt fait en forme de terraſſe,
qu'on couvre d'une terre préparée de manière
à ſervir de matrice au ſalpêtre, & dans laquelle
on a mêlé les diverſes matières nitreuſes dont
j'ai parlé.

Le mortier qui doit lier les briques, ſera
fait des mêmes ingrédiens dont les briques ont
été formées. On prendra huit parties d'argille,
égale quantité de chaux, deux parties de ſel,
une de ſalpêtre , une de fiente de pigeons ou
crottes de brebis. On ſe ſouviendra qu'on peut ſe
paſſer de ſalpêtre, ſi l'on ne veut pas en faire les
frais, & même d'une partie de ſel, ſi l'on y ſup-

plée par une double dose de fiente de pigeons, ou de crottes de brebis.

Cette terrasse sera couverte, pour empêcher que les pluies n'en lavent les terres; il suffira d'un toit de paille, qui après la destruction de la voûte, sera avantageusement employé à former les briques d'une nouvelle voûte. Cette paille, pendant le temps qu'elle a servi de couverture, s'est imprégnée des parties nitreuses qui hâteront la formation du salpêtre. Comme la terrasse n'aura que dix à douze pieds de hauteur, on peut y arriver avec la brouette, en y appuyant un pont qui sert à y transporter les matières, & à les retirer pour les lessiver & les cuire.

Afin de tirer de la voûte & de la terrasse, tout le parti possible, on y placera les plantations dont je parlerai dans la suite de ce Mémoire. Les parties nitreuses renfermées dans ces substances, soit sèches, soit liquides, tendront toujours vers le bas ; & en même-temps qu'on préparera la terre de la terrasse à être lessivée, on remplira la voûte de salpêtre.

Quelques Auteurs assurent qu'au bout de huit à dix mois, les matières nitreuses formeront dans l'intérieur de la voûte, par congellation, des crystaux de salpêtre fin, & que dès-lors on en peut tirer plufieurs quintaux chaque mois ; mais fuppofons qu'il fallût attendre deux ans, qu'on n'en eût qu'un quintal par mois, & que ce ne fût même que du falpêtre de houffage, il eft certain que le profit feroit très-confidérable.

Lorfque tout le bâtiment menacera ruine, on penfera à tirer de ces murailles, de cette voûte & de ces terres, le falpêtre dont elles font pénétrées, & elles en donneront infiniment plus qu'il n'en faut pour dédommager l'Entrepreneur de fes frais, fans parler des plantations qui font au-deffus & au-deffous de la voûte, dont on aura profité, & des matériaux qui, après avoir été leffivés, fourniront des terres pour une nouvelle plantation.

Il eft prefque inutile d'obferver qu'il doit y avoir à portée de ces plantations, un logement pour l'Ouvrier principal, ou le Directeur de tous ces Ouvrages, & pour le Salpêtrier qui fait leffiver, cuire & cryftallifer le falpêtre. Je me perfuade que M. *Gruner*, après ces éclaiciffemens, trouvera ces voûtes plus avantageufes qu'elles ne l'ont paru dans les Auteurs qui en ont parlé.

I V°.

Des tuyaux.

Quelques-uns conseillent d'employer des tuyaux, soit de terre cuite, soit de bois; on se sert du bois d'aune, dont on fait des barils troués & sans fond, qu'on remplit des diverses matières dont j'ai parlé, ou même seulement de cendres ou de sel, en les arrosant d'urine. Ces tuyaux sont suspendus dans une cave ou dans un lieu frais, & l'on voit au bout d'un certain temps les crystaux sortir par les trous.

Je suis très-persuadé que cette méthode réussiroit, puisqu'elle est appuyée sur les vrais principes de la génération du salpêtre; mais il me paroît que les frais d'une pareille plantation seroient trop considérables, relativement au profit: il faudroit d'ailleurs une très-grande quantité de tuyaux, des caves bien vastes, des soins bien multipliés, & même je ne conçois pas comment on pourroit faire par ce moyen une récolte de salpêtre en grand, & qui méritât quelque considération.

Vº.

Des murailles.

Nous allons expofer nos idées fur les murailles à falpêtre, que *M. B.* a recommandées
dans le Recueil économique, tom. I. part. IV,
page 855 & fuivantes. M. *Pietfch* décrit cette
méthode avec quelque myftère, & elle eft pra-
tiquée avec fuccès dans le Brandebourg.

C'eft au hafard qu'eft due la découverte de
l'utilité de ces murailles. En Brandebourg, en
Saxe & en divers autres lieux de l'Allemagne,
où le bois eft d'une rareté extrême, on ne
ferme pas les terres de haies mortes, mais de
murailles faites de terre-glaife, mêlée d'autre
terre & de paille hachée. Il eft aifé de s'imaginer que ces murs de clôture tombent enfin en
ruine, & qu'il faut les rétablir. Les Jardiniers
qui ont beaucoup rafiné le grand art des amende-
mens, fe font aperçus que ces vieilles murailles
contenoient une grande quantité de falpêtre,
en ont ramaffé les débris, qu'ils ont mêlés avec
d'autres terres. Les plantes qui ont profité de
cet engrais, ont réuffi au-delà de toute
imagination. Les Laboureurs, témoins de ces
fuccès, en ont répandu fur leurs champs, qui

ont

ont donné les plus riches récoltes ; enfin les Salpêtriers autorifés par les Souverains , fe font approprié ces débris ; ils ont même conf-truit des murailles uniquement pour la géné-ration du falpêtre, de la manière que M. *Ber-trand* l'expofe dans fon Mémoire, auquel je ren-voie le Lecteur.

Quelqu'avantageufe cependant que foit cette pratique, fuivie avec un grand fuccès, comme nous l'avons dit dans le Brandebourg, j'y trouve bien des difficultés.

1°. La conftruction de ces murailles eft dif-pendieufe & occupe bien du terrein, fi l'on fe propofe d'avoir une grande quantité de fal-pêtre.

2°. On affure qu'au bout de l'année on peut les leffiver avec profit ; je le fuppofe, mais leur deftruction & leur rétabliffement doit coû-ter bien de la peine & des frais ; il faudroit ainfi en tirer une grande quantité de falpêtre, pour avoir un profit proportionné.

3°. Quel ufage fait-o n de la terre de ces murailles, après avoir été leffivée ? On peut, dit-on, la mettre à l'abri pour être employée à la conftruction d'un nouveau mur. Il faut donc faire la dépenfe d'un couvert ; mais pour-quoi ne pas y établir une plantation qui vaut certainement mieux ? On ajoute qu'on peut la répandre fur des prés ufés; cela eft bon, mais ce n'eft pas pour améliorer les prés qu'on établit des Salpétrières.

4°. Je ne vois pas l'ufage des toits de paille, dont on couvre la fommité de ces murailles. Ils ne fauroient les mettre à l'abri de la pluie, ni du foleil, ce qui eft abfolument néceffaire; les rayons du foleil donneront toujours fur les murailles, de même que les pluies pouffées par de gros vents.

5°. Où prendra-t'on affez de fiente de pigeons & même de fumier de moutons, pour que, placés aux pieds des murs, ils puif-fent donner des exhalaifons en quantité fuffi-fante pour s'y attacher ?

Enfin il eft indifpenfablement néceffaire que les matières qui doivent engendrer le falpêtre, foient toujours dans un état ni trop fec, ni trop humide ; & comment y parvenir avec ces murailles ? Si donc je fouhaitois qu'on en éta-blît, ce feroit fur-tout pour ménager les bois & pour s'en fervir de clôture; & lorfqu'elles feroient dégradées, on pourroit alors les leffiver pour en tirer le falpêtre.

V I°.

Des fosses.

Au reste, si je trouve tant de difficulté, d'embarras & de dépenses dans la culture du salpêtre par le moyen des murailles, ce n'est qu'en comparant cette méthode avec celles des fosses & des plantations, que je vais développer, & qui réunies me paroissent les plus profitables.

Je commence par les fosses; je me persuade que ceux qui en contestent la grande utilité, changeront d'opinion, s'ils font attention à la manipulation que je propose.

1°. Il faut choisir un lieu sec, où il n'y ait ni eau souterraine, ni ruisseau, ni égoût, ni pluie.

2°. On construira sur ce terrain, un hangard qu'on fera aussi spacieux que le nombre des fosses l'exige. On pourroit même épargner les frais de ces hangards, en couvrant ces fosses de terre rangée en dos d'âne. Sur ces tas, on rangeroit en forme de toit de la paille attachée par javelles, comme on fait pour couvrir les bleds ou les foins mis en meules. Lorsque cette paille seroit enlevée ou consumée, on s'en serviroit pour la mettre dans les murailles ; ou dans les plantations dont nous parlerons à l'article suivant.

3°. Ces fosses auront environ six à huit pieds de profondeur & de largeur. La longueur est arbitraire.

4°. Si le fond des fosses est ferme, ou que ce soit de l'argille pure, ou tellement mêlée de gravier, de pierre, de sable, que cela forme comme une maçonnerie, il n'y rien à ajouter; mais si c'étoit une terre légère, meuble, on le couvrira de briques bien cimentées, pour empêcher que les parties liquides qui servent à la composition du nitre ne se perdent.

5°. Quant à la terre tirée de ces tranchées, il faut examiner si elle est de nature à servir de matrice au salpêtre ; toute terre commune & ordinaire sera censée bonne ; une argille forte & compacte est moindre. Plus la terre sera meuble & propre à la végétation, & plus elle sera convenable, puisque non-seulement elle servira de matrice, mais encore elle renfermera le germe du nitre. S'il n'y a que des pierres, du gravier, du sable, il faut les transporter & amener à leur place de la terre & autant de décombres de bâtimens ou de plâtras qu'on pourra se procurer.

(357)

6°. Cette terre fera placée au bord des tranchées, & du côté où l'on pourroit craindre les eaux qu'il eft néceffaire de détourner.

7°. On remplira les foffes des matières propres à former le falpêtre; on commencera par une couche de terre, & lit par lit, une couche de matières putréfiables, & une couche de terre alternativement.

Nous avons déjà indiqué à l'article fecond, les fubftances propres à la formation du falpêtre.

Le règne animal en fournit plufieurs; toute charogne, non-feulement de groffes bêtes, qu'on fait dépécer afin de les mieux ranger & d'accélérer leur diffolution; mais auffi de petites bêtes, chiens, chats, fouris, volailles, infectes, hannetons, os, foies de cochon, cornes, coupons de cuirs, raclures de Tanneurs, de Mégiffiers, &c. & d'étoffes de laine, & principalement tous les excrémens. Il fera très-utile d'y mêler de la chaux vive. On fait qu'elle confomme promptement les chairs, & outre cela elle dégraiffe ces matières, & leur fournit une partie de l'alkali néceffaire.

Vient enfuite le règne végétal; on a vu ci-deffus à l'article fecond, n°s. 5 & 9, la multitude de fubftances que ce règne fournit.

Z 3

J'ajoute les balayures des maisons & des rues, qui font un mélange de terre, de végétaux, de fossiles, de minéraux.

Le règne minéral donne quelques substances indiquées au n°. 6 du même article second.

Enfin on se sert de matières fluides pour arroser ces fosses ; l'urine humaine tient le premier rang : vient ensuite celle des bestiaux, les diverses saumures, les eaux des Teinturiers & des Buandiers, les eaux de savon, &c.

Je ne prescris point ici les cendres, soit de bois, soit de tourbe ; ce n'est pas qu'elles ne fussent très-utiles pour dégraisser les substances animales contenues dans les fosses ; mais je crois qu'il vaut mieux les réserver pour dégraisser la lessive & lui donner l'alkali nécessaire pour la crystallisation : mais en voilà assez pour ce qui regarde les fosses.

8°. Ces fosses ainsi disposées, ne sont pas abandonnées au hasard ; il faut les arroser de temps en temps, avec les liquides que je viens d'indiquer, afin d'y entretenir une humidité convenable pour accélérer la fermentation & la putréfaction.

Nous avons dit qu'il falloit couvrir ces fosses d'un toit ; il seroit à propos qu'il fût pliant, qu'on pût le lever ou le baisser suivant le temps

qu'il feroit ; car la putréfaction eft opérée par
l'humidité, la chaleur & l'action de l'air dans
une jufte proportion.

On a pu voir que dans l'article précédent,
j'ai mis les eaux de favon au rang des liquides
qui devoient fervir à l'arrofement des foffes.
Ces eaux, en effet, contiennent une grande
abondance de fels nitreux très-précieux. On
ne doit point être en peine pour les dégraiffer ;
les Salpêtriers qui entendent leur métier, favent
que la chaux, les cendres, les cônes de fapin
réfineux & hachés, font très-efficaces pour
remédier à cet inconvénient. On affure même
qu'avec demi-once de camphre, on peut dégraiffer cent pots d'eau favonneufe ; mais je
n'ai pas eu occafion de faire cette expérience.

9°. Lorfque la putréfaction fera bien avancée,
on tirera les matières des foffes pour les remuer,
& mettre les moins confumées à la place de
celles qui le font le plus. On réitéreroit cette
manipulation jufqu'à ce que les chairs fuffent
entièrement confumées ; alors on laiffera fécher
toute la maffe, au point de pouvoir la paffer
par une claie, & que ce qui ne feroit pas
confumé, fe féparât du refte. On rejetteroit
ces réfidus dans la foffe, & la terre criblée

seroit tranſportée ſur la plantation que nous allons décrire à l'article ſuivant.

V I I°.

Des plantations.

La méthode que je me propoſe de dévelop-per, eſt aſſurément plus avantageuſe que tou-tes celles qui ont été imaginées ou exécutées juſqu'à préſent ; aucun Auteur ne l'a déve-loppée avec les circonſtances & les manipula-tions que j'indique. Il ſemble même que *Pietſch* l'ait ignorée, puiſqu'il donne les murailless comme ce qu'il y a de meilleur. Je vais en expoſer une deſcription détaillée & ſincère. La découverte de ce ſecret m'a coûté bien des expériences, des ſoins & des frais ; mais j'ai toujours eu un zèle ſi pur pour l'avantage pu-blic, que je me fais un plaiſir de communi-quer tout ce que j'ai découvert à cet égard.

Dans mes diverſes & nombreuſes lectures, j'avois eu occaſion de voir la ſuite des recher-ches que pluſieurs Savans avoient faites ſur les Salpêtrières, & je ſouhaitois de voir former en Suiſſe un pareil établiſſement, lorſqu'en 1744, le Recueil économique de Leipſic propofa la culture du falpêtre, par le moyen des plantations.

Je méditois long-temps cette idée, j'y trouvois une multitude de difficultés. Il me paroiffoit fur-tout que la formation du falpêtre ne pouvoit pas être affez prompte pour balancer les frais, en fuivant pied à pied le prefcrit de cette culture; le fond de la culture me plaifoit, mais je la trouvois beaucoup trop lente.

Je fis alors connoiffance avec un Etranger, très-inftruit, & par conféquent très-curieux. Dans les converfations que nous eûmes, il me parla d'un fecret infaillible qu'il favoit pour accélérer la formation du falpêtre dans les plantations. Je n'épargnai ni inftances ni promeffes pour engager cet ami à me faire part de ce fecret, qui me parut fi parfaitement s'accorder avec tous les vrais principes de la phyfique, que bientôt après, ayant eu occafion de me fixer pour quelque temps à la campagne, je réfolus d'en faire l'effai; j'établis des hangards, des foffes & des plantations; mais divers obftables, mes grandes & continuelles occupations, la difficulté d'avoir toujours à point nommé des Ouvriers qui n'euffent pas befoin d'être dirigés, tout cela retarda la maturité de ma plantation du triple & plus.

Cependant mon féjour y tendant à fa fin, j'en fis laver de la terre qui fe trouva très-riche; mais je manquois d'un bon Salpêtrier affidu, & je ne pus cuire que pour faire environ quatre quintaux de falpêtre raffiné. J'aurois fort fouhaité que mon Succeffeur eût continué cet établiffement qui ne pouvoit manquer de réuffir ; à en juger par le produit de la petite quantité de terre que j'avois fait laver; & le Salpêtrier affuroit qu'il n'avoit jamais cru qu'il fût poffible d'avoir une terre fi abondante, & qu'il ne s'agiffoit plus que d'en tirer le produit fans grande peine.

Cependant mon Succeffeur, qui craignoit les embarras que j'avois effuyés, préféra de fe fervir de cette terre préparée pour améliorer fes prés.

On voit donc par-là que l'effai que j'ai fait a réuffi, & qu'on peut avec confiance travailler fur les inftructions que je propofe.

1°. D'abord on cherche un emplacement commode (pourtant pas trop près du grand chemin, afin que les paffans ne foient pas empeftés par l'odeur des exhalaifons), près d'une ville qui puiffe fournir en abondance toutes les matières néceffaires. Il doit être d'ailleurs à l'abri des inondations & des eaux comme pour

les foffes. On y conftruit un ou plufieurs hangards couverts de paille. Les toits feront auffi
bas qu'il eft poffible, afin que la plantation foit
en même temps à l'abri de la pluie & du foleil:
la pluie la lave, & le foleil en exhale le volatil.
On peut hauffer un peu le toit du côté du
nord, où l'on n'a pas à craindre le foleil, on
rendra ainfi l'entrée plus commode.

2°. On prend de la terre telle que je l'ai
décrite; fi on pouvoit en avoir des écuries, ou
des endroits où l'on a enfoui des charognes,
ce feroit autant de gagné.

3°. On fait de cette terre des tas ou carreaux
de la longueur qu'on veut, & de la largeur de
huit à dix pieds, afin d'y pouvoir manœu-
vrer facilement. Entre chaque tas on laiffe de
petits fentiers comme entre les planches des
jardins.

4°. Si le tas ou carreau avoit dix-huit pieds
de long fur huit de large, ou douze pieds en
quarré, on prendroit cent livres de chaux
vive, deux quarterons de cendre, un demi-quarteron de fuie, un quart de quarteron de mâche-
fer, ou de ces petits éclats dont j'ai parlé,
trois livres de vitriol, deux livres d'alun,
deux livres de foufre.

Ces drogues doivent être toutes pulvérifées;

on peut y joindre des lies & du marc de raifin.

Si l'on n'avoit pas affez de cendres, ou qu'on voulût les ménager pour leffiver, on prendroit une quantité proportionnée de celles qui ont paffé par les leffives ; à la vérité il y refte peu d'alkali, mais elles peuvent encore fervir de matrice & d'aimant, pour attirer les parties nitreufes.

5°. On conftruit les tas en rangeant la terre à la hauteur d'un pied ; on la faupoudre de ces cinq ingrédiens, & on l'arrofe d'urine. On range de la nouvelle terre qu'on faupoudre de même jufqu'à ce que la drogue foit employée. Ces tas s'élèvent à faîtiere ou en talus.

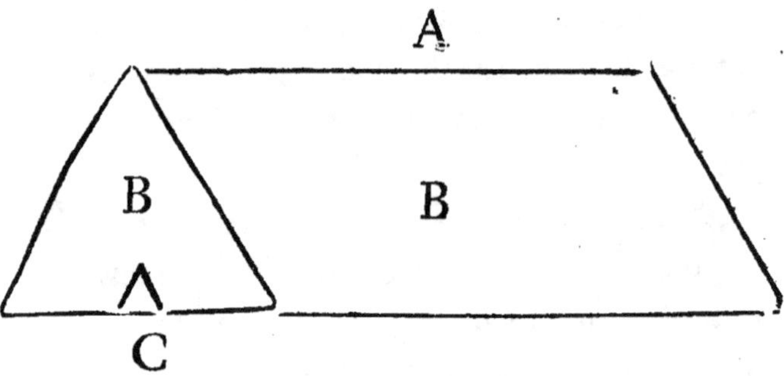

BB. eft le tas A, le faîte C. marque le bas du tas, où j'adoffe dans toute la longueur du tas des claies groffièrement travaillées, afin que l'air puiffe pénétrer dans les tas & paffer tout du long ; ce qui accélère la génération du falpêtre.

6°. Après que le tas est fini, on répand sur le faîte six livres de sel ordinaire , & s'il est possible du sel marin; le tout est arrosé d'urine avec un arrosoir de jardin. Nous avons dit quels liquides l'on peut au besoin y substituer. Mais on ne négligera pas d'avoir toujours une bonne provision d'urine, & plus elle sera putréfiée, plus elle fera d'effet.

7°. Ces tas seront arrosés tous les huit ou quinze jours, suivant qu'on verra que la terre sera sèche; l'humidité doit être proportionnée pour la formation du salpêtre; l'article est essentiel.

8°. Si l'on s'appercevoit que le tas se durcit au point que l'eau n'y peut pénétrer, on prendra un rateau à longues dents de fer , pour remuer la terre, ou même on le retournera avec la bèche, & on le formera de nouveau ; on y répandra du sel comme la première fois, & on l'arrosera.

9°. Il y a des Salpêtriers qui enferment leurs plantations par des parois de bois, & qui prétendent que l'air nuit plus qu'il ne sert à la nitrification , puisque , disent-ils, le salpêtre se trouve principalement dans les écuries bien fermées; mais ces gens-là, en niant le concours de l'air pour la formation du salpêtre , contredifent tout ce qu'il y a jamais eu de Phyficiens & de Chimiftes, qui ont fait des recherches fur la nature du nitre, fa compofition & fa génération; tous s'accordent à affurer que fans l'acide univerfel, approchant du vitriolique, qui eft répandu dans l'air, il eft impoffible que le nitre fe forme; la preuve tirée de la formation du falpêtre dans les écuries fermées, eft bien foible, puifque certainement l'air pénètre les écuries, & que d'ailleurs la diminution de l'air dans ces lieux fermés, eft richement compenfée par la furabondance des urines & des fumiers; enfin il faut obferver que malgré l'abondance de ces matières, le falpêtre fe forme beaucoup plus lentement dans les écuries que dans les plantations, puifque les Salpêtriers attendent dix à quinze ans avant que de retirer la terre des écuries, & que l'on peut leffiver les plantations toutes les années, ou au moins tous les deux ans.

Ce n'eft pas cependant que je laiffe abfolument ouverts les côtés de mon hangard; j'ai fait faire des claies de la largeur de trois pieds pour les placer, fur-tout en hiver, autour de mes plantations; les toits n'étant qu'à quatre à cinq pieds de terre, ces claies fuffifent pour garantir entièrement les tas de tout foleil, pluie ou neige; elles ne coûtent que très-peu, & n'arrêtent point la circulation de l'air fi néceffaire à la nitrification.

10°. Au-deffus d'un de ces hangards, j'ai établi une manière de magafin, pour y ferrer les provifions en fel, en foufre, vitriol, alun, cendres, &c. & les avoir à portée.

11°. Au bout de quelques mois, on appercevra fur le tas, des veines blanches; ce font des indices de falpêtre. Cependant on laiffera le tout dix à douze mois avant que de leffiver la terre, & jufqu'à ce qu'on juge qu'elle eft affez riche.

12°. Pour éprouver la richeffe d'une plantation, on y prend une quantité arbitraire de terre; par exemple, une feille ou un cuvot plein. On la leffive fuivant l'art, & on pèfe une certaine quantité de cette leffive, avec un poids d'Effayeur.

Les Directeurs des mines, les Effayeurs, les Maîtres des monnoies, fe forment un poids arbitraire & de proportion. Ils prennent pour cet effet un morceau de métal d'une ou de deux livres, qu'ils nomment quintal : ils divifent ce quintal en cent parties qu'ils nomment livres; ils divifent ces livres en quarts, onces, dragmes, &c. c'eft le poids des Effayeurs.

Si l'on veut donc faire l'épreuve de la terre, on pésera un quintal de la lessive au poids des Essayeurs, c'est-à-dire, qu'on a deux bassins de cuivre, d'égale pesanteur ; dans l'un on met le quintal arbitraire & de proportion, & dans l'autre la lessive. Ces deux vases étant jugés d'égale pesanteur, au poids ordinaire, on prend une feuille de fer battu, dont une des extrémités se termine en pointe. Cette feuille est posée sur une table de manière que la pointe avance au-dehors : c'est sur cette pointe qu'on pose le bassin qui contient la lessive qu'on fait bouillir lentement à la chaleur d'une lampe allumée. Je dis lentement, parce qu'en précipitant la cuite, la lessive deviendroit brune, & il faudroit recommencer jusques à ce que le résidu ou le salpêtre soit d'un blanc jaunâtre ; alors on le pèse au poids arbitraire, & on juge combien de salpêtre brut, le quintal de lessive contient ; si elle rend trois ou quatre livres pour cent, la terre est jugée riche.

13°. Autrefois on faisoit la cuisson d'une lessive qui donnoit ce résidu ; mais aujourd'hui les Salpêtriers comprennent que par cette méthode, on multiplioit les peines & les frais, & sur-tout que l'on consumoit inutilement

beaucoup

beaucoup de bois. Ils ont donc pris le parti de charger davantage leur leſſive, en la repaſſant ſucceſſivement ſur de nouvelles terres, juſques à ce qu'elle puiſſe donner de dix-huit à vingt-cinq pour cent; par-là ils épargnent le temps & les frais : quelques-uns même font ſucceſſivement ſur les terres qu'ils viennent de leſſiver, une ſeconde leſſive qu'ils repaſſent enſuite ſur de nouvelles terres, juſqu'à ce qu'elle ait acquis le dégré de ſaturation qu'ils deſirent.

D'autres Ouvriers pendant ce temps-là veillent à la cuite du ſalpêtre; ils écument les chaudières, ils en ôtent le ſel, ils verſent la leſſive dans les baquets pour la cryſtalliſation; d'autres enfin raffinent ſe ſalpêtre. Mon deſſein n'eſt pas de donner ici un détail de la ſuite de cette manipulation; tout cela ſe trouve développé plus ou moins dans divers Ouvrages imprimés; nous avons en François, *Saint-Remi*, Traité d'artillerie; *Geoffroi*, matière Médicale; *Pietſch*, Génération du nitre; *Emeri*, &c.... Nous avons en Allemand, *Erker*, *aula ſubterranea*; *Neumann*, *de nitro*; *Simieno* ...*it* ſur l'artillerie; principalement *Stahl*, ſur le ſalpêtre; une brochure anonyme ſur le Salpêtrier bien

A a

expérimenté ; *Glauber*, Œuvres Chimiques; *Hoffmann*, *Beccher*, *Schelhammer*, &c.

Il feroit même affez inutile de connoître hiftoriquement tout ce menu détail ; à la théorie il faut joindre la pratique. On ne fauroit fe paffer d'un Salpêtrier qui entende fon métier; cependant les plus habiles Praticiens tombent quelquefois dans des fautes très-préjudiciables, & fe trouvent fort embarraffés en diverfes occafions.

Nous donnons quelques directions fur les articles principaux.

14°. On doit en certains cas employer dans la leffive, des cendres & de la chaux vive. Si la terre eft déja fort imprégnée d'alkali, il faut bien fe garder de mettre beaucoup de ces matières ; on fe mettroit par-là dans la néceffité de féparer ce fuperflu, ce qui ne fe fait que difficilement: il en faut une plus grande quantité lorfque la terre eft oléagineufe, comme celle qui provient des chairs putréfiées, du fang, &c. même lorfqu'elle eft chargée de beaucoup d'urine, & l'on connoît qu'elle abonde en graiffe, par la difficulté qu'elle a de fe former en cryftaux; alors on augmente la dofe de la chaux & des cendres, qui produiront l'effet defiré, non-feulement par leur alkali, mais encore comme un filtre où toute graiffe & huile s'attache.

15°. Pour leffiver la terre, on prendra de l'eau de pluie ou de neige fondue ; nous en avons plus d'une fois indiqué les raifons.

16°. Les fours pour les chaudières feront conftruits de la manière la plus avantageufe pour épargner le bois & le temps. On confultera là-deffus *Leutmann*, & *Leemann*, ou du moins *Stahl*, qui a donné la defcription d'un four bien fimple, dans lequel tout le feu eft concentré ; on trouvera auffi dans cet ouvrage une manière très-facile de féparer le fel falpêtre par le moyen d'un fceau à cercles de fer.

17°. Pour favoir fi la leffive eft affez cuite, on en laiffe tomber une goutte fur du fer ; fi la goutte fe fige comme une goutte de fuif ou de firop, la leffive eft à fon point.

18°. Alors on la jette dans des efpèces de mets, ou de huches à pétrir ; à l'une des extrémités il y a un trou au fond qu'on bouche avec un bâton qui furpaffe la hauteur de la huche, comme dans les baffins de fontaine. Lorfque le falpêtre eft cryftallifé, on place fous ce trou un vafe, on ôte le tampon, la leffive s'écoule, les cryftaux reftent, & on peut les ramaffer.

19°. On remet la terre leffivée en tas, & fi on veut, on y méle les drogues indiquées ci-deffus ; je dis fi l'on veut, car alors elle fera infiniment plus propre à fervir de matrice & d'aimant, & à produire du falpêtre, que la première fois, principalement fi on a affez de la leffive qu'on nomme amère, mot défiguré d'eau mère ; c'eft l'eau dont je viens de parler, qui refte après la cryftallifation : on rejette auffi fur les tas, les écumes, après les avoir bien délayées avec de l'eau de pluie.

20°. Une petite partie de cette eau mère eft employée pour mêler à l'eau avec laquelle on leffive la nouvelle terre.

21°. J'oublidis de dire que cette terre leffivée qui a été remife en tas, étant fort imbibée d'eau, a befoin d'être fouvent remuée, pour la divifer, la meubler & la rendre acceffible à l'air & aux nouveaux arrofemens.

Qu'on fuppofe donc à préfent une plantation établie & ménagée fur le pied que je viens d'indiquer ; le produit en deviendroit enfin immenfe. Si la place occupoit foixante pieds quarrés, elle auroit vingt-cinq tas, qui donneroient chacun au moins cent livres de bon falpêtre par année, qui à dix crutz feulement feroient vingt-cinq francs ; mais que feroit-ce lorfque les tas feroient formés des terres leffivées & arrofées de l'eau mère ? Les frais diminueroient, les tas fe multiplieroient, & le profit augmenteroit à proportion, puifque pour cent tas il ne faut pas le double d'ouvriers qu'il en faut pour cinquante.

Je ne vois qu'une feule objection qu'on puiffe oppofer à la méthode que je propofe ; on dira peut-être qu'en répandant du fel fur les tas je fais du tort à la plantation, à la cryftallifation & à la perfection du falpêtre.

Mais à cela je réponds : 1°. que le nitre participe à la nature du fel ; auffi tous les Chimiftes affurent que dans fes commencemens, l'acide du nitre a beaucoup d'analogie avec celui du fel de cuifine. Il y a plus ; 2°. les Auteurs parlent beaucoup d'un fecret de convertir le fel en falpêtre ; j'en dirai tout à l'heure ma penfée, & on verra que la chofe n'eft point du tout impoffible. Il eft donc évident que cette petite quantité de fel que je prefcris, doit fe changer peu-à-peu en falpêtre, comme auffi celui qu'on fépare dans la cuiffon de la leffive ; enfin rien n'eft plus facile que de féparer la fel du falpêtre , fi on fuit la méthode de *Stahl.*

N°. VIII.

De la possibilité de convertir le sel commun en salpêtre.

Je dois dire ici quelque chose du fecret de convertir le fel commun en falpêtre.

Comme le fel revient au Souverain, à un prix modique, il faudroit que la tranfmutation du fel en falpêtre, coûtât prodigieufement pour n'y pas trouver fon compte.

Je ne connois point ce fecret; mais je propoferai là-deffus quelques réflexions générales.

D'abord je ne crois point ce changement impoffible; je fais même que le fel commun a beaucoup d'analogie avec le nitre. Il faut cependant que fon acide change de nature, & qu'il acquière un phlogiftique.

Pour cela il eft néceffaire que le fel entre en putréfaction ; ce qui eft très-poffible, comme on le voit par les opérations chimiques. Or de toutes les matières ufuelles, il n'en eft aucune qui renferme plus de parties phlogiftiques, & qui foit plus propre à accélérer la putréfaction, que l'urine. C'eft donc là le puiffant agent

qu'il faut employer, & fur lequel j'aurois travaillé, fi mes occupations m'en avoient laiffé
le loifir ; je ne doute pas même qu'avec de la
réflexion & des foins, on ne parvînt bientôt
à opérer ce changement.

N°. I X.

Application de ces principes généraux.

Mais il eft temps d'appliquer les principes
généraux que je viens d'expofer, & de mon-
trer comment un Souverain peut s'y prendre
pour fe procurer une plantation de falpêtre
très-profitable.

1°. Je confeille de choifir aux deux extrémités
de la ville, deux emplacemens peu éloignés
des portes, & d'un accès commode & facile ;
j'ai plufieurs raifons pour appuyer ce confeil :
d'abord on trouve plus aifément deux places
convenables, qu'une feule d'une étendue confidérable, & ce qui eft le principal, on épargne beaucoup de temps, d'Ouvriers & de
frais pour le tranfport des matériaux depuis
la ville, puifqu'une partie feroit conduite à une
des Salpêtreries, & l'autre partie à l'autre :
fans parler de ce qu'on ramafferoit dans les campagnes voifines de chaque plantation.

2°. Ce que j'ai dit article **VII, §. I**, peut fuffire pour les attentions qu'on doit avoir lorfqu'il s'agit de choifir cet emplacement ; j'ajouterai feulement qu'il faut avoir dans le voifinage affez d'eau, foit pour leffiver la terre, foit pour laver les vafes. On fe fouviendra que ces eaux après avoir fervi à cet ufage, doivent être rejetées fur les plantations.

3°. On ne fauroit avoir une trop grande quantité d'urine, & il faut en ramaffer autant qu'il eft poffible dans les bâtimens publics, les Couvens, les Ecoles, les Prifons, les Hôpitaux, Collèges, dans la Maifon de force (*du Schallenwerck*), dans les Corps-de-garde, dans les Cabarets, dans tous les lieux, en un mot, où s'affemble beaucoup de monde. On y fera des réfervoirs & des chénaux pour ramaffer ces eaux ; ce feroit auffi une chofe fort avantageufe, fi l'on plaçoit dans la ville, de diftance en diftance, des tonneaux avec des ouvertures quarrées, & qu'on pût engager les Domeftiques à y vuider les pots de chambre ; & les Ouvriers, les eaux de leffive, de favon, de teinture & de tannerie.

4°. Ce qu'on tire des latrines, donne pour les Salpétrières, une matière fort riche ; on pourroit par des aqueducs, conduire des immondices dans des réfervoirs, où on les puiferoit pour les répandre fur les tas de la plantation.

5°. Les balayeures des maifons & des rues fournissent aussi beaucoup de parties nitreufes, végétales & urineufes.

On pourroit ordonner que les Domeftiques portassent les balayeures devant les maifons, où des gens établis viendroient de temps en temps les emporter dans les falpêtrières. Si le profit de ces immondices étoit affecté à quelque charge, on pourroit dédommager celui qui la pofsède actuellement, & faire un réglement.

6°. Il importe de ne rien laisser perdre de tout ce que la boucherie peut fournir, comme fang, petites pièces de chair & de peau, os, cornes. On tâcheroit de ramasser ce qu'on pourroit avoir de ces matières dans les Cabarets, les Hôpitaux, &c.

7°. On donneroit ordre aux maîtres des basses-œuvres des lieux à portée de faire tranf-porter les bêtes mortes à la falpêtrière, où ils les dépouilleroient, les dépéceroient & les enfouiroient dans les foffes; je leur paierois fept batz & demie par groffes bêtes.

8°. On y feroit conduire les décombres des

vieux bâtimens, briques, tuiles, plâtras, &c.

9°. On ramafferoit le poil que les Tanneurs & Mégiffiers détachent des cuirs & des peaux, quand même il feroit mêlé de tan, qui eft fort propre pour les plantations, principalement celui d'écorce de chêne.

10°. Les cendres leffivées ne doivent pas être négligées, non plus que celles de tourbes dans les lieux où l'on en fait ufage; pour les cendres non-leffivées, on doit les réferver pour la cryftallifation du falpêtre.

11°. On pourroit faire ramaffer le long des chemins, fur les pâturages, dans les foffés, &c. toutes fortes de plantes fpontanées, comme la préficaire, la jufquiame, les titymales, les orties, &c. &c.

Pour amaffer & conduire le tout à la falpê-trière, les frais en font faits, ou à peu près. Ceux du *Schallenwsrck*, doivent ramaffer toutes les immondices de la ville. On a des tombereaux pour les emmener, il n'y auroit qu'à ajouter quelques chars de plus.

Il ne refte donc plus à pourvoir que pour les ouvrages de la campagne & des plantations, ou des foffes : voici les Ouvriers que je voudrois y employer.

Il y a dans le pays beaucoup de fainéans ;

d'ivrognes ; de coureurs de nuit, de jeunes gens déréglés & défobéiffants ; de gens enfin qui doivent être tenus en bride, & qui méritent quelque punition, mais qui ne foit pas infamante. Ce feroit eux qui pourroient être employés à ces ouvrages. On les y obligeroit foit pendant un temps fixe, foit pour un temps indéterminé, & jufqu'à ce qu'on vît chez eux de l'amendement.

Ce projet (que LL. EE. ont commencé à mettre en partie en exécution) auroit ainfi plufieurs avantages ; il ferviroit à réprimer les vices & la licence ; il fourniroit des Ouvriers pour la culture du falpêtre ; & de retour chez eux, ils pourroient devenir utiles à d'autres plantations du pays, moyennant falaire : en forte que fi on goûtoit ce plan, on verroit infailliblement établir de belles & abondantes falpêtrières en plufieurs endroits du canton.

Rien n'empêcheroit encore que LL. EE. ne profitaffent de la crainte qu'ont les Communautés de recevoir comme ci-devant des Salpêtriers ambulans ; car il n'eft pas douteux qu'elles ne préféraffent de former des foffes, lorfque le Souverain le leur ordonneroit, & même avec le temps des plantations ; lorfque les tas feroient fuffifamment enrichis de parties nitreuſes; on enverroit pour les exploiter un Salpêtrier à gages de l'Etat, & l'on paieroit quelque choſe à la Communauté par livre de ſalpêtre, pour le ſoulagement de leurs pauvres; à meſure que ces établiſſemens ſe multi-plieroient, les profits pour LL. EE. s'augmen-teroient, & auſſi les fonds pour les pauvres, au grand ſoulagement de l'Etat & du pays.

Je crois tout cela très praticable & très-avantageux; heureux ſi par mes conſeils, mes inſtances & mes directions, je pouvois contri-buer à exécuter & à perfectionner une pareille entrepriſe !

EXPERIENCES

De M. Neuhaus , ancien Banneret de la Ville de Bienne, au sujet de la formation du salpêtre.

Extrait des deux Lettres qn'il a adreffées à la Société Economique de Berne.

VOus defirez d'apprendre de moi ce que j'ai obfervé dans la génération du falpêtre. Je vais pour cela vous rapporter mes expériences. Il y a vingt-cinq ans que je commençai à jeter fur une place pavée, derrière ma maifon, toutes fortes de matières propres à fournir du falpêtre. Cette place fituée au midi, contient vingt-cinq pieds en quarré. Pendant le courant des fept premières années, je fis arrofer ce ramas de temps en temps, fuivant qu'il étoit convenable, avec de l'eau de leffive, de l'eau de chaux & de l'urine ; je le mélois auffi & le remuois peu à peu d'un endroit à l'autre, ouvrage que je faifois moi-même pour me donner de l'exercice, & que l'expérience m'a

démontré être non-feulement utile pour la formation du falpêtre, mais encore propre à conferver la fanté & à rétablir d'incommodités de
divers genres.

Je ramaffai pendant trois ans, avant que
d'avoir rempli la place à deux pieds & demi
de hauteur ; à la huitième année, je fis entaf-
fer & délayer la terre, qui me donna envi-
environ douze quintaux de beau falpêtre
bien net.

L'on rejeta la craffe pendant dix ans fous
un toit, parce que la place où elle avoit
été fe trouvoit deftinée à autre chofe. Je
ne la fis pas mêler, ni remuer comme je l'aurois
dû ; ce temps écoulé, je la fis délaver une
feconde fois, & j'en tirai la moitié moins de
falpêtre qu'à la première leffive ; elle a encore
été relavée cet été, fans l'avoir fait remuer ni
arrofer, mais je ne puis pas juger du produit,
parce que j'ai eu le malheur d'avoir un Salpêtrier de mauvaife foi, qui, à ce que je crois,
s'eft approprié une bonne partie de l'eau de
falpêtre cuite, ou qui même a partagé avec
moi, en forte que je n'en ai pas retiré beaucoup au-delà de deux quintaux.

Il paroît clairement par-là que dans les endroits où les matières dont on fe fert, la place

& les bâtimens ne coûtent que peu, il y a quelque profit à y faire; c'eft auffi l'avis dont j'ai fait part au magnifique Seigneur Baillif *Enguel* & autres Phyficiens qui s'en étoient informés.

Je crois donc & fuis perfuadé que chaque particulier pourroit retirer un certain bénéfice, **en** deftinant un petit efpace près de fa maifon, **pour y** dépofer tous les excrémens d'animaux, **les** mauvaifes plantes, particulièrement les herbes amères, le crépit des vieilles murailles & des fours, de la marne, de la chaux, des cendres, & du fumier de cheval, qu'il arroferoit d'eau de leffive, d'eau de chaux & d'urine; ce qui réuni enfemble, ne laifferoit pas que de former un produit confidérable au pays; car je fuppofe qu'il y eût feulement vingt-cinq de ces places par Village, & que les unes compenfant les autres, elles continffent chacune dix pleines tines de terre, ce qui exigeroit un efpace de dix pieds en quarré, les deux cent cinquante tines de terre produiroient tous les dix ans, huit à dix quintaux de falpêtre. Si donc deux cens Villages s'appliquoient à cela, il y en auroit vingt, chaque année, qui tireroient leur falpêtre, ce qui monteroit à cent quintaux.

L'on n'objectera pas que ce dont on se sert pour cela, soit coûteux, ou qu'il puisse être employé plus utilement pour engrais; puisque cette terre, après avoir été délavée, se trouve augmentée de beaucoup, & qu'elle ne sert pas moins de ciment; la place n'exige pas non plus bien des frais pour la préparer, il suffit qu'elle soit fermée tout autour d'un mur, de deux pieds de haut, ou avec de mauvaises planches, & qu'on la couvre d'un petit toit: un prix destiné à celui qui tireroit la plus grande quantité de salpêtre de sa terre ainsi soignée, seroit peut être le plus sûr moyen d'introduire & d'encourager cet établisse-ment.

Telles sont, Messieurs, mes idées au sujet de la formation du salpêtre que vous m'avez fait l'honneur de me demander; ce n'est pas sur de simples spéculations & des calculs de cabinet qu'elles sont fondées, mais sur des expériences.

Quant à la question concernant l'utilité à retirer des charognes, je ne me suis servi d'aucune dans mes essais; d'un côté parce que l'endroit où je les ait faits étoit trop près de ma maison; de l'autre, parce que je crois que la graisse qui se trouve dans la chair, & principalement

lement

lement dans les os, étant mêlée avec le sel alkali, se change en savon qui, liant les sels, diminue leur force magnétique, dont ils attirent les particules de feu qu'il y a dans l'air, ou même la détruit entièrement. Il me paroît qu'il se pourroit aussi que ce qu'il y a de savonneux dans cette eau de salpêtre, est ce qui la rendit souvent grasse, & l'empêcha de se fixer jusques à ce que l'on ait filtré au travers d'une grande quantité de cendres.

J'ai observé que la corruption & le feu servent beaucoup à former ce sel fixe, & que les matières qui en renferment quelques particules, en particulier les os brûlés sont les plus propres à cet usage ; aussi voit-on qu'ils se couvrent de fleur de salpêtre, au bout d'un court espace de temps ; je me suis servi avec succès de sang, de cornes, de griffes & de poil d'animaux ; cependant je n'ai rien trouvé qui donne autant de fleur que les coquilles de noix à moitié brûlées, si j'en excepte une pleine péle de terre mouillée, délayée par le Salpêtrier, qui ayant été jettée contre une muraille, y étoit restée attachée; en peu de mois elle a été si pleine de salpêtre, que si tout le tas en avoit été autant garni, j'aurois pu le faire bientôt laver une seconde fois. Je laisse à des

efprits plus pénétrants à décider fi cet effet
doit être attribué à la chaux de la muraille ;
ou à l'humidité tempérée & variée de l'air.

Je fais certainement que le fel commun, le
vitriol, & le foufre mêlés enfemble en certaine quantité, contribuent beaucoup à la
formation du falpêtre ; mais j'ai préféré de
faire tous mes effais, à moins de frais poffibles,
& je m'en fuis très-bien trouvé.

Bienne, ce 11 Février & 2 Mars 1765.

EXTRAIT

D'UN MÉMOIRE DE M. VANNES,

APOTHICAIRE A BESANÇON,

Sur la nature du nitre ; sur la manière la plus économique , & en même temps la moins onéreuse à la Franche-Comté, pour la fabrique en grand , ayant pour devise : Arte perficitur quod Natura dedit : *Ouvrage couronné par l'Académie de Besançon , le 24 Août 1766.*

BECHER & *Stahl* n'admettoient, comme on sait, qu'un seul acide primitif & universel, & ils étoient persuadés que les autres acides n'en étoient que des modifications. M. de *Vannes*, en adoptant ce sentiment, cherche en même temps à le concilier avec celui de *Glauber*, de l'*Emery*, & de quelques autres Chimistes, & il pense avec eux que l'acide nitreux est l'ouvrage de la végétation ; que l'acide vitriolique, en passant par les filières des végétaux, s'y combine avec le phlogistique ; & prend le caractère de l'acide nitreux ; d'où il conclut que de même que la mer & la terre ont chacun un acide particulier, le règne végétal a son acide qui lui est propre, & qui combiné tantôt avec des substances huileuses ou terreuses, tantôt avec des alkalis fixes ou volatils, forme les sels essentiels des végétaux.

Quoique toutes les plantes contiennent du nitre suivant l'opinion de M. de *Vannes*, elles n'en contiennent pas toutes une égale quantité : celles qui en fournissent en plus grande abondance, sont,

1°. Celles qui composent les sections I & II de la classe XV de Tournefort ; savoir, la Bette, Laroche, le bon Henry, le Curage, la Pariétaire, &c.

2°. La section IV, classe II du même Auteur, telles que la bourache, les différentes espèces de buglose, la pulmonaire, la cynoglosse, &c.

3°. Les crucifères, section II, classe V, dans lesquelles l'acide nitreux est principalement uni à un alkali volatil.

4°. Les radiées, section, II classe XIV, telles que le soleil, le topinambour, &c.

(389)

Toutes ces plantes féchées & dépouillées de leur eau de végétation, jetées fur des charbons ardens, y détonnent fenfiblement.

Si on veut fe convaincre plus complettement encore de l'exiftence du nitre dans ces plantes, il ne s'agit que d'en prendre une, telle que la Bette ou quelqu'autre individu de la même famille, de la piler en y ajoutant un peu d'eau, d'en exprimer le jus & de le clarifier par le blanc d'œuf: ce fuc filtré & évaporé, donne un fel effentiel, qui n'eft autre chofe qu'une combinaifon d'acide nitreux & d'huile; fi au fuc de la même plante, on joint un alkali fixe, on a pour lors un véritable nitre en cryftaux *.

(*) M. *Baumé*, qui a fait ces mêmes expériences fur deux cents livres de fuc de betterave, n'a point obtenu de cryftaux qui paruffent avoir aucun rapport avec le nitre. Au refte, il eft poffible que les mêmes plantes, cultivées dans différents terrains, donnent des produits très-différens. Le grand foleil en fournit une preuve. Cette plante, quand elle a crû fur des couches ou dans du terreau, contient une quantité prodigieufe de nitre, & fa moëlle détonne très-vivement fur les charbons. Lorfque cette même plante a crû dans de la terre fraîche, & en plaine campagne, elle ne contient pas de nitre. *V. les Élémens de Pharmacie de M.* Baumé.

Dans les plantes graffes , une addition de chaux & d'alkali favorife la féparation du nitre, & on l'en obtient plus pur.

Le fuc des plantes crucifères clarifié & évaporé , donne également des cryftaux de nitre, mais comme on l'a déja dit, ce nitre a pour bafe un alkali volatif (1).

Indépendamment du nitre que les plantes contiennent en quelque façon dans l'état de fel effentiel, elles contiennent toutes encore une fubftance nutritive, le corps mucueux qui eft le réfultat de la combinaifon de l'acide nitreux avec une huile. La preuve qu'apporte M. *de Vannes* de cette opinion, eft la grande réaction de cet acide fur l'huile, dans la diftillation des corps mucueux, réaction qui décompofe l'huile en vapeurs, & qui la réduit en charbon, lequel s'attache aux parois du chapiteau & du récipient; or on fait que c'eft une propriété de l'acide nitreux, de décompofer les huiles & de les réduire en charbon.

Non-feulement les plantes, fuivant M. *de Vannes*, contiennent de l'acide nitreux & du véritable nitre; mais la fermentation putride

______

(1) L'Auteur a négligé de rapporter les preuves fur lefquelles font fondées ces affertions.

•ſt encore ſuſceptible d'en augmenter la quantité. Il entre à cet égard dans des détails très-intéreſſans ſur la fermentation putride. Il remarque dans cette opération deux états très-diſtinéts. 1°. Celui de l'acidité, qui ſe démontre par l'efferveſcence que les corps en fermentation font dans le premier inſtant avec les ſubſtances alkalines, & par le changement en rouge qu'ils occaſionnent aux couleurs bleues des végétaux. 2°. Celui de la putréfaction proprement dit, lequel ſe reconnoît par le dégagement de l'alkali volatil. C'eſt pendant cette ſeconde époque que les principes des corps, qui ont été déſunis & ſéparés pendant la première, ſe rapprochent & ſe recombinent pour former de nouveaux compoſés, & que l'acide vitriolique, débarraſſé des ſubſtances huileuſes, & autres auxquelles il étoit uni, ſe combine avec le phlogiſtique, pour former l'acide nitreux.

Quoique l'urine ſoit dans le cas comme toutes les ſubſtances ſuſceptibles de paſſer à la fermentation putride, aucun Chimiſte cependant n'a pu ſaiſir en elle le moment d'acidité & de déſunion des principes. Si-tôt qu'elle a commencé à fermenter, elle donne des ſignes d'alkalefcence , & fait effervefcence avec les acides.

M. *de Vannes* paffe enfuite à des réflexions très-juftes fur la nature de l'urine; il la confidere comme une leffive chargée de différens fels , qui n'ont pu entrer dans l'économie animale , qui ont circulé dans les vaiffeaux fans éprouver de décompofition , & qui enfin ont été chaffés au dehors , comme inutiles au fyftéme de l'animalifation. Il fuit de-là que le plus grand nombre d'animaux fe nourriffant de végétaux ou d'autres matières qui contiennent du nitre , leur urine doit en contenir : & c'eft ce qu'on obferve en effet. M. *de Vannes* va même jufqu'à penfer que le fel fufible de l'urine n'eft qu'un acide nitreux, déguifé ou dénaturé. Il s'en faut bien qu'on ait encore aucune preuve fur ce dernier article.

D'après ces principes, toute matière végétale ou animale, fufceptible de putréfaction , peut donner du nitre de deux manières; $1°.$ par le développement de celui qui y eft tout formé, & qui eft en partie combiné avec une fubftance huileufe; $2°.$ par la modification de l'acide vitriolique, qui s'unit au phlogiftique dans le moment de la putréfaction.

M. *de Vannes* obferve à cette occafion, &
c'eft un fait très-conftant, qu'on ne trouve
jamais ni fel de *Glauber* ni tartre vitriolé dans
les travaux du falpêtre ; & il en conclut que
l'acide vitriolique qui entre dans la compofition de ces deux fels, a été converti en acide
nitreux. Cette obfervation, quoique très-
heureufe & très-vraie, ne prouve rien en faveur de l'opinion de l'Auteur ; elle tient à un
autre phénomène encore peu connu des Chimiftes, & qu'on ne peut développer ici.

On a vu que M. *de Vannes* regardoit, avec
Stahl, l'acide nitreux comme une modification
de l'acide vitriolique ; il fe perfuade, d'après
cela, que fi l'huile du vitriol du commerce
étoit moins chère, on pourroit l'employer
avec fuccès pour fabriquer du falpêtre en grand;
mais à défaut, il confeille d'employer le vitriol
de Mars, qui coûte très-peu.

Après avoir expliqué la théorie de la formation du nitre, ou plutôt de fon acide, M. *de*
Vannes paffe à la pratique. La génération du
falpêtre, confidérée fous ce point de vue,
préfente deux objets à remplir ; 1°. la production de l'acide nitreux ; 2°. l'addition d'une
matière qui puiffe le retenir, le fixer & lui
fervir de bafe. L'égoût des fumiers, l'urine des

animaux, toutes fortes de matières végétales ou animales, fufceptibles de putréfaction, combinées avec des fels vitrioliques, tels que le vitriol de Mars, rempliront le premier objet.

Les terres calcaires, le tuf calcaire, les cendres même leffivées, la terre noire des environs des Villages, les boues, l'alkali végétal, connu fous le nom de *falin*, les eaux des leffives, feront propres à remplir le fecond.

Le nitre, à mefure qu'il feroit formé, feroit diffous & entraîné par l'eau des pluies, fi l'on ne couvroit de façon quelconque les matériaux préparés pour fa formation : de-là la néceffité de conftruire des hangards ; & M. *de Vannes* propofe de leur donner trente pieds de long fur fept de large en dehors, & il croit à propos de les difpofer ainfi qu'il fuit.

La charpente fera d'abord foutenue par des poteaux, portés par des dalles de pierres ; le hangard fera enfuite fermé des deux côtés dans la longueur, par deux murs de cinq pieds & demi de haut, compris le chaperon ; ces murs auront trois pieds d'épaiffeur au rez de chauffée, & deux pieds dans le haut ; ils feront conftruits de terre calcaire, de cendres leffivées, &c. mélées avec de la paille hachée courte ; on arrofera ces matières avec de l'urine ou des égoûts de fumier, & on en fera par ce moyen une efpèce de mortier qu'on emploiera médiocrement humide.

On fera à ces murs des trous de pied en pied avec des bâtons, qu'on ne retirera que quand la terre aura pris affez de confiftance pour qu'ils ne fe referment pas ; on donnera à ces trous une petite inclinaifon en dehors : c'eft entre ces deux murs, propres eux-mêmes à fe falpétrer, que feront dépofés les amas de terre ou couches à nitre.

On creufera d'abord de deux pieds l'efpace compris entre les deux murs, lequel fera d'environ fix pieds ; on y dépofera une couche de terre calcaire de l'épaiffeur d'un pied ; on l'arrofera avec l'urine ou de l'égoût de fumier, & on remettra pardeffus un lit de deux à trois pieds des plantes les plus nitreufes ; ce lit de plantes fera enfuite recouvert par un lit de terre calcaire, femblable au premier ; & on continuera ainfi couche par couche jufqu'à la concurrence de trois lits de terre & de trois lits de plantes : la dernière couche devra être conftruite en dos-d'âne ; tous les quinze jours on remuera les matières à la pelle, pour renouveller les furfaces, & on les arrofera avec de l'urine ou de la leffive de fumier. Il fera

aifé de trouver , à peu de frais, dans les campagnes voifines , les végétaux propres à cette
opération. On pourroit même cultiver exprès
les plus avantageufes, telles que le grand foleil,
les topinambours, les buglofes, &c.

C'eft principalement fur la fin de l'été que
les matières doivent être difpofées pour la génération du falpêtre : & ce temps eft celui où
l'on peut fe procurer des plantes en abondance.
Si cependant on jugeoit à propos de travailler
en hiver, & que les plantes manquaffent, on
pourroit, fuivant M. *de Vannes*, y fuppléer par
une addition de vingt ou cinquante livres de
vitriol de fer, qu'on feroit diffoudre dans de
l'urine ou de la leffive de fumier.

On ne remuera & on n'arrofera les matières
que pendant huit mois ; on les laiffera enfuite en
repos pendant quatre autres mois : après quoi
on pourra les leffiver, & on en retirera une
grande abondance de falpêtre.

L'évaporation des leffives de nitre conduit
M. *de Vannes* à difcuter la forme des fourneaux
& des chaudières ; il prétend qu'elles ne font
pas affez évafées par le haut ; il s'appuie fur ce
que l'évaporation n'a lieu qu'à la furface, & que
par conféquent on ne peut trop en augmenter
l'étendue.

Il propofe, par rapport aux fourneaux, d'y ajouter un cendrier, de manière qu'on pût augmenter ou diminuer à volonté le courant d'air, & donner en proportion plus ou moins d'activité au feu. Il obferve que dans l'état actuel des fourneaux, l'air froid entre pêle-mêle avec l'air chaud dans les fourneaux, & refroidit le fond de la chaudière au lieu de l'échauffer. Il feroit donc néceffaire que la difpofition du fourneau fût telle que l'air ne pût arriver à la chaudière, qu'après avoir traverfé le charbon ou le bois allumé : & cet objet ne peut être rempli que par le moyen d'une grille & d'un cendrier (1).

Les Salpêtriers de Paris rempliffent jufqu'à trois fois leur chaudière ; quand la troifième mife eft faite, & que la liqueur commence à être fort rapprochée, ils y jettent quelques livres de colle de France, diffoute dans de l'eau chaude, pour opérer la clarification. Il y a dans ce moment un gonflement confidérable de la liqueur ; les ouvriers font même obligés

______

(1) Il paroît qu'en général le cendrier eft néceffaire dans tous les fourneaux où l'on confomme du charbon, qu'il eft au contraire nuifible dans ceux où l'on brûle du bois.

I

de retirer le feu, & souvent de jeter de l'eau froide dans la chaudière, pour empêcher que la liqueur ne passe pardessus les bords. M. *de Vannes* conseille, au lieu d'ajouter ainsi de l'eau superflue, qu'il faut ensuite évaporer, de jeter dans la chaudière quatre ou cinq onces de suif. Cette substance calme le mouvement ; on la retire ensuite avec l'écume, ou bien elle se fige sur la surface de l'eau mère des bassins dans lesquels on met crystalliser, & on la ramasse facilement, pour resservir de nouveau.

A mesure qu'on continue l'évaporation, il se forme à la surface de la chaudière une pellicule qui se précipite, & que les ouvriers nomment *grains* : c'est le sel marin. Ce sel se montre ainsi le premier, parce qu'il n'est pas plus dissoluble à chaud qu'à froid, à la différence du salpêtre, qui est infiniment plus dissoluble dans l'eau bouillante que dans l'eau froide ; on retire à mesure le grain avec une écumoire : on connoît que la lessive est au point d'évaporation convenable, en en laissant tomber une goutte sur un corps froid ; si la lessive est suffisamment concentrée, elle doit s'y figer : alors on la retire avec une grande cuiller de cuivre, & on la met à crystalliser dans de grands bassins de cuivre.

Le falpêtre que les Salpêtriers de Paris ob-
tiennent par cette méthode, eſt très-impur. Il
contient 1°. du ſel marin, 2°. de l'eau mère
de nitre & de ſel marin. La méthode de le
purifier à la Raffinerie de Paris, conſiſte à le
diſſoudre d'abord dans la moindre quantité d'eau
qu'il eſt poſſible, à lui faire prendre deux ou
trois bouillons, & à ajouter un peu de colle de
Flandres. Le ſel marin, qui ne trouve pas aſſez
d'eau pour être diſſous, tombe au fond de la
chaudière, & la liqueur qui ſurnage après une
légère évaporation, ſe trouve aſſez rapprochée
pour cryſtalliſer. La liqueur ſurnageant, ſéparée de deſſus les cryſtaux, reſſert pour un
nouveau travail. Cette méthode eſt très-écono-
mique & très-bonne. Le ſalpêtre qui en réſulte
s'appelle ſalpêtre de la ſeconde cuite.

La troiſième cuite ne diffère de la ſeconde
qu'en ce qu'on diſſout à plus grande eau ; &
comme dans cette cryſtalliſation il y a infiniment plus de ſalpêtre que de ſel marin & de
ſels à baſe terreuſe, il arrive que lorſque la
liqueur eſt au point de cryſtalliſation pour le
ſalpêtre, elle eſt bien éloignée d'y être pour
le ſel marin ; & en ne pouſſant pas trop loin
l'évaporation, le ſel marin reſte dans les
eaux.

'Après cette digreſſion ſur les opérations de la Raffinerie de Paris, M. *de Vannes* revient à ce qui ſe pratique à celle de Beſançon : & c'eſt par où il termine ſon Mémoire.

Les Salpêtriers, comme on l'a déjà dit, ſéparent une partie du grain ou ſel marin par l'évaporation ; ils mettent enſuite la liqueur dans de grands baſſins, où il ſe dépoſe encore quelques portions du grain en raiſon de la chaleur qui continue encore un reſte d'évaporation : enfin le lendemain, on porte la leſſive en partie refroidie dans des vaſes de bois, où elle cryſtalliſe, & donne du nitre de la première cuite.

On raffine ordinairement à Beſançon (c'eſt toujours M. *de Vannes* qui parle) deux cents livres de ſalpêtre tout à la fois ; on les met dans une chaudière, & on y verſe de l'eau juſqu'à ce qu'elle ſurpaſſe le nitre de deux ou trois pouces ; on fait grand feu, & dès que la liqueur bout, on jette une livre de colle fondue dans un demi-ſceau d'eau ; on a ſoin pendant l'ébullition d'écumer le ſel marin ; & pour empécher une évaporation trop prompte, ou peut-être pour éviter que la liqueur ne paſſe pardeſſus les bords de la chaudière, on a coutume de jeter trois tines d'eau froide, qui contiennent chacune deux

ou

ou trois fceaux d'eau. M. *de Vannes* blâme cette dernière pratique, & préféreroit qu'on employât le fuif pour calmer la furface de la liqueur, ainfi qu'il l'a prefcrit plus haut.

L'évaporation finie, on laiffe d'abord refroidir dans de grands baffins, où fe dépofe le fel marin ; enfuite on porte la leffive dans d'autres baffins, où le nitre cryftallife.

L'opération relative à la troifième cuite ne diffère de la feconde, comme à Paris, qu'en ce qu'on criftallyfe à plus grande eau. Les eaux furnageantes font évaporées de nouveau, & ainfi jufqu'à ficcité, & fuivant la qualité du falpétre ; on le range dans la claffe de troifième, deuxième ou première cuite ; on a foin pour la troifième cuite de couvrir les baffins, pour que le refroidiffement foit plus lent, & pour obtenir de plus beaux cryftaux.

Lorfque pour les travaux de la Pharmacie on veut avoir du nitre encore plus pur, on les diffout de nouveau ; on précipite le peu d'eau mère qui peut y refter par l'addition d'un alkali ; on clarifie par le blanc d'œuf ; on fait évaporer à grande eau, & on ne prend, pour plus grande fûreté, que les deux ou trois premières cryftallifations : on eft fûr alors d'avoir du nitre abfolument pur.

C c

Tout ce que M. *de Vannes* preſcrit dans ce Mémoire pour le traitement des terres ſous les hangards, peut également s'appliquer aux plâtras & aux décombres de bâtimens qu'on emploie principalement à Paris ; on peut également les amonceler ſous des hangards, les arroſer avec de l'urine, de l'égoût de fumier, & les remuer de temps en temps à la pelle, & on peut être aſſuré, ſuivant M. *de Vannes*, d'en retirer une récolte abondante de ſalpêtre.

EXTRAIT

D'UNE DISSERTATION SUÉDOISE,

INTITULÉE:

Examen chimique & économique des moyens d'augmenter la fabrication du salpêtre dans le Royaume de Suede, par M. Abraham Granit, à Abo. 1771, traduit du Suédois par M. Baër, Aumônier de S. M. le Roi de Suede.

PREMIERE PARTIE.

Recherches sur la nature du salpêtre & de sa production dans la terre.

§. I. Le salpêtre contient un sel alkali fixe, saturé par un acide minéral, qui lui est particulier, & combiné avec un peu d'eau : quant à la figure, il se distingue des autres sels moyens, par des crystaux angulaires & prismatiques, dont la pointe est terminée par des facettes.

Le salpêtre brut est composé de petits crystaux, d'un brun foncé, qui posés sur un charbon ardent, ne détonnent & étincellent que très-foiblement. En les diffolvant dans l'eau & en y jettant goutte à goutte de l'huile de tartre ou quelqu'autre fel alkali pur , il s'en fépare une quantité de terre calcaire.

Le falpêtre épuré a des cryftaux blancs & luifants ; il détonne fortement avec une flamme lumineufe ; diffous dans l'eau il ne donne aucune terre calcaire avec la leffive du tartre.

§. II. Les Phyficiens & les Chimiftes ne font pas encore d'accord, s'il y a du falpêtre dans l'air : *Bacon*, *Nieuventul* (1) & plufieurs autres ont été de ce fentiment ; *Mariotte*, *Lemery* & d'autres (2) l'ont nié ; *Marggrave* paroît avoir terminé cette difpute , en prouvant par des expériences, la préfence naturelle de l'acide nitreux dans l'air , mais en très-petite quantité.

§. III. On trouve auffi du nitre & de l'acide nitreux, dans les eaux de fontaines & plufieurs autres eaux fur la furface de la terre, & même

---

(1) *Bacon Verulam*, *Hift. vitæ & mortis*, p. 528 & 529. *Nieuventyl*, l'exiftence de Dieu démontrée par les merveilles de la Nature.

(2) Mémoires de l'Académie des Sciences de Paris de l'année 1717.

en certaine partie dans l'eau de la mer *. *Marggrave* a trouvé des veſtiges de nitre dans preſque toutes les eaux de puits de Berlin. Le *Ziehbrunes*, à Londres (3) contient de l'acide nitreux, au point que la viande qu'on y fait bouillir, en devient toute rouge. L'eau qui filtre à travers les terres dans les forêts, qui donne aux ſources cette qualité rafraîchiſlante qui étanche ſi bien la ſoif, contient toujours un peu d'acide nitreux. Si les eaux des baſſes-cours filtrent à travers la terre, & ſe mêlent à des ſources, on retrouve dans celles-ci des indices de nitre; ſi l'on diſtille du ſel de mer qui n'ait pas été bien purifié, on en obtiendra un eſprit acide, ſemblable à l'eau-forte, ce qui a été éprouvé par *Neuman* & pluſieurs autres Chimiſtes **.

§. IV. *Kunkel* prend cent livres de ſang, le

Note des Editeurs.

* Tous les Phyſiciens ne s'accordent pas ſur cet article.

(3) Mémoires de l'Académie de Berlin, de l'année 1752, Médical Tranſactions, vol. I, 1768.

Note des Editeurs.

** Tous ces faits ne ſont rien moins que prouvés, & il paroît au contraire que l'eau de la mer ne contient point d'acide nitreux.

fait entrer promptement en putréfaction dans un endroit chaud, en sépare la terre par l'eau, fait évaporer cette lessive, & par la cryftallifation en obtient cinq livres de bon falpétre (4).

§. V. Les jus de plufieurs plantes contiennent auffi une matière nitreufe, comme, par exemple, la Pariétaire, la Mercuriale, le Tabac, la Nitraria, la Fumaria, la Perficaria, comme auffi toutes celles qui croiffent fur un terrein nitreux (5).

§. VI. M. de *Brout*, qui a donné la Defcription des Manufactures de falpêtre de la Virginie obferve que la terre qui donne le plus de falpétre, eft celle où font les dépôts ou magafins de tabac. Un terrein de foixante aunes de longueur, qui fert de dépôt au tabac, doit ordinairement rendre feize quintaux de falpétre; on fait bouillir dans de l'eau, les découpures de feuilles de tabac & les feuilles endommagées par l'eau, & on arrofe de cette eau, la terre de la falpétrière (6).

§. VII. Si les animaux & les végétaux font

---

(4) *Junkier confpectus Chimiæ*, tom. II, p. 525.

(5) Dictionnaire de Chimie, tom. II, p. 544.

(6) *Mufæum rufticum & Commerciale*, tom. II, p. 106.

réduits en putréfaction, la terre qui en provient rend beaucoup de salpêtre; par la même raison on peut retirer beaucoup de salpêtre des terrains qui se trouvent dans les vieux magasins de foins, où beaucoup de végétaux se sont putréfiés.

§. VIII. Toutes les terres contiennent plus ou moins de salpêtre; la terre d'argille en contient pourtant le moins: mais en mêlant de l'argille forte avec du gros sable & de la terre noire de jardin, elle devient affez bonne pour produire du salpêtre : dans quelques endroits de l'Ukraine, de la Pologne & de la Ruffie, où la bonne terre de jardin eft de l'épaiffeur de plus d'une demi - aune, on peut l'employer pour fabriquer du salpêtre avec avantage.

§. IX. La terre noire de jardin , abritée par un toit, produit toujours du salpêtre. Il n'en eft pas de même des autres terres , à moins qu'elles n'aient été difpofées à cela par des mélanges de terres provenantes des animaux & des végétaux putréfiés.

§. X. Le salpêtre ne vient point dans des terrains imprégnés de vitriol, ni dans ceux qui contiennent beaucoup de fel marin, de foufre ou de graiffe de montagne (*Bergſtma*).

§. XI. Les autres terres ou pierres qui ne font pas terre noire de jardin, ne contribuent à la production du falpétre, qu'autant qu'elles peuvent rendre le terrain plus meuble, & qu'elles reçoivent & retiennent un peu d'humidité, qui par la circulation de l'air & la chaleur prépare & entretient dans la terre la putréfaction des matières animales & végétales.

§. XII. La meilleure terre à falpétre, eft celle qu'on retire des étables & des baffes-cours, pourvu que la terre foit un peu fèche & qu'elle n'ait pas été chargée de trop d'humidité.

§. XIII. En mêlant de l'urine avec la terre des écuries & des étables, on favorife bien la production du falpétre; mais fi elle y coule trop abondamment, ou en plus grande quantité qu'il ne s'en peut putréfier, elle fait plus de tort que de profit. En mêlant de la paille, de la balayeure de foin, des feuilles, de petites branches d'arbres, de la bruyère & autres herbes des prés, avec une telle terre imprégnée d'urine, celle-ci fe putréfie bien plus promptement par le moyen de ces ingrédiens, & alors la terre des étables & des baffes-cours, donne beaucoup plus de falpétre qu'auparavant.

§. XIV. Dans les baffes-cours, la terre ne

contient guères de falpêtre au-delà de la profondeur d'une demi - aune, ou tout au plus
d'une aune. Si ces maifons font fituées fur un
terrain compofé de gros fable, mêlé d'un peu
de terre de jardin, on trouve du falpêtre
quelquefois jufqu'à trois aunes de profondeur.

§. XV. Si l'on prépare & améliore la terre
des baffes-cours & autres lieux femblables, de
la manière qu'il a été dit au §. XIII, & fi
l'on y mêle en même-temps de la cendre, les
déjets des fabriques de favon, les cendres provenant des tueries & des blanchifferies; alors
la terre produit la plus grande quantité poffible de falpêtre.

§. XVI. Des pierres à chaux non-brûlées,
ou bien de la chaux éteinte, mêlées avec de
la terre à falpêtre, font plus de mal que de
bien. Mais fi cette terre eft humide ou
aigre, fi elle eft dans des étables de chèvres
ou de brebis, dans des toits à porcs ou dans
des colombiers, alors elle fupporte le mélange
d'un peu de chaux vive, parce que l'urine &
les excrémens de ces efpèces d'animaux, contiennent beaucoup de graiffe. La chaux éteinte
avance la putréfaction des matières animales
& végétales, & elle abforbe en même temps la
trop grande humidité de la terre.

§. XVII. Le limon de mer & la terre des marais , peuvent être mélés avantageusement avec la terre à salpêtre , pourvu que cette dernière contienne un peu de sable, qu'elle soit meuble , point adhérente, & que sous la terre il s'y mêle de l'urine d'animaux, qui opère la putréfaction.

§. XVIII. Le salpêtre de houssage ou nitre natif, se montre sur les murs de chaux, sur les mortiers & sur les voûtes des caves, comme une bruine , & n'est composé que d'acide nitreux qui n'est pas complettement saturé de terre calcaire. Dans des endroits humides , où des matières végétales ou animales ont été mélées avec la chaux, ce sel se montre le plus abondamment. Alors on lui donne aussi le nom d'*aphronitrum*.

§. XIX. Les meilleurs emplacemens qu'on puisse choisir pour l'établissement des nitrières, sont les endroits élevés , où elles ne soient point exposées à des eaux filtrantes ou autres humidités qui entraînent promptement le salpêtre, & où cependant l'eau puisse pénétrer dans la terre, pour l'entretenir dans un degré d'humectation convenable. Si la situation ne permet pas un pareil arrangement, en ce cas il est indispensable de pratiquer des fossés à l'entour des bâtimens & des baſſes-cours.

§. XX. Le ſalpêtre ne ſe produit pas en ſi grande abondance dans les bâtimens murés, que lorſque l'air a un accès libre & ouvert à la terre.

§. XXI. Les Fabricans de ſalpêtre regardent comme une terre paſſable, celle qui rend la ſixième ou la huitième partie d'une livre de nitre par chaque pied cubique de terre, ou bien une livre par aune. Il s'en trouve qui rend une demi - livre de nitre par pied cubique ou deux livres par chaque aune cubique de terre ; & c'eſt celle qu'on peut regarder comme la plus abondante. La terre qui ne rend qu'un dixième, douzième ou quatorzième de livre ſur chaque aune cubique, ne vaut pas la peine d'être exploitée.

§. XXII. En leſſivant la terre de ſalpêtre, la plus riche donne trois livres de ſalpêtre, pour quarante à cinquante ſceaux de leſſive. Une terre médiocre exige ſoixante ſceaux ; il eſt même des leſſives qui ne rendent que de deux livres de ſalpêtre par quatre-vingt, quatre-vingt-dix à cent ſceaux.

§.XXIII. Quand on veut évaluer le produit d'une ſalpêtrière, il faut particulièrement faire attention 1°. à la ſituation de la maiſon & du terrain,

§. XIX ; 2°. à la teneur cubique de la terre ; 3°. à la qualité du terroir ; 4°. aux phéno-mènes qui se montrent, lorsqu'on examine la terre par la voie de la détonnation ou de la crys-tallisation.

§. XXIV. Quant à la nature du terroir, le salpétre s'engendre le plus promptement dans une terre de jardin sablonneuse, & cela dans l'es-pace de quatre, cinq à six ans ; après celle-ci, la terre de jardin noire est celle qui produit le plus ; mais on ne peut la traiter avec certain avantage, qu'après l'espace de sept à huit ans ; la terre argilleuse donne le moins, mais le sal-pêtre en est pur ; on n'en obtient qu'au bout de neuf à dix ans. Dans les terres composées de sable fin, ou comme on l'appelle, sable farineux, il s'engendre bien aussi du salpêtre ; mais l'extraction de ces sels par la lessive, est accompagnée de beaucoup de difficultés, com-me dans les terres argilleuses ; & rarement on peut les mettre à profit à moins de les mêler avec du gros sable.

§. XXV. On reconnoît par la détonnation si une terre contient du salpétre, lorsqu'après l'avoir fait sécher, on la jette sur un charbon ardent & qu'alors elle étincelle & siffle un peu ; on est alors sûr qu'elle contient du nitre :

de même en faisant rougir une barre de fer,
& en l'enfonçant dans un tas de cette terre,
le fer frémira, & après l'avoir laissé refroidir
on y observera des taches blanches, qui
tiennent de la nature du sel.

§. XXVI. On découvre encore mieux la
teneur d'une terre nitreuse, par la voie
de la crystallisation, & c'est-là aussi le moyen
le plus communément employé par les Fabricans de salpêtre. Du fond d'une basse-cour,
d'une cour ou d'une étable, ils enlèvent en
plusieurs endroits un peu de terre avec une
pioche, en assez grande quantité, pour
faire ensemble environ un quart de pied
cubique; ils plaçent cette terre dans un entonnoir, dans le bas duquel ils ont eu soin de
mettre un peu de paille coupée; ils couvrent
aussi la terre avec cette paille; ensuite ils y
versent quelques cuillerées d'eau, pour dissoudre les parties salines que cette terre peut
contenir ; ils prennent quelques gouttes de
l'eau qui découle de l'entonnoir; ils les laissent
tomber sur une lame de couteau bien propre,
laquelle ils exposent sur un mur au soleil. Quand
l'eau contenue dans les gouttes est évaporée,
il se trouve à l'extrémité de la circonférence
de chaque goutte une bordure crystallisée de

nitre, qui pouſſe des rayons vers le centre.
Plus cette bordure eſt large, plus les rayons
ſont fréquens, plus l'échantillon de ſalpêtre eſt
riche: plus au contraire le bord eſt mince &
les rayons ſont rares, plus la terre eſt foible.
La terre, qui, par la lixivation, ne donne
pas ces deux indices des § XXV & XXVI, ne
mérite pas le nom d'une terre à ſalpêtre.

Premiere Remarque. Par les expériences ci-
deſſus, il eſt donc prouvé qu'il y a un acide
nitreux dans l'air, §. II ; & lorſque dans les
mois de Juillet & d'Août, après une longue
ſéchereſſe, il tombe de fortes pluies, elles ſont
ſouvent tellement chargées de parties nitreuſes *, qu'en humectant les terres à ſalpêtre,
elles leur ſont réellement avantageuſes ; mais
l'eau des fumiers qui ſe trouve dans les baſſes-
cours, & qui de-là filtre dans la terre, eſt
bien plus avantageuſe encore.

IIe. Remarque. Le ſalpêtre, qui, ſelon les
expériences de *Homberg*, contient de l'alkali
en proportion de l'acide, comme quatre cents
quatre-vingt eſt à cent quatre-vingt-trois (7),
& par conſéquent plus de la moitié d'alkali

---

* Ce fait n'eſt nullement prouvé.
(7) *Boërhave.* Chem. tom. II, p. 256.

fixe, peut pourtant être produit fans qu'on y mêle aucun fel alkali, §. IV, VI, VII & IX. Il femble donc que la Nature elle-même prépare cet alkali pour le falpêtre, par la chaleur & la décompofition que les animaux & les végétaux éprouvent dans la putréfaction.

IIIe. *Remarque.* On ne fauroit attendre aucun avantage des matières provenantes du règne minéral pour la production du falpêtre, §. X, XI, XVI & XVIII. Elles fervent en partie à entretenir la terre bien meuble, en partie à diffoudre & à abforber le trop de graiffe qui eft dans la terre, en partie à arrêter un peu l'acide nitreux pendant la putréfaction des animaux & des végétaux dans la terre.

IVe. *Remarque.* Il eft de certaines plantes qui contiennent du falpêtre, §. V & VI; nos plantes maritimes, fur-tout le *fucus*, & d'autres femblables, font plus propres chez nous pour être mêlées avec les terres à falpêtre, que dans les pays méridionaux, parce qu'elles contiennent peu, ou même ne contiennent point de fel marin, lequel eft encore en partie décompofé par la graiffe de la terre, & en partie expulfé pendant la putréfaction.

V^e. *Remarque.* Trop d'urine, trop de graiffe & trop d'humidité empêchent la formation du falpêtre, §. X II, XIII & XVI, tandis au contraire qu'un changement alternatif d'humidité, d'air & de chaleur, l'entretient & l'augmente, §. II, XIX & XX.

VIe. Remarque. Quoique la Nature elle même, par la putréfaction des animaux & des végétaux, prépare l'alkali fixe néceffaire pour la production du falpétre dans la terre, cela n'avance pourtant que petit à petit & lentetement; mais quand l'Art vient au fecours de la Nature, en mélant des alkalis fixes avec la terre, §. XVI, alors on lui fait produire du falpêtre plus promptement & en plus grande quantité.

SECONDE PARTIE.

Effai fur les parties conftitutives du falpêtre, & fur les moyens de le faire naître dans la terre en la plus grande quantité poffible.

§. I. Il eft aifé de démontrer par la Chimie, foit par la méthode analytique, foit par la fynthétique, que le nitre eft compofé, comme il a été dit dans la première Partie, §. I, d'un alkali fixe lixivieux, d'un acide fpécifique & d'un d'un peu d'eau. On obferve dans ce fel moyen la préfence de l'eau, foit en diftillant l'efprit de nitre, foit par différens procédés ; & *Boërhave* a obfervé qu'elle eft à l'acide comme foixante à dix-neuf (8). Lorfque dans la détonation du falpêtre fes parties acides s'en féparent, la partie alkaline en refte, & on l'appelle du *nitre fixe.* En diffolvant la partie alkaline dans de l'eau, en y mêlant enfuite de l'acide nitreux à pleine faturation, en faifant évaporer enfuite jufqu'au point de cryftallifation, on fe procure du *nitre régénéré*, qui eft, à tous égards, femblable au nitre épuré.

§. II. Suivant qu'on unit les parties acides du nitre avec différentes efpèces de fels alkalis ou terres abforbantes, la Nature & l'Art produifent différentes efpèces de falpêtre. 1°. De la combinaifon de cet acide avec l'alkali fixe, qui eft un fel provenant de la leffive des végétaux réduits en cendres, il naît du falpêtre ordinaire ; 2°. avec de l'alkali minéral, l'acide nitreux donne le *nitre cubique* ; 3°. avec de l'alkali volatil, il donne le *nitrum flammans* ; & 4°. avec des terres abforbantes, il donne l'aphro-

---

(8) *Boërhav. Elementa Chimica*, p. 268.

nitrum. Ces trois dernières espèces détonnent foiblement, & ne sauroient être employées avec succès dans la fabrication de la poudre à canon, ou de l'eau-forte. Le salpêtre à cristaux cubiques est le meilleur pour la fabrique du verre. Le salpêtre flamboyant, qu'on appelle aussi *nitre ammoniacal*, est le meilleur pour les préparations médicinales ou pharmaceutiques, puisque cette espèce est facile à dissoudre par l'esprit-de-vin, & d'autres menstrues. Il sert aussi dans les compositions des feux d'artifices ; & délayé avec de l'eau, il augmente considérablement la fertilité de la terre (9). L'acide nitreux ne s'attache que foiblement à l'aphronitrum ou nitre calcaire, & il ne s'y en trouve qu'une très-petite quantité (10).

§. III. On appelle *nitrum embryonatum* un acide nitreux que la terre produit, & qui s'unit à une terre provenante de végétaux ou d'ani-

---

(9) *Kynbrolds, Economia Experimentalis,* p. 16.

(10) *Potes, Neve Physicalisch Chymische materien,* p. 31. *Kulenot,* dans les Ephem. *Nat. Cur.* vol. **VI.** Quand les acides végétaux dissolvent le fer ou le cuivre, ils en sont aussi fortement aiguisés, & deviennent semblables aux acides minéraux.

maux putréfiés. Cet acide y eſt ſi foiblement attaché, que même la chaleur du ſoleil peut l'en ſéparer par l'évaporation. La leſſive du ſalpêtre tiré de la terre, contient beaucoup d'acide de ce nitre embryoné, avec de la graiſſe, un ſel d'urine & un peu de ſel de cui-ſine. Cet acide du nitre embryoné par le moyen de la cendre, qui contient un ſel alkali qu'on y ajoute, & qu'on fait bouillir avec lui, ſe transforme en ſalpêtre ; mais ſans cela il ſe feroit évaporé pendant la cuiſſon de la leſſive de ſalpêtre avec les vapeurs aqueuſes.

§. IV. Si pendant qu'on fait la cuiſſon finale de la leſſive du ſalpêtre, on place un tamis au-deſſus du chaudron, où la leſſive eſt entre-tenue bouillante, & qu'on rempliſſe ce tamis avec un mélange de moitié terre de jardin & moitié cendre, ce mélange fixe les vapeurs d'acide nitreux qui s'élevent, & on en retire enſuite beaucoup de ſalpêtre, quoique cette même terre n'en donnât pas le moindre indice auparavant.

§. V. On n'a pas encore aſſez de lumières pour décider ſi l'acide nitreux exiſte par lui-même dans la nature, ou s'il tire ſon ori-gine des autres acides minéraux, ou s'il naît du mélange des acides végétaux & animaux, changés par d'autres ingrédiens. En réfléchiſſant cependant ſur pluſieurs expériences de nos jours , qui conſtatent la poſſibilité du changement des acides ; en y ajoutant la certitude que la Nature eſt riche en tranſmutations, & qu'en changeant quelques petites circonſtances, elle peut produire des corps d'une qualité très-différente de leur première exiſtence , on ſeroit fort tenté d'ajouter foi à ce dernier ſentiment. En conſéquence de tout ceci , & des expériences faites à ce ſujet, les Chimiſtes de nos jours ont donc pluſieurs théories ſur la génération du ſalpêtre.

§. VI. *Becher* eſt le premier qui ait répandu un peu plus de jour ſur cette matière. Ce Chimiſte a été ſuivi preſqu'en tout par *Stahl*, ainſi que par tous ceux qui croyoient avoir découvert que le ſalpétre provenoit de l'acide vitriolique , réuni avec quelque matière phlogiſtique des animaux ou des végétaux. Pour prouver ce fait, on cite communément pluſieurs eſſais. On aſſure par exemple que l'on peut obtenir du ſalpêtre de la mixture tonique de *Stahl*, laquelle eſt compoſée d'eſprit de corne de cerf, de teinture d'antimoine & d'acide vitriolique. L'acide vitriolique , mêlé avec un eſprit urineux, tiré du tartre , & un peu d'effence thériacale, doit auffi donner du falpêtre (11). On peut encore produire ce fel avec l'efprit de *Frobenius*, en y ajoutant du fel de tartre, le tout contenu dans un vafe bien fermé (12): fans parler des effais de M. *Pietfch*, de Berlin, qui prétend qu'on peut produire du falpêtre avec du vitriol, de l'urine & du fel commun (13).

§. VII. D'autres prétendent prouver que l'acide du fel de cuifine doit être regardé comme la matière primordiale du nitre; de ce nombre font *Juncker* & *Jufti*.

Juncker prétend qu'en uniffant du fel marin avec la partie inflammable du fer, ce métal fe change en acide nitreux. On prétend encore qu'en humectant du fel commun avec de l'urine, avec ou fans chaux vive, avec ou fans mêlange d'animaux & de végétaux putréfiés, on en peut produire du falpètre. *Jufti* a prétendu qu'ayant mêlé une livre de fel commun, une demi-livre de vitriol vert, trois quarts de livre

---

(11) *Juncker*, *Confpeltus Chemiæ*, P. II, p. 295.

(12) *Wallerius*, dans les Mémoires de l'Académie de Stockolm, de l'année 1748.

(13) *Pietfch*, Differtation fur la génération du nitre, à Berlin, 1749.

D d 3

de cendres, & une livre de chaux, le tout
bien humecté, foit avec de l'eau de fumier,
foit avec de l'urine, après avoir laiffé repofer
ce mélange pendant quelque temps à l'air fous
le toit, il en a obtenu une livre & un quart de
bon falpêtre (14).

§. VIII. *Spratt, Kunkel, Barner & Hidrne,*
ainfi que plufieurs autres, regardent le fel
d'urine comme faifant en partie la matière première du falpêtre, & comme contribuant avec
le plus de fuccès à fa production. Ils fe croient
d'autant plus fondés dans cette opinion, que
les humectations de la terre à falpêtre, faites
avec de l'urine, en augmentent le plus la formation, & que dans l'eau pure du falpêtre, on
trouve fouvent une quantité de fel volatil urineux.

§. IX. Avant eux, quelques Chimiftes pré-
tendoient que le falpêtre, & fur-tout l'acide
nitreux, fe trouve effentiellement dans la nature, partie dans l'air, partie & plus copieu-
fement encore dans les animaux & les végétaux, dont il fe fépare, lorfqu'ils s'en vont en

---

(14) *Jufti, Chymifeche Schrifteu,* vol. I, p. 227 &
219.

putréfaction: c'eft ce que fur-tout *Lemery* le jeune a prétendu démontrer (15).

§. X. En conféquence de ces théories fur l'origine du falpêtre & de l'acide nitreux, on a fait en Europe différens établiffemens pour difpofer la terre à une riche production de falpêtre ; 1°. en mélant plufieurs matières avec la terre qui fe trouve dans les baffes-cours, & autres bâtimens femblables ; 2°. en établiffant des bâtimens à falpêtre ; 3°. en rempliffant d'une terre préparée pour la génération du falpêtre des tuyaux d'air, c'eft - à - dire, des tuyaux ou canaux conftruits de planches, ou d'une matière plus folide, comme d'argille ou de mortier de chaux. 4°. On a auffi élevé des monceaux de terre de jardins, & d'autre mêlange de terres & matières, pour en faire une terre productive de falpêtre. 5°. On a conftruit des voûtes murées fur la terre, pour recueillir de la terre à falpêtre. 6°. Enfin on a fait des foffes à falpêtre, dans lefquelles on a préparé les matières propres à produire le falpêtre.

---

(15) Mémoires de l'Académie des Sciences de Paris, de l'année 1717.

§. XI. Pour ce qui regarde la préparation de la terre à salpêtre dans des machines appellées *luftrummor* (tuyau à air), on les a abandonnées maintenant , parce qu'elles font difpendieufes, Sur un fonds muré de pierre, de la hauteur d'environ une aune , on élève un bâtiment quarré , compofé de planches attachées à quatre poteaux , de la hauteur d'environ trois à quatre aunes, & ayant environ deux aunes de diamètre : ce qui reffemble à un long tuyau de cheminée ; on remplit ce tuyau de bas en haut d'une terre de jardin groffière, mêlée de fable , avec laquelle on mêle pareillement des animaux & végétaux à moitié putréfiés, ainfi qu'une certaine quantité de cendres , jufqu'à la hauteur d'environ deux aunes ; enfuite on laiffe un intervalle d'environ un quart d'aune, afin qu'on puiffe pratiquer un trou de chaque côté , qu'on laiffe ouvert pour procurer une circulation d'air & de la chaleur; au-deffus, on affermit un fonds fait de planches, qui foit affez folide pour pouvoir y jeter une femblable quantité de maffe de terre ; puis on laiffe encore un nouvel intervalle , & l'on continue ainfi alternativement, en laiffant toujours des intervalles pour la circulation de l'air & de la chaleur, jufqu'à ce que tout le tuyau foit rempli. Après cela, on arrofe la terre contenue dans le tuyau d'en-haut, avec de l'urine ou de l'eau de fumier, une fois tous les quinze jours. On prétend que les terres ainfi préparées peuvent être leffivées deux fois par été.

Pour épargner la dépenfe des planches & des poteaux, on a pratiqué auffi la méthode fuivante. Après avoir préparé une certaine quantité de mélanges propres à la génération du falpêtre, comme il a été dit ci-deffus, on élève cette terre avec des pelles, pour en former des monceaux en forme conique ou pyramidale, lefquelles on couvre avec un mortier compofé de fix parties d'argille, trois parties de chaux vive, & trois parties de fable groffier; on en laiffe la cime à découvert, & avec un bâton on perce une quantité de trous dans le mortier, qui entoure & couvre le monceau, de manière que l'air & la chaleur puiffent y pénétrer; enfuite on arrofe ces monceaux de la manière fufdite; après quoi il arrive qu'une quantité de falpêtre fe montre à la furface de ces tas, & à travers du mortier, lequel peut être enlevé avec un balai, comme une efpèce de bruine ou gelée blanche, & enfuite par le moyen de la cuiffon, on le raffine en bon fal-pêtre. Cette méthode eft plus avantageufe que la première ; & fuivant le rapport de M. le B. de *Morner*, elle doit auffi avoir été effayée à Stralfund.

§. XII. Autrefois c'étoit le grand ufage en Suède, de préparer la terre à falpêtre dans les étables, les baffes-cours & autres lieux femblables. Le Réglement de 1689, donné par Charles XI, contient les arrangemens à prendre à ce fujet, & dans le commencement, on payoit le tribut du falpêtre en nature. Par l'état des impôts de l'Ifle d'Aland, il confte qu'alors le tribut pour le falpêtre confiftoit, pour une famille entière, en cinq tonnes de terre, une demi -tonne de cendre, trois cordes de bois, cinq bottes de paille & quatre journées de travail ; maintenant cette contribution eft incorporée dans les impôts ordinaires, & fe paie en argent dans ladite Ifle, à raifon d'un daler vingt-fept ores, monnoie d'argent ; dans les diftricts d'Adbo & de Bieorneborg, la taxe eft d'un daler dix ores & fix liards, dite monnoie.

Si les Communautés veulent préparer la terre qui eft au-deffous des baffes-cours & des étables, de manière à produire encore plus de falpêtre qu'ils n'ont fait jufqu'ici, elles peuvent le faire le plus avantageufement de la mânière fuivante ; 1°. on défonce la terre noire avec celle qui eft deffous, à une ou une & demi-aune de profondeur ; 2°. on y ajoute un peu de gros fable à la concurrence environ d'un quart, à moins que le terrain ne foit fabloneux par lui-même ; 3°. on y mêle toutes fortes de matières ptovenantes du règne animal , comme les déjets des tueries , ceux provenans de la cuifine , un peu de menu-foin , du foin & de la paille à demi-pourris , des orties, toutes fortes d'herbages , & fur-tout de la cendre ; 4°. quand l'eau de fumier , provenante des baffes-cours , & l'urine que les animaux répandent, filtrent à travers d'une pareille terre molle, tout va promptement en putréfaction, & rend du falpêtre en abondance.

§. XIII. Le Collège Royal de la Guerre a fait publier en 1747, une inftruction ample & bien détaillée fur la manière d'augmenter la production du falpêtre , par la conftruction de bâtimens à falpêtre ; & ces établiffemens ont été pouffés avec beaucoup d'avantage dans les Provinces méridionales du Royaume. Ceux qui , à l'imitation de *Pietfch*, de *Jufti*, & de plufieurs autres , propofent & même infiftent beaucoup pour qu'on ajoute à ces mélanges du vitriol , du fel de cuifine , de la chaux & de la suie, se trompent pourtant beaucoup sur la nature de la génération du salpêtre ; tout comme dans notre climat froid, il importe beaucoup que l'arrosement se fasse avec prudence, afin que par une trop grande humidité, on n'empêche pas la putréfaction de la terre, & qu'on ne produise pas une si grande fraîcheur dans la nitrière, que la chaleur de l'été puisse à peine l'échauffer & entretenir la fermentation.

§. XIV. Dans la Marche de Brandebourg, on prépare la terre à salpêtre par l'établissement d'une espèce de monceaux ; ce qui se pratique aussi dans quelques parties de la Suisse. Sur quatre parties de terre marneuse, ou d'argille mélée de chaux, on prend une partie de cendre, & deux parties de bonne terre grasse, ou de fumier de brebis, de vaches & de chevaux, dont, par le moyen de l'urine & de l'eau de fumier, on fait un mortier mollasse ; pour lier d'autant mieux les matières ; on y mêle aussi un peu de paille de seigle. Avec ce mortier, on construit des espèces de jetées dans une direction du sud au nord, de la longueur de quinze à vingt pieds, sur six à sept pieds de haut, ayant une base de trois pieds de large, & environ deux pieds d'élévation égale, lesquelles on couvre enfuite avec un toit de paille, pour les préferver de la pluie, de la neige & de la trop grande ardeur du foleil. On élève d'abord ces jetées, & on les contient entre deux planches; & pendant que cette maffe eft encore tendre & molle, on fourre à travers les jetées, des bâtons d'environ deux pouces de diamètre, à la diftance d'environ un pied l'un de l'autre. La pofition de ces bâtons doit être telle qu'ils traverfent la largeur defdites jetées en lignes droites ou obliques, & lorfque la maffe fera parvenue à un certain degré de féchereffe, on les en retire : ce qui fait qu'il y refte autant de trous & de ventoufes dans les jetées, qu'il y avoit auparavant de bâtons. C'eft dans ces trous que par la fuite le falpêtre fe produit au point que fouvent on les en trouve remplis. On élève ordinairement ces jetées vers l'automne, & l'on prétend qu'au bout d'une année, on peut en recueillir du falpêtre. La terre ayant été leffivée & bouillie, on la reméle de nouveau avec de la cendre & du fumier, principalement de celui qui provient des colombiers, des toits à porcs & des étables de brebis, & on en fait de nouvelles jetées.

§. XV. Quand on recueille & prépare la terre à falpêtre dans des canaux murés, on prépare pour cet effet un mortier, compofé de deux parties d'argille, quatre parties de chaux vive, deux parties de fel de cuifine, qu'on a fait un peu décrépiter auparavant (16), ou bien on le fait, fuivant la méthode d'*Erker*, de trois parties de chaux, trois parties de fumier de brebis, & d'un peu de fel, le tout arrofé d'eau de pluie ou d'urine. Ces voûtes qu'on pratique dans la terre, fe font de la manière fuivante. On mure dans la terre une efpace d'une longueur arbitraire, haute de cinq aunes, & large de quatre, couverte d'un toit affermi fur des poteaux ; on remplit enfuite ce canal avec de la terre d'étables, de colombiers, de baffescours & autres lieux femblables, & on le couvre auffi du même mélange, à la hauteur d'une aune ou d'une aune & demie, que l'on arrofe après avec de l'urine ; ce qui fait que le falpêtre fuinte mieux hors de ces canaux murés, & on en trouve auffi en quantité dans la terre même, en la leffivant. Le falpêtre qu'on fabrique à Paris, dans l'Arfenal, provenant des débris de vieilles murailles, & qu'on nomme plâtras, reffemble à celui qui fuinte fur ces

---

(16) *J. Beckmans Grundratze der Duafchen Landwirthfchalts*, p. 357.

canaux murés dans la terre. Dans la Touraine, où la plupart des maifons font conftruites avec des pierres très - molles, qu'on appelle tuffes, les vieilles maifons fourniffent encore une meilleure & plus abondante quantité de plâtras à falpêtre, que dans Paris (17). La plupart des maifons à Rome & à Naples, font également conftruites de cette efpèce de pierres molles, & on les regarde comme une nourriture de ce feu fouterrain dont les environs de Naples, d'Ifchia & de Rome font remplis.

§. XVI. Le Docteur *Crell* fait mention d'une fingulière Fabrique de falpêtre, établie dans le voifinage de Stuttgard, par le fieur *Ottinger*, dans un canal muré dans la terre, & dont le fonds principal confiftoit dans la cendre leffivée, provenant d'une Blanchifferie de toile, & qu'on arrofoit avec de l'eau dans laquelle on avoit lavé le linge. L'humidité ayant fuinté à travers cette cendre, elle rendit du falpêtre en abondance; on en retira en outre de la terre du fonds, du *muria*, du fel de cuifine; & en faifant bouillir la terre la plus profonde, la cuiffon rendit du tartre vitriolé. Avant que de pouvoir porter

____

(17) *Savary*, Dictionnaire de Commerce, t. III, p. 668.

un jugement fur ces phénomènes, il faudroit avoir une connoiflance plus parfaite du mêlange de cette terre. Si la terre du fond du canal contenoit un acide vitriolique, il étoit très-facile que, mêlé avec la cendre lixiviée, il produisît un tartre vitriolé, tout comme des animaux & végétaux putréfiés, mêlés avec la terre fupérieure, produifent du falpêtre; mais ce qu'il paroît impoffible de concevoir, c'eft comment entre ces deux extrémités, & dans le milieu de ces tas de terre, il fe foit engendré du fel de cuifine.

§. XVII. Les établiffemens des foffes à falpêtre font très anciens. *Glauber*, dans fon Traité intitulé, *Teutfchlands Wolfart*, en fait déjà un grand éloge, & les appelle *armen fchatz*, c'eft-à-dire, tréfor des pauvres. Un autre Chimifte Allemand, qui a publié le Traité fur le falpêtre, de *Stahl*, en diminue pourtant de beaucoup le mérite, fur-tout fi l'on n'y pratique pas des ventoufes. M. *Gadd*, qui a préfidé à cette Differtation, a été le premier en Suède, qui, par le moyen de canaux à air, a effayé de former commodément une bonne terre à falpêtre dans des foffes; & par les effais qu'il a faits, il eft démontré que même dans notre climat, il eft poffible de préferver du froid

&

& de la gelée les foſſes à ſalpêtre garnies de tuyaux à air , & que par le moyen d'une prompte putréfaction , la terre y contenue rend une plus grande quantité de ſalpêtre qu'ailleurs.

§. XVIII. En 1757 le 31 Mars , M. *Gadd* préſenta ce projet au Collège de la Guerre, qui non-ſeulement y donna ſon approbation , mais lui fournit des fonds , & il lui ordonna de continuer ſes expériences , afin de répandre un plus grand jour ſur cet objet. On trouve, pl. III fig. VII , la repréſentation d'une ſemblable foſſe à ſalpêtre , avec un ſeul conduit d'air , quoique dans ſa foſſe à lui, il en ait fait pratiquer deux. On établit ces foſſes ſur un terrain ſec ou ſablonneux , & ſurtout on l'adoſſe contre une hauteur. S'il y a moyen de la rendre plus profonde que de trois aunes , il faut alors la munir d'un conduit d'air vers le bas. Si on la fait dans la forme d'une tranchée, alors il faut y établir pluſieurs conduits dans la largeur. Si la ſituation en eſt telle qu'on peut agrandir la foſſe en lui donnant plus de profondeur, alors on peut y placer pluſieurs conduits les uns au-deſſus des autres.

§. XIX. On fait ces conduits avec quatre , ou

ce qui vaut encore mieux , avec trois planches ;
car on laiſſe le côté du tuyau d'air qui touche
au fond , ouvert ſur la diſtance CC , qui marque ſon étendue à travers la foſſe ; on perce
par-tout dans les tuyaux , des trous qui ont
un pouce & demi de diamètre. Pour empêcher
que la terre verſée ſur le conduit ne bouche
les trous , on en couvre la partie ſupérieure &
les côtés avec un peu de paille ou de petites
branches de ſapin ; ou bien l'on munit la partie ſupérieure & les côtés d'une couverture B ,
qui eſt formée de deux planches ; on éloigne
pourtant cette couverture environ de deux
pouces du conduit , afin de laiſſer liberté entière à la circulation de l'air. Dans les endroits
où la ſituation ne permet pas de continuer la
partie baſſe du conduit AA , hors de la foſſe en
droiture , on ajoute au bout de la partie ho-
riſontale du conduit , un autre conduit qui
s'élève perpendiculairement juſqu'au jour , afin
de procurer le changement d'air. Le côté du
conduit qui eſt en-bas , & qu'on laiſſe ouvert ,
eſt garni de petites planches d'un pouce d'é-
paiſſeur , à la diſtance d'une demi-aune l'une
de l'autre , leſquelles repoſent légèrement ſur
une couche de paille ou de branches de ſapin ,
afin d'empêcher que la terre qui eſt en-deſſous

ne pénètre dans le conduit, & ne le rèmpliſſe. DD dénotent des ſupports qu'on poſe au-deſſous du conduit, afin d'empêcher qu'il ne ſoit écraſé par la terre qui eſt deſſus. On peut mettre une maſſe de terre de deux à trois aunes d'épaiſſeur ſur le conduit, mais pas plus d'une ou tout au plus de deux aunes d'épaiſ-ſeur en-deſſous. Toute la partie de terre qui eſt au-deſſus peut participer à la circulation de l'air , tant par l'ouverture de la foſſe EE , qui eſt ſimplement couverte du toit, pour en écarter la pluie & la neige, que par le remue-ment annuel qu'on fait de la terre; mais l'air n'a pas un accès ſi libre à la partie infé-rieure.

§. XX. Pour accélérer d'autant plus la pu-tréfaction du mêlange de terre, & ſur-tout de celle qui eſt au fond dans les foſſes à ſalpêtre, il eſt très - utile (ſelon le Mémoire de M. le Conſeiller de Guerre, *Jean Berger*, ſur les bâ-timens à ſalpêtre) de pratiquer dans les foſſes, à une diſtance environ d'une demi-aune du fonds, un fonds intermédiaire, ſur lequel toute la maſſe de terre puiſſe repoſer , & de laiſſer dans cet intervalle une ouverture à l'air, afin de pouvoir s'étendre librement au-deſſous de la maſſe. Il eſt auſſi très - aiſé de pratiquer aux

deux côtés de la foſſe des tuyaux perpendicu-
laires, par le moyen deſquels l'air qui eſt au
fond puiſſe communiquer avec le grand air.
Ce fonds intermédiaire, qui eſt dans la partie
inférieure de la foſſe, ſe conſtruit ainſi. On
place dans la largeur de la foſſe pluſieurs bâtons forts, qui la traverſent, à la diſtance
d'une aune & demie l'une de l'autre. On poſe
enſuite à travers ſur eux, dans une direction
parallèle à la longueur de la foſſe, une couche ſerrée de baguettes ; ſur cette couche, on
en poſe une autre moins ſerrée, & enfin ſur
celle-ci une couche de menues branches de
ſapin & de paille, ſur laquelle on jette enſuite
la maſſe de terre. Par ce fonds intermédiaire,
ainſi arrangé, on empêche la terre de pénétrer
dans la chambre de l'air, qui eſt au fond de
la foſſe ; par ce même moyen, toute humidité
ſuperflue peut filtrer juſqu'au fond de la foſſe,
dont enſuite on peut l'éconduire, ſoit par un
conduit d'eau, ſoit par une pompe.

§. XXI. La foſſe étant ainſi creuſée, & les
conduits à vent poſés, ſuivant le §. XIX, ſoit
qu'on ait pratiqué le ſuſdit fonds intermédiaire
ou non, on remplit la foſſe avec un mélange
compoſé d'une terre groſſière ſablonneuſe,
d'animaux & de végétaux à demi-putréfiés, de

débris d'animaux & de végétaux, de fumier, de paille, de foin pourri, de feuilles, de fougères, de balais, de poissons pourris, de cendres & d'autres choses semblables, rapportés dans la première Partie, §. III, IV, V, VI, VII, XII, XIII, XV & XVII. Dans la totalité de ce mélange, la terre sablonneuse doit faire le quart ou le tiers du tout; & il est nécessaire qu'après chaque masse, d'environ une aune ou une aune & demie d'épaisseur, on mette un lit de petites branches de sapins coupées, de bruyère, ou autres petites branches de l'épaisseur d'un quart d'aune. Plus on ajoute de parties animales à ce mélange, plus il rendra de salpêtre. L'arrosement avec de l'urine est aussi plus profitable que celui fait avec de l'eau de fumier. Vers le milieu du mois de Juin, il faut avec une pelle remuer la terre qui est dans la nitrière. Vers le milieu de Juillet, il la faut arroser, & cela seulement une fois par an. Si l'on a la facilité de faire répandre une partie de l'eau destinée à l'arrosage bien chaude, cela fait encore plus de profit, & hâte la fermentation & la putréfaction des animaux à demi-putréfiés, ainsi que celle de la terre. L'on peut aussi se servir utilement pour l'arrosage, de l'eau qui aura filtré à tra-

vers la maſſe de la terre à ſalpêtre ; qu'on aura
ou ſoin d'en éconduire par le moyen d'un canal, & de recueillir. Vers la fin d'Août, ou au
commencement de Septembre, il faut remuer
la terre pour la ſeconde fois, & c'eſt alors ſur-
tout qu'il faut la méler avec de la cendre provenante des ſavonnages ou autres. Pour conſerver une chaleur égale dans la nitrière, il eſt
néceſſaire, vers le milieu du mois d'Octobre,
de bien boucher avec de la mouſſe les ouvertures des canaux à air, ainſi que celle des canaux à eau; ſi enfin l'on veut prendre la peine
de couvrir alors l'ouverture de la nitrière avec
de la mouſſe ou des branches de ſapin, cela ne
pourra qu'être très-utile.

Première Remarque. Tous ceux qui ſuivent
la théorie qu'il eſt aiſé de changer l'acide vitriolique en acide nitreux, & qui en conſéquence préparent leur terre à ſalpêtre avec un
mélange de vitriol, de chaux & de matières
inflammables (§. VI, ſeconde Partie), inſiſ-
tent ſur une opération entièrement inutile. On
ne dira point qu'il ſoit impoſſible à la Nature
de produire un pareil changement par le mêlange de pluſieurs autres matières, & par de
longs circuits; mais toute la théorie ſtalhurgi-
que & les eſſais faits par MM. *Berger & Suederns,*

prouvent clairement que cela ne peut fe faire
avec avantage. Du vitriol mêlangé dans la terre
avec de la chaux, de la cendre & des matières
inflammables , il provient en général des fels
tous autres que le falpêtre. Si le vitriol, dans
le mêlange de terre, s'unit à la chaux, il produit un fel félénitique , & même en partie quelque chofe qui reffemble au fel *mirabile* de *Glau-*
ber. Avec l'alkali des cendres , il produit du
tartre vitriolé ; avec des matières putréfiées ,
il produit le *fal ammoniacum fecretum* de *Glau-*
ber (18). Il eft d'ailleurs démontré par les expériences de *Pringle* , de *Shaus* & de *Macbride*,
que le vitriol & la chaux font les plus con-
traires à la putréfaction , laquelle cependant
eft fi indifpenfable pour la production du falpêtre.

*II*ᵉ. *Remarque*. On fe trompe tout autant ,
en croyant augmenter la formation du falpètre
par le mêlange du fel de cuifine. La partie acide
du fel de cuifine avec de la chaux, produit
du fel ammoniac fixe, avec de petits veftiges
de fel commun régénéré; avec l'alkali des cen-

---

(18) *Pott*, Recherche fur le mêlange de l'acide de
vitriol , Mémoire de l'Académie de Berlin, de l'année
1752, p. 67.

...res, elle donne du sel digestif; & avec l'al-
... volatil, elle donne du sel ammo-
...: donc il n'en vient point de salpêtre.
... du sel de cuisine ne sau-
... non plus favoriser la formation du sal-
... alkali minéral ne produit, avec
l'acide nitreux, que du nitre cubique, que les
Fabricans de salpêtre appellent *schalk*. Cependant comme le sel commun se décompose en
grande partie par l'addition des matières inflammables, que par-là il peut être réduit en
une sorte de putréfaction, que par la calcination avec les matières inflammables, son acide
est entièrement détruit, il paroît être au pouvoir de la Nature & de l'Art de tirer plus de
parti du sel commun dans la terre à salpêtre,
que du vitriol. Mais comme on ne peut pas
toujours se procurer une affez grande quantité de sel commun, & que les matières inflammables à mêler dans la terre à salpêtre,
afin de décomposer ce sel, deviendroient trop
coûteufes, il s'enfuit clairement qu'en Suède
on ne sauroit fabriquer avec avantage du salpêtre avec le mélange du sel commun. *Patt* fait
mention des effais que *Jufti* a faits avec du sel
commun (fec. P. §. VII); mais il rapporte
(*im aufange der lithogeogn.* p. 25 & 28), que

par ce procédé, on ne fauroit obtenir du falpêtre.

III. *Remarque.* Il eft également deftitué de
tout fondement, que des mélanges de fel urineux feuls avancent la croiffance du falpêtre,
ou qu'ils en forment une des parties conftitutives. On peut bien obtenir une efpèce de fel
moyen de l'urine putréfiée, mais ce n'eft pas
là du falpêtre, mais un fel microcofmique. Si
les parties acides du falpêtre s'uniffent au fel
urineux, on n'obtient auffi que du nitre flammant. Avant nous, *Pott* a déjà démontré (dans
fa *Difquifitio circa Experimenta Elleri*, p. 20),
qu'il n'entre aucun fel urineux dans la compofition du falpêtre, mais feulement quelque
chofe de la partie inflammable, qu'on a trouvé
néceffaire pour la production de l'acide nitreux;
mais comme néanmoins les matières urineufes,
outre l'acide fpécifique du phorphore, contiennent auffi beaucoup d'alkali volatil, qui,
après avoir perdu par la putréfaction & par la
calcination fa partie inflammable, laiffe après
lui un fel alkali fixe, propre pour la formation du falpêtre; que l'inflammable eft en partie néceffaire pour la production de l'acide nitreux, & que l'acide du phofphore montre
dans beaucoup de circonftances les mêmes

phénomènes que le falpêtre ; on voit clairement pourquoi les matières urineufes, mêlées
avec des végétaux, donnent, par le moyen de
la putréfaction, une fi grande · abondance de
falpêtre.

IV. *Remarque*. Il ne paroît pas non plus
qu'on puiffe dans la fabrique du falpêtre s'attendre à un grand avantage de l'acide nitreux
qu'on prétend répandu dans l'air , & qu'on
fuppofe que les terres abforbantes & les alkalis
fixes peuvent en attirer. (Pr. Part. §. II, Sec.
Part. §. IX). Car premièrement cet acide n'eft
pas général dans l'air ; & en fecond lieu, il
s'y trouve en fi petite quantité, qu'il ne mérite pas d'attention. Le falpêtre qu'on trouve
dans de certaines efpèces de plantes (Part. I ,
§. IV, V & VI) , n'en fait pas non plus une
partie conftitutive; mais en partie il ne s'y
produit que pendant la putréfaction des végétaux , & en partie elles ne le reçoivent que
par le fuc nourricier qu'elles tirent des terres
nitreufes où elles croiffent. On a d'ailleurs une
expérience certaine que toutes les plantes qui
naiffent dans les terres nitreufes contiennent du
falpêtre, & cela à proportion que la terre eft
plus ou moins riche en falpêtre.

V. *Remarque*. Pour ce qui regarde l'utilité

des terres abforbantes & de la chaux dans ce mélange de terre à falpêtre, il a déjà été démontré (Part. I, §. II & XVI) que d'un côté elles rendent la terre meuble, qu'elles abforbent la trop grande abondance d'humidité & de graiffe dans la terre, & que de l'autre elles attirent & retiennent l'acide nitreux volatil, & qu'elles s'uniffent foiblement avec lui. Il n'eft pas encore décidé bien clairement fi les terres abforbantes contribuent en quelque chofe aux parties conftitutives du falpêtre; au moins ne paroît - il pas que cela foit avec un avantage bien confidérable. Cependant il y a quelques effais chimiques qui induifent à le préfumer. M. *Baumé* foutient dans fon Manuel de Chimie, pag. 74, qu'en faturant bien la chaux avec le phogiftique, elle doit fe changer en un fel alkali artificiel. M. *Pott*, en faifant paffer plufieurs fois de l'acide nitreux fur de la chaux vive, obtint à la fin une efpèce de fel nitreux, qui détonnoit beaucoup plus fort que le nitre cubique, & qui étoit prefqu'entièrement femblable au falpêtre. *Lemort* (19) & d'autres ont obfervé que quand

---

(19) *Lemort*, *Chem. Med. Phyf. ratione & experimenta nobilitata.*

l'acide nitreux eft mêlé avec beaucoup de graiffe, il ne fauroit s'en démêler, à moins qu'on y ajoute de la chaux ; alors il fe met tout de fuite en mouvement comme du nitre flammant ; & fi enfuite la graiffe trop abondante a été détruite par la putréfaction, ou que quelqu'alkali fixe y ait été ajouté, il en naît un falpêtre ordinaire.

VI. *Remarque*. Pour tirer le falpêtre de la terre par la cuiffon , il y a quatre opérations chimiques.

1°. *Commixtio*, le mélange. On entend par là une addition d'un fel alkali pour faifir & fixer l'acide nitreux contenu dans la terre à falpêtre.

Dans tous les endroits où il y a des Fabriques de falpétre bien conftituées, on a foin d'ajouter un alkali, en faifant le leffivage de la terre à falpêtre. Dans les Indes Orientales, & fur-tout dans le Pégu & dans le Royaume de Behas , qui appartient au Grand Mogol, il fuinte beaucoup de falpêtre de la terre, provenant des fucculens mefembryèmes & autres plantes à grandes feuilles putréfiées. Les Hollandois ont à Patna un Comptoir exprès pour l'achat de ce falpêtre crud ; mais dans le voifinage du Gange & dans la petite Ville de

Chiopera, ils ont une Raffinerie, où le salpêtre reçoit sa véritable forme cryſtalline par l'addition des sels alkalis. Quelques-uns mêlent à la liqueur tirée de la terre à salpêtre une leſſive préparée avec de la chaux; d'autres mêlent alternativement des couches de cendres avec des couches de terres, pour en faire la leſſive. Quelques-uns délaient d'abord la terre avec une leſſive de chaux chaude. Les deux dernières méthodes font les plus avantageuſes, tant pour saturer & fixer l'acide nitreux, que pour réſoudre les sels. Si l'on peut avoir des cendres de chêne ou de charme, on prend alors deux parties de cendres contre une de chaux; mais ſi l'on n'a que des cendres de bouleau, de coudrier ou de sapin, on prend de la première trois parties, & des deux autres quatre ou cinq parties contre une de chaux.

2°. La seconde opération chimique, c'eſt le leſſivage; quand on a ramaſſé la terre à salpêtre, & qu'on l'a eſſayée (Part. I, §. XXV & XXVI), on la poſe dans un vaiſſeau percé dans son fond, pour la laver ou leſſiver, soit avec de l'eau, soit avec les leſſives suſdites. On place la terre dans ces vaiſſeaux d'une manière lâche & meuble, & on la couvre avec des

planches, de manière qu'elle rempliſſe le vaiſſeau environ d'un travers de main plus que de
moitié. Là-deſſus on poſe une natte de paille
ronde, ſur laquelle on verſe de l'eau ou de la
leſſive à la hauteur d'un quart d'aune au-deſſus
de la terre. On laiſſe repoſer cette leſſive ſur
la terre dans le vaiſſeau, pendant l'eſpace de
dix à douze heures, & même moins, ſi la
leſſive a été employée chaude. Enſuite on laiſſe
écouler la leſſive par un petit filet de la largeur environ de deux brins de paille, dans
un vaſe placé en - deſſous. Toute l'eau
étant écoulée, on verſe de nouveau ſur la
terre de l'eau ou de la leſſive, qu'on y laiſſe
repoſer encore pendant un même eſpace de
temps, & enſuite on la ſoutire de la même
manière. Enſuite on ôte la terre leſſivée du
vaiſſeau, & on y met de la nouvelle terre ;
& comme la leſſive ſe renforce à meſure de
la quantité de terre ſur laquelle elle a été verſée ſucceſſivement, on épargne une grande
quantité de bois, lorſqu'on fait la cuiſſon de
la leſſive, ſi elle a été bien concentrée auparavant par l'élixiviation. En Finlande, les Fabricans de ſalpêtre cuiſent ordinairement une
leſſive qui a paſſé deux fois ſur de la terre. En
Suède, on l'y fait paſſer juſqu'à trois fois. En

Suisse, on ne la soumet à la cuisson qu'après avoir passé quatre fois. Si l'on peut ajouter foi à ce que dit *Savary* dans son Dictionnaire de Commerce, tom. III, pag. 670 & 671, la même lessive doit passer jusqu'à vingt-quatre fois sur différentes terres à salpêtre successivement, avant qu'on la soumette à la cuisson. Mais aussi les ouvriers sont-ils alors en état de faire évaporer en vingt-quatre heures la lessive au point de crystallisation. On juge de la force de la lessive par le moyen du pèse-liqueurs, ou en y plongeant des morceaux d'ambre. Dans les Mémoires de l'Académie des Sciences de l'année 1743, troisième Semestre, on trouve la description d'un pèse-liqueur, par le moyen duquel on peut déterminer encore plus exactement si la lessive est assez saturée de salpêtre.

3°. La troisième opération dans la fabrique du salpêtre, est l'évaporation, qui consiste à séparer par la cuisson la partie aqueuse, qui tient le salpêtre en dissolution. Lorsque la lessive n'a pas repassé plusieurs fois sur de nouvelle terre, & qu'elle n'est pas assez chargée de salpêtre, les Fabricans sont souvent forcés de réduire soixante-dix à quatre vingt sceaux de lessive à un demi-sceau de lessive épaisse, ce qui confume beaucoup de temps & de bois. Mais en fe fervant d'une leffive d'un degré de concentration convenable, la cuiffon peut fe faire dans moitié moins de temps, & avec moitié moins de bois. Si dans nos Fabriques on vouloit, dans la cuiffon, fuivre la méthode ufitée en Suiffe & ailleurs, & indiquée par M. *Bertrand*, on en retireroit encore un grand avantage.

Le leffivage fait, on fait d'abord bouillir la liqueur pendant l'efpace de deux fois vingt-quatre heures dans la chaudière (V. l'Inftruc-tion publiée par le Collège de Guerre en 1747, p. 31), pendant lequel temps on enlève avec foin par le fceau à écumer, & par d'autres moyens, toute graiffe & autres faletés. Si après la cuiffon, pendant ledit efpace de temps, la leffive pa-roît claire, pure & approchant du point de cryftallifation, on ôte le feu de deffous la chau-dière, & on la laiffe repofer pendant vingt-quatre heures, pour fe refroidir en partie, & dépofer fa graiffe, ainfi que fon fédiment terreux. Enfuite on prépare un vafe percé par le fond, qui eft garni au fond de paille à filtrer, fur la-quelle on verfe environ à un quart d'aune de hauteur, un mêlange de cendres & de chaux, comme il a été dit au n°. I de ces Remarques.

Sur

Sur ce mélange, on verfe enfuite la leffive refroidie & claire, de la chaudière, & l'on continue cette opération jufqu'à ce que toute la cuite ait ainfi paffé par la cendre, & qu'elle fe foit écoulée dans le vafe qui eft deffous. Cette cuite étant ainfi purifiée, on la reverfe de nouveau dans la chaudière, fous laquelle on rallume le feu & l'on continue la cuiffon avec un feu égal & modéré, jufqu'à ce que toute la cuite foit au point de cryftallifation; les marques en font, 1°. que fi une goutte tombe fur un fer ou fur une pierre froide, elle fe fige ou fe cryftallife fur le champ fans aucune humidité ni ftries apparentes; 2°. que fi l'on en verfe quelques gouttes fur un charbon ardent, elles détonnent & jettent de la flamme. Il n'eft pas avantageux à la première cuiffon, de remplacer l'eau qui s'évapore par de nouvelle leffive, fur-tout fi cette dernière eft foible & qu'elle ne foit pas entièrement faturée d'alkali; puifque par-là la réduction eft confidérablement prolongée, & qu'en proportion, il fe diffipe une quantité de nitre embryoné de la leffive, lequel s'en va avec les vapeurs aqueufes.

4°. La quatrième opération chimique, eft la cryftallifation, par laquelle la matière nitreufe, amenée au degré d'évaporation qu'on vient de

F f

déterminer, eft verfée pure & claire, après la
feconde cuiffon, dans des vafes froids , & expofée dans des endroits froids, pour cryftallifer
fous la forme ordinaire de falpêtre: à cet égard
il faut obferver, 1°. de ne pas ôter cette leffive
épaiffie hors de la chaudière , avant qu'elle
n'ait eu un efpace de deux à trois heures,
pour dépofer fon fédiment ; 2°. de la verfer dans ce qu'on appelle fallftandare ou vafe
à précipitation, dans lequel les fédimens provenant de terres de graiffe & de fel commun, doivent encore avoir le temps de fe précipiter
pendant l'efpace de fept à huit heures; 3°. de
verfer la leffive devenue claire , dans les
vafes à cryftallifation, dont le fond eft large
& plat, afin de donner au falpêtre le temps
de fe cryftallifer, ce qui arrive ordinairement
au bout de trois à quatre jours; de cette manière, le falpêtre peut aifément être féparé,
par le moyen de la cryftallifation de la terre,
de la graiffe & du fel commun qui s'y attache,
pourvu que la cuite ait été fuffifamment
faturée d'alkali. Les deux premières matières
ne peuvent point être cryftallifées, & le fel
commun en diffolution ne fauroit non plus,
quand il eft froid, prendre une forme cryftal-,
line, qu'il n'obtient que par une forte cuiffon ;

& s'il arrivoit que pendant la cuiſſon, il ſe produiſît un ſel digeſtif, provenant d'un acide de ſel commun avec de l'alkali que l'acide nitreux n'auroit pu ſaturer, ce ſel digeſtif ne pourroit pas ſe cryſtalliſer non plus, avant que le ſalpêtre ſe fût cryſtalliſé.

COROLLAIRES.

1°. La théorie du ſalpêtre par laquelle on démontre ſon origine des animaux & végétaux putréfiés, mérite d'autant plus de préférence que la Nature & l'Art peuvent de cette manière, le plus promptement & le plus abondamment produire ce ſel moyen. Partie I. §. 4, 5, 7. P. II. §. 11, 12, 21.

2°. L'acide ſpécifique du ſalpêtre paroît être un compoſé d'acide animal, & d'acide végetal, de la même manière que l'alkali fixe qui entre dans ſa compoſition, tire principalement ſon origine de ces deux règnes. L'acide urineux mêlé avec de l'acide de tartre, & combiné avec un alkali, au point de ſaturation, donne auſſi un nitre pur & qui détonne fortement, ce qui eſt confirmé P. I, §. 4, P. II, §. 3, remarque 3, §. 12, 21.

3°. Comme dans le nitre embryoné qu'on prépare par la putréfaction d'animaux & de

F f 2

végétaux, on trouve bien l'acide nitreux ;
mais que le fel alkali, néceffaire pour fa faturation y manque, l'Art doit venir au fecours
de la Nature & réparer ce défaut ; de-là on voit
l'utilité & même la néceffité de la cendre, de
la potaffe & d'autres matières alkalines femblables, qu'il faut méler avec la terre à nitre,
en même temps qu'on leffive cette terre. P. I.
§. 15; P. II. §. 3, 4, remarque 5 & 6, n°. 1 & 2.

4°. Toute putréfaction exige un renouvellement d'air, de l'humidité & de la chaleur. Or
il faut que les animaux & les végétaux fe putréfient, pour qu'il en naiffe du falpêtre ; il faut
donc, lorfqu'on prépare la terre à falpêtre, y
introduire des matières propres à la rendre meuble & poreufe ; & comme le gros fable eft ce
qu'il y a de plus propre à entretenir les mêlanges de terre dans cette difpofition, il s'enfuit
que cette efpèce de terre conjointement avec
une terre noire végétale & animale, ainfi que
des animaux & des végétaux qui fe putréfient
promptement, font les meilleures matières pour
former une terre à falpêtre. P. I. §. 8, 14;
P. II, §. 12, 21.

5°. En employant dans les mélanges de terres à falpêtre, une quantité de chaux modérée
de manière qu'elle n'empêche pas la putréfac-

tion, elle peut avoir ſon utilité, en diſſolvant la graiſſe trop abondante, en abſorbant l'humidité inutile, comme auſſi en arrêtant & conſervant la partie volatile acide du ſalpêtre, préparée dans le nitre embryoné. Il en eſt de même de la cendre, de la potaſſe & des autres alkalis. La trop grande quantité qn'on en ajouteroit pendant le leſſivage du ſalpêtre, ne ſauroit non plus en diminuer la bonté & la quantité; car le ſalpêtre étant un ſel moyen, n'en prend pas plus qu'il ne lui en faut pour la ſaturation de ſes parties acides. P. I. §. 11. P. I I. remarque 5.

6°. La leſſive de ſalpêtre ne ſauroit être concentrée avantageuſement, en l'expoſant à la gelée; car celui-ci ne peut pas, comme le ſel commun, être ſéparé de l'eau par ce moyen; mais il ſe gêle avec elle. Par le moyen de leſſivages, répétés toujours ſur de nouvelle terre, & par le mêlange d'une ſuffiſante quantité de cendre de potaſſe, ou d'un autre alkali fixe, on peut augmenter conſidérablement la concentration de la liqueur, & épargner plus de la moitié du bois de chauffage. P. II, remarque 6. n°. 1 & 2.

7°. De toutes les manières de fabriquer le ſalpêtre, uſitées en Europe, & dont on a donné la deſcription, il ſemble que les ſeconde, troiſième & ſixième, ſont celles qui peuvent être praiiquées avec le plus de ſuccès dans les Provinces ſeptentrionales de notre Patrie : les trois autres ſont, ou trop coûteuſes pour la réparation & l'entretien, ou la chaleur de ces climats n'eſt pas ſuffiſante pour une production avantageuſe de ſalpêtre. P. II. §. 11, 12, 13, 14, 15, 17.

8°. Si l'on pouvoit engager le Public, de préparer & d'améliorer la terre à ſalpêtre dans les baſſes-cours, comme il a été dit P. II. §. 12, on pourroit en peu de temps & très-facilement ſe procurer une très-grande quantité de ſalpêtre dans le Royaume. Le grand profit que la Couronne retire de la vente du ſalpêtre, devroit auſſi y encourager fortement & honorablement les Particuliers : l'intérêt que du temps de Charles XI, on donna dans cette entrepriſe aux Habitans de la Scanie, de la Hollande & de la Blekinie, a auſſi prouvé clairement le profit qui en réſultoit pour la Couronne & pour les Particuliers.

9°. Quoique l'établiſſement d'une nitrière, ſelon les trois méthodes ſuſdites, ſoit plus diſpendieux que les autres, il paroît qu'il eſt pourtant compenſé par l'avantage qu'il procure, pourvu qu'on s'abſtienne de mélanger

trop de chaux & matières argilleufes, en préparant la terre; que fous les couches on ait
foin d'avoir des fonds élevés de la terre, pour
laiffer à l'air une libre circulation, P. II. §. 20;
& que fuivant le confeil de M. *Berger*, fous
chaque couche d'une aune & demie de hauteur, l'on pratique horifontalement tout au
long, des canaux à air; il faut auffi bien prendre garde de ne pas arrofer vers l'automne,
afin d'éviter une trop grande humidité, ainfi
qu'une trop grande & trop profonde fraîcheur
dans les couches.

10°. On peut auffi avec avantage produire
de la terre à falpêtre, dans les parties les plus
feptentrionales de ce Royaume, en y établiffant des foffes à falpêtre, garnies de tuyaux
à air, comme il a été dit P. II. §. 19. On peut
fe difpenfer d'y établir des doubles fonds pour
les couches. On peut auffi rendre les tuyaux
plus durables, en les enduifant de goudron; on
peut même rendre ces tuyaux plus utiles, fi
fuivant le confeil de M. *Fornele*, on garnit leur
partie fupérieure avec un chapeau mouvant
de bois, qui muni d'une girouette, fe tourne
de façon qu'il préfente toujours l'ouverture
au vent. Si dans la foffe la chaleur provenant
de la putréfaction devenoit confidérable, il

feroit avantageux & même néceſſaire de couvrir la partie ſupérieure du tas, avec. de la
cendre & de la chaux, de l'épaiſſeur d'environ un
pouce, pour recueillir & conferver les parties
acides volatiles, qui ſe trouvent dans la terre
à ſalpétre provenante du nitre embryoné,
P. II. §. 3. 4.

11°. En publiant une inſtruction ſage &
ſimple, en forme de demandes & réponſes, ſur
la préparation de la terre à ſalpêtre, ſur le
leſſivage, la cuiſſon & la cryſtalliſation de ce ſel,
on contribueroit beaucoup à la perfection de
ces fabriques. En s'exerçant à brûler la bruyère,
le branchage, la fougère & autres matières
ſemblables, on pourroit en fabriquer de meilleure potaſſe, & ſe procurer par-là plus de
moyens pour le raffinage de ſalpêtre.

DESCRIPTION

D'une nitrière artificielle.

Par M. le Comte de Milly, de l'Académie Royale des Sciences.

L'ACADÉMIE ayant annoncé par le prix extraordinaire, qu'elle propose pour l'année 1778, le desir patriotique qu'elle a de rechercher tous les moyens les plus prompts & les plus propres à produire du nitre artificiellement (1); l'envie de concourir à ses vues, m'engage à lui faire part des observations que j'ai faites pendant mon séjour en Allemagne, sur une nitrière artificielle, qu'on pourra imiter quand on le voudra, d'après la description détaillée que je vais en donner.

Si je n'ai pas la gloire de l'invention, j'aurai au moins l'avantage de faire connoître dans ma patrie, des procédés utiles qu'elle ignoroit.

Je n'établirai aucune théorie sur la production du nitre, & je ne discuterai pas si le sentiment de M. *Lemery* doit l'emporter sur celui de

---

(1) Prix extraordinaire proposé par l'Académie Royale des Sciences, pag. 1 & 9.

MM. *Sthal & Becker*. Je fais feulement avec tous les Chimiftes que la putréfaction eft néceffaire à la production de l'acide nitreux, & que les fubftances qui en font fufceptibles, contribuent à la formation du falpêtre, auffi en entre-t-il beaucoup dans les nitrières artificielles.

Je pafferai auffi fous filence l'opinion de quelques Chimiftes Allemands, remplis de favoir & de mérite; mais qui entichés des tranfmutations de l'alchimie, foutiennent que le fel marin, non-feulement peut fe changer en nitre par la putréfaction, mais eft encore un ingrédient néceffaire à fa production. Ils ne manquent pas de raifons pour appuyer leur opinion, telles que la quantité de fel marin qu'on trouve toujours dans les terres d'où l'on extrait le nitre; ils citent auffi des expériences où l'eau de pluie ou de rivière imprégnée de fel marin, & jettée fur du terreau de jardin, a fait produire à ces terres, dans un efpace de temps donné, plus de nitre que ces mêmes terres n'en ont produit quoiqu'arrofées avec la même eau, dans laquelle il n'y avoit point de fel marin.

Ces expériences mériteroient, fans doute, d'être répétées par de vrais Savans, qui ne feroient guidés que par l'intérêt de la vérité;

mais je me bornerai, pour ne pas allonger inuti-lement ce Mémoire, à rapporter les faits tels que je les ai obſervés.

La nitrière que j'ai examinée en Allemagne, eſt un bâtiment parallélograme (figures pre-mière & deuxième), ſitué dans un terrain plus ſec qu'humide, dont les grands côtés ont trente toiſes de long, & les petits dix; l'un des petits côtés eſt dirigé au nord; par conſéquent celui qui lui eſt oppoſé eſt au ſud.

Les murs ſont ſuivant l'uſage du pays, en bois, & faits avec des arbres entiers, équarris ſur deux côtés ſeulement, pour faciliter leur juxte-poſition.

Ces arbres ſont poſés à plat ſur leur équar-riſſage, & conſervent leur rondeur naturelle en dedans & en dehors du bâtiment (figure 2); ils ſont fixés les uns ſur les autres, par de lon-gues chevilles de bois, fichées de diſtance en diſtance, m, m, figure première; mais aux angles du bâtiment n, n, n, n, figure pre-mière, les arbres qui uniſſent les petits côtés aux grands, ſont entaillés à leur extrémité, (n, n, n, n, figure premiere), & s'emboitent réciproquement: ces murs ont ſept pieds de haut, en partant du ſol, & ſont ſurmontés par un comble de paille (h, figure 2), formant un angle très aigu , afin que la neige qui pourroit écraſer le toit , ne s'y amaſſe pas en trop grande quantité ; entre le comble & rez-de-chauſſée , règne un plafond (*q* , *q* , *q* , fig. 6) , en mauvaiſes planches de ſapin , épaiſſes d'un pouce , poſées ſur des chevrons qui tra-verſent & s'appuient ſur les murs des deux grands côtés du parallélograme (figure 6).

On pourroit rendre ce plancher utile , en le chargeant ſuivant ſes forces , de la même terre , propre à former le nitre dont je parlerai dans un moment , s'il n'étoit pas à craindre que l'humidité des terres ne pourriſſent les planches ; inconvénient qu'on pourroit peut-être éviter par le moyen des carreaux dont l'uſage eſt peu connu en Allemagne , & alors on auroit une nitrière à deux étages , ce que je n'ai pas vu exécuter.

Du côté du nord , le bâtiment eſt percé de trois fenêtres , (figures première & deuxième) , de trois pieds de largeur , ſur trois pieds & demi de haut , *a* , *a* , *a* ; ces ouvertures ont la forme d'une trémie , dont le côté le plus large eſt en-dehors ; elles ſe ferment par deux volets chacune (figure 4) , percés de pluſieurs trous qui ne correſpondent pas , afin que dans les temps d'orage la pluie ne ſoit pas pouſſée par

le vent jufques dans l'intérieur de la falpêtrière, *c, d.*

Il y a de même du côté du fud, trois fenêtres,
h, h, h, figure première, qui font placées vis-
à-vis celles du nord : ces fenêtres ont auffi des
doubles volets, percés comme ceux qui leur
font oppofés.

Il y a à l'eft quatre fenêtres (figure première), à diftance égale les unes des autres,
dans les mêmes proportions que celles dont je
viens de parler, à l'exception qu'elles ne ferment qu'avec un fimple volet, qui n'eft point
troué, *o, o, o, o*, figure première.

Il y a de même à l'oueft, quatre ouvertures
o, o, p, o , figures première & deuxième, c'eft-
à-dire, trois fenêtres & une porte ; elles font
placées vis-à-vis de celles de l'eft. La porte *p*,
figures première & deuxième, n'a que deux
pieds & demi de large, fur fix de haut, c'eft-
à-dire, l'efpace néceffaire, pour qu'un homme
chargé d'une hotte, puiffe y paffer librement ;
toutes les ouvertures de l'eft & de l'oueft
reftent ordinairement fermées, tandis que celles
du nord & du fud font toujours ouvertes ; &
lorfque la pluie oblige de les fermer, les trous
dont les volets font percés, laiffent toujours un
libre accès à l'air extérieur.

On voit par la difpofition & les paffages mé-
nagés à l'air , combien on eft perfuadé que
l'expofition au nord eft néceffaire à la génération du falpêtre. Il n'eft pas néceffaire de remarquer ici que des murs en pierres à chaux & à
ciment , feroient meilleurs que ceux de la
nitrière que je viens. de décrire ; ils font en
bois , parce que c'eft l'ufage du pays , mais ils
font enduits de terre comme on le verra par la
fuite.

On pourroit pour le meilleur marché en faire
auffi en terre , qu'on nomme pifay , & qui font
en ufage dans quelques Provinces de France ,
comme la Breffe , le Maconnois , le Beaujolois
& le Lyonnois.

Après avoir préparé de la manière dont on
le dira par la fuite , la quantité de terre néceffaire à la formation de la nitrière ;

On trace géométriquement fur l'aire du bâtiment , des quarrés , longs de deux pieds & demi
de large , fur fix de long , $f, f, f,$ figure première , & on ménage entre eux , un efpace
vuide $g, g, g,$ figure première , tant pour la
circulation de l'air , que pour le paffage des Ouvriers. On creufe enfuite les quarrés qu'on a
tracés de quatre pouces de profondeur ; & après
en avoir enlevé la terre , on remplit le creux

avec des farmens ou autres bois minces, coupés
par morceaux de huit à dix pouces de long;
on arrange ces morceaux de bois le plus paral-
lèlement qu'il eft poffible, & on établit deffus,
de l'épaiffeur de deux ou trois pouces, un lit de
paille *k*, *k*, *k*, figure troifième, qui a fervi à
la litière des beftiaux, & qui eft imprégnée
d'urines & d'émanations animales ; on arrofe
cette paille avec de l'urine ou de l'eau de fumier (1); on bâtit fur cette paille ainfi difpofée, des parallépipèdes de trois pieds de haut
fur deux & demi de large & fix de long, avec
de la terre préparée comme je le dirai par la
fuite. On a foin d'humeçter la terre à mefure
qu'on l'emploie avec de l'urine ou de l'eau de
fumier, pour lui donner de la confiftance, &
faciliter les moyens d'en former les folides dont
on vient de parler.

Quand le parallépipède eft élevé environ à dix
pouces au - deffus du fol, on met une couche

____

(1) On raffemble foigneufement en Flandres & en Allemagne l'eau de fumier dans des réfervoirs creufés exprès
dans un coin de baffe-cour, près des tas de fumier, pour
recevoir ce qui en découle, & cette eau fe vend 7 fols
de Flandres le tonneau, faifant 12 fols & demi de
France.

de paille neuve, de l'épaisseur de deux ou trois pouces, couchée longitudinalement. Voyez la figure 3, *j*, *j*, *j*; on l'arrose avec de l'urine putréfiée mêlée avec de l'eau mère du salpêtre, & on continue l'édifice en terre, observant de mettre de la paille tous les huit pouces & continuant ainsi lit sur lit, jusqu'à trois pieds de haut; on doit toujours finir par un lit de terre.

Le but qu'on se propose par les lits de paille posés de distance en distance, est de faciliter la pénétration de l'air dans l'intérieur des terres, pour la formation du salpêtre.

Après avoir parlé de la situation du bâtiment, de sa figure & de sa disposition intérieure, je vais passer à la description des terres & à leur préparation, sans laquelle on ne pouvoit pas parvenir au but qu'on se propose.

Des matières nécessaires pour former une salpêtrière artificielle.

Les ingrédiens indispensables pour établir une nitrière, sont après le bâtiment dont je viens de parler.

1°. Du terreau de jardin, qui ait servi à des couches pour les melons.

2°.

2°. Des plâtras ou terres nitreuses.

3°. Des fumiers de différentes espèces.

4°. De la suie de cheminée.

5°. De la cendre de bois neuf.

6°. De l'eau mère de nitre.

7°. De l'urine d'hommes ou d'animaux.

8°. De l'eau de fumier.

Mais ce n'est pas assez d'avoir les matériaux nécessaires à la formation du nitre, il faut encore des préparations préliminaires avant d'en faire le mélange dans des proportions convenables; c'est ce que je vais détailler,

Première préparation.

Prenez de la colombine, c'est-à-dire, de la fiente de pigeon, de la fiente de poule... *de chaque une partie.*

Fumier de mouton & terre de leur étable imprégnée de leur urine..... *de chaque quatre parties.*

Fumier de vache, bien pourri.... *six parties.*

Fumier de cheval, d'âne ou de mulet...... *huit parties.*

Suie de cheminée de cuisine (1)....... *une partie.*

____

(1) On préfère la suie des cheminées de cuisine, parce qu'on y brûle des graisses, & autres matières animales.

G g

Cendres de bois de hêtre neuf.... *trois parties.*

Du terreau qui ait fervi à faire des couches pour des melons, le plus noir poffible... *foixante parties.*

On mêle toutes ces fubftances le plus exacte-ment que faire fe peut; premièrement avec une péle, enfuite en faifant paffer le tout par des claies à plufieurs reprifes ; & lorfque les fumiers & le terreau font bien incorporés, on en fait des tas pyramidaux, que l'on arrofe avec de l'eau de fumier & de l'urine humaine, mélées enfemble par parties égales ; on remue ces tas tous les deux jours, pendant un mois ou cinq femaines, le plus exactement poffible, en mettant deffus ce qui étoit deffous, & on a foin à chaque fois de mouiller la terre, par le moyen d'un arrofoir ordinaire, avec de l'eau de fumier & de l'urine.

Il faut avoir grande attention que ces terres ne foient point expofées à la pluie: pour cet effet, on les prépare fous les halles dont toutes les fenêtres & la porte doivent être ouvertes pendant cette première préparation.

Deuxième opération.

On a une fuffifante quantité de plâtras (1), imprégnés de falpêtre & réduits en poudre grof-fière ; au défaut de plâtras , on cherche des terres nitreufes dans les caves & dans les celliers où les Salpêtriers en tirent ordinairement. On connoît fi ces terres contiennent affez de nitre, en en mettant fur la langue ; on les paffe par un tamis de fil de fer ou à travers une claie, de la même manière que les Maçons paffent le fable qu'ils deftinent à faire du mortier, pour en féparer les pierres & les cailloux.

On prend de ces plâtras ou terres nitreufes la quantité qu'on veut, & on les mêle avec partie égale de terres de la première prépara-tion, le plus exactement poffible : on y par-vient aifément, en paffant le tout par des

---

(1) Les gravas en chaux font auffi bons pour l'opéra-tion dont il s'agit , que ceux en plâtre. C'eft une grande erreur de croire que les décombres des vieux murs faits avec de la chaux & du ciment , ne peuvent pas fournir du nitre. Je fais le contraire par expérience ; je fuis d'une Province où l'on emploie rarement le plâtre , & l'on y trouve du falpêtre contre les murs, comme par-tout ail-leurs.

claies, à plusieurs reprises, comme il a été dit.

Lorsque ce dernier mélange est fait, on y ajoute quatre parties de cendre de bois neuf, sur environ cinquante de cette dernière préparation; on mêle bien les cendres; ensuite on arrose le tout avec de l'eau mère, mêlée avec de l'urine en partie égale; au défaut d'eau mère on se sert d'urine seule.

La matière dans cet état est propre à former les parallépipèdes f, f, figures première & troisième, dont on a parlé plus haut & dont le plan est ci-joint. Il faut seulement observer d'humecter assez la matière, pour qu'elle puisse être employée, & qu'elle ait assez de consistance, pour pouvoir se soutenir.

Quand tous les parallépipèdes sont construits, on prend de la même matière que l'on rend plus liquide, c'est-à-dire, en consistance de mortier, par le moyen de l'eau de fumier & de l'eau mère; on y ajoute de la paille hachée & de la cendre de bois neuf en suffisante quantité, pour que ce mortier ait assez de consistance pour pouvoir s'appliquer contre lé mur: on mêle bien le tout avec une truelle dans des auges, de la même manière dont les Maçons gâchent le plâtre avant de l'employer; ensuite

on enduit de cette compofition la furface intérieure des murs, de l'épaiffeur de trois ou quatre pouces: afin que cet enduit foit plus adhérent aux murs, & y tienne plus folidement, on
a foin d'y ficher des chevilles de bois dur, à la
diftance de trois ou quatre pouces les unes des
autres, & qui débordent à-peu-près autant du
plan où elles font fichées.

Ces murs ainfi préparés, donnent du falpêtre de houffage pendant plufieurs années, au
bout defquelles on leffive la terre de cet enduit,
avec celle des parallépipèdes.

Quand tout ce travail eft fini, on divife le
nombre de ces maffes terreufes en douze parties, afin d'en avoir à exploiter pour chaque
mois.

On a remarqué que le temps où le falpêtre
fe forme le plus abondamment, étoit aux équinoxes, & fur-tout lorfque le vent du nord
foufle; c'eft pourquoi on a grand foin de tenir
les fenêtres du nord & du fud toujours ouvertes, afin d'établir une circulation d'air dans la
nitrière.

On les ferme feulement quand la pluie vient
de l'un de ces côtés, afin qu'elle ne foit pas
pouffée par le vent jufques dans l'intérieur du
bâtiment; mais les volets étant percés de plu

fieurs trous, *figure quatre*, la circulation de l'air n'eft point arrêtée.

Les fenêtres de l'eft & de l'oueft ne s'ouvrent prefque jamais, fi ce n'eft dans le cas où il y auroit trop d'humidité dans la nitrière; car il ne faut comme l'on fait, ni trop de fec ni trop d'humide, pour la formation du falpêtre.

Cependant quand on veut établir une nitrière artificielle, il faut toujours choifir un terrain plutôt fec qu'humide, parce qu'on fupplée aifément à l'humidité naturelle, par les arrofemens.

Il faut que le bâtiment foit ifolé, expofé au nord, & à portée de l'eau pour pouvoir leffiver les terres, quand on voudra faire l'extraction du falpêtre,

On a un bâtiment à part, pour établir les chaudières néceffaires à la cuite du falpêtre. Il eft encore plus néceffaire que ce fecond bâtiment foit près de l'eau que le premier; mais il faut, autant qu'il eft poffible, les bâtir à portée l'un de l'autre, pour faciliter le tranfport des terres qu'on eft obligé de leffiver & de rapporter enfuite dans la nitrière.

Je pafferai fous filence le travail néceffaire à l'extraction du nitre; il eft connu de tous les Artiftes, & l'on peut confulter là-deffus les Ouvrages de MM. *Macquer*, *Duhamel*, *Lemery*, *Pietfch*, *Baumé* & *d'Angiviller*, dans les Mémoires de l'Académie.

Lorfqu'on jugera que les terres difpofées en parallépipèdes font affez imprégnées de nitre, on les traitera à la manière acoutumée pour l'en extraire, par lixiviation, évaporation, cryftallifation, &c. enfuite on les confervera foigneufement, pour les recombiner de nouveau avec des matières animales & végétales, comme il a été dit ci-devant: ces terres ferviront perpétuellement ; on affure même que plus elles font anciennes, & plus elles font fécondes.

L'eau mère qui refufe de donner des cryftaux, fe jette fur les nouvelles terres ainfi que fur les vieilles; c'eft-à-dire, que fi on en a de refte après avoir formé les nouveaux parallépipèdes, on jette le furplus fur les anciens.

L'enduit terreux qui eft contre le mur, fournit du falpêtre de houffage pendant plufieurs années, s'il eft fait folidement ; mais il arrive prefque toujours que lorfque la terre de cet enduit eft bien faturée de falpêtre, elle fe détache du mur & tombe d'elle-même; alors on la leffive avec celle des parallépipèdes: il faut au moins laiffer écouler un an avant d'exploiter la nitrière, alors on commence du côté du nord: c'est-à-dire, que la portion deſtinée à la première cuite doit être celle qui eſt le plus près du nord, & toujours en continuant du côté du ſud.

Il faut avoir ſoin de remettre les terres à leur place, à meſure qu'on en extrait le ſal-pêtre, & y ajouter du terreau de la première préparation par partie égale, comme il a été dit.

On aſſure qu'il faut plus de trois ans pour qu'une nitrière artificielle ſoit dans ſon plus grand rapport; on peut cependant en tirer du ſalpêtre beaucoup plutôt, mais en moindre quantité.

Quoique je n'aie pas répété moi-même tous les procédés que je viens de décrire, je ne les crois pas moins ſurs; j'en ai vu ſous mes yeux, le produit qui étoit déjà très - conſidérable en 1753 ; cependant la ſalpêtrière que j'ai obſervée n'étoit pas encore dans tout ſon rapport. Le Propriétaire avoit fait un marché (à ce qu'il me dit) avec les Hollandois, qui lui payoient tout le ſalpêtre que ſes nitrières artificielles pouvoient produire ; il en avoit déja pluſieurs d'établies, & il ſe propoſoit d'en augmenter le nombre quand je partis de chez lui ; depuis ce temps j'ai perdu de vue cet établissement; mais j'ai oui dire qu'il avoit très-bien réussi; il vouloit vendre son secret deux cents mille francs comptant; pour moi je donne ce que j'en sais pour rien, & je serois pour le moins aussi content que lui, si je pouvois être utile à mon pays, & remplir par-là les vues du Ministre vertueux que le Ciel a placé pour le bonheur de l'Etat, à la tête des Finances.

Observations.

Le Propriétaire de la nitrière que je viens de décrire, en faisoit un grand secret; ainsi il y a apparence que les murs dont il avoit entouré les hangards, où les couches à nitre étoient situées, n'étoient que pour en dérober la situation & la disposition à la connoissance du Public. Les fenêtres & les trous des volets, en ménageant l'entrée de l'air dans la nitrière, empêchoient les curieux de voir l'intérieure; mais comme le principal ingrédient & le plus nécessaire à la formation du nitre, est l'air, il seroit, je crois, plus avantageux d'en laisser l'accès libre de tous les côtés aux salpêtrières artificielles, & pour cet effet il seroit convenable de supprimer les murs de clôture, ce qui épargneroit bien des frais & accéléreroit

vraifemblablement la formation du falpêtre ;
il faudroit feulement faire les toits de façon
que la pluie ne puiffe être jettée par le vent,
en trop grande quantité, fur les couches ; car
un peu d'humidité ne cauferoit aucun dommage, fi l'eau n'étoit affez abondante pour diffoudre le nitre, & l'entraîner enfuite dans l'intérieur des terres compofant le fol.

Il feroit bon feulement d'entourer la nitrière
de foffes affez larges & affez profondes, 1°. pour
que les gens mal intentionnés ne puiffent pas y
entrer pour la dégrader ; 2°. pour recevoir
les eaux de pluie qui pourroient dans les temps
d'orage, couler dans la nitrière & y faire des
dégâts.

MEMOIRE

Sur les méthodes employées en Pruſſe & à Malte pour la génération du ſalpêtre.

Par M. Tronçon du Coudray, Officier au Corps Royal de l'Artillerie, Correſpondant de l'Académie Royale des Sciences.

LE ſalpêtre, comme l'on ſait, eſt une ſubſtance que rien ne remplace, dont aucune autre ne peut fournir l'équivalent, du moins quant à la propriété qu'il a d'être à la fois détonnant & maniable.

Ainſi, depuis que cette ſubſtance eſt devenue le moyen principal d'attaquer & de défendre, il eſt auſſi indiſpenſable pour un Etat d'en être continuellement & abondamment approviſionné, qu'il l'eſt pour tous les Citoyens d'être journellement pourvus des denrées les plus néceſſaires à la vie.

*

Rien n'eſt donc plus important , ſur-tout en conſidérant la ſituation reſpective de toutes les nations de l'Europe , que de mettre en valeur les moyens que la Nature peut nous avoir donnés, & ceux que l'Art peut y ajouter, pour nous aſſurer cette production ſi néceſſaire au maintien de toutes les Puiſſances ; de ne pas la laiſſer dépendre des événemens d'un commerce éloigné , & de ne pas nous en rapporter pour nous la fournir , à des Nations qui ſeroient évidemment intéreſſées, ou à en détériorer la qualité, ou à nous en laiſſer même manquer entièrement, dans le temps même où elles rendroient en ce genre nos beſoins plus preſſans.

Telle eſt cependant la ſituation où ſe trouve la France , depuis que le ſalpêtre qui ſe récolte dans le Royaume ne ſuffit pas pour fournir à tous ſes beſoins , & qu'elle ſe trouve obligée de le tirer de l'intérieur de l'Inde , par la voie du Commerce. Ce n'eſt pas que la quantité de ſalpêtre exiſtante en France ſoit réellement diminuée ; les terres des écuries , des granges , des bergeries , les murailles imprégnées d'urine , de ſucs végétaux & animaux n'en contiennent pas moins ; mais l'induſtrie , loin d'être encouragée à l'en extraire , rencontre de toutes parts des entraves & des gênes , & il n'y a point de particulier qui ne foit intéreffé, non-feulement à détruire le falpêtre qui s'eft formé chez lui , mais encore à empêcher par tous les moyens poffibles qu'il ne s'en forme de nouveau.

Je ne m'arrêterai point à faire ici l'énumération des différentes caufes qui peuvent avoir occafionné la chûte de la récolte du falpêtre en France ; ces détails feroient peu intéreffans pour la Compagnie à laquelle j'ai l'honneur de préfenter ce Mémoire ; ils tiennent d'ailleurs de trop près aux opérations du Gouvernement & de l'Adminiftration : il me fuffira de dire que, vers 1690 , c'eft-à-dire, avant que nous fuffions en poffeffion de la Lorraine , de l'Alface & de la Flandre, la récolte du falpêtre dans le Royaume alloit à environ quatre millions de livres, c'eft-à-dire, à beaucoup plus du double de ce qu'elle alloit dans les dernières années.

Quelle que foit la caufe d'une révolution auffi confidérable opérée en moins d'un fiècle , elle annonce néceffairement un vice. On doit donc regarder ,comme une des plus grandes preuves des vues à la fois bienfaifantes & éclairées du Gouvernement , les foins qu'il fe donne pour rétablir & pour augmenter dans l'intérieur du Royaume cette récolte fi importante à fa fûreté, & pour délivrer en même temps les peuples de la gêne de la fouille, & des charges qu'entraîne la manière dont se récolte aujourd'hui le salpêtre en France.

Il est du devoir de tout Citoyen de concourir de tout son pouvoir à des vues si respectables, & d'offrir à l'Etat le tribut de ses connoissances ; mais ce devoir oblige, d'une manière plus particulière encore, ceux qui ont l'honneur d'être en correspondance avec l'Académie, puisque c'est à elle que le Gouvernement s'est adressé pour animer, diriger & récompenser les efforts de ceux qui pourront assurer l'exécution de ses desseins.

C'est singulièrement à ce titre, que désespérant de concilier avec ma vie errante, les expériences que j'aurois desiré pouvoir faire sur cette matière, qui a déja été pour moi, sous un autre point de vue, l'objet d'un travail considérable, j'ai tâché au moins de rassembler le plus de connoissances qu'il m'a été possible, sur ce qui se pratique à cet égard chez les Etrangers, à qui le commerce n'offre pas les ressources qui ont occasionné chez nous la chûte de la récolte du salpêtre, ou qui regardent ces ressources comme trop précaires pour s'y fier.

Les pays où ces travaux paroissent avoir été suivis & dirigés avec le plus d'intelligence, sont la Suède & la Pruſſe dans le nord , & Malte dans le midi.

Ce qui s'exécute en Suède eſt connu aujourd'hui de tout le monde : les Mémoires de l'Académie de Stockholm donnent ſur cet objet des détails très - circonſtanciés , qui deſcendent même juſqu'aux plans & aux proportions figurés des bâtimens employés à ces travaux. M. le Comte *de Milly*, par le Mémoire qu'il a lu à la dernière ſéance ſur cet objet, nous a appris que la manutention dont il a été témoin en Allemagne, chez un Particulier qui en faiſoit grand ſecret , a quelque rapport avec celle de Suède.

Je ne ſais ſi la deſcription que je vais donner de ce qui ſe pratique en Pruſſe & à Malte à cet égard, ſe trouve auſſi exiſter dans des Mémoires déja connus. Si cela eſt , je ne regarderai pas non plus mes peines comme abſolument perdues , puiſqu'il eſt aſſez prouvé qu'on ne peut trop répandre la connoiſſance de choſes qui importent autant au bien public, & que lorſqu'elles ſont très-connues, il eſt encore utile de les répéter.

Je commence par la Pruſſe.

Ce qui fixe d'abord l'attention dans cette ſorte de travaux, c'eſt le choix de la terre qui

doit fervir de bafe à l'opération. En Pruſſe,
comme en Suède, on prend de préférence celle
que l'on retire des prairies. Il eſt évident que
cette terre étant déja imbibée de ſucs végétaux, étant de plus traverſée d'un grand nombre de racines, eſt plus diſpoſée à fournir ces
principes de fermentation, de putréfaction,
que l'expérience annonce comme appartenant,
ou du moins comme accompagnant la formation du ſalpêtre.

Il ſembleroit qu'à cet égard, la terre même
qui forme le gazon, ſeroit préférable à celle
qui n'eſt que deſſous; cependant les notes que
je me ſuis procurées ſur cet objet, diſent le
contraire; elles annoncent que l'on n'emploie
que la terre qui eſt au-deſſous du gazon; peut-
être au reſte, eſt-ce un mal-entendu de la part
de ceux qui gouvernent ces opérations, ou
pareſſe de la part de ceux qui les exécutent,
& qui trouvant que ces gazons ſont plus difficiles à arranger que la terre meuble ſur laquelle ils repoſent, donnent le choix à cette
dernière.

Quoi qu'il en ſoit, on mêle cette terre avec
un cinquième de cendres de bois neuf; & au
moyen d'une eau dans laquelle on a fait infu-

ſer

fer du crottin de cheval, on forme de cet enfemble un mortier, dans lequel on fait entrer
de la paille groffièrement hachée, abfolument
comme on fait les torchis dans les pays où ces
fortes de clôtures font d'ufage.

Le mélange de cette paille a pour objet,
comme on le fent bien, d'établir dans ces maffes de terre, des intervalles qui donnent lieu
à l'air d'y pénétrer, fur-tout lorfque la pourriture
a détruit cette paille.

Il eft des cantons où l'éloignement des prairies, ou bien la nature des lieux, fait préférer
à la terre dont on vient de parler, celle qui a
reçu les immondices des villes.

Ces deux efpèces de terre, qui au fond ne
diffèrent pas, font d'abord mifes en mortier,
puis employées de deux manières qui diffèrent
encore très peu entre elles.

Dans quelques cantons, on difpofe ce mortier en pyramides, comme en Suède ; dans d'autres c'eft en murs.

Les pyramides font quarrées, à la différence
de la Suède où elles font triangulaires ; mais
elles font vuides dans le centre, ce qui d'abord
leur fait préfenter plus de furface, & en outre,
donne plus de facilité aux effets de l'air, à ces

H h

alternatives de defféchement & d'arrofement de matières putréfiantes, qui paroiffent jouer le grand rôle dans la production du falpêtre.

On ne m'annonce pas les dimenfions de ces pyramides; mais il eft évident que puifqu'il importe de multiplier les furfaces, on ne peut les faire trop petites, au moins pour l'avantage du produit, & probablement même auffi pour la facilité du travail.

Les dimenfions des murs font fpécifiées; ils font communément, à ce qu'on me marque, de trois pieds environ d'épaiffeur à la bafe, d'un pied au fommet, & de cinq pieds de haut. Ces dimenfions me paroiffent trop fortes, par la raifon que je viens d'expofer relativement aux pyramides.

. Les murs font couverts par un chapeau de paille, tellement difpofé, que les eaux font portées à environ un pied de la bafe.

Il eft évident que les pyramides peuvent l'être de même; c'eft-à-dire, à peu près de la manière dont la note de M. *de Chaumont* annonce qu'elles le font en Suède.

Ces pyramides & ces murs fe leffivent tous les douze ou quinze mois: ce qui féroit effentiel à connoître, c'eft la quantité du produit, relativement à la dépenfe; mais c'eft ce qui me manque entièrement, & ce que je regrette d'autant plus que les détails que nous avons du travail de Suède, ne nous inftruifent pas plus à cet égard.

Les nitrières de Malte paroiffent faites avec bien plus de dépenfe que celles de Pruffe & de Suède.

D'après les Mémoires que j'ai reçus, c'eft dans de vaftes magafins, à deux étages, lef-quels font bien aérés, où la pluie & les rayons du foleil ne peuvent pénétrer, que l'on pré-pare les terres deftinées à ce genre de pro-duction.

Cette Ifle n'étant guère qu'un rocher, offrant à peine un peu de terre végétale dans quelques coins plus favorifés, on fent qu'il ne peut y être queftion de choifir entre la terre mélée dans les gazons des prairies; ou celle qui fe trouve au-deffous. On prend de la terre calcaire quel-conque, la plus pure, la plus poreufe poffible; on la sèche, on la mêle avec de la paille brifée; lorfqu'elle eft bien sèche on en forme des piles triangulaires, oblongues, que l'on conftruit par couches fucceffives d'un demi-pied d'épaif-feur, & qu'on termine par un petit lit de fumier qu'on y répand avec la main; on arrofe enfuite ces couches avec une liqueur qu'on appelle *eau compofée*, & dans laquelle, au moment de l'employer, on délaie du fumier & des réfidus des écumes de falpêtre.

Cette *eau compofée* eft déja elle-même un mélange d'eau – mère de falpêtre, d'urine, d'eaux provenant des fumiers, de lie de vin, & d'autres matières de ce genre, propres à entrer en putréfaction; toutes ces matières font jettées pêle-mêle à mefure qu'elles arrivent, & à ce qu'il paroît, fans proportion déterminée, dans une citerne conftruite à portée des hangards où fe fait ce travail.

On ne touche point aux terres ainfi empilées jufqu'à ce que la furface en foit defféchée; alors on brife les piles, & en les reformant, on a foin de mettre en-dedans les terres qui étoient à l'extérieur, & celles de l'intérieur en dehors.

Si celles-ci fe trouvent alors trop fèches, ce que l'on connoît lorfqu'elles tombent en pouffière en les ferrant dans la main, on les arrofe avec l'*eau compofée*.

Cette opération de rechanger les terres, & de les arrofer à mefure que celles du dehors fe fèchent , fe répète à mefure du befoin ; ce qui dépend de la température de l'atmofphère. On veille feulement à ce que la maffe n'ait que cette légère humidité favorable à la putréfac-tion, & qui eft incapable de diffoudre le falpé-tre déja formé.

Quand le fumier que nous avons dit qu'on plaçoit entre les couches qui forme les pieds , fe trouve détruit, on y fupplée par une boue liquide qu'on forme d'eau compofée & de fu-mier , & qu'on répand fur les terres en refor-mant les pyramides.

Ces pyramides au bout d'un an font affez riches , à ce qu'annonce l'obfervation , pour être leffivées avec fruit ; ce qui paroîtra plus que palpable , lorfqu'on fe rappellera qu'en Pruffe & en Suède , elles font dans cet état au bout de douze à quinze mois , & que la chaleur qui hâte la putréfaction , qui accélère le defféche-ment des terres, qui donne lieu de le charger , fucceffivement dans un même efpace de temps, d'une plus grande quantité de matières putré-fiantes , doit, par la différence très-confidérable du climat , donner un très-grand avantage au travail de Malte , fur celui de Suède.

Cependant l'Obfervateur annonce qu'on ne leffive que tous les trois ans une fois , ces ter-

res , qui femblent fi bien préparées dès la première année.

On continue à les gouverner dans les deux
dernières, de même que dans la première ; à la
différence feulement que dans cette première
année , on les faupoudre une fois par mois avec
de la chaux éteinte , réduite en pouffière , &
que les arrofages fe font avec l'*eau compofée* ,
toute feule , comme elle fe tire de la citerne ; au
lieu que , dans les deux dernières années , on
mêle à cette *eau compofée* , un tiers d'eau-
mère.

Voilà à quoi fe réduit le travail de la nitrière
de Malte , d'après les Mémoires que je m'en
fuis procurés ; ces Mémoires viennent d'un Chevalier de Malte , très-inftruit , qui joint à ces
deux qualités , celle d'Officier d'Artillerie au
fervice du Roi, & qui a lui-même fuivi tout ce
travail fur les lieux.

Ceux dont j'ai rendu compte fur les nitrières
de Pruffe , me viennent de M. le Chevalier *de
Dampierre*, d'une perfonne connue de ce pays-
ci, qui fait depuis long-temps fon occupation
de la régénération du falpêtre , & qui a voyagé
en Pruffe pour cet objet.

Mais ni lui , ni l'Obfervateur Maltois , ne
déterminent point le produit annuel de ce genre

de travail; ni le prix des matières qui y font employées, ni celui de la main - d'œuvre, objets cependant très-essentiels à connoître, pour estimer les avantages de ce genre de culture.

L'Observateur Maltois annonce seulement que le produit suffit à la consommation de la Religion, que d'ailleurs il ne détermine pas. Il en donne seulement une idée, en annonçant d'une manière générale, qu'un quintal de salpêtre raffiné est le résultat de trois cents soixante pieds cubes de terre préparée par la méthode qu'il a décrite; mais ces trois cents soixante pieds cubes n'étant lessivés que tous les trois ans, il s'enfuivroit, si ce long intervalle étoit nécessaire, qu'il faut en tenir en magasins mille quatre-vingt pour chaque quintal de salpêtre raffiné; ce qui seul doit être une dépense très-considérable.

Si l'on veut s'arrêter maintenant sur les différences qui se trouvent entre la méthode employée en Prusse, & celle qui est établie à Malte, on verra que ces différences se réduisent principalement à deux choses.

La première en ce qu'on mêle en Prusse des cendres aux terres qu'on prépare, & cela en quantité considérable, puisque cette quantité forme un cinquième, tandis qu'à Malte on n'en emploie pas du tout.

Cette première différence est fondée d'abord sur la raison, qu'en Prusse le bois est fort commun, au lieu qu'à Malte il est fort cher : il est vrai que cette raison seroit insuffisante, si la cendre étoit nécessaire à ce genre d'opération, car alors elle ne se feroit pas : mais j'ai déja, je crois, assigné les vraies fonctions des cendres pour ce genre de travail, en rendant compte de la méthode employée en Languedoc pour l'extraction du salpêtre. J'ai fait voir que la cendre de tamaris, employée exclusivement dans cette Province, non pour l'extraction du salpêtre, car on n'en mêle alors d'aucune espèce avec les terres nitreuses, mais pour le rapurage du salpêtre de première cuite, ne contenant, du moins éminemment, que du sel de *Glauber*, que j'ai mis dans les temps sous les yeux de M. *Macquer*, cette cendre n'étoit pour rien dans la formation du salpêtre, & qu'elle ne lui faisoit pas quitter, comme on le croit communément, sa base terreuse, pour lui en donner une d'alkali végétal.

La seconde différence importante entre le travail de Prusse & celui de Malte, c'est que dans le premier, les murs ou les piles sont en plein air , & ne font défendus de la pluie que par de petits toits de paille.

Cette différence paroît être toute à l'avantage du travail de Malte , fur-tout quand on penfe qu'il pleut en Pruffe plus d'un quart de l'année.

Cependant , fi l'on fonge à la dépenfe énorme en charpente , que doivent coûter des hangards , capables de fournir feulement dix milliers de falpêtre ; fi l'on fonge que fi ces hangards garantiffent plus parfaitement les terres de l'action nuifible des pluies , elles les défendent auffi de l'action avantageufe de l'air ; fi l'on fonge enfin qu'en faifant les piles fort petites , & fur-tout en leur donnant peu de hauteur , rien n'eft plus aifé que de les bien couvrir , je crois qu'on ne balancera pas à fe décider pour les petits toits de paille.

Ce qui eft certain, c'eft qu'on voit en Champagne & en Picardie , des murs de clôture en terre , expofés à tous les vents , couverts de paille , & durer plus de cent ans, quand cette couverture eft bien entretenue.

Je regarde ces frais de conftruction des hangards comme fi confidérables , que je crois qu'eux feuls fuffiroient pour arrêter ce genre d'établiffement , fi le Gouvernement exige, comme de raifon , que le falpêtre qu'on récoltera par cette méthode , soit à peu près au même prix de celui qu'on peut acquérir de l'étranger pendant la paix.

Je defirerois donc qu'en même temps que MM. les Commiffaires de l'Académie, & ceux qui peuvent dans les Provinces concourir aux recherches néceffaires pour trouver les moyens *les plus prompts & les plus économiques* de procurer au Royaume des récoltes de falpêtre plus abondantes & moins onéreufes que celles que donne la fouille des habitations, on profitât de ce qui eft déja conftaté par l'exemple de la Pruffe, de Malte & de la Suède ; qu'en attendant le *mieux*, dont mille événemens peuvent éloigner la jouiffance à un fiècle, on jouît du *bien*, dont l'exiftence me paroît démontrée par ce qui fe pratique en Suède, en Pruffe & à Malte.

Il n'y a pas de Provinces aujourd'hui où il n'y ait de perfonnes en état d'y diriger ce genre de travail, fi on le monte avec un certain ordre, qui n'eft pas difficile à imaginer, fur-tout fi l'on commence par les Provinces, telles que l'Alface, la Lorraine, la Normandie, la Franche-Comté, & fur-tout la Touraine & les Provinces adjacentes à la Loire, où le falpêtre fe montre en abondance.

Les Commiffaires des poudres, fi on les

choisissoit comme il faut, suffiroient pour monter ce genre de travail. Ils correspondroient avec MM. les Commissaires de l'Académie, qui les dirigeroient, & qui tous pourroient devenir leurs Supérieurs immédiats ; l'annonce de la délivrance de cette fouille onéreuse aux campagnes, engageroit les Communautés à se prêter avec zèle aux premières tentatives dont les frais, en renonçant à établir des hangards, seroient fort peu de chose ; car en effet ils se réduiroient à quelques main-d'œuvres, dont on pourroit même tirer parti, pour donner du pain aux pauvres de la Communauté dans la mauvaise saison, & à l'acquisition d'un ou plusieurs terrains, situés tous de manière à recevoir les eaux de fumiers du Village, & à pouvoir être débarrassés, au moyen d'une vanne, des courans d'eau de pluie.

MEMOIRE

Sur la nitrière de Malte, par M. le Chevalier Defmazis.

LEs nitrières artificielles ont l'avantage de délivrer les Particuliers des recherches toujours onéreuſes, ſouvent dommageables, que les Salpétriers font dans les habitations, pour en enlever le nitre qui s'y forme ; elles ont encore celui de procurer la formation du nitre dont on a beſoin, dans les endroits les plus commodes & les plus à portée des raffineries. C'eſt ce qui m'a engagé de ſuivre les travaux d'une nitrière artificielle, établie à Malte, où on ſe procure la formation du nitre, dans des terres préparées. J'ai recueilli les procédés qui y ſont en uſage pour la préparation de terres, & afin qu'on puiſſe mieux juger de la qualité nitreuſe qu'acquièrent ces terres, j'ai ajouté à ces procédés ceux par leſquels, 1°. on en extrait le nitre ; 2°. on l'obtient en cryſtaux ; 3°. on le purifie & raffine juſqu'au degré de pureté qu'il doit avoir pour être employé à la fabrication de la poudre de guerre.

Préparation des terres pour leur faire produire du nitre.

Le falpêtre, tel qu'on l'emploie dans la compofition de la poudre eft un fel neutre, réfultant de la combinaifon, jufqu'au point de faturation de l'acide nitreux, & d'un alkali fixe végétal.

La nature fournit très-peu de ce fel pur, mais l'expérience a appris que les fels nitreux naturels fe forment fucceffivement dans certains endroits. En cherchant quelles étoient les circonftances favorables à leur formation, on a découvert que les terres calcaires fe chargeoient de fels nitreux, lorfqu'expofées au libre cours de l'air, à l'abri de la pluie & du foleil, elles étoient fujettes à être imprégnées de fucs végétaux & animaux qui y éprouvoient la putréfaction.

On a réuni toutes ces circonftances, par les procédés de la préparation des terres en ufage à la nitrière artificielle de Malte; cette nitrière contient de grands magafins deftinés à la préparation des terres, lefquels font bien aérés, & où la pluie & les rayons du foleil ne peuvent pénétrer directement.

Il y a à portée de ces magafins, une citerne

où l'on tient en réferve un mélange d'urine,
de fucs provenans des fumiers de lie de vin ou
de toute autre fubftance propre à exciter la
fermentation & putréfaction, à quoi on ajoute
les écumes groffières qu'on enlève des chaudières où le falpêtre fubit fa première cuiffon ;
on a donné à ce mélange le nom *d'eau compofée.*

Les terres que l'on prépare, font de nature
calcaire. On les fait fécher avant de les préparer, fi elles ne le font pas; pour cela on les
étend fous des hangards, par lits de peu d'épaiffeur, que l'on méle de paille brifée, & on les
retourne fouvent ; cette paille en accélère le
defféchement parce qu'elle tient les terres plus
divifées, & leur fait préfenter plus de furface
à l'air, d'où s'enfuit une plus grande évaporation : le remuement des terres produit le même
effet.

Lorfque les terres font bien sèches, on les
porte dans les magafins où on en forme des piles
triangulaires, oblongues, dont la largeur de la
bafe eft double de la hauteur. Ces piles fe
conftruifent par couches fucceffives d'un demi-
pied d'épaiffeur; chaque couche étant finie,
on en recouvre la furface de fumier que l'on
y répand avec la main, puis on l'arrofe avec
l'eau compofée. On forme de la même manière

la couche qui doit être immédiatement au-
deſſus, & ainſi de ſuite juſqu'à ce que la pile
ſoit achevée.

On tire de la citerne, la quantité d'eau compoſée dont on a beſoin chaque jour pour la
préparation des terres, pluſieurs heures avant
de s'en ſervir, & on la met dans des cuviers,
au fond deſquels il y a un peu de fumier, &
des ſels qui ont été ſéparés du ſalpêtre, pendant le travail de la cuiſſon. On a attention de
bien mêler le tout dans le cuvier, chaque fois
que l'on y va puiſer.

On ne touche point aux terres ainſi empilées,
juſqu'à ce que la ſurface en ſoit deſſéchée; alors
on retourne les terres des piles, de manière que
les terres de l'intérieur ſoient placées à la ſurface, & celles de la ſurface dans l'intérieur; &
ſi on trouve les terres trop sèches dans l'intérieur (ce qu'on connoît lorſqu'en en ayant
ſerré dans la main, elle ſe réduit en pouſſière),
on les arroſe avec l'eau compoſée; on continue
ainſi à retourner les terres & les laiſſer repoſer
alternativement, avec l'attention de les arroſer
comme il a été dit, lorſqu'il en eſt beſoin, mais
ſeulement autant qu'il eſt néceſſaire pour y
entretenir une humidité favorable à la putréfaction.

Quand le fumier incorporé avec les terres lors du pr mier empilement, eft tout-à-fait détruit, on en remet de nouveau; voici comme on y procède : ayant mis du fumier dans des cuviers, on l'arrofe d'eau compofée; alors le fumier fe gonfle & éprouve une violente fermentation, après laquelle il fe réfout en boue, affez fluide pour pouvoir être verfée dans les terres: on introduit ce nouveau fumier dans les terres qui en ont befoin, en les arrofant de la fufdite boue, au lieu d'eau compofée.

On laiffe repofer les piles après y avoir mêlé le fecond fumier, jufqu'à ce que leurs furfaces extérieures foient sèches; alors on les prépare comme on les préparoit auparavant.

On foupoudre une fois par mois, les piles de terre que l'on prépare pour la première année, avec de la chaux éteinte, réduite en pouffière, après quoi on arrofe légérement chaque pile avec de l'eau compofée, & on laiffe repofer les terres.

Les terres ainfi préparées pendant un an, font fuffifamment chargées de nitre, pour qu'on puiffe travailler à en extraire ce fel. La préparation de celles qu'on continue de préparer après la première année, confifte à les retourner &

les

les laisser repofer alternativement, avec l'attention, lorfqu'elles ont befoin d'être arrofées, de le faire avec l'eau compofée melée d'un tiers d'eau-mère (1).

Leſſivage des terres préparées pour en extraire le ſalpêtre.

Le leſſivage des terres nitreufes fe fait dans un endroit couvert, où il y a des cuviers pofés par rang fur des bancs élevés d'environ deux pieds au-deffus du fol. Chaque cuvier eft à-peu-près de la capacité de vingt pieds cubes ; à fon fond, il a un orifice de deux pouces de diamètre, que l'on bouche extérieurement avec un bouchon de liège, enveloppé de vieux linge ; lorfqu'on veut leſſiver des terres nitreufes, on met en-dedans de chaque cuvier, une écuelle renverfée fur l'orifice qui eft à fon fond, lequel on garnit d'un lit de farment & de paille de quelques pouces de hauteur ; fur ce lit on met cinq (*a*) pannerées de terre nitreufe, une mefure de cendre (*b*) ; & encore une fois cinq pannerées de terre nitreufe. Le procédé du leſſivage

---

(1) L'eau-mere eft la liqueur qui refte après la cryftallifation du falpètre, fans pouvoir fournir de cryftaux.

fe fait de la manière fuivante : on verfe dans le cuvier ainfi chargé de l'eau qui a déja fervi deux fois à laver des terres nitreufes, d'autres cuviers. Cette eau eft vingt-quatre heures, tant fur les terres qu'à couler dans une recette. Le fecond jour, les terres de ce même cuvier font leffivées par de l'eau qui a déja paffé une fois fur des terres nitreufes d'un autre cuvier; le temps du lavage eft le même que ci-devant; au troifième jour, on verfe de l'eau naturelle fur les terres de ce cuvier, que l'on y fait paffer deux fois de fuite dans ces vingt-quatre heures.

De cette façon on a proportionné l'activité diffolvante de l'eau, à la quantité des fels que contenoient les terres. On donne le nom de *cuite*, aux eaux qui réfultent du dernier des lavages qu'on a fait avec la même eau; on réferve la cuite dans une citerne (1).

Tous les matins on enlève la cuite, on renouvelle les lavages & on remplace les terres du troifième jour, qui font dépouillées de leur nitre. Après avoir fait fécher ces terres, on les

____

(1) Chaque cuvier fournit quatre feaux (*c*) de cuite, lorfqu'on a mis fept feaux d'eau par cuvier lors du lavage fait avec l'eau naturelle.

porte dans les magafins pour les préparer de nouveau.

Pendant le renouvellement des lavages, & quelques heures après, on tient l'orifice du fond de chaque cuvier entiçrement bouché, afin que l'eau ait le temps de pénérrer les terres & de fe charger d'une certaine quantité de leurs fels, avant de commencer à couler dans la recette. On ne retient point auffi long-temps fur leurs terres, les eaux qui étant à leur dernier jour, doivent fervir à deux lavages dans les vingt-quatre heures.

Cryftallifation & raffinage du falpêtre.

Le falpêtre a la propriété de fe diffoudre en beaucoup plus grande quantité dans l'eau bouil-lante que dans l'eau froi e; c'eft pourquoi le moyen de faire cryftallifer le falpêtre contenu dans la cuite, confifte à la faire bouillir en la laiffant évaporer jufqu'à ce qne l'eau foit réduite à la feule quantité qu'il en faut pour tenir fon falpêtre en diffolution, & à la laiffer enfuite refroidir (1).

Les fubftances étrangères, mêlées avec le

____

(1) Je nomme la *cuiffon*, l'opération par laquelle on fait bouillir la cuite.

falpêtre dans la cuite, font des fels volatils ou déliquefcents, & principalement du fel marin (lequel fe diffout prefqu'en même quantité dans l'eau bouillante & dans l'eau froide), & des fubftances graffes & vifqueufes.

La cuiffon fait évaporer les fels volatils, donne le moyen de féparer le fel marin & une partie des fubftances graffes & vifqueufes, que l'eau abandonne en s'évaporant ; quant aux fels déliquefcents, on les fépare après la cryftallifation.

C'eft donc par la cuiffon que l'on parvient à faire cryftallifer le falpêtre, & à le purifier ou raffiner.

Le lieu deftiné au travail de la cuiffon contient plufieurs paires de chaudières de cuivre accouplées, dont chacune eft folidement maçonnée en brique, au-deffus d'un fourneau. Les deux fourneaux de chaque couple communiquent enfemble.

S'il n'y a pas de Fête dans la femaine, on allume le feu le lundi matin dans les fourneaux des chaudières qui doivent fervir, & on l'entretient jufqu'au famedi inclufivement, de manière que la cuite contenue dans les chaudières, bouille continuellement à petit bouillon ; on répare jufqu'au vendredi matin, ce qui fe

perd par l'évaporation. Afin de faire cette réparation, fans empêcher de bouillir la cuite contenue dans les chaudières, on a établi une
petite chaudière à cheval fur les deux grandes,
& en outre un chaudron à côté de chacune des
mêmes, de manière qu'ayant mis de la cuite
dans la petite chaudière & dans les chaudrons,
elle s'échauffe en même temps que celle contenue dans les grandes chaudières ; la petite
chaudière & les chaudrons fournissent alternativement de la cuite, pour réparer l'évaporation.

La réparation journalière, est évaluée à-
peu-près à la valeur d'une chaudière par jour
pour chaque couple. Le falpêtre que l'on retire
le famedi de chaque couple de chaudières est
ainfi le produit de la valeur de fix chaudières
de cuite. On enlève les écumes qui montent
à la furface pendant le temps de la cuiffon, &
on les réferve pour la préparation des terres.

Quand on ceffe de réparer l'évaporation, on
defcend au fond de chaque chaudière, une
efpèce de chaudron de cuivre, dont le con-
tour est percé d'une grande quantité de petits
trous ; on nomme cet inftrument *une paffoire*.
La circonférence fupérieure de la paffoire est

garnie de trois chaînons de fer, également espa-
cés, dans lesquels s'accrochent trois chaînes
de fer égales, qui aboutiſſent à un même nœud.
On attache le nœud des trois chaînes à une
corde qui paſſe ſur une poulie placée au-deſſus
de la chaudière.

L'évaporation n'étant plus réparée, donne
lieu à la cryſtalliſation des ſels. Le ſel marin ſe
cryſtalliſe bien auparavant le ſalpêtre, parce
que la cuite ne ceſſe point de bouillir.

Lorſqu'on eſt aſſuré par une épreuve, que
l'eau bouillante eſt à peine ſurabondante à ce
qu'il en faut pour tenir le ſalpêtre en diſſolution, on élève la paſſoire avec l'attention de la
laiſſer quelque temps ſuſpendue, afin que le
ſel marin qui s'y eſt précipité puiſſe s'égouter.
On réſerve ce ſel pour la préparation des terres,
d'autant plus qu'il eſt encore chargé de parties
nitreuſes. On retire enſuite toute la liqueur de
la chaudière, & on la verſe dans un rapuroir
de cuivre, garni de robinets tout autour, à
quatre pouces au-deſſus de ſon fond; on la
laiſſe repoſer une demi-heure environ dans le
rapuroir, que l'on tient couvert pendant ce
temps, après lequel on reçoit la liqueur du rapuroir dans des ſeaux que l'on place ſous les

robinets mentionnés : on la porte de-là dans des mays de bois , où le salpêtre se crystallise en quatre jours environ.

Il y a au fond de chaque may, près d'une extrêmité, une ouverture qui sert à faire écouler l'eau-mère, après la crystallisation. On conserve les eaux-mères pour la préparation des terres.

Le salpêtre obtenu par cette première cuisson , est appellé salpêtre brut ou de première cuite; il contient encore beaucoup d'impureté, c'est pour cette raison qu'on lui fait subir de nouvelles cuissons pour le raffiner.

Lorsqu'on veut raffiner le salpêtre brut, on le porte dans des chaudières destinées au raffinage, lesquelles on remplit d'eau pure jusqu'à ce que le salpêtre en soit recouvert de la hauteur d'environ quatre doigts, & on donne ensuite le feu ; le salpêtre se fond pendant que l'eau s'échauffe & devient bouillante, parce qu'on ne répare point l'évaporation ; le sel marin se précipite bientôt, on l'enlève à mesure avec une grande cuiller de cuivre.

On jette de temps en temps dans les chaudières quelques pincées d'alun en poudre, ou bien de l'eau froide, ce qui y fait aussi-tôt rassembler à la surface, une quantité d'écume plus ou moins grande; on augmente la quantité de l'alun, & on jette d'autant plus fouvent de l'eau froide qu'il fe forme moins d'écume.

On enlève la liqueur contenue dans les chaudières comme il a été dit ci-deffus, lorfqu'il ne fe forme plus d'écume, & que l'eau eft réduite à ce qu'il en faut feulement pour tenir le falpêtre en diffolution ; on la laiffe dans le rapuroir environ une demi-heure, puis on la porte dans des baffines de cuivre, placées en un lieu frais & à l'abri du foleil, où l'air paffe librement. Le falpêtre s'y cryftallife en trois ou quatre jours, après quoi on décante l'eau-mère qui laiffe le falpêtre implanté au fond & autour des baffines. Ce falpêtre eft appellé *falpêtre de feconde cuite ;* fes cryftaux font plus blancs, plus gros & plus tranfparens que ceux du falpêtre brut; il n'eft cependant point encore affez pur pour être employé à la fabrication de la poudre ; on ne l'emploie à cet ufage qu'après lui avoir fait fubir un autre raffinage parfaitement femblable à celui qui vient d'être décrit; il eft alors appellé *falpêtre de troifième cuite* (1).

---

(1) L'eau-mère du falpêtre de feconde cuite fe mêle avec la cuite dont on retire du falpêtre brut, & on mêle celle du falpêtre de troifième cuite avec le falpêtre brut, lorfqu'on le raffine.

Rapport de la terre préparée au salpêtre brut & purifié qu'elle produit.

On obtient par le leſſivage des terres, une quantité de cuite égale aux quatre ſeptièmes de l'eau pure qu'on a employée.

Il faut ſept barils (*d*) d'eau pure pour leſſiver dix pieds cubes de terre préparée, & deux cinquièmes de pied cube de cendres.

Un quintal de ſalpêtre brut réſulte d'environ ſoixante & douze barils de cuite, & le ſalpê:re brut éprouve une diminution de moitié par les ſeconde & troiſième cuiſſons.

Ainſi un quintal de ſalpêtre raffiné dit de troiſième cuite, eſt le produit de cent quarantequatre barils de cuite telle qu'on l'enlève des cuviers.

Et cent quarante-quatre barils de cuite ſont le produit de deux cents cinquante-deux barils d'eau pure, employée à leſſiver trois cents ſoixante pieds cubes de terre préparée, & quatorze deux cinquièmes pieds cubes de cendres. Si comme à Malte on prépare une quantité de terre, triple de celle dont on extrait le ſalpêtre chaque année, il faudra avoir mille quatre-vingt pieds cubes, ou cinq toiſes cubes de terre pour chaque quintal du ſalpêtre raf finé : partant de-là , une nitrière artificielle dont on exigeroit dix milliers de falpêtre raffiné de troifième cuite par an, devroit avoir (1) :

1°. Cinq cents toifes cubes de terre à préparer.

2°. Des magafins pour les contenir.

3°. On confommeroit par an, fix deux cinquièmes toifes cubes de cendres.

4°. Il faudroit une citerne pour y réferver l'eau compofée.

---

(1) On peut placer cinq cents toifes cubes de terre dans un magafin à deux étages, chacun d'environ fept pieds de haut, qui auroit vingt-cinq toifes de longueur & vingt de largeur ; on difpoferoit dans chaque étage deux cents cinquante toifes cubes de terre en huit piles triangulaires oblongues, de fix pieds de haut, douze pieds de large à la bafe, longues de vingt-trois toifes un pied à la bafe, & de vingt une toifes un pied au faîte. Une pile de pareille dimenfion contient à-peu-près trente-une toifes un quart cubes ou le huitième de deux cents cinquante.

On laiffe un efpace libre de deux pieds entre les piles, un efpace de cinq pieds aux deux côtés du magafin qui fervent de chemin pour le tranfport des terres, & un pareil efpace de cinq pieds aux deux extrémités, pour donner la facilité de travailler à toutes ces piles, felon le befoin. Ces magafins font entièrement ouverts aux deux bouts, afin que l'air y paffe librement.

Parties du pied cube qui contiennent les mesures dont il est parlé dans le présent Mémoire.

(*a*) La pannerée de terre, un demi pied cube.

(*b*) La mesure de cendres, un cinquième de pied cube.

(*c*) Le seau, un quart de pied cube.

(*d*) Le baril contient deux seaux & demi.

REMARQUES.

On a vu par les procédés précédens que les sels nitreux se forment successivement dans des terres calcaires, exposées au libre cours de l'air, dans des endroits à l'abri de la pluie & du soleil, toutes les fois qu'elles sont imprégnées de substances végétales ou animales qui y éprouvent la putréfaction.

L'opinion suivante sur la façon dont est produit l'acide nitreux, dans lesdites terres, me paroît la plus vraisemblable.

Les substances dont les terres ont été imprégnées, ayant été décomposées par la putréfaction, leurs parties constituantes ont été sépa-

rées, & les acides qui y étoient contenus se
font, en se dégageant, dépouillés en grande
partie des substances étrangères qui les alté-
roient, de sorte que l'acide nitreux résulte de
l'épuration que les acides végétaux & animaux
ont éprouvée par la putréfaction des substances
auxquelles ils appartenoient. J'adopte cette
opinion jusqu'à ce que l'expérience me fasse
mieux connoître l'origine de l'acide nitreux,
parce que les acides ont probablement une
origine commune & ne font que le même primitif différemment modifié ou altéré, & parce
que les substances dont les terres doivent être
imprégnées pour produire du nitre, contiennent toutes un acide plus ou moins développé;
ce qui est démontré par ce qu'il résulte de
toute matière putréfiée, soumise à la distillation de l'alkali volatil, de l'huile fétide & un
résidu charbonneux; or les huiles de toutes
espèces, soumises à la distillation, s'y décompo-
sent en partie & y fournissent de l'acide.

Le libre cours de l'air nécessaire à la formation de l'acide nitreux, sert ce me semble à enlever les parties volatiles résultantes de la dé-
composition des corps putréfiés, lesquelles, si
elles n'étoient pas enlevées à mesure qu'elles
se dégagent, feroient obstacle à celles qui les

fuivent , & s'oppoferoient par-là au mouvement fermentatif de la putréfaction.

Les terres doivent être à l'abri de la pluie, parce que l'eau de la pluie en les pénétrant diffoudroit & entraîneroit les fels qu'elles contiendroient , ou au moins retarderoit la fermentation par une trop grande augmentation d'humidité. Ces terres doivent être à l'abri du foleil qui , en les deffléchant , empêcheroit de même la fermentation.

On les retourne tous les quinze jours ou trois femaines en général , lorfque leurs furfaces extérieures font sèches , afin que leurs parties foient bien divifées également & affez long-temps expofées à l'effet de la putréfaction : en fe fervant des mêmes procédés , on auroit peut-être pu donner à l'acide nitreux , une autre bafe que les terres calcaires ; mais ces terres font les plus convenables , parce qu'elles font très-communes , qu'elles ont une grande affinité avec les acides , & qu'on peut fe les procurer à peu de frais.

La chaux dont on faupoudre les piles de terre pendant leur préparation , me paroît avoir pour objet de fournir ou de faire développer de l'alkali fixe végétal.

La chaux a beaucoup de qualités communes

avec les alkalis fixes ; l'eau de chaux décompofe comme ceux-ci les fels à bafe métallique & les fels ammoniacaux, & la chaux augmente la caufticité des alkalis. D'après cela, & les autres qualités falines de la chaux, n'eft-on pas en droit de foupçonner que la chaux contient un alkali fixe, imparfait, qui achève de fe per_ fectionner en pénétrant les terres que l'on prépare ; ou bien que la chaux, en augmentant la caufticité des alkalis, contribue au développement d'alkalis embarraffés, tant dans les terres que dans les fubftances dont elles font imprégnées? Quoi qu'il en foit de l'effet de cette chaux, celui qui eft à la tête des travaux de la Salpêtrerie de Malte, m'a affuré que les terres dont les piles ont été faupoudrées de chaux, produifoient plus de falpêtre que celles qui n'ont point fubi cette préparation ; il m'a dit auffi avoir remarqué que la chaux ne faifoit un bon effet que lorfqu'on l'employoit dans une certaine proportion.

Les cendres de bois neuf que l'on ajoute aux terres préparées qu'on leffive, ont pour objet de fuppléer la bafe d'alkali fixe végétal que l'acide nitreux doit avoir.

Les opérations qui ont pour objet la féparation du falpêtre d'avec les fubftances étrangères dont il eſt mêlé, ſont ce me ſemble ſuffiſamment expliquées à la deſcription deſdites opérations; cependant la méthode employée pendant le raffinage, pour exciter les écumes, paroît exiger une explication. Cette méthode conſiſte à jeter de temps en temps dans la chaudière de l'eau froide, ou quelque pincées d'alun en poudre.

J'explique ainſi l'effet qui s'enſuit : les ſubſtances graſſes & viſqueuſes qui forment les écumes, ſont, à cauſe de leur atténuation, diſperſées dans toute la cuite, quoique celle-ci ſoit la plus péſante, & y reſtent ainſi ſuſpendues juſqu'à ce qu'une cauſe quelconque, en diminuant leur atténuation, leur donne lieu de monter à la ſurface. Quand on jette de l'eau froide dans la cuite lorſqu'elle bout à gros bouillons, le refroidiſſement qui y eſt occaſionné arrête le mouvement de l'ébullition, & la ramene ou tend à la ramener dans l'état de repos : ce qui ſe fait par un mouvement rétrograde d'autant plus prompt, que la cuite eſt plus chaude & que l'eau que l'on y jette eſt plus froide, pendant lequel la cuite abandonne, au moins en partie, les ſubſtances qui y ſont ſuſpendues, donne par-là lieu à la réunion de leurs parties diſperſées, & par conféquent à ce que celles de ces fubftances qui font moins denfes qu'elles, montent à la furface & s'y raffemblent en écume pendant que les plus denfes fe précipitent.

Quand on jette de l'alun dans la cuite, il s'y diffout d'autant plus vîte qu'elle eft plus chaude ; l'acide de l'alun s'unit au premier alkali ou à la première fubftance qu'il rencontre, avec laquelle il a plus d'affinité qu'avec fa terre qu'il quitte alors ; & parce qu'une des principales propriétés de la terre de l'alun eft de s'unir aux fubftances graffes, elle s'unit aux fubftances graffes fufpendues dans la cuite, & monte enfuite avec elle fous la forme d'écume.

On devroit, je penfe, s'en tenir à exciter les écumes par l'eau froide que l'on jette dans la cuite, & fupprimer l'ufage de l'alun à caufe des fels vitrioliques, tartre vitriolé, & fel de Glauber dont il procure la formation, lefquels fe cryftallifant par refroidiffement, comme le nitre, n'en peuvent être féparés par les procédés en ufage dans les Raffineries.

A la Salpêtrière de Malte, on a en magafin & en préparation habituelle une quantité de terre triple de celle qui fuffit ; cette quantité n'eft pas néceffaire, puifque les terres ne deviennent

nent pas beaucoup plus nitreufes après la préparation de la première année, mais il eſt pru-
dent d'en avoir plus qu'on n'en a befoin, afin de
fubvenir aux cas inattendus.

Ces terres ne fouffrent aucune diminution,
même elles augmentent un peu par les fubftances qu'on y méle en les préparant.

Le falpétre que l'on fait à la Salpétrière de
Malte eſt de bonne qualité, & a l'avantage
de coûter beaucoup moins à la Religion que
celui qu'elle tiroit de l'Etranger.

Kk

L'ART

DE FAIRE DU SALPÊTRE,

Mis en pratique à Dresde, par Jean-Chrétien Simon, en 1771.

OBSERVATIONS PRÉLIMINAIRES.

LES Fabriques à salpêtre sont si mal entendues en Allemagne, qu'elles font perdre l'envie d'en former de nouvelles. C'est avec raison que *Glauber* disoit que la production multipliée du salpêtre feroit une branche de richesse pour cette Empire; les instructions qu'il donne à ce sujet, sont, jusqu'à un certain point, assez justes; mais elles prouvent aussi qu'il n'a point opéré en grand, & qu'il n'a fait que peu d'expériences.

Pour donner une idée des Fabriques Allemandes, je ferai le détail des défauts des procédés qu'on y emploie, & l'on observera que l'on y met en pratique ce qu'on devroit soigneufement éviter; j'en excepte cependant quelques-unes qui font mieux en ordre, mais qui font d'un foible objet.

Je trouve en général dans les Fabriques à falpêtre de l'Allemagne les trois défauts fuivans.

1°. Elles font la plupart mal conftruites.

2°. Elles font mal réglées, mal conduites.

3°. Elles font à charge aux particuliers, & ne font d'aucune utilité pour l'Etat.

Elles font mal conftruites : 1°. parce qu'on emploie à la formation des murailles, de la terre battue pour leur donner plus de folidité. Or il eft certain que l'air eft l'agent principal pour la génération du falpêtre; donc plus la terre eft tenue poreufe, plus la putréfaction s'accélère & les exhalaifons qui en naiffent y pénètrent mieux. Il eft vrai que le falpêtre ne fe montre pas auffi bien dans une terre poreufe que dans celle ferrée, mais il n'y a rien à perdre, & l'on retrouve avec avantage lors du leffivage ce qui ne s'eft pas montré au-dehors.

2°. Parce qu'on expofe les murs en plein air fans être à l'abri de la pluie ni du foleil (*).

(*) Il y a apparence que l'Auteur entend parler des nitrières de Pruffe & de Brandebourg.

K k 2

Elles font mal dirigées, mal conduites ; c'eſt ce que l'on va démontrer.

1°. On y fait une conſommation étonnante en bois à brûler, ce qui donne de l'éloignement à tous ceux qui auroient quelqu'envie d'en former.

J'ai remarqué dans toutes les Salpêtrières que les fourneaux étoient conſtruits de façon que chaque chaudière exigeoit un feu particulier, & encore ne le pouvoit-on diriger ſelon les règles de l'art : la grande Salpêtrière de War-ſovie, à laquelle je fus appellé, avoit ce défaut ; il eſt vrai qu'un même feu devoit ſervir à trois chaudières, mais malgré la conſommation im-menſe de bois qu'on y faiſoit, à peine pouvoit-on réuſſir à en faire bouillir une, à rendre l'autre médiocrement chaude, & à échauffer ſenſiblement la troiſième. Par des changemens que j'y fis, je parvins à faire bouillir les deux premières ; ſouvent elles bouilloient toutes trois, & ma conſommation en bois pendant une ſe-maine entière, n'étoit pas plus forte que celle que je faiſois auparavant en deux jours. Ceux qui ont une connoiſſance de la fabrication du ſel, ſe rappelleront aiſément qu'une douce éva-poration eſt d'un avantage infini pour ſa cryſ-talliſation ; cependant c'eſt ce qu'on n'obſerve

(517)

point dans la plupart des Salpêtrières. Il eſt inoui combien la précipitation des cuites fait perdre de ſalpêtre, ſur-tout lorſqu'il n'eſt point ſaturé d'alkali.

2°. J'ai trouvé peu de Salpêtriers qui con-nuſſent le moment convenable pour introduire dans leurs cuites la chaux & la cendre; tous emploient la cendre pour les dégraiſſer, en quoi ils n'ont point de tort : mais ils ignorent que les cendres fourniſſent en outre des parties alkalines qui donnent du corps au ſalpêtre, opération que la chaux fait accélérer.

3°. Les Salpétriers ont ſouvent leur ſalpêtre chargé de ſels, & pluſieurs d'entr'eux ne peuvent parvenir à l'en ſéparer, ce qui les engage à jetter le tout ſur leurs terres qu'ils leſſivent après un certain temps ; ils ne ſavent ni ce qu'ils font ni comment remédier à cet inconvé-nient; c'étoit dans ma Salpêtrière de Warſovie le plus embarraſſant de ma beſogne, attendu que mes terres me donnoient trente parties de ſel ſur une de ſalpêtre ; je parvins enfin dans le cours d'une année, à force de travailler les terres & de manipulation pendant les cuites, à me procurer deux parties de ſalpêtre ſur une de ſel. Un bon Salpêtrier doit ſi bien tra-vailler ſes terres, que ſes cuites ne lui donnent qu an sixième de sel. Il ne le faut pas envisager comme chose désavantageuse, il faut au contraire en tirer parti en le transformant en salpêtre par la pourriture ; c'est un travail qui exige peu de dépense, mais de l'intelligence, de l'expérience, de l attention, des soins & une connoissance de la nature.

4°. Tous les Salpêtriers en général ne savent point améliorer la terre par le travail, y faire augmenter le salpêtre & l'enrichir avant de la lessiver ; ils n'ont aucune connoissance du métier, & sont trop indolents pour sela procurer.

Indépendamment de ces causes, il y en a une infinité d'autres qui contribuent à diminuer le bénéfice des Salpêtriers, je vais en indiquer quelques-unes.

1°. On ne donne point le temps à la terre de produire une quantité suffisante de salpêtre. 2°. On fait des épreuves trop en petit, on fait beaucoup de dépenses en bâtimens, en ustensiles, en chaudières, cuves, &c. & l'on manque de terre. 3°. On ignore la manière de travailler les terres.

Ces circonstances & beaucoup d'autres, font les causes qu'il y a si peu d'établissemens de Salpêtrières, tandis que tant d'autres Fabriques & Manufactures fleurissent.

Sans m'attacher à tous ces défauts & à toutes ces difficultés, je puis, d'après une expérience bien affurée, prouver qu'une Salpêtrière mife bien en ordre, doit à l'échéance de trois ou quatre ans, rapporter vingt pour cent du capital qu'on y a mis, & qu'il n'y aura aucun rifque à courir, l'incendie excepté, tant & fi long-temps que l'on aura attention de fuivre les confeils ci-après.

1°. Il faut, dans le choix de l'emplacement de la Salpêtrière, porter l'attention fur l'abondance & le bon prix des matières & du bois de chauffage. Les matières effentielles font les cendres, la chaux, le fumier, l'urine de tous les animaux, les boues & terres marécageufes qu'on tire des foffés des villes & châteaux, les débris & déchets du règne animal, démolitions de vieux bâtimens, des cendres de Savonier, des vieilles eaux de leffives, & autres drogues dont, relativement à fa pofition, l'on fait provifion pour être employées dans les plantages dans les proportions convenables.

Les dépenfes en bois peuvent être économifées par une conftruction bien entendue des fourneaux.

2°. Il faut dès le commencement fe procurer un emplacement affez étendu, afin qu'en raifon du befoin, on puiſſe y faire des augmentations de hangards pour y mettre d'année à autre celle des terres que produira l'emploi continuel de cendres, chaux, fumier & urine.

3°. Il faut commencer par les bâtimens les plus néceſſaires , comme hangards pour les plantages en tas, par les écuries pour les beſtiaux, par les maiſons d'habitation des Ouvriers.

On pourra couvrir les hangards en bardeaux faits avec paille & terre graſſe ; pendant la durée de ces conſtructions , l'on fera l'amas des terres convenables & l'achat des premiers uſtenſiles.

4°. Ce n'eſt que dans la ſeconde année que l'on augmentera les hangards des terres, qu'on fera la Raffinerie, & qu'on ſe fournira de chaudières & de cuves.

5°. Il faut donner au moins deux ans aux terres, afin que les ſels urineux aient le temps de pourrir, & que par-là, la génération du nitre y devienne plus abondante.

6°. Il ne faut point une ſi grande quantité de cuves qu'on pourroit ſe l'imaginer, quand même la fabrication ſeroit des plus conſidérables : on peut les porter d'un plantage à l'autre ; celles qui ſe mettent en terre, ſe multiplient en raiſon du travail, & l'on peut faire une

économie en se servant de chevaux. On a par-
là l'avantage d'épargner les faux-frais, de diminuer le travail, de gagner du temps, en évi-
tant le transport des terres d'un endroit à l'autre ; il faut seulement s'arranger pour que les
eaux lessivées puissent se conduire par des
canaux couverts jusqu'à la Raffinerie.

7°. Il faut, en suivant le travail de la nature,
accélérer le plus qu'il est possible, la production du salpêtre, dans les terres mélangées.

8°. Il faut avoir à la main les eaux pour le
lessivage des terres.

9°. Aussi-tôt que les terres auront été lessivées, il faut sur le champ les arroser avec
les urines que l'on a en réserve dans des tonnes, les travailler au bout de quelque temps,
& par là donner de l'occupation aux Ouvriers.

10°. Afin d'accélérer la vente du salpêtre,
pour faire rentrer les fonds des Intéressés, &
diminuer l'objet des avances. Sous ces conditions & avec les fonds nécessaires, on peut
par-tout former des Salpêtrières d'un véritable
& bon produit.

Je vais faire le devis des frais d'une salpêtrière, à fournir annuellement quatre cents
quintaux de salpêtre ; ils n'y feront point au

plus jufte, mais au plus vraifemblable, attendu qu'ils font plus forts ou moindres fuivant les pays, mais l'on pourra toujours calculer à-peu-près les dépenfes & les recettes ; quelques centaines d'écus plus ou moins, ne font point d'un objet pour une pareille entreprife.

Je prends une pièce de terre, de la contenance de deux journaux, qui me donneront à-peu-près cent trente-neuf aunes de Drefde en largeur, fur deux cents foixante-feize aunes en longueur ; quant à cet objet, n'étant point en état de l'apprécier, je n'en porterai point le prix hors ligne ; ce terrain aura donc trente-huit-mille trois cents foixante-quatre aunes quarrées ; il faudra en déduire pour les habitations, Raffinerie & autres bâtimens, trois mille aunes quarrées ; l'on en emploiera vingt-huit mille aunes quarrées, à vingt-huit hangards à terre de mille aunes chacun ; les fept mille trois cents foixante-quatre reftantes, ferviront à l'augmentation des hangards à plantages ou autres bâtimens : s'enfuit le devis.

Dépenſe de la première année.

Bâtimens d'un Directeur, Con-
trôleur, Raffineur & des Ouvriers.. 2000 écus.

Ecuries & buchers 300

Quatorze hangards à plantages
de cinquante aunes de long, ſur
vingt de large, ... 700

Cinquante-ſix plantages à douze
écus chacun, ... 672

Vingt cuves pour l'entrepôt des
eaux de leſſivage de fumier ou
d'urine à deux écus chacune. . . . 40

Tous les canaux néceſſaires. . . . 400

Un puits. 100

Quatre chevaux & harnois. . . . 120

Quatre charrettes. 80

Trois cents tonnes de cendres de
Savonier, à quatre kreutzer chacune 50

Trois tonnes de leſſives de Savonier à *id.* 50

Crochets, pelles, puiſoirs &
brouettes. 30

Un chariot à échelles & dépen-
dances 80

Appointemens du Directeur.... 400
                              ———
                            5022 écus.

D'autre part, ... 5022 écus.
Appointemens du Contrôleur. . 70
Six Ouvriers, à cinquante-deux
écus chacun, par an. 312
Bois pour chauffage. . . . 50

Somme totale. . . . . . 5454 écus.

La nourriture des chevaux, celle de Valets & leurs gages, font compris dans la dépenfe des plantages.

Dépenfe de la feconde année.

La Raffinerie . . . . . . 300 écus.
Quatorze hangards à terre, des dimenfions ci-deffus. 700
Cinquante-fix plantages à douze écus chacun. 672
Cinquante cuveaux de leffivage, à trois écus chacun. 150
Vingt *id.* pour l'entrepôt de l'urine & de la leffive de fumier, à deux écus chacun. 40
Cinquante canaux à douze kreutzer chacun. 25
Trente baquets de cryftallifation, à huit kreutzer chacun. . . . 10

1897 écus.

(525)

Ci - contre. . . . . 1897 écus.

Différentes tonnes. 5
Huit chaudières de fer, à vingt
écus chacune. 160
Pour bâtir le fourneau. . . . 100
Trois cents tonnes de cendres
de Savonier. 50
Trois cents tonnes de leſſives de
Savonier 50
Uſtenſiles de fer, comme haches,
pelles, pioches, ſcies, &c. 8
Appointemens du Directeur . . 400
Du Contrôleur. 70
Huit Ouvriers, à cinquante-
deux écus chacun. 416
Bois de chauffage. 50
Chantier pour les cuves & au-
tres dépenſes relatives. 30
____
3236 écus.

Dépenſe de la troiſième année.

Appointemens du Directeur... 400 écus.
Un Salpêtrier à un demi écu par
ſemaine 78
____
478 écus.

D'autre part , ...	478 écus.
Un Contrôleur.	70
Dix-huit Ouvriers pour les leſſivages & cuites, à cinquante-deux écus chacun.	936
Deux Bucherons à cinquante-deux écus par an.	104
Deux Valets d'écuries, à un tiers écu par ſemaine.	138 16 kr.
L'entretien de quatre chevaux ..	300
Un tombereau.	30
Cinq cents ſcheffel de cendres, à douze kreutzer.	250
Cinquante tonnes de chaux, à ſeize kreutzer	33 8
Bois pour les cuites & chauffage.	200
Frais extraordinaires de réparations.	50
Total de toute la dépenſe. . . .	2590 écus.
Première année	5454
Deuxième *id.*	3244
Troiſième *id.*	2590
Total	11288 écus.

On peut économiſer ſur les dépenſes en bois en employant charbon de pierre ou tourbe.

Les profits commencent à la troiſième année, qui eſt celle où on leſſive les terres, & où on fait les cuites; je ſuppoſe que le produit des cinquante-ſix plantages ne ſe porte cette année qu'à trois cents quintaux de ſalpêtre; je ſuppoſe encore que la dépenſe de cette troiſième année, en la portant à la ſomme de deux mille ſix cents écus, ſoit celle des ſubſéquentes, l'on trouvera par-là facilement la recette & la dépenſe.

Produit de la troiſième année.

Trois cents quintaux de ſalpêtre, à vingt écus chacun. . . . . 6000 écus.
Dépenſe de la troiſième année... 2600

Profit comptant. . . . . . . 3400 écus.

J'ai mis le ſalpêtre comme brut; en le raffinant foiblement, ſon prix ſeroit de vingt-quatre écus au moins.

Que l'on prenne le capital ci-deſſus de onze mille deux cents quatre-vingt-huit écus, il produira à cinq pour cent par an d'intérêt, pour deux ans, onze cents vingt-huit écus;

nous les ajouterons au capital, d'ou il réfultera un total de douze mille quatre cents feize écus, & l'on verra, en calculant le produit ci-deſſus, qu'on a eu vingt-ſept & demi pour cent ; & à combien le profit ne montera-t-il point, en donnant la perfection au falpêtre, les frais à ce ſujet ſe trouvant déja compris dans les articles de dépenſe ?

Je vais encore faire le détail des bénéfices de la quatrième année, qui vont toujours en augmentant par l'amélioration des terres ſur leſquelles on a continué à jetter les écumes, eaux-mères, &c.

Profit de la quatrième année.

400 Quintaux de falpêtre ; favoir

200 Quintaux de falpêtre brut,
    à vingt écus . . . . . 4000 écus.

200 *Id.* de raffiné, à vingt-
    ſix *id.* 5200

Total. 9200
Dépenſe ſur la cinquième année. 2600

Profit comptant . . . . . . 6600 écus.

L'on

L'on voit combien les profits font progreſſiſs ; la moitié ſeule formeroit un objet de bénéfice condérable, d'autant plus que les fonds ſont en ſûreté ; les produits des années ſuivantes s'augméntent de même, mais auſſi y a-t-il un peu plus de dépenſe pour la bâtiſſe des hangards pour y mettre les terres qui s'accumulent.

L'établiſſement d'une ſalpétrière deviendroit beaucoup plus facile, s'il ſe formoit des ſociétés à à ce ſujet ; nous en avonsnombre en Allemagne, pour toutes ſortes de fabriques ; l'on pourroit en former de même pour celles de ſalpêtre. Ne pourroit-on pas à l'inſtar des mines, propoſerdes actions ? Chaque Amateur pourra répondre à ces queſtions, & faire des ſpéculations qui y feront relatives.

Ce ne ſont point des rêveries que je débite, ni des projets en l'air ; je ſais par ma propre expérience, qu'un tas de terre de vingt-quatre aunes de long ſur ſix à ſept de large, m'a donné dans un an après les manipulations convenables, cinq quintaux de ſalpêtre, & qu'il en donnera ſept au bout de deux ans.

Je ſais au ſurplus ſuivant les relations économiques de Suède, page 851, que deux tas de terre de vingt-quatre aunes de long chacun, & de neuf de large, ont produit ſoixante-douze liſſpſum ou mille quatre cents ſchaalpſum ; ce qui ſuivant notre poids ſe porteroit à vingt quintaux.

Je donne pour certain que tous ceux qui ſuivront avec exactitude les inſtructions que je vais donner, tireront des tas de terre qu'ils feront, des profits très-conſidérables.

L'art de faire du Salpêtre.

CHAPITRE PREMIER.

De la terre à ſalpêtre naturelle.

Sans putréfaction point de ſalpêtre ; n'importe d'ou elle peut provenir, de végétaux ou de parties animales ; l'on choiſira donc les terres où il y a plus de putréfaction, voici les propriétés eſſentielles qu'elles doivent avoir.

1°. Il faut qu'elles ſoient alkalines, & en cela capables d'attirer l'humide & l'acide de l'air.

2°. Il eſt néceſſaire qu'elles aient en elles-mêmes une certaine graiſſe, & une inflammable, afin qu'il en puiſſe naitre par la pourriture un ſel lixiviel volatil.

3°. Il faut qu'elles ſoient appropriées pour

qué la pourriture puiffe s'y faire; conféquemment elles doivent être peu profondes, & expofées aux impreffions de l'air.

4°. Les terres qui contiennent par leur
nature, une efpèce d'acide minéral, font très-
bien quand elles font mélées avec d'autres
fufceptibles de pourriture.

5°. Elle doivent être tenues poreufes, afin
que l'air y pénètre; il faut enfin qu'elles foie nt
à l'abri de la pluie & du foleil.

Ces différentes propriétés nous défignent
quelle efpèce de terre eft la plus propre à être
leffivée, pour fournir abondamment du falpêtre, & répondre au travail des Salpêtriers: je
vais en donner la détail.

1°. Les terres repofées des bergeries &
écuries à vaches, après avoir mis à part les
fumiers qui les couvrent.

2°. Celles des endroits non-pavés, des hangards, caves fur-tout où il y a paffage libre
à l'air, & beaucoup de matières pourries; il
ne faut cependant pas la prendre plus bas que
fix pouces de la furface.

3°. Les Salpêtriers recherchent fur tout
celles qui avoifinent les commodités, les cimetières, les tueries, les fumiers, pourvu tou-

jours qu'elles n'aient point été expofées à la pluie & au foleil.

4°. La cendre de Savoniers leſſivée, quand elle a été expofée quelque temps à l'air & à l'ombre.

5°. La chaux & la terre graſſe des vieux bâtimens, fur-tout lorfqu'elle a été pêtrie avec de la paille, les cloifons de cette terre & même celles de moëllons, font les plus riches en falpê-tre, lorfqu'elles ont fervi aux écuries, au point que l'on en trouve dans leurs crevaſſes & joints, de tout formé, de la groſſeur d'une noiſ-fette, mais peu ferme.

6°. Les terres des cazemattes.

7°. Celles d'une braſſerie, des atteliers de Teinturiers, Savoniers, Tanneurs & Blanchiſ-feurs, attendu qu'il s'y verfe des leſſives de fels acides & alkalins.

8°. Les terres des murs d'enceintes, de cours & jardins, faits avec terres graſſes.

9°. Les curures des foſſés des villes & châteaux, des canaux, des étangs & des marais.

10°. Les terres & démolitions des bâti-mens incendiés, mais feulement après les avoir expofées à l'air & les avoir travaillées.

(533)

Voilà les terres & bien d'autres encore que
les Salpêtriers amaffent, ils en ont le droit
dans différens Etats; mais c'eft toujours, malgré
les Réglemens fages donnés à ce fujet, au dé-
favantage du propriétaire, c'eft ce qui arrive
journellement dans nos contrées.

On feroit dans l'erreur de croire que de
pareilles terres puiffent fur le champ être leffivées & procurer du falpêtre; un Salpêtrier
intelligent, quelque riches qu'elles puiffent-être,
fe gardera bien de les leffiver avant que de les
avoir mifes à l'air, mais toujours à couvert &
à l'abri des pluies; il n'a d'autre règle que celle
qu'il a reçue de fes maîtres; il ne les deffèche
donc que pour pouvoir mieux les leffiver;
pour moi je trouve qu'il en réfulte deux avantages, l'un d'achever la pourriture & de diminuer
par-là le fel qui, fans cette précaution, fe trouveroit en abondance dans les cuites, comme
auffi la graiffe qui ne peut malgré la chaux &
la cendre, être toute enlevée; j'en ai fait l'expérience avec perte, dans les terres du Miftberg,
& dans les cuites que j'en ai faites; j'en avois
fait l'obfervation, mais il a fallu céder; il eft
donc néceffaire de laiffer repofer ces terres un
an, & de les tourner de temps à autre, pour
que les parties qu'elles contiennent, pourriffent

petit à petit, & que l'eſpèce de ſel minéral devienne plus volatile.

Le ſecond avantage qui réſu'te du temps
donné à ces terres, c'eſt qu'elles deviennent
plus ſalpêtrées à l'aide de l'acide univerſel ;
c'eſt ce qu'ignorent pluſieurs Salpêtriers : il faut
que celui auquel nous avons l'obligation de
cette découverte, ait bien connu & la nature
& ſon travail.

Un attelier aſſez vaſte pour y loger de
pareilles terres, ne peut que proſpérer, ſi
l'Ouvrier veut ſouvent & dans des temps convenables les cultiver ; cela coûte à la vérité
bien des peines ; mais elles ſont récompenſées
par un produit en ſalpêtre, dix fois plus conſidérable que celui que donne le travail ordinaire. Comme cette opération eſt commune
aux terres naturellement ſalpêtrées, & à celles
qui le deviennent par art, je ne m'y arrêterai
point quant à préſent, parce que j'aurai occaſion d'en traiter par la ſuite.

Il y a encore d'autres corps qui contiennent
du ſalpêtre, mais qui ne ſont point à enviſager
comme matrice ; je veux donner connoiſſance
des uns & des autres, parce qu'il eſt poſſible
ſuivant les circonſtances, d'en tirer avantage ;
les minéraux ſont ceux que déſigne *Stahl*,

dans son Traité du salpêtre, page 126 : voilà comme il s'en explique.

» Il y a des mélanges de pierres argileuses,
» dans lesquels la nature peut opérer seule ce
» qu'elle fait dans des terres à l'aide de la
» mixtion des choses pourries. On trouve à
» Saumur une carrière qui contient un miné-
» ral chargé de quantité de salpêtre ; qu'on le
» porte sur la langue, l'on y apperçoit l'acide
» qui pique & qui est rafraîchissant ; en ajou-
» tant une partie de cendres à plusieurs de ce
» minéral, on en fait une cuite qui donne des
» cryftaux, l'eau restante recuite, rend encore
» des aiguilles ; on obtient par-là beaucoup de
» salpêtre, sans beaucoup de peines ; j'ai aussi
» trouvé sur la Hartz, une sorte d'ardoise
» qui peut se comparer à ce minéral de Sau-
» mur.

» Voilà ce qu'opère la nature dans des en-
» droits très-particuliers, sans aucun secours ;
» d'où nous devons conclure combien elle sera
» fertile, lorsqn'elle sera secondée.

» Nous avons suffisamment démontré que
» la pourriture dans la terre, & la terre ajoutée
» aux choses salées qui sont susceptibles de
» pourriture, peuvent produire beaucoup, &
» que sans secours il en seroit bien différem-
» ment ».

L l 4

L'on trouve auffi çà & là des eaux nitreufes, defquelles *Stahl* parle page 109 ; leurs fources font une preuve qu'elles ont filtré par
des terres falpêtrées ; leurs parties falines font
vitrioliques, chargées de fel de cuifine, ou
d'un fel dit admirable, qui provient de l'acide
du vitriol & de la partie alkaline du fel, ou
ce n'eft qu'une félénite & une efpèce de terre
gipfeufe.

Toutes ces matrices à falpêtre font fi peu
analogues à mes vues, que je n'en parle ici que
très légèrement ; je vais donc en venir au point
effentiel qui eft de perfectionner par art une terre
à falpêtre.

C h a p. I I.

De la préparation artificielle d'une terre à falpêtre.

Je fuis entré jufqu'à préfent dans le détail des
efpèces de terres & matériaux, où le falpêtre
croît naturellement ; une recherche bien approfondie de leurs parties conftituantes, doit nous
inftruire de ce que nous devons faire par foins
& art pour les fertilifer, & comment nous

devons nous y prendre pour seconder la nature
& la rendre plus active.

Si l'on veut former un établissement avantageux , il est essentiel de se procurer un emplacement considérable , & qu'il ait dans ses alen-
tours , les matériaux à bon prix & en quantité ; la base de tout l'établissement est un
amas considérable de terres à salpêtre, & les
ustensiles , chaudières & fourneaux en proportion ; il est également essentiel qu'à portée des
hangards à plantage, il y ait un bâtiment approprié pour les cuites des eaux.

Dans le choix d'un emplacement pour une
salpêtrière, il faut chercher à le rendre isolé
afin qu'il soit bien exposé à l'air, & s'il est possible, de le garantir des vents chauds du midi,
& de ceux froids du nord. Je sais qu'un Auteur
qui a traité de la génération du salpêtre, desi-
roit l'exposition au nord , & l'accès libre des
vents froids , persuadé qu'ils étoient chargés
de l'acide que contenoit l'air, ou suivant d'autres, de parties salpêtrées ; l'on peut démontrer
aisément que les vents du nord n'influent
en rien , ou au moins très-peu sur la génération
du salpêtre ; mais au contraire, qu'ils y portent
empêchement ou retard , par le froid qui sus-
pend la pourriture des parties végétales & ani-

males , & conséquemment leur division, qui est le point essentiel de leur nitrification.

Il est de principe que, sans le secours de l'air, le salpêtre ne se peut produire; en empêchant donc l'un, on détruit l'autre; son passage libre du levant au couchant & du couchant au levant, est plus avantageux à la génération du salpêtre; l'on remarque assez que les plantages sont sous cette direction; cependant il sera démontré ci-après, que dans le fond toute espèce d'air facilite la production.

Une autre circonstance à observer, est la qualité du terrain ; le meilleur est l'argileux , glaiseux & gras, attendu qu'il en sort des exhalaisons acides, qui favorisent beaucoup la génération du nitre, & que ces sortes de terrains n'attirent point si aisément l'humidité; si cependant l'on étoit astreint à un terrain sablonneux, l'on feroit fort bien de faire la dépense d'y faire voiturer plusieurs centaines de tombereaux de terre grasse pour le consolider ; par la suite cette même terre se fertilisera.

Il faudra également avoir attention de se placer à portée de bonnes eaux. Celles de rivières sont les plus convenables & les plus avantageuses. A leur défaut, un ou deux puits peuvent suffire; mais toujours je conseille de ne rien

ménager pour la facilité du transport des eaux,
& en conséquence d'avoir des tuyaux qui puis-
fent les verser dans les cuves & chaudières, &
dans ces dernières sur-tout, parce qu'il est quelquefois très-avantageux de s'en procurer de
chaudes pour le lessivage des terres; il seroit
même à souhaiter qu'elles fussent toujours telles,
parce qu'il est sûr qu'elles se chargent trois fois
plus que les froides qui viennent des pluies : si
cependant on n'avoit point d'autres eaux que de
puits, ou d'autres dites dures, en ce cas, il faudroit les laisser reposer quelque temps dans des
cuves ou tonnes; plus elles reposent, plus elles
perdent de leur dureté, & plus aussi elles deviennent bonnes pour le lessivage. S'il étoit
possible de réunir les eaux de pluie, cela seroit
encore mieux. Je deviendrois trop prolixe, si
je m'étendois sur tous les avantages qu'on peut
se donner ; ils se présentent d'eux-mêmes, &
un Fabricant industrieux trouve aisément à se
les procurer.

J'en viens à la construction des hangards convenables pour y mettre à couvert les terres
à salpêtre, & empêcher qu'elles ne soient lavées
par la pluie & desséchées par le soleil.

La quantité de hangards se règle sur l'étendue qu'on veut donner à la fabrication, & à

la quantité de terre qu'on veut emmagafiner.

Il ne faut point des hangards chers & d'often-
tation, ils peuvent être faits en charpente &
planches ; cependant les plus folidement conftruits font toujours pour l'économie les moins
chers, à caufe de leur durée; il faut proportionner la dépenfe au capital qu'on veut employer.
Si je les faifois pour mon compte, voilà comme je
ferois ces bâtimens.

Je donnerois à chaque hangard feize aunes
de large fur cinquante à cent de longueur fuivant l'emplacement, & je les conftruirois de
manière que leur longueur fût expofée au
levant & au couchant, ou entre le nord-eft & le
fud-oueft, pour avoir les vents du matin & du
foir, & éviter les trop grands froids du nord
& ceux trop féchants du midi qui retardent la
pourriture.

Pour fondation, je ferois faire un mur en mâ-
çonnerie, auquel je donnerois une aune de haut,
dont la moitié feroit au-deffus du niveau du
terrain fur lequel je ferois mettre une fablière
dans laquelle j'encaftrerois les piliers de foutien; je n'éleverois ces piliers que de trois demi-
aunes, fur lefquels je ferois le toit & ne le pro-
longerois que d'une demi-aune pour éloigner
les eaux; les piliers feroient à fix aunes les

uns des autres. Je fermerois l'intervalle avec des planches efpacées, & je ferois tout autour des fenêtres avec des volets, qui à volonté pourroient s'ouvrir ou fe fermer. Si l'on joint un fecond hangard, l'un fert d'abri à l'autre; il faut cependant les mettre à la diftance de trois aunes pour faciliter l'approche des voitures.

Les côtés étroits feroient également fermés en planches jufqu'au pignon ; on y pratique-roit deux grandes portes, ainfi que dans les largeurs, pour la facilité de la manutention ; tout le hangard feroit formé d'une charpente légère que je couvrirois avec de la paille, ou mieux avec des bardaux de terre graffe.

Ces bardaux ne font autre chofe que de la paille qu'on laiffe de toute fa longueur, qu'on étend fur une table, & qu'on enduit d'un doigt de terre graffe. On fait fécher cette préparation , & on l'emploie la terre en-dedans & la paille en-dehors.

Cette toiture eft avantageufe en ce que ,

1°. Un toit ainfi conftruit , réfifte à tout vent & à la neige, & tout ce qu'il couvre eft auffi à l'abri que fous un toit de paille ou de tuiles, & fouvent mieux que fous une toiture de fimples tuiles.

2°. On épargne la moitié de la paille qu'on mploie à ceux en paille.

3°. Quand l'intérieur du toit a été bien enduit de terre graffe, on peut avec fécurité y aller avec la chandelle.

4°. Un pareil toit bien conftruit, & auquel on a employé une paille de feigle bien faine, peut durer trente à quarante ans.

5°. C'eft dans les incendies que l'avantage de ces toits fe fait mieux fentir; quand même il feroit en feu, on coupe en-dedans les liens qui attachent les bardaux, on les jette en bas & le bâtiment eft préfervé.

6°. Avec les couvertures en tuiles, les plantages dans les grandes chaleurs fèchent trop vîte ; avec les bardaux au contraire, l'air extérieur ne pouvant pénétrer, celui de l'intérieur eft toujours frais; quand enfin il faut les changer, ils fourniffent des matériaux aux plantages; je crois même qu'on pourroit, en y ajoutant cendre & chaux, les leffiver avec avantage, attendu qu'ayant, pendant leur durée, reçu les exhalaifons des plantages, il eft poffible qu'ils foient chargés de falpêtre.

Je conviendrai cependant qu'en conftruifant ces fortes de hangards en pierres ou en briques fèchées à l'air, il y auroit une forte d'économie. Une fois les plantages établis, l'ouvrage eft fait pour toujours, comme on le verra par la fuite ; il eſt conſéquemment avantageux d'avoir les mêmes vues dans la conſtruction des bâtimens, & de chercher à les garantir des incendies. Au ſurplus, qu'on bâtiſſe comme l'on voudra; pourvu qu'on ſuive les plans donnés, qu'il y ait abri de pluies & de vents, & que l'air puiſſe pénétrer par-tout, l'objet ſera rempli.

J'en viens aux circonſtances eſſentielles, à l'amas, mélange & préparations des matériaux, reconnus comme les plus utiles à la nitrification artificielle.

Des difficultés ſans nombre ont contrarié la formation des nitrières, dans la plûpart des pays de l'Europe. Il y a peu de pays qui, comme la Suède, puiſſe ſe vanter de les avoir portées à leur perfection. Dans ce Royaume il y a peu de terres ſalpêtrées; il a donc fallu les rendre telles par art.

Le choix des terres fait, le point eſſentiel eſt de ſavoir comment ſe procurer, à peu de frais, les matières qui doivent y être mélangées. Celles tirées du règne animal ſont préférables à celles tirées du règne végétal, attendu que la plus forte partie du ſalpêtre vient de l'urine, des fumiers, ou des excrémens de animaux; l'on ſait auſſi par expérience, que les parties

animales pourriſſent plus vîte que les végétales,
& même que celles-ci, dans certaines circonſtances, peuvent plus long-temps réſiſter à la
pourriture; encore parmi les parties animales, y
en a-t'il de plus aptes les unes que les autres;
ſavoir celles qui ſont au moment d'y entrer,
ou qui en ont déjà un commencement; tels ſont
les urines & les excrémens, & enſuite le ſang
& les chairs des animaux. Voici comme s'explique ſur le choix de ces matières le Traduc-
teur de *Stahl*, dans ſon Appendice.

« Comme j'ai déja dit que dans l'Allemagne,
» notre patrie, l'on trouve généralement par-
» tout & en abondance, les matériaux propres
» à une nitrière, je vais en détailler les meil-
» leurs, & l'on verra de quelle façon chaque
» endroit ou pays y en trouvera le plus en
» abondance. Le règne végétal fournit toutes
» les herbes amères, puantes & odoriférantes
» qui croiſſent les unes dans les plaines, les
» autres à l'ombre & dans les marais, comme
» l'herbe à puces, camomille, herbe à chien,
» herbe S. Jean, S. Jacques, matricaire, toutes
» eſpèces de menthes, reine des près, acanthe,
» campane, la groſſe bardanne, panais ſauva-
» ges, carottes jaunes ſauvages, cumin ſauvage,
» ail ſauvage, leveche, céleri, herbes à ſemelles,
» acorus ,

» acorus, l'armoife, la grande angélique, juf-
» quiame, langue de chien, herbe à Robert,
» l'éclaire, toutes fortes de chardons , toutes
» fortes d'orties , ciguë, tithymale, fougère
» fraîche, anet, ferpentaire, hieble, mille-feuil-
» les, queue de chat, jeune rofeau , jeunes
» joncs, mâche, trefle aquatique, langue de
» bœuf, bon Henri ; feuilles de pavots, mau-
» ves, caille-lait, herbe de raves & raves fortes,
» arroche, fatyrion, chardon à cochon, &c.
» toutes les mauvaifes herbes des champs & des
» jardins, tous les reftes des herbages jettés des
» cuifines, toutes fortes de feuilles d'arbres, d'o-
» fier, de pêcher, de frêne, d'aune, de noifetier,
» de chêne & hêtre, de marronier fauvage & jeu-
» nes rejettons de fapin & pin, feuilles d'hou-
» blon, feuilles & tiges de citrouilles, feuilles
» de grofeiller noir, enfin toutes les efpèces
» de feuilles qui ont un mauvais goût ; tiges
» de tabac, paille d'haricots, de pois de farrafin,
» d'orge & de froment, trognon de choux,
» cendres leffivées & non leffivées, cendres de
» Savoniers, de Blanchiffeurs, de Faifeurs de
» falin ; végétaux qui ont fervi, comme tartre,
» lies de vin, marcs de bière & de bran-
» de-vin, tan, fuie, fciures de bois, enfin
» toutes fortes de végétaux pourris, comme :

M m

» fruits pourris , citrouilles pourries , choux
» pourris, navets pourris, &c. & tout ce qui
» appartient au règne végétal.

» L'on peut faire un ufage avantageux des
» chofes fuivantes du règne animal ; l'urine &
» le fumier de tous les animaux qui fe nour-
» riffent d'herbe & de grain. En particulier le
» fumier de cheval , de bœuf, vache, mouton ,
» chèvre, poule & pigeon, urine d'homme,
» excrémens de vieilles latrines, fang des ani-
» maux, les rognures des Faifeurs de peignes,
» les coupures de corne & dos que les Tour-
» neurs jettent ; ce que l'on jette des tueries,
» les lavures d'écuelles , toutes fortes de vers.

» Le règne minéral fournit toutes fortes de.
» terre, boue des chemins & des bourbiers dans
» lefquels s'écoulent les mares de fumier, terres
» d'incendie, celles dans lefquelles il y a eu des
» animaux & végétaux pourris, vieilles femelles,
» eau de mer, faumur de harengs, faumure de
» viandes , ce que les Teinturiers jettent ».

Suivant les principes de M. le Docteur
Pietfch, dans fes Penfées fur la multiplication
du nitre , il faut une terre douce, calcaire &
alkaline, poreufe, afin que le phlogiftique &
l'acide du falpêtre puiffent y pénétrer & y être
reten. s ; telle eft :

1°. Celle qui se trouve à quelques pouces de profondeur dans les gazons des prairies & pâturages, & de tous les endroits où séjournent les bestiaux.

2°. Celle noire proche les villes & villages, qui n'a point été travaillée.

3°. La meilleure de toutes est sans contredit celle des caves, granges & écuries, quand elle n'est pas trop pierreuse & sabloneuse, celle qui a séjourné long-temps sous les fumiers, conduits & canaux.

De tous ces matériaux, on peut s'approprier ceux qui peuvent convenir le mieux, relativement au local & à l'avantage économique de la nitrière, en faire un mêlange fermentescible, & se procurer une terre à salpêtre, riche & profitable. Voilà ce que dit M. le Conseiller *Neumann* dans sa Dissertation du Salpêtre, & que l'on trouve dans la Chimie du Docteur *Kesseln*, tome 4, page 11, chapitre 9, §. 19, & dans les productions de *Zimmermann*, page 1376, sur le mêlange des terres.

« On a des fermens, mélanges & choses » avec lesquels on peut disposer certains en- » droits à la nitrification. Je vais faire choix de » quelques-uns de ces mélanges.

» 1°. Qu'on prenne de la chaux, fumier

» de brebis & l'urine avec du fel commun.

» 2°. Chaux, fel, raclures d'ongles & de
» cornes, rognures de cuir, & de toute efpece
» de déchets d'animaux qu'on jette ordinaire-
» ment.

» 3°. Urine d'homme & chaux.

» 4°. Urine d'homme, chaux, fel & fiente de
» pigeon.

» 5°. On peut les préparer en même temps avec
» des végétaux & animaux ; par exemple, faire
» cuire dans l'urine des herbes amères & en
» arrofer la terre.

» 6°. Tartre, chaux & urine.

» 7°. Chaux, lies de vin & marc de fumier.

» 8°. Lies de vin, marc de fumier, chaux &
» fels.

» 9°. Tartre & chaux ; il faut les arrofer fou-
» vent avec de l'urine.

» 10°. Réfidu de la diftillation du vin, marc
» de fumier, fel & chaux.

» 11°. On peut auffi fe fervir de quelque
» chofe de minéral, fans y mêler chaux & fel
» commun.

» 12°. Sel, chaux, l'urine & fcories mar-
» tiales, & faire de cette façon différentes
» variétés, fuivant que les circonftances l'exige-
» ront ».

De toutes ces choses, la chaux mérite la plus grande attention, & je ne pourrai jamais mieux le faire voir qu'en rapportant l'extrait des Pensées & les expériences de feu M. *Meyer* dans ses essais chimiques de l'effet que produit la chaux vive pour la génération de l'acide nitreux. Voilà comme il en parle, page 366 :

« Quand les murs d'une cave humide sont
» crépis avec de la chaux fraîche, il s'y forme
» avec le temps, & avant l'expiration d'une
» année, un vrai aphronitre cristallisé & en quan-
» tité : dans cet aphronitre l'acide nitreux est
» à sa perfection, & il ne lui manque, pour
» être un véritable salpêtre, qu'une base fixe;
» il la trouve au moyen de l'addition d'un sel
» alkali fixe.

» Où dois-je chercher l'origine de l'acide ?
» D'où est provenu l'acide nitreux ? Dois-je
» ramasser dans l'air l'acide sulfureux, qui,
» en comparaison de *l'acidum pingue*, s'y
» trouve en très-petites parties, & com-
» bien s'en sera-t'il rencontré dans les caves
» pour la plupart fermées ? Voilà cependant les
» principes par lesquels l'on veut prouver que
» l'acide nitreux vient de l'acide vitriolique,
» & à mon avis c'est sans succès; je m'approche
» donc du mur où je ne trouverai point l'acide

» vitriolique dans la chaux, mais bien l'*acidum*
» *pingue* en abondance. Toute la queſtion ſe
» réduit à ſavoir comment l'*acidum pingue* ſe
» change en acide nitreux.

» La cauſe du changement de l'*acidum pingue*
» en acide nitreux, ne peut provenir que des
» exhalaiſons des corps pourris qui s'uniſſent
» dans le mur intimement avec lui. Ces vapeurs
» viennent dans les caves en partie par l'air
» tranquille qui y règne, dans lequel il y a tou-
» jours des exhalaiſons de corps pourris, par
» le bois qui s'y pourrit, & d'autres choſes du
» règne végétal ou animal que l'on conſerve
» dans les caves. J'attribuerai donc juſqu'à con-
» tradiction, la génération de l'acide nitreux,
» à la réunion des exhalaiſons à l'*acidum pingue*.
» Quoique je n'aie point tout dit concernant la
» génération de l'acide nitreux, j'ai néanmoins
» évité de donner dans le ſyſtême de ceux qui
» attribuent ſa génération à l'acide vitriolique, &
» à un ſel parfait, volatil & alkali, & qui veu-
» lent même que le ſel volatil en ſoit la partie
» conſtitutive, ce que l'on ne prouvera jamais.

On reconnoît par ce qui a été dit que la
chaux eſt eſſentielle pour perfectionner la terre
artificielle à ſalpêtre. Il y a de l'avantage à employer de la vive, mais à ſon défaut on peut

fe fervir de décombres de vieux bâtimens. A cette occafion, je rappellerai les mélanges, qui, confidérés dans leur rapport à la génération du falpêtre, ont mérité le nom d'*aimant*: attendu qu'ils peuvent dans peu de temps en produire en grande quantité. *Valerius* dans fon Traité de l'origine & de la nature du Salpêtre, qui fe trouve rappellé dans le premier tome des Récréations phyfiques, page 672, dit, page 688, ce qui fuit:

La chaux vive, même celle éteinte, qui par elle-même n'eft point falpêtrée, quand elle eft mélée avec du falin calciné, avec des feuilles & herbes fraîches, ou avec du fumier de bêtes à cornes qui a encore fes parties huileufes, produit fur le champ du falpétre, & à caufe de cela ce mélange fe nomme aimant à falpêtre. L'on peut voir, quant à cet objet, ce qu'en dit *Teichmeyer*, dans fa Phyfique, page 218.

D'après mes expériences, le mélange fous N°. Ier. eft un excellent aimant à falpétre.

Je me reffouviens d'un mélange pour faire une terre à falpétre, ou pour mieux dire d'un aimant à falpêtre qui mérite d'autant plus d'attention, qu'en cas de réuffite il feroit facile de l'employer en grand. Je ne fais de qui je tiens ce procédé, je le donne comme je le fais: qu'on prenne une partie de falin, deux parties de cendres bien recuites, une partie de chaux, l'on mêle bien le tout enfemble, on l'expofe à l'air, de façon cependant qu'il foit à l'abri du foleil & de la pluie; on arrofe ce mélange avec de l'urine (la pourrie eft à préférer), auffi fouvent qu'il fe deffèche; on fait mieux encore d'ajouter à ce mélange du fumier de brebis, de poulés & de pigeons.

L'Auteur inconnu de ces procédés donne la preuve du fuccès qu'il a eu dans une opération en grand qu'il a faite; il a pris cent livres de falin, quatre écus; cent livres de chaux, feize kreutzer; deux cents livres de cendres, quatre kreutzer; l'urine & main-d'œuvre, dix-huit kreutzer; total, fix écus quatorze kreutzer: il en a obtenu, fuivant fon dire, aux environs de deux cents livres de beau falpêtre; je ne fais aucune objection fur le produit, mais la dépenfe eft mal appréciée, & le temps de la production du falpêtre n'eft point donné. Cette production n'a dû avoir lieu qu'après l'expiration d'une année: au furplus cet effai exige d'autres expériences; pour moi je confeillerai d'y ajouter quelques herbes pourries, ou du fumier de cheval.

En Suède, où depuis nombre d'années, on

s'occupe de la nitrification, l'on a fait à la fabrique à falpêtre de Lindkoping, les effais fuivants.

1°. On a pris trente tonnes de terre, qui en partie provenoit de décombres de vieux murs, des cendres de Savoniers leffivées depuis fix mois; une partie de fumier de cheval en tas à l'air depuis fix mois; on a leffivé le tout, & fans paffer fur de la cendre, il en eft réfulté un produit de fix livres de falpêtre.

2°. Trente tonnes de la même terre, mêlangée comme ci-deffus, mife à l'air pendant un an, arrofée une fois feulement avec de la vieille urine, & tournée une fois, ont produit fans cendres, 20 livres & demie de falpêtre brut.

3°. Trente tonnes de terre comme ci-deffus leffivée à deux eaux, avec cette différence qu'on avoit ajouté cinq à fix pelletées de cendres aux terres de chaque cuve, ont produit vingt-cinq livres & demie de falpêtre brut.

Le falpêtre de cette dernière opération avoit plus belle apparence que celui de la feconde, & celui-ci étoit plus beau que le premier : on a fait l'épreuve du falpêtre de la troifième manipulation; il s'eft trouvé auffi bon que celui du Royaume, & propre à la fabrication de la poudre & aux befoins de la pharmacie. Extrait des conclufions Académiques de l'année 1751, page 244, &c.

(554)

Ces expériences faites en Suède, nous apprennent la manière de régler les manipulations
& les mélanges des différentes matières, & de
réuffir dans l'établiffement d'une nitrière; j'avoue
que lorfque je formai le mien dans la fabrique
du Prince Oginski, à Warfovie, j'avois fous
les yeux les procédés de Suède, & que j'ai
fuivi autant que les circonftances le permet-
toient, les mélanges déja faits des terres du
Miftberg, fans cependant négliger d'autres
avantages & des manipulations particulières.
On trouve un avis en précis & des inftructions
relatives aux nitrières de Suède, & à l'art de
les former, dans le treizième article des avis
économiques, page 844, &c. Quelque brière
qu'en foit l'inftruction, elle eft favante & fournit affez de connoiffances à des Amateurs, pour
en tirer avantage. Le commencement de cet
avis traite des différens préparatifs que l'on a
faits en Suède, pour la génération du falpêtre ;
il feroit à fouhaiter qu'on imitât en Allemagne pareils exemples, & qu'on y opérât avec
plus de fuccès qu'on ne l'a fait jufqu'à préfent :
voici comme eft conçu l'avis.

« La fabrication du falpêtre eft dirigée dans
» tout ce pays par le Collège de la guerre ; com-
» me il s'y étoit introduit du défordre & des abus,
» le Collège a fait conftruire aux frais de la

» Couronne, quelques hangards à falpêtre, &
» a fait faire des inftruions & quelques mo-
» dèles, en conféquence defquels la fabrication
» s'eft faite en fon nom, & les bâtimens nécef-
» faires à icelle feront conftruits; j'ai eu (c'eft
» celui qui a donné connoiffance de l'avis)
» occafion de me procurer cet avis; par fon
» préambule, il donne affurance à tous ceux
» qui feront des établiffemens de falpêtrières
» dans les formes prefcrites, que le falpêtre
» qui en réfultera, fera reçu par le Souverain
» dans les magafins qui feront indiqués, qu'on
» tiendra compte des frais de voiture, & qu'il
» y fera payé, fous la condition qu'il fera de
» qualité à ne perdre que dix-fept pour cent à
» fon raffinage, fur le pied de trois thaler vingt
» cinq deux tiers ores monnoie d'argent, la
» livre, poids de marchandife, & dans le cas de
» befoin de chaudières, les Raffineurs pourront
» en louer, en traitant avec eux; la Couronne
» fait offre d'avancer les frais de conftruion
» des hangards à de certaines conditions ».

Les différents points de l'inftruion con-
cernent :

1°. Le choix d'un emplacement pour y bâtir
les hangards; une terre glaife eft la plus convenable, il faut qu'elle foit élevée de tout côté
en pente, & peu éloignée de l'eau.

2°. La bâtiffe; on préfère la pofition qui eft la plus expofée aux vents de N. E. & de S. O.

3°. Les matériaux les plus utiles à la génération du falpêtre, tirés des règnes végétaux & animaux, font de la viande crue, les excrémens d'hommes & d'animaux, les déchets des Atteliers de Faifeurs de peignes & Tanneurs, les cendres de toutes efpèces de bois, la paille, le jonc des toits, toutes efpèces d'herbes graffes, amères & douces, qui tombent le plus facilement en pourriture.

4°. Les moyens d'accélérer & d'augmenter la génération à l'aide d'une certaine humidité, d'une chaleur mitoyenne, & d'un accès libre à l'air ; il faut en même temps que tous les urineux foient gardés un certain temps ; la chaux vive en accélère la putréfaction, les corps gras & durs, qui font d'une folution difficile, tels que la corne & chofes femblables, peuvent fe ramollir & fe diffoudre, lorfqu'on les foupoudre d'un peu de falin & de chaux vive. Du frafil, des morceaux de tuiles, du mâche-fer, des paillettes de fer & le gros fable, ne contribuent en rien à la génération du falpêtre ; mais mêlés avec de la terre à falpêtre, ils la rendent plus poreufe & donnent par cette raifon plus d'accès à l'air.

(557)

On ne doit cependant pas croire que ces matériaux suffisent comme on les trouve, & qu'on puisse, sans avoir égard à leurs rapports mutuels, les mêler ensemble & les jetter en tas dans des fosses, ponr en faire aux pauvres, comme le prétendoit *Glauber*, un tréfor à falpêtre; il est nécessaire de faire un choix exact de la quantité des parties alkalines, & d'éviter qu'elles n'en contiennent dans de trop fortes proportions; pour faciliter & régler ce choix, & de l'avis des connoisseurs, l'on a fait les tables suivantes que l'on a données au public.

N°. 1. Ce font toutes fortes de terres (démolitions, décombres, balayures des rues, boue, terres des canaux, &c. N°. 2. La chaux, principalement la vive & même celle fufée. N°. 3. Fumier, viande crue & autres matières du règne animal. N°. 4. Plantes & herbes de toute espèce. N°. 5. Des cendres non lessivées *.

Note des Editeurs.

* L'Ouvrage de M. *Simon* contient en cet endroit plusieurs tables qui présentent la proportion des différens mélanges propres à la production du falpêtre; mais ces tables se trouvant entièrement conformes à celles publiées en 1747, dans l'instruction Suédoise, on n'a pas cru devoir les répéter ici. On trouvera ces tables depuis la pag. 258 jufqu'à la pag. 263 de ce Recueil.

Calcul du produit en salpêtre.

La table suivante présente le produit du lessivage, en donnant aux hangards depuis quinze jusqu'à cent aunes de long sur quinze de large, & aux tas deux aunes de hauteur, & à chaque tonne un produit courant d'environ deux & demi marcs de salpêtre brut, qui peut augmenter en raison d'un travail suivi des terres; en voici le calcul.

Hangards à salpêtre.		Produit en salpêtre.		Hangards à salpêtre.		Produit en salpêtre.	
Long. Aun.	Larg. Aun.	Lispf.	Schalpf.	Long. Aun.	Larg. Aun.	Lispf.	Schalpf.
15	15	36		27	15	72	
16	15	39		28	15	75	
17	15	42		29	15	78	
18	15	45		30	15	81	
19	15	48		40	15	106	10
20	15	51		50	15	136	10
21	15	54		60	15	162	
22	15	57		70	15	192	
23	15	60		80	15	217	10
24	15	63		90	15	247	10
25	15	66		100	15	273	
26	15	69					

N. Une tonne contient six pieds cubes ou quarante-huit

Il faut convenir que les règles ci-deſſus peuvent varier ſuivant l'état des matières, & que par conſéquent on n'eſt point dans le cas de ſuivre de point en point ces tables ; je trouvai par exemple, dans les terres du Miſtberg proche Warſovie, les matériaux des numéros 1, 3 & 4, déja mêlés enſemble, je ne pouvois conſéquemment faire autre choſe que d'y ajouter environ un tiers de cendre & de chaux, de faire du tout un tas, de la retourner & de l'humeᴄter de temps en temps, au moyen de quoi & après une année d'attente, j'eus une bonne terre ſalpêtrée, mais fort chargée de ſel.

Peut-être relativement au local, pourroit-on encore faire choix d'autres matériaux, par

---

kannens, & le kannen deux cent ſeize pouces cubes.

Une aune a deux pieds de long, & le pied de Suède eſt à celui du Rhin comme 1000 à 1057 ; un liſpfund eſt de vingt ſchalpfunds, & ce dernier eſt en rapport de celui de Cologne, comme $7078\frac{1}{5}$ à $9737\frac{1}{2}$; par conſéquent ce dernier eſt plus foible de $3\frac{1}{8}$ demi - onces ; un marc eſt de vingt-cinq demi-onces, ou quelque choſe de plus que $\frac{1}{4}$ ſchalpfund.

Un thaler, monnoie d'argent, ſur le pied de la valeur de Leipſic, eſt de dix gros huit pfennings, un ore quatre pfennings.

exemple, curures des châteaux, des foſſés, des
étangs ; en ce cas on ne peut ſe conformer entièrement à ce qui eſt dit ci-deſſus : mais le
moyen de convertir les boues & curures ci-
deſſus en bonnes terres à ſalpêtre, conſiſtera à
y mêler le tiers ou le quart de bonnes cendres,
& quant aux manipulations, de ſuivre de point
en point ce qui ſera dit ci-après des terres à
ſalpêtre. Quand on a de ces curures, on les fait
voiturer ſur une place, on les éparpille ſur un
quart d'aune de hauteur, on jette pardeſſus un
quart d'aune de hauteur de chaux vive, on recouvre de curure à pareille hauteur cette chaux
vive, & alternativement on fait des couches, juſqu'à ce que le tas ſoit terminé en pointe comme
les tas de Charbonnier ; on aura l'attention, en
le formant, de mettre dans le milieu & debout
une forte perche. Quand toutes ces couches ſe
trouveront parachevées, on retirera la perche,
& dans l'ouverture qu'elle laiſſera, on y verſera
de l'eau. Au bout de quelques heures la fumée
ſortira de tout le tas, beaucoup ſur-tout de
l'ouverture ſuſdite ; de cette façon l'on peut de
toutes eſpèces de curures, pourvu qu'elles aient
été un peu deſſéchées à l'air, en faire en peu
de temps une très-bonne terre à ſalpêtre, qui,
comme un fort aimant, ſe ſaturera en peu de
temps de ſalpêtre.   Quel

Quel avantage pour des villes qui feroient l'entreprife d'une nitrière , de trouver dans les foſſés, dans les éclufes , des curures, des boues, qui peuvent, en fuivant ces inftruction, fe convertir en peu de temps en une riche terre à falpêtre ; j'en appelle à ce fujet à ce que j'ai lu dans les papiers publics de Leipzig , de l'année 1766, à l'occafion de la génération du falpêtre dans Drefde, & de la formation d'une nitrière.

Avant de traiter du travail des terres mélées, je vais faire précéder quelques réflexions fur la différence des terres en tas, & de celles en foſſes ; en même temps je ferai fentir les inconvéniens des murs à falpêtre.

L'on a mis en problême s'il étoit plus avantageux pour une falpêtrière & pour la génération du nitre , de ranger les terres en monceaux ou en tas allongés, pour dans les temps convenables les retourner, ou de jetter tous les matériaux mélangés dans des foſſes, pour les y laiſſer pourrir, & enfuite de cette terre extraire le falpêtre.

Je commencerai par réfléchir fur les objections faites contre les terres en tas, & fur les principes en faveur des foſſes , & enfuite je détaillerai les raifons qui donnent la préférence

N n

aux terres en tas, & je démontrerai tout le défectueux des foſſes : on trouve à ce ſujet une inſtruction dans les collections de Leipzig, tome V, article 58, page 929 à 934, qui a été extraite des écrits du fameux *Stahl*. L'Auteur de ces collections y a ajouté ſes réflexions & ce que l'expérience lui avoit appris.

» Il eſt certain à l'égard des tas qu'on place » ſous des hangards, que la pourriture & la » décompoſition s'y fait très-bien, que l'acide » nitreux qui eſt dans l'air y eſt attiré & réuni, » & qu'il en réſulte que la terre eſt plus riche » en ſalpêtre, que celle des murs à ſalpêtre ; » cependant on objecte :

» Premièrement, que les travaux en ſont plus » pénibles.

» *Réponſe*. Faire des murs & les gratter de » temps à autre, demande également beau- » coup de travail, & pour que la terre dans les » foſſes ſe fertiliſe, il faut néceſſairement de » temps à autre, l'en ſortir pour la travailler.

» On objecte ſecondement, que les tas étant » expoſés à l'air, la partie ſubtile s'évapore & » qu'il en réſulte une diminution dans la quan- » tité du ſalpêtre.

» *Réponſe*. Le cours de l'air eſt abſolument » néceſſaire, ſuivant les principes *à priori* &

» *à posteriori*, & par cette raison les fosses ne
» valent rien : la terre & les autres matériaux
» peuvent bien s'y pourrir, mais il faut encore
» autre chose pour la génération du salpetre,
» & ce quelque chose est le libre accès de l'air.

» On objecte troisièmement que de telle façon
» qu'on s'y prenne, les plantages sont plus
» exposés aux vicissitudes de l'air & des temps
» que ne l'est la terre enfermée dans les
» fosses.

» *Réponse.* Les ennemis les plus préjudicia-
» bles aux plantages, sont le soleil & la pluie; les
» hangards en émoussent & en détruisent les
» traits; quant aux fosses, il faut commencer par
» démontrer que le salpêtre puisse y croître.

» On objecte quatrièmement que les maté-
» riaux renfermés dans les fosses y tombent plu-
» tôt en pourriture & dissolution, que dans la
» terre.

» *Réponse.* La pourriture ne contribue pas
» seule à la génération du salpêtre ; l'air &
» son libre accès y sont le plus nécessaires.

» On objecte cinquièmement qu'il ne faut,
» quand les fosses sont remplies, aucune espèce
» de travail pour piocher & retourner les
» terres.

» *Réponse.* Cela est vrai ; mais il ne se forme

» de falpêtre qu'à la fuperficie; celui qui fe
» trouve dans l'intérieur, y eft entraîné par les
» pluies. Si les prétentions des partifans des
» foffes étoient fondées, il faudroit en con-
» clure que le falpêtre pourroit fe trouver dans
» la terre la plus profonde, parce qu'il feroit
» poffible qu'il y eût de la pourriture; l'expé-
» rience donne la preuve du contraire ».

Quand on n'envifage que fuperficiellement
les objections faites contre les tas & les avantages des foffes, il paroît au premier coup-
d'œil qu'ils font fondés; mais tout ce qu'on
peut dire d'apparent en faveur des foffes, eft
que les matériaux mis en quantité n'y pourriffent qu'après un temps affez long, & qu'enfuite on en peut faire avec le temps une affez
bonne terre à falpêtre en la mettant à l'air, &
en lui donnant les élaborations convenables.

S'il étoit poffible de faire une terre falpêtrée
dans des foffes, fans le concours de l'air, le
Miftberg (montagne à fumier), proche Warfovie, devroit contenir plufieurs centaines de
milliers de falpêtre, ce qui n'eft point, quoique le premier qui en a fait la découverte, fe
foit imaginé que celui qui fe trouvoit fur fa
furface, venoit de celui qui devoit fe trouver
dans l'intérieur. J'ai fait plufieurs expériences

(565)

avec cette terre, tant en grand qu'en petit, &
n'en ai jamais trouvé aucun vestige. Après avoir
travaillé pendant un an & y avoir mêlé d'autres
matériaux, elle m'a donné du très-beau salpêtre, mais chargé d'un quart de sel, quoique
j'en eusse tiré un tiers des eaux; je sais conséquemment ce que pareille terre produit, quand
on la prend comme elle est & comme elle doit
être à sa sortie des fosses; mais aussi l'expérience
m'a convaincu de l'avantage qu'il y a de l'ex-
poser pendant un an, en tas, à l'air, à l'abri du
soleil & de la pluie.

Je conviens que les terres en tas demandent
du travail; mais on verra par la suite qu'il est
récompensé par la génération abondante du
salpêtre : l'air est & sera en tout temps un ingrédient peu nécessaire pour la génération
du salpêtre; il n'opère que par l'acide général
& considérable qu'il renferme, & sans lequel
le vrai acide nitreux ne peut se former.

« Tout le travail de la nature pour la géné-
» ration du salpêtre, consiste suivant le fameux
» *Neumann.*

» 1°. A disposer les matières végétales &
» animales à la pourriture.

» 2°. A y introduire quand elle pourrissent, les
» parties subtiles, huileuses, salines & urineuses.

N n 3

» 3°. A y appliquer, autant qu'il eſt nécef-
» faire, l'acide qui ſe trouve répandu dans
» l'air.

» 4°. A perfectionner enfin à l'aide d'un
» air un peu chaux le mélange prémédité ».

Je me ſuis beaucoup étendu ſur cette partie,
parce que bien des perſonnes de conſidération
& aiſées, ont été la dupe de ces faux principes,
par les dépenſes énormes qu'elles ont faites ; j'en
ſuis du nombre, mais je n'en dis mot quant
à préſent ; ce que je puis aſſurer, c'eſt que ſans
connoiſſance à fond de la nature & de la Chimie, & ſans expérience, on ne parviendra jamais
à former de bons établiſſemens & à les rendre
durables.

Si les foſſes ſont défectueuſes, les murs à
ſalpétre, formés preſque par-tout, le ſont encore davantage. Il y en a de bâtis à portée des
ſalpêtrières ; d'autres en ferment leurs hérita-
ges, avec faculté aux Salpêtriers de les gratter,
& enfin de les détruire : ils ſont dans l'uſage
d'expoſer cette terre venant des grattages à l'air
de l'arroſer avec de la leſſive, de la retourner
juſqu'à ce qu'elle redevienne sèche. Qui ne
voit que ce n'eſt qu'à la ſuite de ce travail,
que le ſalpétre ſe génère? Je me fonde toujours
ſur ce que j'ai dit à l'occaſion de l'influence de

l'air fur la terre falpétrée, d'où il faut conclure
que plus elle eft tenue poreufe, plus facilement,
mieux & plus vîte elle en peut être pénétrée;
mais quel effet l'air peut-il produire dans les
murailles? Pour les rendre plus folides, non-
feulement il faut leur donner de l'épaiffeur,
mais encore en battre & comprimer les matériaux; c'eft pour cela même qu'on mouille bien
la terre, afin qu'elle foit plus ferrée. Comment
eft il poffible qu'elle puiffe être dans fon intérieur fertilifée par l'air? Ce qui s'attache à fon
extérieur, fe trouve en grande partie détruit
par le foleil & par la pluie, & fi fort anéanti,
qu'à peine dans fix ou huit ans, ils peuvent
fournir un pouce ou deux d'épaiffeur de terre
fufceptible d'être leffivée avec bénéfice. Si quelqu'un vouloit fe convaincre des procédés les
plus avantageux, & qu'il eût à ce fujet des
emplacemens bien appropriés, il pourroit fans
beaucoup de dépenfe en faire l'épreuve.

Avant que de terminer cet article, je veux
encore faire quelques obfervations fur les voûtes à falpètre, fi fort vantées par *Glauber*, &
quelques Auteurs. Il n'eft point à douter
qu'elles ne puiffent produire du falpétre; voilà
ce qu'en dit *Stahl*, dans fon Traité du Salpétre,
page 22, à l'occafion d'une cave voûtée, au-

deſſus de laquelle il y avoit une écurie à chevaux. Après que la chaux dont elle étoit cré-
pie, ſe trouva détruite par le paſſage de l'urine,
il y parut des aiguilles groſſes & un peu creu-
ſes; elle repréſente, comme dit *Stahl*, un mur
à ſalpétre; c'eſt ce qu'on trouve dans les forti-
fications, & ſous les voûtes des portes dont
le deſſus eſt chargé de terre; le Rédacteur du
Traité de *Stahl* ſur le ſalpétre, ne ſe rappelle
point que ces ſortes d'aiguilles & cryſtaux ne
contiennent preſque point de ſels, & ne ſont
qu'un faux alun ou du borax. L'art des voûtes à
ſalpétre de *Glauber*, ſe trouve dans *Glaubero* &
concentrato, page 421, &c. & dans les écrits
de *Stahl*, page 119, auxquels je ne m'arrête
point. Si cependant on vouloit en bâtir, il faudroit faire faire des briques avec de la terre
graſſe, un peu de chaux éteinte & du fumier
de brebis; le tout bien mélé, les frotter avec
de l'urine pourrie, de l'eau & du ſel, les laiſſer
ſécher au ſoleil & les cuire au four; enſuite
préparer un mortier fait de trois parts de chaux
vive, une partie d'urine de brebis ou de vaches,
& trois parties de fumier de brebis, mis en pouſſière; faire bien méler le tout enſemble, & enſuite faire la voûte de l'épaiſſeur de deux briques; on pourra faire de méme la maçonnerie

des murs qui doivent la foutenir ; on pourra auffi mettre fous cette voûte des demi -tonnes, pour y laiffer pourrir en tout temps des urines, & procurer fous la voûte des exhalaifons urineufes ; on pourra à volonté allonger la voûte ; fa hauteur eft de quatre à cinq aunes, fa largeur de fix à huit. A chaque extrémité on laiffe deux portes, afin de conferver le paffage libre de l'air ; fur ces voûtes l'on jette des démolitions de vieux murs, bâtis en chaux & briques ; & fur celle-ci environ une demi - aune de hauteur de terre noire de jardin, & s'il eft poffible, plutôt de celle falpêtrée. Sur cette terre qu'on divife en planche comme un jardin, l'on pourra fi l'on veut femer & planter toutes fortes de chofes ; l'effentiel confifte à arrofer de temps à autre cette terre avec de l'eau de pluie pourrie, dans laquelle on aura délayé du fumier de brebis ou de vaches ; mieux feroit fi ces terres étoient couvertes par un hangard, & qu'on travaillât la terre comme celles artificielles ; l'humidité furabondante defcendroit de même & agiroit fur la génération du nitre dans la voûte.

Au furplus, cette façon de faire le falpêtre feroit trop coûteufe, & auroit encore des dé-

fectuofités fur lefquelles je ne veux point m'é-
tendre.

Chap. III.

Du travail des terres à falpêtre, réunies & combinées.

Tout le travail des terres à falpêtre confifte dans les points fuivants ; favoir, dans le mê-lange convenable des efpèces de terres & des autres matériaux, dans leurs arrofemens, leurs élaborations, & dans l'obfervation continuelle de l'air & du temps.

Je fuppofe qu'on veuille former un tas qui auroit vingt-quatre aunes de long, quatre à cinq de large, fur deux aunes de hauteur, fuivant la table II, le mélange fe fera comme ci-après ; qu'on mette fous le hangard 96 tonnes de toutes efpèces de terres, s'il eft poffible des vieil-les démolitions ; qu'on les éparpille en lon-gueur & largeur comme doit être le tas ; quand cela fera fait, on l'arrofera fortement avec de l'urine pourrie ou de l'eau de leffivage de fumier ; on fera jetter pardeffus feize tonnes de chaux vive pilée ; fur cette chaux on fera éparpiller cent vingt-huit tonnes de toutes

fortes de matières, telles que fumier, paille ,
plantes, matériaux du règne animal, & tout
ce que l'on pourra avoir & que l'on aura raffemblé; enfuite on fera fortement arrofer le tout
avec de l'eau de leffivage de fumier; finale-
ment , on fera mettre au-deffus quarante-huit
jufqu'à cinquante tonnes de cendres humectées
avec ladite eau de leffivage de fumier; du tout
on en fera un tas quarré qu'on laiffera repofer
un mois ou deux: en attendant on s'occupera
de la formation d'autres tas. Après l'expiration
de ce temps donné, on changera ce tas de
place, on le fera remuer par quatre hommes,
& on en fera un nouveau, au moyen de quoi
le tout fe trouvera bien mêlé, & ce qui aura
été dans l'intérieur fe trouvera en dehors. A la
Fabrique de Warfovie qui m'avoit été confiée,
voici comme je m'y fuis pris dans la formation
des trois tas que j'ai pu y faire, & qui avoient
chacun vingt-quatre aunes de long; premièrement, j'ai fait tranfporter fous les hangards les
matériaux les uns après les autres , & j'en ai
formé fur le côté quelques tas; j'ai mêlé le
le tout de façon que les matériaux vinffent rangées par rangées; je commençai par la terre du
Miftberg, enfuite fur icelle, je mis une quantité de cendres, celles qu'il me fut poffible de

me procurer, car les Habitans aimoient mieux les jetter que de me les vendre; je les humectai avec une leſſive de fumier , faite avec de l'eau de pluie, n'ayant pas autre choſe ; ſur ces cendres je mis ſix tonnes de chaux vive , n'ayant pu en avoir davantage; j'employai une plus forte quantité dix-huit mois après ; je ſuppléai à ce manque de chaux, avec des démolitions de vieux bâtimens , qu'à la ſuite on ne voulut plus me donner, même à prix d'argent; j'ajoutai à tout ce que deſſus, vingt charges de cendres de Savonier ; je fis humecter le tout, & enſuite travailler; j'en ai formé un tas qui en-bas avoit quatre à cinq aunes de large, & quelque choſe de plus de deux aunes de hauteur : quand on aura un emplacement de quinze aunes de large, on pourra y placer deux tas l'un à côté de l'au-tre ; l'eſpace entre deux ſert pour en faciliter le travail & pour en leſſiver les terres.

La fécondité des tas dépend aſſez de la ſitua-tion des hangards; mais ſuppoſé que les der-niers n'aient pu être mis dans leur longueur, du nord-eſt au ſud-oueſt , & qu'on veuille cepen-dant donner aux tas cette poſition, en ce cas il faut les faire courts, afin de pouvoir les pla-cer ſuivant cette diſpoſition; mais j'avoue de bonne-foi que je ne m'en ſuis point occupé dans mon établiſſement ; le paſſage libre de l'air eſt la ſeule choſe néceſſaire , n'importe d'où il vient : ſi les vents chauds de l'été ſont de longue durée , en ce cas bouchez les ouvertures par leſquelles il pénètre , ou humeĉtez davantage & plus ſouvent les tas , & les faites travailler de même. Je dois, quant à la figure & à la forme des tas de terre , encore rappeller qu'il vaut beaucoup mieux leur donner en haut beaucoup de largeur, que de les terminer en pyramides , attendu que dans cette forme il faut leur donner plus d'élévation , & qu'ainſi elle empêche la circulation de l'air ; la première forme vaux mieux pour les arroſemens de la terre.

Il eſt difficile d'indiquer au juſte le degré d'humidité qu'on doit donner à la terre ſalpêtrée ; l'expérience eſt le meilleur maître ; elle ne doit point être trop mouillée , parce que par-là la pourriture ſeroit plutôt reculée qu'avancée, & que la terre ſe durcit trop , ce qui contrediroit les cauſes pour leſquelles on l'humeĉte. L'arro-ſement d'une couche de jardin peut ſervir d'exemple ; la terre eſt trop sèche quand elle eſt en pouſſière en la travaillant , pour lors il faut l'humeĉter ; il eſt à obſerver que fort ſou-vent les tas ne ſont ſecs qu'en dehors ; en ce cas je suis dans l'usage d'enlever la superficie avec un rateau, & par-là je donne lieu au desséchement du dessous; si par-là il devient trop plat, je le fais travailler & de suite arroser avec de la lessive de fumier préparée, & je lui rends son humidité.

Celui qui a la commodité de pouvoir se procurer de l'urine & du pissat d'animaux, peut se flatter d'un grand avantage. Voilà comme on s'en sert. On réunit dans de grands tonneaux enterrés l'urine & le pissat des animaux, on y jette quelques pelletées de chaux vive, on les couvre pour les préserver de la pluie & du soleil qui les dessécheroient ; après que cette masse a été quelque temps en pourriture, on s'en sert pour arrosement, en prenant la précaution de bien remuer & faire remonter le dépôt; on sera surpris de la progression visible de la génération du salpétre : il est cependant encore nécessaire de donner au mélange de terre le temps suffisant pour que le sel, qui est en abondance dans l'urine , puisse se détruire par la putréfaction, afin d'éviter l'inconvénient d'avoir du salpétre qui en seroit chargé de moitié.

Il se peut que dans plusieurs endroits il y ait difficulté de se procurer en abondance de

(575)

l'urine d'homme & du piſſat d'animaux. N'ayant
pu en trouver à mon établiſſement à Warſovie,
je me vis néceſſité de chercher un autre moyen
de faire une leſſive d'arroſage ; mes arrangemens
à ce ſujet furent de faire enterrer une grande cuve
juſqu'au bord ; je plaçai ſur cette cuve deux
autres de même grandeur, qui étoient percées
dans le fond & fermées avec une broche fort
longue ; ſur ce fond j'en fis placer un ſecond
à la manière que j'indiquerai lorſque je traiterai
du leſſivage des terres. Toutes ces précautions
priſes, on arrange du fumier long de cheval
ſur le double fond qui tient lieu de paille ; on
charge enſuite la cuve avec d'autre fumier de
cheval mêlé de chaux ; on y verſe de l'eau &
on le laiſſe repoſer quelques ſemaines, afin que le
tout ſoit en pourriture ; pour-lors ſeulement on
laiſſe couler la leſſive dans la cuve enterrée, on
change enſuite les cuves ſupérieures, & dans
quelques ſemaines la pourriture ſe trouvera
faite : on peut réitérer deux à trois fois ce
leſſivage, enſuite l'on décharge les cuves & l'on
met le fumier dans les tas à terre ſalpêtrée ; c'eſt
avec cette leſſive, à défaut d'urine pourrie,
qu'on arroſe les terres des hangards ; je m'en
ſuis très-bien trouvé ; la chaux y eſt employée
pour accélérer la putréfaction, & auſſi parce

que, comme je l'ai démontré, elle est avanta-
geuse à la génération du salpêtre. Heureux seront ceux qui se trouveront à même de se procurer les eaux de lessivage que les Savoniers
jettent ! Une pareille lessive économiseroit la
cendre, attendu qu'elle contiendroit un sel lixivieux fixe mêlé avec le sel commun, que la
pourriture avec le fumier & la chaux rendroit
volatil.

Il faut s'arranger dans la formation des tas
de terre à salpêtre, de façon qu'ils puissent rester
deux ans sans être lessivés. On a huit à neuf
mois dans l'année, pendant lesquels on peut
lessiver & faire des cuites. Qu'on fasse la suppu-
tation sur la grandeur que doit avoir un tas de
terre, pour en fournir autant qu'il en faut pour
en charger en une fois les cuves de lessivage
des terres ; l'on saura ensuite combien l'on
pourra en travailler dans un mois, & en conséquence prendre ses arrangemens pour en
avoir en suffisance pour attendre l'expiration
de deux années, & recommencer par le premier.

Les terres lessivées seront remises en place, &
on les laissera égoutter & dessécher pendant
quelques semaines ; on y ajoute ensuite des cendres & de la chaux ; & en les mettant en tas,
on peut y mêler toutes espèces de plantes qu'on

peut

peut fe procurer dans les environs, comme aufli le fumier qui aura fervi à faire de l'eau de leffivage ; on les laiffe enfuite expofées à l'air, & l'on fuit les procédés que j'ai donnés ci-devant. L'on voit aifément que la provifion des terres à falpêtre doit annuellement augmenter, & que les terres doivent s'améliorer, fur-tout lorfqu'on aura des vieilles eaux-mères & des écumes avec lefquelles on les arrofera ; d'où l'on peut conclure & compter fur une augmentation de produit, & conféquemment de profit. On fait, par expérience, qu'une terre leffivée fe falpêtre promptement & en abondance.

Pour ce qui concerne la terre naturellement falpétrée, qui véritablement contient un peu de falpétre, mais pas en quantité fuffifante pour être leffivée avec profit, on peut l'enrichir en fuivant les mêmes procédés que ci-deffus : qu'on en mette fous des hangards convenables, ou fous des barraques, qu'on y méle des cendres & de la chaux, qu'on les travaille comme ci-deffus pendant quelques mois, on verra combien la nature aidée & fecondée par l'art, eft progreffive. Communément les Salpêtriers y mettent ces terres, dans la vue feulement de les y faire fécher. Le véritable avantage qui en réfulte, & qu'ils ne connoiffent

O o

point , confiste en ce que ces terres font fécondées par l'air. Au furplus le Conducteur d'un plantage , qui eft intelligent, doit journellement avoir attention à faire ouvrir ou fermer les hangards , en raifon des vents & du temps : pendant les chaleurs de l'été, je ne confeillerai jamais d'ouvrir en entier les volets vers le midi & le foir, mais feulement d'y laiffer entrer l'air frais du matin & de la nuit ; c'eft le contraire au printemps & en automne ; alors l'air du matin eft trop froid, & il convient de s'en défendre. Il faut encore obferver que dans les mois de Mars, Avril & Mai, en Septembre & Octobre, les terres doivent être le plus foigneufement travaillées ; il feroit même avantageux qu'il y eût des Ouvriers continuellement occupés à cette befogne, afin qu'un tas fini, ils paffaffent au fuivant , & ainfi fucceffivement.

Chaque Poffeffeur de plantage qui réfléchira fur tous les procédés ci - deffus, verra par lui - même quels peuvent être les plus économiques. Il n'eft pas poffible de les étendre à toutes circonftances, & de prévoir tous les évènemens ; le Propriétaire doit y fuppléer & mettre tout en ufage pour diminuer les dépenfes & pour augmenter le profit.

MEMOIRE

Sur la récolte & la fabrication du salpêtre en Asie, par M. Clouet, Régisseur des poudres & salpêtres.

Dans toutes les parties du monde, on ne connoît pas de pays qui soit aussi productif en salpêtre que les contrées voisines des bords du Gange, & particulièrement le Royaume de Cachemire.

M. Lerot, qui a fait dans l'Inde un séjour très-long, qui a parcouru toutes les contrées voisines des bords du Gange, depuis son embouchure jusqu'à près de trois cens lieues dans les terres, rapporte que cette partie de l'Asie est très-abondante en productions végétales de toute espèce, & principalement en riz & froment d'une excellente qualité. Tous les légumes de l'Europe y sont connus & cultivés. L'artichaut seul n'a pu s'y naturaliser. Les lacs dont le pays est couvert, fournissent de l'eau aux puits pratiqués pour l'arrosement des rizières. L'extrême chaleur du climat est tempérée par les orages qui commencent au mois de Mars. Ils deviennent plus fréquens à mesure qu'on approche de celui de Juin, époque des pluies périodiques qui durent jusqu'en Octobre. Le principal commerce du Bengale, dont Patna est l'entrepôt, consiste en soieries, toiles, riz, froment & salpêtre. Cette dernière production semble dans ce pays devoir tenir un rang parmi les productions végétales, puisque le salpétre y est dans une végétation continuelle, hors le temps des pluies périodiques ; & dès la fin de Novembre, dans tous lieux qui ne sont pas de sable ou de rocher, il reparoît sur la surface de la terre en aiguilles de trois à quatre lignes de hauteur. Elles croissent jusqu'en Mars, que commencent les premières pluies.

M. Lerot a remarqué que dans les terrains même qui ont été couverts par les inondations du Gange, un mois après l'écoulement des eaux, le salpétre végète à travers la vase que le fleuve a déposée. Cette vase est employée à l'engrais des terres auxquelles elle est propre.

Le salpêtre ne se recueille pas seulement sur la surface de la terre, on le tire des mines renfermées dans le sein des montagnes, qui s'exploitent comme à Paris les carrières à plâtre *. Il y est tout formé en couches de dix à douze

---

Note des Éditeurs.

* Cette assertion ne s'accorde pas avec ce qu'on sait d'ailleurs de l'origine & de la formation du salpêtre.

pouces d'épaiffeur dans une terre naturellement fèche, mais qui devient molle par la préfence du nitre.

C'eft particulièrement dans le Royaume de Cachemire que fe trouvent ces mines de falpêtre. Elles produifent une végétation continuelle à la furface des montagnes dans toutes les parties qui ne font pas de fable ni de rocher, & il y en a une fi confidérable dans le plat-pays, que le feul Royaume de Cachemire fuffiroit pour fournir aux befoins en falpêtre de toute l'Europe.

L'exploitation s'y fait au compte du Souverain; c'eft dans fon palais que fe raffine le falpêtre, d'où on le porte à Patna, par une route de plus de deux cens lieues.

L'accès du Royaume de Cachemire étant interdit aux Européens, c'eft d'un Cachemirien fort inftruit dans ce genre de travail, que M. Lerot a eu ces détails qu'il s'eft fait confirmer par des Naturels des pays voifins.

Mais ce qu'il a vu & examiné avec foin, c'eft la végétation du falpêtre fur les rives droite & gauche du Gange, depuis Patna jufqu'au-deffous de Moxoudabad & Caffeimbazard à Mondepour, entre les montagnes de Berdouan & Balazard, & dans toutes les contrées voifines de l'embouchure du Gange.

Le salpêtre de Cachemire passe pour le plus pur de l'Inde. Sa formation est complette, & il est peu mélé de parties hétérogènes : celui de Mondepour, un peu inférieur à celui de Cachemire, vaut mieux que celui de Maxoudabad & Casseimbazard. En général la qualité du salpêtre dépend de la terre de laquelle il a été tiré. Par-tout où il paroît, elle est calcaire, d'une couleur rouge-brun, & fait effervescence avec les acides. Il est constant que cette espèce de terre faciliteroit constamment sa végétation, si les pluies ne l'absorboient depuis le mois de Juin jusqu'au mois d'Octobre.

On a trouvé des crystaux de salpêtre dans des endroits abrités, qui avoient jusqu'à quatre & cinq pouces de longueur & un demi-pouce d'épaisseur.

Le salpêtre étant, comme on l'a dit, une des plus riches productions de l'Inde, la plus grande partie du peuple s'occupe à le recueillir & à lui faciliter les moyens de se former.

Sur des terrains qui ne sont pas exposés aux inondations, on construit de légers hangards, que l'on couvre de feuilles de latanier pendant les mois de Juin, Juillet, Août, Septembre & Octobre, pour mettre les nitrières à l'abri de la pluie.

La récolte fe fait en Février, & le même emplacement qui a produit du falpêtre une année, n'en donne pas moins la fuivante.

On remarque que dans ceux qui ont été cultivés pour quelque genre de productions, qui ont reçu des engrais, ou qui ont été chargés d'une couche de vafe du Gange, le falpêtre y croît plus abondamment. Diverfes plantes, particulièrement celles de tabac aux environs de Mazulipatam, fe chargent d'un telle quantité de parties nitreufes que les feuilles en font toutes blanches.

Quelque riche en cette matière que foit naturellement le fol, les Indiens ne negligent pas de l'amender particulièrement par des arrofages d'urines qui font recueillies avec foin, & employées à ces ufages. Ils tirent auffi du falpêtre des vieux batimens, de ceux fur-tout formés de briques & d'une chaux de coquillages; le falpêtre y monte abondamment.

Il y a des inftans de l'année où il eft même fenfible à l'œil dans les vitres qui font de lacque. Les Indiens fe contentent de leffiver les terres, fans préfenter au falpêtre, comme on fait en Europe, par le moyen des cendres, une bafe d'alkali fixe, parce qu'il l'a reçue de la nature même : foit qu'ils écroutent la fuperficie du fol de deux ou trois pouces, foit qu'ils tirent la terre nitreufe du fein des montagnes, ils la dépofent dans de grands baffins quarrés faits de briques, & difpofés l'un fur l'autre en amphithéâtre : l'eau du premier baffin, après avoir paffé fucceffivement dans le fecond & le troifième, eft portée dans des chaudières de terre cuite où on la fait évaporer par le feu jufqu'au degré qui annonce le moment propre à la cryftallifation.

On a pour vingt-cinq fols par jour à Cachemire cent cinquante Ouvriers travaillant au falpêtre ; à Mondepour ils coûtent trente livres ; leur nourriture, qui ne confifte qu'en riz, eft évaluée à un fol fix deniers au plus par tête.

Le mans de falpêtre pefant foixante-quinze livres, poids de marc, coûte à Patna quatre roupies, ce qui revient à deux fols fix deniers deux troifièmes la livre ; celui de Mondepour coûte deux fols quatre deniers ; & celui de Moxoudabad & Caffeimbazard environ deux fols.

A Kadevakoudrou ou Montepeli, fitué à neuf lieues au fud de Mazulipatam, il exifte une mine de falpêtre, d'où on le tire par couche de fept à huit pouces. Il forme avec la terre un corps gras & n'a pas de végétation extérieure. Dans l'Ifle de Ceylan, à la pointe de Galle, il eft fenfible à l'œil fur la furface de la terre.

(585)

'A Sumatra, on le voit du côté de Brancoul.'
Dans les Royaumes de Siam & de Pégu , il ne
végète pas à la furface de la terre, mais on le
trouve en couches plus ou moins épaiſſes , à
douze ou quinze pieds de profondeur *.

A Manille & à Kanton on fait du falpêtre
avec des terres ou couches que l'on cultive fous
des hangards , & que l'on arrofe d'urines. Les
Chinois font ſi foigneux de les recueillir , qu'il
ne s'en répand jamais hors des maiſons.

Manière dont ſe fait la poudre dans l'Inde.

Au Bengale, les Indiens font de la poudre pour
les artifices & pour l'uſage des armes à feu :
la proportion des dofages en falpêtre, foufre,
charbon, eſt la même qu'en Europe; c'eſt avec
le vieux teck & le mangnier, bois très-dur, qu'ils
font leur charbon.

On pile les matières dans un mortier de bois
juſqu'à ce qu'elles foient réduites en pâte : on
la coupe avec des couteaux, en petites parties
que l'on expofe enfuite au foleil ; pendant qu'elles
fèchent, des enfans les agitent en fens vertical,
avec la paume de la main, pour former le

Note des Editeurs.

* Il eſt à craindre qu'on n'ait confondu dans quelques
endroits le natrum ou natron avec le nitre.

grain. La poudre d'Europe, supérieure en force, eſt recherchée dans l'Inde pour l'uſage des armes à feu.

Extrait d'un Ouvrage de M. Bowle, publié à Madrid en 1775, ſous le titre d'Introduction à l'Hiſtoire Naturelle & à la Géographie phyſique de l'Eſpagne, communiqué aux Commiſſaires, par M. de Montigny, de l'Académie Royale des Sciences.

EN 1754, je reçus des ordres du Gouvernement, pour viſiter quelques Fabriques de ſalpêtre & de poudre dans les Provinces d'Eſpagne; l'exécution de ces ordres m'a mis à portée de faire les obſervations & les découvertes que je vais publier.

Tous les Profeſſeurs de Chimie que j'ai entendus, ſoit en France, ſoit en Allemagne, enſeignoient que l'alkali fixe du nitre, n'exiſtoit pas ſimple & pur dans la nature, mais qu'il étoit le produit du feu : lorſqu'on leur objectoit que le ſalpêtre ſe trouve tout formé dans la terre aux Indes orientales, ils éludoient la difficulté, en répondant que la combuſtion accidentelle des bois avoit fans doute imprégné la terre d'alkali végétal ; je penfois donc d'après leurs principes, que la bafe du falpêtre étoit un alkali fixe, produit par une certaine combinaifon qui fe fait dans l'acte même de la combuftion ; mais j'ai reconnu mon erreur, lorfque j'ai vu travailler le falpêtre en différentes contrées de l'Efpagne ; j'ai vu évidemment que la bafe du nitre exiftoit toute formée dans la terre & dans les plantes.

Que mes Profeffeurs viennent en Efpagne, je leur ferai toucher au doigt cette vérité. Dans les Fabriques des deux Caftilles, de l'Arragon, de la Navarre, de Valence, de Murcie, d'Andaloufie, &c. ils y verront tirer le falpêtre fans addition d'alkali végétal, & que fi l'on emploie des cendres dans quelque Fabrique, c'eft tout au plus une poignée de cendres de *fpartum*, à travers laquelle on filtre la leffive des terres qui donnent le falpêtre.

Quoique pour l'ordinaire il fe trouve du gypfe aux environs des Fabriques de falpêtre, la plupart n'en font aucun ufage, & fourniffent cependant d'excellent falpêtre en leffivant feulement les terres du pays, qui ne contiennent pas un atôme de gypfe. On fait donc de la poudre en Efpagne, fans le fecours des végétaux, avec un falpêtre qui porte naturellement fa bafe alkaline, & fans qu'on apperçoive aucune marque vifible ou fenfible de la converfion du gypfe en acide nitreux, fuivant le fyftême des Allemands.

Après avoir reconnu que l'alkali fixe fe trouvoit tout formé & parfait dans les terres nitreufes de l'Efpagne, j'ai étendu mes expériences & mes réflexions aux autres fels & aux végétaux ; j'ai penfé que d'autres alkalis, des acides & des fels neutres, devoient être les effets des combinaifons différentes de la terre, de l'eau & de l'air, avec les matières que l'air tient en diffolution, & que ces trois élémens montant, defcendant, féjournant dans les vaiffeaux des plantes, devoient former de nouveaux compofés dans l'intérieur des végétaux : on en a des preuves dans les faits qui fuivent.

Il y a des plantes dont les racines font très-petites, quoique leurs tiges, leurs feuilles & leurs fruits, foient d'une grandeur démefurée ; il paroît impoffible qu'une fi petite racine fuffife pour tirer de la terre, la nourriture & la fubftance de toutes fes productions ; il paroît donc certain que l'air qui contient en diffolution un grand nombre de matières, entre dans ces plantes, & fe combine dans les tubes de la végétation, pour y former les fubftances que nous y trouvons, quand nous les foumettons à l'analyfe.

J'ai vu à Séville des melons des Indes (qu'on nomme angouries), du poids de vingt jufqu'à trente - quatre livres, dont la racine pefoit deux ou trois onces au plus : il paroît donc que plufieurs plantes tirent la majeure partie de leurs alimens, & la nourriture de leurs fruits, de l'air & de l'eau, combinés avec un peu de terre unis enfemble par le travail imperceptible des organes de la végétation & des véhicules aériennes, qui convertiffent les matières pour en former les produits que nous voyons & que nous goûtons.

On fait développer, croître & fructifier un grand nombre de plantes, en tenant feulement leurs racines dans l'eau ; on voit les menthes & le bafilic croître également, foit que leurs racines foient dans l'eau ou dans l'air ; elles n'en donnent pas moins le même efprit recteur & le même acide, que celles qui font plantées en terre. Il en eft de même des oignons de fleurs, qu'on nourrit avec de l'eau pure dans des carafes fur les cheminées ; ils pouffent, végètent, fleuriffent & donnent de l'odeur. Un célèbre Chimifte de l'Académie des Sciences a démontré l'exiftence de trois fels neutres dans le fuc de la bourrache; un autre Membre illuftre de la même Académie, a élevé un chêne avec l'eau feule, pendant plufieurs années. Nous avons des milliers de pins en Efpagne, aux environs de Tortofe & de Valladolid, qui font tous imbibés pour ainfi de térébentine, & qui végètent dans un terrain prefque entièrement compofé de fable avec une très-petite quantité de terre. Il feroit difficile de trouver dans ce terrain, la millionième partie de la térébentine que ces arbres produifent en fi grande abondance; ce ne peut donc être autre chofe qu'un effet de l'air & des matières qu'il a diffoutes, qui fe combinent dans les tubes de la végétation. Les fucs vegétaux, fi amers dans les fibres de l'abfynthe, font très-doux dans celles des cannes de fucre, qui croiffent à côté fur le même fol, à la côte de Grenade. La terre eft préparée de même pour toutes les plantes qu'on élève dans le jardin des plantes à Madrid; les unes donnent une excellente nourriture; auprès d'elles, croiffent des plantes dont les fucs font empoifonnés; on y voit pêle-mêle les plantes qui fourniffent de l'alkali fixe, & celles qui donnent de l'alkali volatil; dans les vallées, fur les montagnes, dans les terres incultes &

dans les jardins, on trouve beaucoup de plantes aromatiques, & l'on n'a point vu jufqu'à préfent qu'aucune terre inculte ou cultivée ait jamais produit dans fon analyfe, la moindre quantité d'eau aromatique.

Les différences de climat & de culture peuvent influer fur la beauté des plantes, de leurs feuilles, de leurs fleurs, comme fur la bonté de leurs fruits ; mais elles n'en changeront jamais la nature.

Il y a des terrains en Efpagne, qui font naturellement imprégnés de falpêtre , de fel marin & de fels vitrioliques ; les plantes qui croiffent fans culture fur ces terrains, donnent par l'analyfe les mêmes produits que celles des mêmes efpèces qu'on cultive dans les jardins où l'on ne trouve ni falpêtre, ni fel marin, ni fels vitrioliques. D'autres croiffent dans des terrains ferrugineux, & l'on voit quelquefois leurs racines s'enfoncer dans la mine de fer : qu'on faffe l'analyfe de leurs racines, de leurs branches, de leurs cendres, de leurs extraits, on n'y trouvera pas plus de fer que dans celles de même efpèce qu'on aura élevées dans des terrains qui ne contiennent pas un atôme de fer.

C'eft fans fondement qu'on attribuoit au

métal les couleurs qui brillent fur les fleurs. Le phlogiftique feul n'eft-il pas fuffifant pour les produire. On trouve beaucoup de phlogiftique dans l'analyfe des fleurs, on n'y trouve point de terre ferrugineufe.

Il eft donc certain que les plantes ont des organes propres à attirer les élémens, & à former différents fels, du nombre defquels eft l'alkali fixe naturel; & qu'il s'y trouve auffi d'autres principes féparés qui s'uniffent & fe combinent par le moyen du feu, pour former dans la combuftion l'alkali fixe artificiel, que je croyois être, ainfi que mes Maîtres me l'avoient enfeigné, le feul alkali exiftant dans la nature.

Peut-être eft-il vrai qne la foude & le fali-cor viennent mieux quand ils font arrofés d'eau falée ; mais il eft certain que la bafe du fel marin eft toute formée dans ces deux plan-tes & dans beaucoup d'autres, comme la ba-rille que l'on feme en différents endroits de l'Efpagne, où l'on fait des favons auffi bons que les fameux favons d'Alicante, où l'on n'emploie que la foude & le falicor.

Voyons préfentement comme on fait le fal-pêtre en France & en Efpagne; je ne parlerai point de l'Angleterre, ni de la Hollande, parce

qu'on

ce qu'on n'y fait point de falpêtre, on le tire des Indes Orientales. Il s'y trouve formé naturellement dans les terres avec fa bafe, comme en Efpagne, où j'ai vu tirer le falpêtre par la feule leffive de terres, qui, felon toute apparence, n'ont jamais produit aucun arbre, ni même aucune herbe.

A Paris, le Roi de France a dix-fept Fabriques de falpêtre, qui travaillent ainfi que les autres Fabriques de ce Royaume, en fe conformant à une Ordonnance qui leur prefcrit la méthode que je vais expofer.

On porte à ces Fabriques les balayures & les décombres des vieux bâtimens; on les bat pour les réduire en poudre, & on met cette poudre dans des tonneaux; on jette pardeffus de l'eau qui fe filtre à travers ces matières & va fortir par un trou pratiqué au fond de chaque tonneau; ce trou n'eft fermé que par un bouchon de paille, qui retient les matières folides & qui laiffe paffer la liqueur. L'eau qui en fort imprégnée de fels, fe nomme leffive; fi on la faifoit bouillir au fortir des tonneaux, elle donneroit déjà du falpêtre, mais un falpêtre crud, gras, terreux & fans force. Pour le perfectionner, les dix-fept Fabriques achètent une partie des cendres du bois qui fe brûle à Paris, &

P p

mélant la leſſive de ces cendres avec celle des décombres, on fait bouillir le tout à meſure que l'eau s'évapore dans l'ébullition. Le ſel marin qui ſe cryſtalliſe promptement dans l'eau chaude, tombe au fond de la chaudière, pendant que le ſalpêtre qui ne ſe cryſtalliſe qu'à froid, reſte en diſſolution dans l'eau ; on retire des chaudières l'eau chargée de ſalpêtre ; on l'expoſe à l'ombre dans des endroits froids où le nitre ſe cryſtalliſe ; ſes premiers cryſtaux ſe nomment nitre de première cuite, il contient encore du ſel commun, de la graiſſe & de la terre ; pour le raffiner on le porte à l'Arſenal, où on le fait bouillir & cryſtalliſer de nouveau une, deux ou trois fois ſuivant le beſoin, juſqu'à ce qu'on l'ait purgé des matières étrangères qu'il contient, & qu'il ſoit en état de faire de bonne poudre.

En Eſpagne, un tiers des terres incultes & la pouſſière des chemins contiennent le ſalpêtre naturel. Dans les Provinces Orientales & Méridionales de ce Royaume, j'y ai vu fabriquer ce ſel de la manière qui ſuit :

On laboure deux ou trois fois en hiver & au printemps, les terres qui ſont aux environs des villages ; au mois d'Août, on ramaſſe les terres labourées, & l'on en forme des monticules de vingt-cinq à trente pieds de hauteur ; quand on veut avoir du salpêtre, on prend de cette terre, & on en remplit une file de vaisseaux de terre, de figure conique, percés par le fond ; avant que d'y mettre la terre on a l'attention de garnir le trou avec un peu de *spartum*, pour qu'il n'y puisse passer que de l'eau ; on étend pardessus le *spartum*, une poignée de cendres à la hauteur de deux ou trois doigts ; & après avoir mis la terre dans les vases, on jette de l'eau pardessus ; cette eau dissout & entraîne avec elle toutes les particules salines, elle vient passer à travers la cendre & le *spartum* qui n'ont d'autre usage que de servir de filtres. Il y a des Fabriques où la cendre n'est point du tout employée. Les lessives qui résultent de cette première opération, sont portées dans une chaudière où on les fait bouillir seules en plusieurs endroits ; dans d'autres on ajoute un peu de *spartum* ; le sel marin qui se crystallise dans l'eau chaude, se précipite au fond de la chaudière, & sa quantité est depuis vingt jusqu'à quarante livres par quintal de terre. La liqueur qui reste est portée à l'ombre, où elle fournit ses crystaux comme à Paris & par-tout ailleurs. La grande quantité de sel commun qui accompagne le nitre dans toutes les Fabriques de falpêtre, me fait foupçonner que l'acide marin & fa bafe fe convertiffent en nitre.

Après ces opérations, on reporte la terre dépouillée de fes fels dans le même champ d'où on l'a tirée ; on l'y laiffe expofée au foleil, à l'air, à la pluie, à la rofée ; elle s'impregne de nouveau de falpêtre dans le cours d'une année, par un travail invifible de la nature, en forte qu'on ne peut confidérer fans admiration cette reproduction merveilleufe ; car ce font les mêmes terres qui produifent tous les ans les mêmes quantités de falpêtre. J'ai deux champs, difoit un Salpêtrier à M. *Bowles*, dans l'un je feme du froment, & dans l'autre je récolte du nitre.

Le falpêtre d'Efpagne n'a befoin que d'une feconde cryfallifation, pour donner des cryftaux purs, propres à faire la poudre, l'eauforte, &c. fi on le décompofe par l'acide vitriolique, fa bafe donne un tartre vitriolé.

S'il arrivoit que tout le falpêtre des décombres de France fût anéanti ainfi que celui des murs artificiels qu'on fait en Allemagne avec de la terre, des cendres & du fumier, & qu'on expofe à l'air fous des paillaffons, près des écuries & des latrines, l'Efpagne feule pourroit fournir à la confommation de l'Europe entière, par la feule leffive de fes terres, fans addition de cendres, ni d'aucune matière, foit alkaline, foit végétale.

Méthode de fabriquer le falpêtre en Amérique, extraite du Remembrancer, number VI; London 1775.

LE falpêtre fe trouve en Amérique dans les magafins à tabac, dans les étables, dans les colombiers, dans les poulaillers, & en général dans tous les lieux où le foleil a peu d'accès. Un magafin de tabac de foixante pieds de longueur, peut donner par an feize quintaux de falpêtre, & à proportion. Pour difpofer le fol du magafin à fe charger d'une grande quantité de nitre, voici comme on s'y prend. On ôte d'abord de deffus le plancher toute efpèce d'ordure, & on le met de niveau, s'il n'y eft pas, avec de la marne ou toute autre terre fufceptible de fe pétrir, qu'on foule légèrement en marchant deffus. Le fol du magafin ainfi préparé, on répand deffus une leffive faite avec des rebuts de feuilles de tabac, & on le couvre avec des feuilles humides de tabac pendant l'efpace de quinze jours. Ce délai paffé, on enlève toutes les feuilles de tabac, & au bout de quelque temps on trouve le plancher couvert d'une efflorefcence de nitre femblable à de la gelée blanche; on met le nitre à part, & on répète le même procédé jufqu'à ce qu'il ne fe montre plus de falpêtre fur le plancher. Alors on traite à loifir le falpêtre & la terre qui a été ramaffée, de la manière qui fuit:

On met cette terre ou falpêtre dans un vafe troué par le fond, pour en faire la leffive, en obfervant de ne pas trop fouler les couches inférieures de terre, dans la crainte qu'elles ne retiennent l'eau trop long-temps. On leffive d'abord avec de l'eau tiède, enfuite avec de l'eau froide, & on reçoit la leffive dans un vaiffeau préparé à cet effet. En peu de temps la liqueur commence à couler, & fi elle paffe trouble, on la rejette fur la terre. Chaque boiffeau de terre demande huit galons d'eau pour être leffivé; l'évaporation fe fait dans un vafe de fonte, & on peut la commencer fi-tôt qu'il y a un galon de paffé. L'évaporation fe continue jufqu'à ce que la liqueur ait une apparence huileufe, & qu'elle fe fige en en mettant une goutte fur un corps froid. Lorſque la liqueur eſt à ce point, on la verſe dans un vaiſſeau de bois où le ſalpêtre cryſtalliſe par refroidiſſement. On décante la liqueur qui ſurnage les cryſtaux, & on la fait évaporer de nouveau pour en tirer encore du ſalpêtre.

Pour raffiner le ſalpêtre brut, on en remplit un vaiſſeau de fonte de fer juſqu'au tiers de ſa capacité, & on l'expoſe ſur le feu : il faut aller avec précaution dans le commencement, de peur que le ſalpêtre ne s'enflamme, & remuer continuellement. Lorſqu'on aura ainſi agité le ſalpêtre pendant un quart d'heure, on pourra hauſſer le feu, en remuant toujours ; car le danger de l'inflammation n'eſt pas entièrement paſſé. Quand votre ſalpêtre ſera devenu abſolument liquide & blanc, verſez-le ſur un plancher propre, dans un vaiſſeau de terre, ou ſur une pierre ; il ſe figera en refroidiſſant. Si vous n'avez pas le loiſir de clarifier ſur le champ une ſeconde fois ce ſalpêtre, il faut l'enfermer dans un vaſe en un lieu ſec, juſqu'à ce que vous en faſſiez uſage.

Pour clarifier le ſalpêtre, & le porter à ſon dernier état de perfection, rompez-le par morceaux & mettez-le ſur le feu dans un vaſe, avec ſix fois ſon poids d'eau ; lorſque tout le ſalpêtre ſera diſſous & la terre dépoſée au fond, vous

Pp 4

décanterez la liqueur claire, & la ferez évaporer jufqu'au point de cryftallifation ; alors vous la verferez dans un vafe rempli de bâtons en croix, & vous placerez ce dernier dans un lieu frais & tranquille où fe formeront les cryftaux. La cryf-tallifation faite, vous décanterez la liqueur fur-nageante , & vous aurez du falpêtre parfait. La liqueur décantée & évaporée de nouveau, donne encore de très-bon falpêtre, & prefqu'auffi pur que le premier.

La terre que vous aurez leffivée & dont vous aurez extrait le falpétre , ne doit point étre reje-tée; c'eft une efpèce d'aimant à falpêtre, que vous pouvez mettre à profit. Il en eft de même de la terre dépofée fucceffivement dans les diffé-rentes évaporations, elle eft également difpofée à fe falpêtrer de nouveau.

Si vous n'avez pas de magafin à tabac , vous pourrez faire les mêmes opérations par-tout où vous le jugerez à propos, pourvu que vous couvriez la terre que vous voulez falpétrer avec un toit qui la garantiffe de la pluie , mais qui en même temps laiffe un libre accès à l'air.

Sur l'exiſtence de l'air dans l'acide nitreux, & ſur les moyens de décompoſer & de recompoſer cet acide.

Par M. Lavoiſier, de l'Académie Royale des Sciences *.

J'AI fait voir dans le premier volume de mes Opuſcules phyſiques & chimiques, que lorſqu'on brûloit du phoſphore de Kunkel ſous une cloche de verre renverſée dans de l'eau, un cinquième environ de l'air contenu ſous la cloche étoit abſorbé; que ce qui ſe trouvoit de moins dans l'air, ſe retrouvoit en plus dans l'acide phoſpho-rique qui réſultoit de la combuſtion, & j'en ai con-clu que cet acide étoit en partie compoſé d'air, ou au moins d'une ſubſtance élaſtique contenue dans l'air. Comme les mêmes phénomènes ont exactement lieu dans la combuſtion du ſoufre & dans la formation de l'acide vitriolique, j'aurois

---

* Ce Mémoire a été lu à l'Académie des Sciences par M. *Lavoiſier*, en Mars 1776. Comme il peut contri-buer à éclaircir la théorie de la formation de l'acide ni-treux, les Commiſſaires ont penſé qu'il pouvoit trouve place dans ce Recueil.

eu également droit de conclure que l'air entre dans la compofition de ce dernier acide.

Ces premiers pas m'ont fait réfléchir fur la nature des acides en général, & en examinant les circonftances de leur formation & de leur deftruction, j'ai cru entrevoir que tous étoient compofés en grande partie d'air, que cette fubftance étoit commune à tous, & qu'ils étoient enfuite différenciés les uns des autres par l'addition de différens principes particuliers pour chaque acide.

Ce qui d'abord n'étoit qu'une conjecture affez vraifemblable, s'eft bientôt converti en certitude, quand j'ai appliqué l'expérience à la théorie; & je fuis en état d'avancer affirmativement aujourd'hui, que non-feulement l'air, mais encore la portion la plus pure de l'air, entre dans la compofition de tous les acides fans exception; que c'eft cette fubftance qui conftitue leur acidité, au point qu'on peut à volonté leur ôter ou leur rendre la qualité d'acide, fuivant qu'on les dépouille ou qu'on leur donne la portion d'air effentielle à leur compofition.

Les moyens de décompofition & de recompofition n'étant pas les mêmes pour tous les acides, je traiterai de chacun d'eux dans autant de Mémoires particuliers. Je commence aujourd'hui par celui du nitre , parce que c'eſt celui dont il importe le plus de connoître la nature & la compoſition, ſur-tout relativement au prix que l'Académie vient de propoſer ſur le ſal- pêtre.

Je commencerai, avant d'entrer en matière, par prévenir le Public qu'une partie des expé- riences contenues dans ce Mémoire, ne m'appar- tiennent point en propre : peut-être même rigou- reuſement parlant , n'en eſt - il aucune dont M. *Priſlley* ne puiſſe réclamer la première idée; mais comme les mêmes faits nous ont conduits à des conſéquences diamètralement oppoſées, j'eſ- père que ſi l'on me reproche d'avoir emprunté des preuves des Ouvrages de ce célèbre Phyſicien, on ne me conteſtera pas au moins la propriété des conſéquences.

C'eſt un fait généralement reconnu aujour- d'hui, qu'il ſe dégage de preſque toutes les diſſolutions métalliques dans les acides, des émanations élaſtiques , des eſpèces d'air dont les propriétés diffèrent ſuivant la nature des acides, à l'aide deſquels on eſt parvenu à les former.

Ce n'eſt point du métal que proviennent ces différentes eſpèces d'air , ainſi que j'aurai plu- ſieurs occaſions de le faire voir : ils ſont dûs à la décompofition de l'acide lui-même, & j'ai entrevu qu'il pouvoit en réfulter un moyen fimple d'analyfer les acides: il m'a femblé, par exemple, qu'en faifant diffoudre du mercure dans l'acide nitreux, en recueillant les différens principes élaftiques qui s'échappent de cette combinaifon, enfin en obfervant attentivement les phénomènes qu'elle préfente depuis le premier inftant de la diffolution jufqu'à ce que le mercure, après avoir fucceffivement paffé par l'état de fel mercuriel & de précipité rouge, reparoiffe enfin fous fa forme métallique, j'acquerrois infailliblement des lumières fur la nature des principes qui entrent dans la compofition de l'acide nitreux.

Quoique les expériences dont j'ai à rendre compte puffent également réuffir avec tout métal, j'ai choifi de préférence le mercure, par la raifon que cette fubftance métallique ayant la propriété de fe réduire fans addition, il m'a paru qu'il en réfulteroit moins de complication dans la marche des expériences, & que je ferois conduit d'une manière plus fimple aux conféquences auxquelles je me propofois d'arriver.

J'ai pris en conféquence un petit matras à col long & étroit, que j'ai courbé à la lampe, de manière que l'extrémité de ce col pût s'engager fous une cloche de cryftal pleine d'eau & plongée dans un vafe plein d'eau. J'y ai introduit deux onces d'acide nitreux légèrement fumant, dont le poids étoit à celui de l'eau diftillée dans le rapport de 131607 à 100000 ; j'y ai ajouté deux onces un gros de mercure, & j'ai chauffé légérement pour accélérer la diffolution.

Comme l'acide étoit fort concentré, l'effervefcence a été vive & le dégagement très-rapide. J'ai reçu l'air qui fe dégageoit dans différentes cloches, afin de pouvoir reconnoître les différences qui pourroient fe rencontrer entre celui du commencement & celui de la fin de l'effervefcence, en fuppofant qu'il y en eût. Lorfque l'effervefcence a été finie & que tout le mercure a été diffous, j'ai continué de faire chauffer dans le même appareil : bientôt il a fuccédé à l'effervefcence un mouvement d'ébullition, pendant lequel la production d'air a continué prefqu'en auffi grande abondance qu'auparavant. J'ai continué ainfi jufqu'à ce que tout le fluide ayant été converti en air ou en vapeurs aqueufes, il ne m'eft plus refté dans le matras que du fel mercuriel blanc, fous forme pâteufe plus feche qu'humide, & qui commençoit à jaunir à la surface. La quantité d'air obtenue jusqu'à cette époque étoit de cent soixante-douze pouces cubiques environ, c'est-à-dire, de près de quatre pintes; tout cet air étoit de nature uniforme, & ne différoit en rien de ce que M. *Priflley* a nommé air nitreux.

En continuant l'opération, je me suis apperçu qu'il s'élevoit du sel mercuriel des vapeurs rouges semblables à celles de l'acide nitreux; mais cette circonstance n'a pas duré long-temps, & bientôt l'air contenu dans la partie vuide du matras a recouvré sa transparence (1). Ayant mis à part l'air qui avoit passé pendant la durée des vapeurs rouges, il s'est trouvé dix à douze pouces d'un air fort différent de celui qui avoit passé jusqu'alors, & qui ne paroissoit différer de l'air commun, que parce que les lumières y brûloient un peu mieux. En même temps le sel mercuriel s'étoit converti en un beau précipité rouge, & ayant

---

(1) Ces vapeurs rouges sont dues à une portion d'air nitreux & d'air plus pur que l'air commun, qui se dégagent en même temps du sel mercuriel, qui se combinent & qui réforment de l'acide nitreux. On ne sentira bien cette explication qu'après la lecture de tout le Mémoire.

continué de le pouffer à un degré de feu modéré, j'en ai obtenu, en fept heures de temps,
deux cens trente-quatre pouces cubiques d'un
air beaucoup plus pur que l'air commun, dans
lequel les lumières brûloient avec une flamme
beaucoup plus grande, beaucoup plus large
& beaucoup plus vive, & qu'à tous fes caractères je n'ai pu méconnoître pour être le même
que j'avois retiré de la chaux de mercure,
connu fous le nom de mercure *précipité per fe*,
& que M. *Priflley* a retiré d'un grand nombre
de fubftances en les traitant par l'efprit de nitre.
A mefure que cet air s'étoit dégagé, le mercure s'étoit réduit, & j'ai retrouvé, à quelques
grains près, les deux onces un gros de mercure que j'avois employés dans la diffolution;
cette petite perte provenoit d'un peu de fu-
blimé jaune & rouge qui s'étoit attaché au
dôme de la cornue.

Le mercure étant forti de cette expérience
comme il y étoit entré, c'eft-à-dire, fans altération ni dans fa qualité ni dans fon poids, il eft
évident que les quatre cens vingt-fix pouces
cubiques d'air que j'avois obtenus, ne pouvoient
avoir été produits que par la décompofition
de l'acide nitreux; j'étois donc en droit d'en
conclure que deux onces d'acide nitreux font

compofées, 1°. de cent quatre-vingt-dix pouces d'air nitreux; 2°. de douze pouces d'air commun; 3°. de deux cens vingt-quatre pouces d'air
meilleur que l'air commun; 4°. de phlegme;
mais comme il étoit prouvé d'après les expériences de M. *Priftley*, que la petite portion d'air
commun que j'avois obtenue ne pouvoit être
autre chofe qu'un air meilleur que l'air commun,
dont la qualité fupérieure avoit été altérée par
un mélange d'air nitreux dans la tranfition ou
paffage de l'un à l'autre, je puis rétablir la quantité de ces deux airs telle qu'elle étoit avant
leur mélange, & fuppofer que les douze pouces d'air commun que j'ai obtenus étoient dûs
à un mélange de vingt-quatre pouces d'air nitreux & de vingt-quatre pouces d'air meilleur
que l'air commun.

En rétabliffant ainfi ces quantités, on aura
pour le produit de deux onces d'acide nitreux :

Air nitreux . . . . . . 196 pouces.
Air le plus pur 246
____
Total . . . . . . 442 pouces.

Et pour le produit d'une livre du même acide.

Air nitreux . . . . . . 1568 pouces.
Air le plus pur 1968
____
Total . . . . . . 3536 pouces.

S'il

S'il étoit poſſible d'avoir la peſanteur abſolue de ces quantités d'air comme on en a le volume, il ſeroit aiſé d'en conclure le poids du phlegme, & alors on auroit une analyſe complette de l'acide nitreux. Les tentatives de M. *Priſlley* à cet égard ſont bien éloignées de donner des réſultats ſatisfaiſans, & j'avoue que je n'ai pu obtenir non plus que des approximations aſſez incertaines : quoi qu'il en ſoit, je ſuppoſerai ici, comme j'ai tout lieu de le préſumer, que l'air pur retiré du mercure, eſt un peu plus peſant que celui de l'atmoſphère, & qu'il pèſe cinquante-cinq centièmes de grains le pouce cube. Je ſuppoſerai de même que l'air nitreux eſt un peu plus léger que l'air commun, & que ſa peſanteur eſt de quatre dixièmes de grains le pouce cube ; d'après cette ſuppoſition on trouvera qu'une livre d'acide nitreux, telle que je l'ai employée, ſera compoſée ainſi qu'il ſuit :

S A V O I R :

	onces.	gros.	grains.	
Air nitreux	1		51	$\frac{1}{4}$.
Air le plus pur . .	1	7	2	$\frac{1}{2}$.
Phlegme , ou eau commune	13		18	
Total. . 1 livre.				

Q q

Voilà donc un moyen de décompofer l'acide nitreux, & d'y démontrer l'exiftence de l'air, ou plutôt d'un air plus pur, & (s'il eft permis de fe fervir de cette expreffion) plus air que l'air commun; mais le complément de preuve étoit, après avoir décompofé l'acide nitreux, de parvenir à le recompofer en recombinant les mêmes matériaux, & c'eft à quoi je fuis parvenu. Mais avant de paffer à cette expérience, il eft néceffaire que j'entre ici dans quelque détail fur la nature de l'air nitreux.

Ceux qui n'auront point lu les expériences rapportées dans le premier volume de M. *Priflley*, fur différentes efpèces d'air, & furtout celles de M. *Guillaume Bewly*, rapportées à la fin du même volume, pourront peut-être penfer que l'air nitreux n'eft autre chofe que de l'acide nitreux en vapeur. Il fuffira pour détruire cette opinion, de faire voir qu'il eft douteux même que l'air nitreux foit dans un état d'acidité, & c'eft ce qui réfulte des expériences qui fuivent.

Premièrement, l'air nitreux peut traverfer des maffes d'eau très-confidérables, même demeurer pendant plufieurs mois en contaĉt avec elle, fous des cloches de verre, fans fe combiner avec elle, fans fe condenfer en forme de fluide, & fans éprouver la moindre altération, ni dans fa qualité, ni dans fon volume; les vapeurs de l'efprit de nitre au contraire fe combinent avec l'eu, avec une étonnante facilité, & l'on fait que c'eft en leur préfentant le contact de l'eau, qu'on parvient à les condenfer.

Secondement, ce n'eft qu'avec une très-grande difficulté, & après un laps de temps fort confidérable, qu'une petite portion d'air nitreux peut être combinée avec les alkalis, foit fixes, foit volatils; ce n'eft que par des procédés particuliers, toujours longs & difficiles qu'on y parvient, & alors même il ne réfulte de cette combinaifon, ni falpétre, ni nitre ammoniacal, à moins qu'il ne foit entré de l'air commun dans la combinaifon.

Il étoit donc évident que l'acide nitreux par fa combinaifon avec le mercure, avoit été réfolu en deux airs, qui féparément n'étoient point acides; il ne s'agiffoit plus que de reméler enfemble ces deux airs, & de voir s'il en réfulteroit un acide, & fi cet acide feroit celui du nitre. J'ai en conféquence rempli d'eau, un tube qui étoit fermé par un bout, & dont la longueur étoit divifée en portions égales en volume, par un trait de lime; j'ai renverfé ce tube ainfi rempli d'eau, dans un

autre vafe également rempli d'eau ; j'y ai introduit fept parties & un tiers de l'air nitreux ci-
deffus, & j'y ai mélé tout-à-la-fois quatre
parties de l'air plus pur que l'air commun que
j'avois mefurées dans un autre tube féparé (1).
Dans le premier inftant du mêlange, les onze
parties & un tiers d'air ont occupé douze à
treize mefures ; mais l'inftant d'après, les deux
airs fe font pénétrés, fe font combinés ; il s'eft
formé des vapeurs très-rouges d'efprit de nitre
fumant, qui ont été fur le champ condenfées
par l'eau, & en quelques fecondes les onze parties & un tiers d'air ont été réduites à un tiers
de mefure environ, c'eft-à-dire, à la trente-
quatrième partie de leur volume originaire.

L'eau contenue dans le tube, s'eft trouvée fenfiblement acide à la fuite de cette opération,
ou plutôt elle n'étoit autre chofe qu'un acide
nitreux foible ; en la faturant d'alkali, on obtient du véritable nitre par évaporation.

Dans la vue d'obtenir l'acide dans un état de
concentration plus confidérable, j'ai effayé de
fubftituer du mercure à l'eau, c'eft-à-dire, de
faire le même mêlange dans un tube plein de

______

(1) Je paffe fous filence les tâtonnemens par lefquels
je fuis parvenu à reconnoître l'exactitude de ces proportions.

mercure & renverfé dans du mercure , en obfervant de laiffer dans le tube une petite couche d'eau fur le mercure. La pénétration des deux airs a été prefqu'auffi rapide dans cette expérience que dans la précédente; les vapeurs de l'acide nitreux ont été condenfées par la petite portion d'eau contenue dans le tube, & en proportionnant bien la quantité d'eau , je fuis parvenu , ou à faire de l'efprit de nitre très-fumant & auffi fort qu'il foit poffible de l'obtenir, ou à faire de l'acide nitreux plus foible & femblable à celui qui avoit été employé originairement dans l'opération. Cette expérience doit être faite avec le plus de célérité qu'il eft poffible, parce que l'efprit de nitre fumant qui s'eft formé & qui fe trouve en contact avec le mercure, agit bientôt fur lui, le diffout & reforme de nouvel air nitreux; cette dernière circonftance fournit encore une preuve de la recompofition de l'acide nitreux.

On remarquera peut-être avec furprife , qu'il faille fept parties & un tiers d'air nitreux & quatre parties feulement de l'air le plus pur pour compofer de l'efprit de nitre, tandis que dans la décompofition de ce même acide par le mercure, on a obtenu un peu plus d'air pur que d'air nitreux. J'ignore à quoi tient cette circonftance; mais il n'en eft pas moins certain que la proportion de fept un tiers contre quatre, eft celle qui donne la faturation exacte des deux airs; que par conféquent en employant les matériaux mémes fournis par l'acide nitreux dans fa décompofition, il eft impoffible de reformer la quantité d'acide qui exiftoit avant la diffolution, & qu'il fe trouve fur l'air nitreux un déficit de près de moitié.

Après avoir fait voir qu'on peut défunir les principes de l'acide nitreux & les recombiner, il me refte à faire voir qu'on peut parvenir au meme but avec des matériaux qui ne font pas tous tirés de l'acide nitreux. Au lieu de l'air le plus pur, de celui tiré du mercure précipité rouge, on peut fe fervir de l'air de l'atmof-phère; mais il faut en employer beaucoup davantage, & au lieu que quatre parties d'air pur fuffifent pour faturer fept parties un tiers d'air nitreux, il en faut employer près de feize d'air commun : tout l'air nitreux, dans cette expérience, eft détruit ou plutôt condenfé comme dans l'expérience précédente; mais il n'en eft pas de même de l'air commun; il n'y en a pas plus d'un cinquième ou d'un quart d'abforbé, & ce qui refte n'eft plus en état d'entretenir la flamme des lumières, ni de fervir à la refpiration des animaux. Il paroîtroit prouvé d'après cela, que l'air que nous refpirons ne contient qu'un quart de véritable air; que ce véritable air eft mélé dans notre atmofphère à trois ou quatre parties d'un air nuifible, d'une efpèce de moffette, qui feroit périr le plus grand nombre des animaux, fi la quantité en étoit un peu plus confidérable. Les funeftes effets de la vapeur du charbon fur l'air, & d'un grand nombre d'autres émanations, prouvent encore combien ce fluide eft près de la limite, au-delà de laquelle il deviendroit mortel pour les animaux; j'efpère être bientôt en état de difcuter cette idée, & de mettre fous les yeux de l'Académie les expériences fur lefquelles elle eft appuyée.

Il réfulte des expériences contenues dans ce Mémoire, que lorfqu'on diffout du mercure dans l'acide nitreux, cette fubfiftance métallique s'empare de la portion d'air contenue dans l'acide nitreux & qui conftitue fon acidité: d'une part, ce métal combiné avec l'air fe réduit en chaux, de l'autre l'acide dépouillé de fon air, entre en expanfion & forme de l'air nitreux; & la preuve que les chofes fe paffent ainfi dans cette opération, c'eft que fi après avoir ainſi ſéparé les deux airs qui entroient dans la compoſition de l'acide nitreux, on les recombine de nouveau, on refait de l'acide nitreux pur, tel qu'on l'avoit auparavant.

L'acide nitreux d'après cela n'eſt autre choſe que de l'air nitreux, combiné avec les ſix onzièmes de ſon volume, de la portion la plus pure de l'air, & avec une quantité aſſez conſidérable d'eau : l'air nitreux au contraire eſt l'acide nitreux dépouillé d'air & d'eau. On ne manquera pas ſans doute de demander ici ſi le phlogiſtique du métal ne joue pas quelque rôle dans cette opération ; ſans oſer décider une queſtion d'une auſſi grande conſéquence, je répondrai que puiſque le mercure ſort de cette opération préciſément tel qu'il y étoit entré, il n'y a pas d'apparence qu'il ait perdu ni repris du phlogiſtique, à moins qu'on ne prétende que le phlogiſtique qui a ſervi à la réduction du métal, a paſſé à travers les vaiſſeaux ; mais dès lors c'eſt admettre une eſpèce particulière de phlogiſtique, différente de celle de *Stahl* & de ſes Diſciples ; c'eſt revenir au feu principe, au feu combiné dans les corps, ſyſtéme beaucoup plus ancien que celui de *Stahl*, & qui eſt fort différent.

Je terminerai ce Mémoire comme je l'ai commencé, en rendant hommage à M. *Priſlley* de la plus grande partie de ce qu'il peut contenir d'intéreſſant ; mais l'amour de la vérité & le progrès des connoiſſances auxquels doivent tendre tous nos efforts, m'obligent en même temps de relever une erreur dans laquelle il eſt tombé, & qu'il ſeroit dangereux de laiſſer accréditer. Ce Phyſicien juſtement célèbre, ayant reconnu qu'en combinant de l'acide nitreux avec une terre quelconque, il en retiroit conſtamment de l'air commun ou de l'air même meilleur que l'air commun, a cru pouvoir en conclure que l'air de l'atmoſphère eſt un compoſé d'acide nitreux & de terre. Cette idée hardie ſe trouve ſuffiſamment renverſée par les expériences contenues dans ce Mémoire. Il eſt évident que ce n'eſt point l'air qui eſt compoſé d'acide nitreux comme le prétend M. *Priſlley*, mais au contraire, l'acide nitreux qui eſt compoſé d'air ; & cette ſeule remarque donne la clef d'un grand nombre d'expériences contenues dans les ſections 3, 4 & 5 du ſecond Volume de M. *Priſlley*.

De la manière de fabriquer le salpêtre en Chine, par le Pere d'Incarville, extrait du IVe. Volum. des Mémoires présentés à l'Académie des Sciences.

IL paroît que le salpêtre de Chine vaut mieux que le nôtre ; il se fait aussi plus aisément & à moins de frais : les terres dans bien des endroits en sont remplies, mais certaines terres en donnent plus que d'autres : les terres de sable n'en produisent point, les terres élevées n'y sont pas favorables, on le tire ordinairement des terrains bas. On connoît les terres qui contiennent du salpêtre, quand on les voit fermenter à leur superficie ; les plus fortes gelées n'empêchent point cette fermentation. Les terres d'où l'on tire le *kien*, ou la couperose de Chine, fermentent comme celles du salpêtre ; on y est souvent trompé, ce n'est qu'au goût qu'on peut distinguer les unes des autres : celles du salpêtre laissent sur la langue une impression fraîche, celles de couperose y laissent une impression âcre. Selon que l'impres-

fion eft forte, on juge de la quantité de falpêtre que les terres contiennent. On ramaffe toute
l'année les terres de falpêtre , excepté quand il
y a eu de grandes pluies qui l'ont entraîné
avec elles à une certaine profondeur : il faut
attendre que la terre fermente de nouveau ,
c'eft-à-dire, que le falpêtre ait remonté à la
fuperficie , ou qu'il s'en foit formé d'autre.
Ceux qui ramaffent la terre de falpêtre , enlèvent avec un rateau environ un pouce de la
fuperficie, & en forment des monceaux, qu'ils
tranfportent enfuite dans l'endroit où on fait
le falpêtre; telle terre donnera cette année du
falpêtre, qui n'en donnera pas l'année d'enfuite;
une autre qui n'en fourniffoit pas auparavant ,
en produira.

Pour filtrer l'eau du falpêtre, au lieu de
cuviers, les Chinois fe fervent de grandes urnes
de terre verniffée, auxquelles ils percent un
trou au bas, comme chez nous aux cuviers
à couler la leffive. Ils commençent par mettre
au fond de l'urne deux ou trois pouces d'épais
de groffe paille, fur laquelle ils étendent une
natte , pour recevoir la terre du falpêtre, mêlée
de cendres, fans quoi l'eau chargée de falpêtre ne couleroit que très-difficilement. Ils
rempliffent l'urne jufqu'à trois ou quatre pou-

ces du bord , & verfent deffus cette terre de l'eau jufqu'à ce que cette eau , de rouffe qu'elle fort d'abord , devienne jaune : alors elle contient peu de falpêtre ; pour l'en tirer , il en coûteroit plus qu'on n'en retireroit de profit. On ôte la terre pour y en fubftituer de nouvelle , on continue cette opération tant qu'on le juge à propos.

Les chaudières dont on fe fert ici pour évaporer l'eau de falpêtre font de fer , peu profondes , mais très-larges ; elles font maçonnées fur le fourneau , pour épargner la confommation du bois & de la paille de grand mil , avec quoï on entretient le feu fous les chaudières ; quand l'eau de falpêtre eft confommée jufqu'à pellicules , on verfe deffus de l'eau de colle forte ; celle de poiffon eft trop chère , on n'a garde de s'en fervir , celle de peaux d'animaux pouvant fuffire. Dans certains endroits , au lieu de colle forte , on fe fert d'eau où on a fait bouillir des radis : on verfe l'eau de colle forte par cuillerées , c'eft-à-dire , quatre ou cinq onces à la fois , & on enlève à mefure avec une écumoire , la craffe qui furnage ; on verfe ainfi de l'eau de colle forte , jufqu'à ce qu'il ne furmonte plus de craffe ; alors le falpêtre eft net , il ne refte plus qu'à en féparer le fel marin qui y eft mêlé.

En continuant de faire bouillir l'eau , le fel fe forme en grains ; on le tire à mefure avec une écumoire : tant qu'il s'en forme , on continue le feu fous la chaudière , détachant avec une petite pelle de fer garnie d'un long manche de bois , le fel marin qui s'attache au fond : tout ce fel étant foigneufement tiré , on effaie fi une goutte d'eau , qu'on laiffe tomber fur un morceau de fer froid , s'y congèle & fe réduit en fel ; c'eft le point où il faut la verfer dans des terrines , où on la laiffe cryftallifer , couvrant exactement les terrines ; le lendemain le falpétre eft en pain , tout couvert de belles grandes aiguilles : il refte dans les terrines l'eau mère , dont les Chinois , en la faifant bouillir jufqu'à pellicule, tirent des pains d'un fel roux, qui a fon ufage pour faire cailler une efpèce de fromage mou , fait de lait , de haricots , qu'ils appellent *teou-fou*. Il s'en vend beaucoup en Chine ; l'eau mère de falpétre eft un poifon dont fe fervent affez fouvent ceux qui fe veulent donner la mort ; comme il en entre trèspeu dans le *teou fou ,* on prétend qu'il n'y a rien à craindre : l'Empereur même en mange.

Tout ce que je viens de dire du falpétre , eft fondé fur le rapport des Chinois ; j'ai furtout confulté une perfonne qui a intérêt à ne me pas tromper, & que j'ai envoyée fur les lieux ; elle eſt de l'endroit & connoît des Salpêtriers. Si j'avois pu me tranſporter fur les lieux & voir par moi-même la ſuite de la manipulation, peut-être aurois-je remarqué quelqu'autre choſe de particulier.

De l'Imprimerie de DEMONVILLE, Imprimeur-Libraire de l'Académie Françoiſe. 1776.

Face N.º 1.
Profil N.º 1.
B.R
Echelle de 15. thoises Suedo.
les Faces et Profils plus en o
1 2 3 4 5
10
doises.

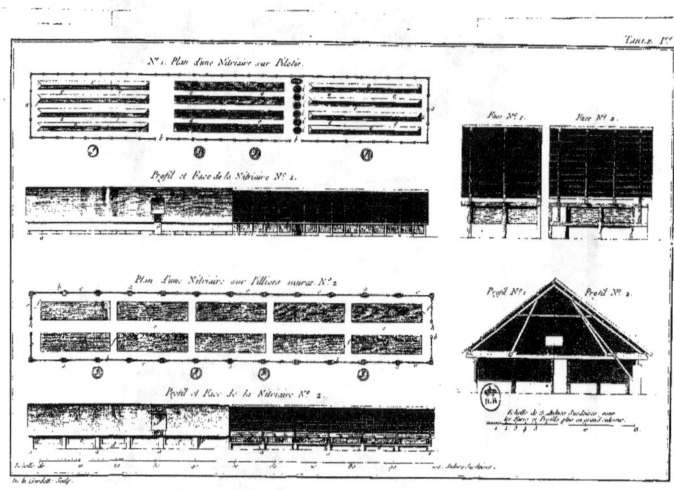

Tome 1.er
N.º 1. Plan d'une Nitrière sur Pilotis.
Profil et Face de la Nitrière N.º 1.
Face N.º 1.
Face N.º 2.
Plan d'une Nitrière sur Pilliers murez. N.º 2
Profil et Face de la Nitrière N.º 2.
Profil N.º 1.
Profil N.º 2.
Echelle de 13 Aulnes Surléeses pour les Plans et Profils plus en grand volume.
De la Gardette Sculp.
Aubert Sculpsit.

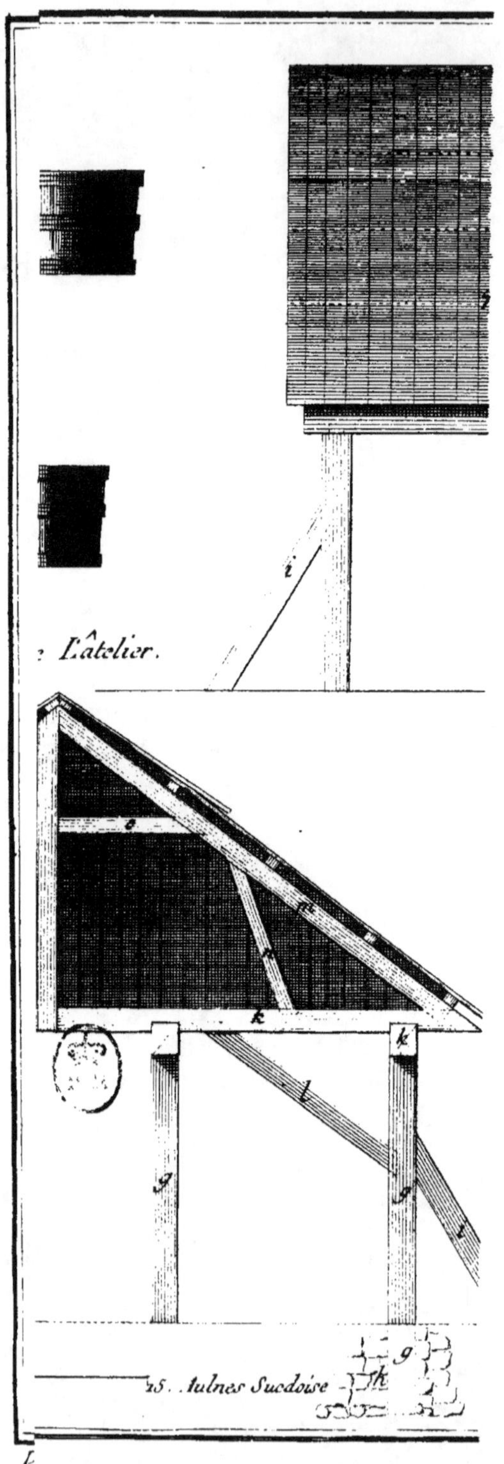

L'âtelier.
i
g
g
k
k
l
l
15. Aulnes Suedoise

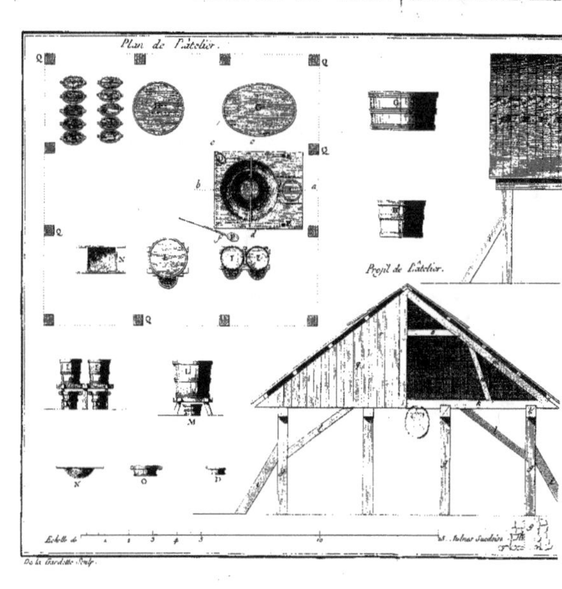

Plan de l'Atelier.
Profil de l'Atelier.
Echelle de
S. Aulnes Suedoises
De la Gardette Sculp.

Fig.
n
e
e
a
e
a
g
g
a
e
g
e
h
l
Echelle de 5. Toises.
1   2
E
A
F
k
sculp.

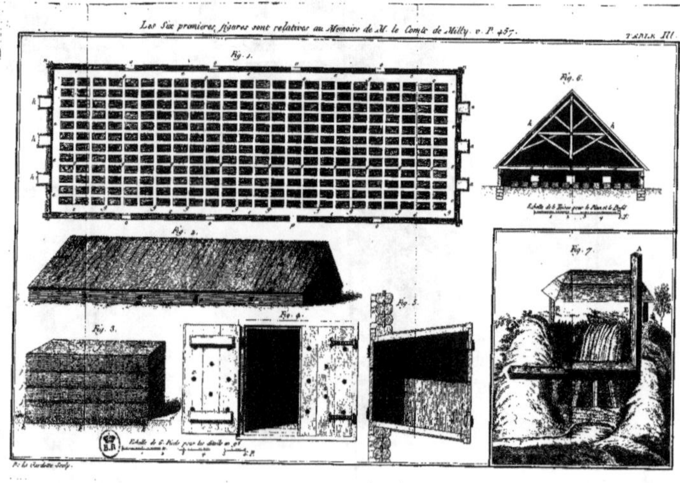

Les Six premieres figures sont relatives au Memoire de M. le Comte de Milly. v. P. 457.
PLANCHE III.
Fig. 1.
Fig. 6.
Fig. 7.
Fig. 2.
Fig. 3.
Fig. 4.
Fig. 5.
Echelle de 6. Pieds pour les détails en gd.
Echelle de la Toise pour le Plan et le Profil.
P. le Cardonx Sculp.

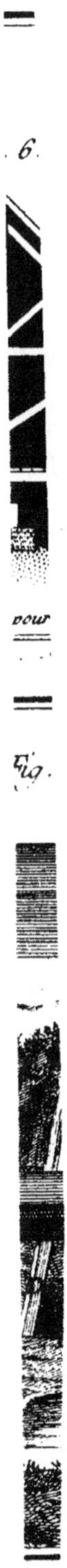

.6.

pour

Fig.

EXTRAIT DES REGISTRES

DE L'ACADÉMIE ROYALE DES SCIENCES.

Du 27 Janvier 1776.

L'ACADÉMIE a invité plusieurs de ses Membres, à recueillir les différents procédés usités en Europe & ailleurs, pour la fabrication du salpêtre, & ce que les meilleurs Auteurs ont écrit sur cette fabrication, à l'effet de remplir les vues du Ministère sur cet objet, & surtout d'épargner des recherches pénibles à ceux qui voudront concourir au prix qu'elle a proposé sur cette matière.

M. de Montigny qu'elle a chargé de l'examen de cette collection, en ayant rendu compte, l'Académie a jugé que ce Recueil méritoit d'être imprimé avec son approbation : en foi de quoi j'ai signé le présent certificat, à Paris, le 27 Janvier 1776.

Signé, GRANDJEAN DE FOUCHY,
Secrétaire perpétuel de l'Académie Royale des Sciences.